"十三五"普通高等教育本科规划教材

输电线路工程系列教材

输电线路电磁环境

主　编	张广洲	唐　波		
副主编	邓鹤鸣	邓　慰	张宇娇	
编　写	白晓春	冯智慧	小布穷	王兴照
	柯　睿	程　鹏	秦潇潇	李炼炼
	韩　文	扎西曲达	王　建	岳灵平
	刘　翔	孙　巍	吴　驰	郑路遥
	朱弘钊	李　庚	梁　伟	李　帆
	张影毅	高　旭	张业茂	
主　审	张卫东			

中国电力出版社
CHINA ELECTRIC POWER PRESS

内 容 提 要

本书为"十三五"普通高等教育本科规划教材。

全书共分为4篇14章。第1篇为基础篇，共分5章，包括电力系统、电磁环境、静电场、静磁场和电晕现象；第2篇为输电线路环境影响因子，共分4章，包括工频电场与磁场、直流合成电场与直流磁场、无线电干扰和输电线路可听噪声；第3篇为测量原理和测量方法，共分2章；第4篇为环境影响，共分3章，包括输电线路电磁环境对生态、金属管线（石油管线）和无线电台站的影响。

本书可作为高等院校输电工程、高电压技术等专业的教材，也可供从事输电工程设计、运行维护等专业的科研与生产人员参考，还可供交通和石油管线输送等行业科研生产人员参考。

图书在版编目（CIP）数据

输电线路电磁环境/张广洲，唐波主编．—北京：中国电力出版社，2020.8
"十三五"普通高等教育本科规划教材　输电线路工程系列教材
ISBN 978-7-5198-4003-7

Ⅰ．①输… Ⅱ．①张… ②唐… Ⅲ．①输电线路－电磁环境－高等学校－教材 Ⅳ．①X21

中国版本图书馆 CIP 数据核字（2019）第 248808 号

出版发行：中国电力出版社
地　　址：北京市东城区北京站西街 19 号（邮政编码 100005）
网　　址：http://www.cepp.sgcc.com.cn
责任编辑：牛梦洁（mengjie-niu@sgcc.com.cn）
责任校对：黄　蓓　李　楠
装帧设计：赵姗姗
责任印制：吴　迪

印　　刷：北京天宇星印刷厂
版　　次：2020 年 8 月第一版
印　　次：2020 年 8 月北京第一次印刷
开　　本：787 毫米×1092 毫米　16 开本
印　　张：17.75
字　　数：431 千字
定　　价：50.00 元

版 权 专 有　侵 权 必 究

本书如有印装质量问题，我社营销中心负责退换

前 言

我国约70%的水资源、煤炭等资源分布在中西部地区，70%左右的电力负荷集中在中东部地区，这种能源资源和负荷中心逆向分布，决定了我国电力系统在能源资源配置中的地位。输变电工程输送清洁电能的同时，也会产生工频电场、工频磁场、直流合成电场、直流磁场，电气设备噪声、电晕噪声，无线电干扰等环境影响因素，对输变电设施周围邻近的区域环境带来一些影响。对电磁环境的研究是随着输电电压等级的提高而逐步展开的。最初人们研究输电线路导线电晕对无线电广播、通信的影响，自20世纪70年代以来，人们开始关注输变电工程电磁环境对人的健康影响。这些也极大地推动了对输变电设施电磁环境特性及其影响的系统研究。

中国电力科学研究院、原武汉高压研究所等电力科研机构，对输变电工程电磁环境进行了系统的研究，研究成果支持了我国不同电压等级输变电工程的设计、建设和运行。本书的编写团队在这些研究的基础上，参考国内外文献、工程案例，力求讲清楚输电线路电磁环境的各个因子的特性、计算方法、测量方法和仪器以及它们对环境的影响；既考虑教学时数，避免繁杂，又考虑实际生产需要，略予扩充。本书所讲的输电线路包括不同电压等级的交流输电线路和直流输电线路。交流线路的环境因子包括工频电场、磁场，无线电干扰和可听噪声，直流输电线路的环境影响因子包括直流合成电场、离子流，直流磁场，无线电干扰和可听噪声。虽然无线电干扰和可听噪声为两类输电线路所共有，但其特性并不相同。全书分为4篇，从理论基础到生产实际，教学中可根据实际的学习需求，进行相应的安排和调整。通过本书的学习，读者可掌握输电线路电磁环境的基本理论、现场测试和影响分析，为从事相关专业工作奠定良好的基础。

本书共分为4篇14章。第1篇为基础篇，共5章，包括电力系统、电磁环境、静电场、静磁场和电晕现象。第2篇为输电线路环境影响因子，共分4章，包括工频电场与磁场、直流合成电场与直流磁场、无线电干扰和输电线路可听噪声。第3篇为测量原理和测量方法，分为2章。第4篇为环境影响，共分3章，包括输电线路电磁环境对生态的影响、对金属管线（石油管线）和无线电台站的影响。书中还配有思考题供学习使用。

本书得到了中国电力科学研究院武汉分院、国网电力科学研究院、三峡大学、国网陕西省电力公司、国网西藏电力有限公司和国网浙江省电力有限公司等单位的大力支持。中国电力科学研究院邬雄教授级高级工程师、国网陕西省电力公司吴健教授级高级工程师提出了宝贵建议，在此一并表示感谢。

由于水平和经验所限，书中难免有缺点或错误，敬请读者批评指正。

编 者

2019年12月

目 录

前言

第1篇 基 础 篇

第1章 电力系统 ··· 1
1.1 电力系统组成 ·· 1
1.2 输电线路 ··· 2

第2章 电磁环境 ··· 9
2.1 电磁环境概述 ·· 9
2.2 环境保护 ··· 12

第3章 静电场 ·· 15
3.1 电荷 ·· 15
3.2 库仑定律 ··· 15
3.3 静电场的量度 ·· 16
3.4 静电场中的导体 ·· 21
3.5 静电屏蔽 ··· 23
3.6 静电场中的电介质 ·· 23

第4章 静磁场 ·· 27
4.1 概述 ·· 27
4.2 磁场的物理表征 ·· 29
4.3 相关定理 ··· 32

第5章 电晕现象 ··· 36
5.1 电离的基本过程 ·· 36
5.2 放电现象 ··· 40
5.3 空气中圆形导体的电晕放电 ··· 42
5.4 电晕放电电流 ·· 46
5.5 电晕效应 ··· 50

第2篇 输电线路环境影响因子

第6章 工频电场与磁场 ·· 59
6.1 概述 ·· 59
6.2 计算方法 ··· 60
6.3 特性及影响 ··· 69

  6.4 工频电场、磁场的控制 ··· 81
第 7 章 直流合成电场与直流磁场 ··· 94
  7.1 概述 ·· 94
  7.2 计算方法 ·· 95
  7.3 分布特性与影响因素 ·· 98
第 8 章 无线电干扰 ··· 104
  8.1 无线电干扰的形成机理 ·· 104
  8.2 无线电干扰传播分析 ·· 106
  8.3 线路无线电干扰特性 ·· 118
  8.4 无线电干扰的计算方法 ·· 121
  8.5 无线电干扰限值标准 ·· 134
第 9 章 输电线路可听噪声 ··· 136
  9.1 电晕噪声 ·· 136
  9.2 电晕噪声的影响因素 ·· 142
  9.3 电晕噪声的计算方法 ·· 148
  9.4 输电线路风噪声的产生 ·· 153
  9.5 风噪声计算方法 ·· 155
  9.6 降低风噪声措施 ·· 155

第 3 篇 测量原理和测量方法

第 10 章 测量原理 ··· 160
  10.1 工频电场测量原理及校准 ·· 160
  10.2 工频磁场测量原理及校准 ·· 163
  10.3 直流合成电场测量原理及校准 ·· 164
  10.4 离子电流密度测量原理及校准 ·· 171
  10.5 直流磁场测量原理及校准 ·· 172
  10.6 无线电干扰测量原理及校准 ·· 174
  10.7 可听噪声测量原理及校准 ·· 179
第 11 章 测量方法 ··· 185
  11.1 工频电场、磁场测量方法 ·· 185
  11.2 直流合成场强和离子电流密度的测量方法 ·································· 190
  11.3 高压架空交直流输电线路无线电干扰测量方法 ·························· 193
  11.4 高压交直流输电线路可听噪声测量方法 ······································ 196
  11.5 直流线路的磁场测量方法 ·· 198

第 4 篇 环 境 影 响

第 12 章 输电线路电磁环境的生态影响 ··· 200
  12.1 工频电场的生态影响 ·· 201

12.2 直流合成电场及离子电流的环境影响	213
12.3 工频磁场的环境影响	216
12.4 直流磁场的生态影响	218
12.5 可听噪声的生态影响	219

第13章 电磁环境对金属管线（石油管线）的影响 223

13.1 交流输电线路对埋地金属管道的干扰	223
13.2 输电线路与管道理想平行时感性耦合的计算模型	224
13.3 与管道非理想平行时感性耦合	229
13.4 输电线路正常运行时对埋地金属管道电磁影响	235
13.5 对管道工作人员人身安全的影响	242

第14章 电磁环境对无线电台站的影响 249

14.1 无线电无源干扰	249
14.2 无线电有源干扰	261

附录 270

附录A 相关电磁环境标准	270
附录B 相关法律法规	272

参考文献 273

第1篇 基 础 篇

第1章 电 力 系 统

电能是最方便和最清洁的二次能源，是现代人类社会利用能源的主要方式。电能的生产和使用要经过组成电力系统的发电、输电、配电和用电等环节。可以说电力系统就是由分布在辽阔地域的发电机、变压器、输配电线路、用电设备等组成的大型互联系统，也是最大的人造能量传送网络。现代电力系统具有规模巨大、结构复杂、运行方式多变、非线性因素众多、扰动随机性强等基本特征。

1.1 电力系统组成

由发电、变电、输电、配电和用电等环节组成的电力系统是电能的生产与消费系统，它的功能是将自然界的一次能源通过发电动力装置（主要包括锅炉、汽轮机、发电机及电厂辅助生产系统等）转化成电能，再经输、变电系统及配电系统将电能供应到各负荷中心，通过各种设备再转换成动力、热、光等不同形式的能量，为经济和人民生活服务。

电力系统的主体结构分电源、电网和负荷三个部分。电源指各类发电厂、站，它将一次能源转换成电能。电网由变电站、输电线路、配电线路等构成。它的功能是将电能升压到一定电压等级后输送到负荷中心，再降压至一定等级后，经配电线路与用户相联。负荷中心即电能的消费场所，由各种电气设备把电能再转换成动力、热、光等不同形式的能量加以运用。

为保证系统安全、稳定、经济地运行，必须在不同层面上依不同要求配置各类自动控制装置与通信系统，组成信息与控制子系统。这种信息与控制子系统已成为实现电力系统信息传递的神经网络，使电力系统具有可观测性与可控性，从而保证电能生产与消费过程的正常进行以及事故状态下的紧急处理。

1.1.1 发电

目前主要有以下几种发电方式：

（1）火力发电。燃烧煤炭、石油、液化天然气等燃料，产生的热能使锅炉水管中的水受热成为高温高压的蒸汽，并推动汽轮机转动，进而带动发电机发电。

（2）水力发电。利用高处的水向低处流动时的势能转换为动能，通过装设在水道低处的水轮机将水流的推动转换为转动，带动发电机从而将机械能转换为电能。

（3）核能发电。利用核反应（裂变）时产生的能量，将反应堆中的水加热产生蒸汽，在蒸汽的推动下，汽轮机带动发电机转动产生电能。

（4）风力发电。利用风力推动风车带动发电机发电。

(5) 太阳能发电。利用聚热装置将太阳热能聚集并加热水管中的水产生蒸汽，进而带动涡轮发电机发电，称为太阳热能发电；将具有光电效应的硅材料制成太阳能电池板，通过接受太阳光能的照射将光能直接转变成电能，称为太阳光能发电。

此外，还有多种发电方式，如磁流体发电、潮汐发电、海洋温差发电、波浪发电、地热发电、生物质能发电等。

1.1.2 输电

输电是将发电站发出的电能通过高压输电线路输送到消费电能的地区（也称负荷中心），或进行相邻电网之间的电力互送，使其形成互联电网或统一电网，以保持发电和用电或两个电网之间的供需平衡。

输电方式主要有交流输电和直流输电两种。通常所说的交流输电是指三相交流输电。直流输电则包括两端直流输电和多端直流输电，绝大多数的直流输电工程都是两端直流输电。此外，直流输电还包括联网用的背靠背换流站，这种换流站可以连接两个不同电压等级或不同频率的电网，在非同步电网的联结方面具有重要意义。

对于交流输电而言，输电系统是由升压变电站的升压变压器、高压输电线路、降压变电站的降压变压器组成的。对于直流输电来说，它的输电功能由直流输电线路和两端的换流站内的各种换流设备包括一次设备和二次设备来实现。

1.1.3 配电

配电是在消费电能的地区接受输电网受端的电力，然后进行再分配，输送到城市、郊区、乡镇和农村，并进一步分配和供给工业、农业、商业、居民以及特殊需要的用电部门。与输电网类似，配电网主要由电压相对较低的配电线路、开关设备、互感器和配电变压器等构成。配电网几乎都采用三相交流网络。

1.1.4 用电

用电主要是通过安装在配电网上的变压器，将配电网上电压进一步降低到更低的电压，如 380V 三相电压或 220V 单相电压，供最终居民等用户直接使用。

1.2 输电线路

输电是用变压器将发电机发出的电能升压后，再经断路器等控制设备接入输电线路来实现。按结构形式，输电线路分为架空输电线路和电缆线路。架空输电线路由线路杆塔、导线、绝缘子、线路金具、拉线、杆塔基础、接地装置等构成，架设在地面之上。按照输送电流的性质，输电分为交流输电和直流输电。19 世纪 80 年代成功地实现了直流输电。但由于直流输电的电压在当时技术条件下难于继续提高，以致输电能力和效益受到限制。19 世纪末，直流输电逐步为交流输电所代替。交流输电的成功，迎来了 20 世纪电气化社会的新时代。

1.2.1 高压交流线路结构

物理结构上，架空输电线路基本上由安装在铁塔上的绝缘子串悬挂的导线构成。如图 1-1 所示为典型三相导线水平布置的塔头结构线路示意图。三相导线 A、B 和 C 可以如图 1-1 所示的水平方式布置，也可以三角形结构形式布置。如图 1-1 所示，为防雷击还安装了一根或两根地线。为增加输送能力，减少线路走廊更常用的结构是同塔双回路，主要用于提高给定走廊的输送容量。典型的同塔双回路线路结构如图 1-2 所示。每一回路的三相导线归集在铁塔的一侧，以如图 1-2 所示的垂直方式或直立三角形方式布置。值得指出的是，与前述典型结构不同的结构也是存在的。比如，在一个走廊需要最大输送容量的情况下，同塔双回路线路也用于 500、750kV，甚至是 1000kV 线路。相似的，在更低电压等级线路上，同塔上可以安装多于两回路的线路。

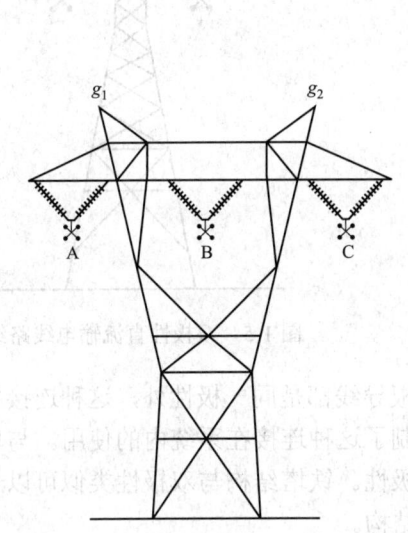

图 1-1 典型三相导线水平布置的塔头结构线路示意图

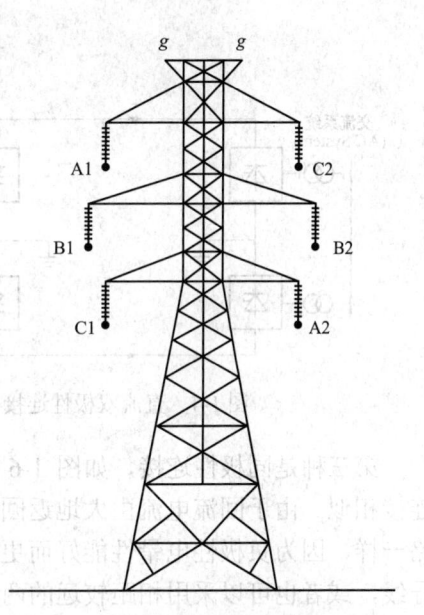

图 1-2 同塔双回输电线路结构

1.2.2 高压直流线路

线路结构有三种基本的直流连接方式，每一种方式都对应着特定的输电线路结构。

第一种是单极性连接，如图 1-3 所示，这种连接只用一根正极性或负极性导线而用大地作为回流导线。因为有更好的电晕性能，单极性线路更多地采用负极性。线路结构非常简单，由结构合适的构架支撑一根高于地面的单导线或分裂导线构成。可在导线上方有一根地线用于提供防雷保护。

图 1-3 直流单极性连接

第二种也是最常用的一种，双极性连接，如图 1-4 所示。这种连接有一正一负两根导线。两端连接的直流侧端部设备由两个相同容量的换流器串联而成，换流器之间的中性点通常在两端连接到大地。这样允许两极独立运行，在一极故障的情况下，另一极可以在短时间内承受双极性连接的全部功率。在正常运行条件下，两极的电流几乎相等，这就使得流入大地的电流可以忽略不计。典型的双极性直流输电线路结构如图 1-5 所示。双极性导线由简单的带有横担的干字塔悬挂在其两侧。通常两根地线在极导线上方对称地布置在两极导线上方，主要用于防雷保护，有时地线也可与铁塔绝缘用作金属地回流线。

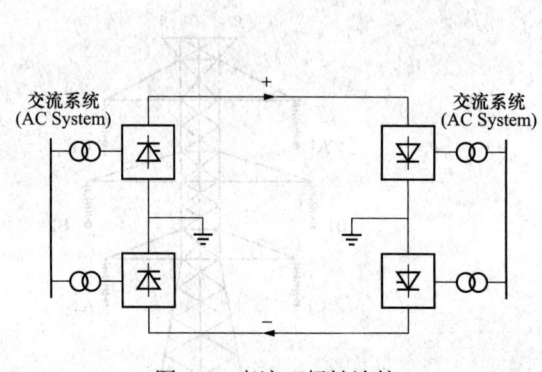

图 1-4　直流双极性连接

图 1-5　双极性直流输电线路结构

第三种是同极性连接，如图 1-6 所示。除两根导线都是同一极性外，这种连接与双极性连接相似。由于回流电流由大地返回，这严重限制了这种连接在系统内的使用。与单极性线路一样，因为负极性电晕性能好而更多地采用负极性。铁塔结构与双极性类似可以悬挂两根导线，或者也可以采用相距较远的两个单极性的结构。

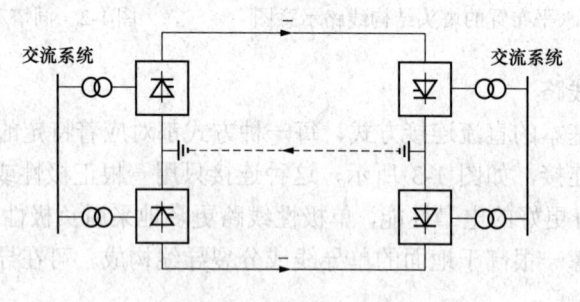

图 1-6　直流同极性连接

1.2.3　输电线路电磁模型

电磁模型是高压交流和直流输电线路电晕性能诸多方面分析的基本组成部分。本节简要概述电磁模型用于输电线路结构分析的一般原则。这里列出的几种方法将在后续章节中进一步研究。

（1）理想化导线结构。导线由不同的输电杆塔支撑，这些杆塔可由钢材、木头或水泥构成，间距约数百米。在相邻的杆塔之间，导线形似一条悬链线。为方便电磁模型研究，通常采用理想化的输电线路结构，也就是由一定数量的无限长相互平行圆柱形导体，平行布置在无限大的地面之上。在模型中经常忽略输电杆塔，而且在不平坦地面上的悬链线形的导线被放置在地平面上实际导线平均高度处的平直导线所代替。最终用于电磁模型的 n 根导线输电线路的理想化二维结构如图 1-7 所示。导线数量 n 随不同形式的交直流线路而不同。

图 1-7 理想化的输电线路导线结构

（2）基于场理论的模型。任何装置的电磁模型通常是由麦克斯韦（Maxwell）方程组得到的，方程组中不同的矢量形式为

$$\nabla \times \boldsymbol{H} = \boldsymbol{j} + \frac{\partial \boldsymbol{D}}{\partial t} \tag{1-1}$$

$$\nabla \times \boldsymbol{E} = -\frac{\partial \boldsymbol{B}}{\partial t} \tag{1-2}$$

$$\nabla \times \boldsymbol{D} = \rho \tag{1-3}$$

$$\nabla \times \boldsymbol{B} = 0 \tag{1-4}$$

式中：$\boldsymbol{H}$ 为磁场强度，A/m；$\boldsymbol{E}$ 为电场强度，V/m；$\boldsymbol{D}$ 为电场位移强度，C/m²；$\boldsymbol{B}$ 为磁通密度，Wb/m²；$\boldsymbol{j}$ 为电流密度，A/m²；ρ 为电荷密度，C/m³。$\boldsymbol{H}$、$\boldsymbol{E}$、$\boldsymbol{D}$、$\boldsymbol{B}$ 和 $\boldsymbol{j}$ 为矢量，ρ 为标量。

式（1-1）是修正的时变电场安培定律的麦克斯韦方程表达式，安培定律初始形式用于时变电场时，违背了电流连续定律，特别是在含有绝缘介质和电容的情况下。为改变这种情况，麦克斯韦定义了总电流密度，即传导电流 i 和位移电流 $\frac{\partial \boldsymbol{D}}{\partial t}$ 之和。式（1-2）是法拉第电磁感应定律表达式，式（1-3）是高斯公式，式（1-4）表明了磁感线是连续的。

对任何装置或设备的完整电磁分析，除了包括以上四个场方程外，还需要以下与三个场所处介质特性相关的方程

$$\boldsymbol{D} = \varepsilon_0 \boldsymbol{E} \tag{1-5}$$

$$\boldsymbol{B} = \mu_0 \boldsymbol{H} \tag{1-6}$$

$$\boldsymbol{j} = \sigma \boldsymbol{E} \tag{1-7}$$

式中：ε_0 为介电常数；μ_0 为磁导率；σ 为介质的电导率。

自由空间介电常数和磁导率分别为：$\varepsilon_0 = 8.854 \times 10^{-12}$ F/m，$\mu_0 = 4\pi \times 10^{-7}$ H/m。任意介质的介电常数可写为 $\varepsilon = \varepsilon_r \cdot \varepsilon_0$，$\varepsilon_r$ 为无量纲相对介电常数。类似的，磁导率可写为 $\mu = \mu_r \cdot \mu_0$，μ_r 为无量纲的相对磁导率。σ 为介质的电导率（电阻率的倒数），S/m。

与输电线路相关的电磁场问题，线路导线结构用图 1-7 表示，可以用适当的边界条件和式（1-1）～式（1-7）来解决。式（1-1）～式（1-6）是对时间和空间的三维偏微分方程组。前两个方程构成互耦的偏微分方程组，为求得电场和磁场分量必须同时求解这个方程组。可在时域，也可在频域分析这些方程组。对于时域分析，可用傅里叶变换将场从时域变换到频域，反之亦然。

考虑自由空间中这种特殊电磁现象，也就是没有电荷和传导电流，用式（1-5）和式（1-7）代入式（1-1）和式（1-2）得到电场 E 和磁场 H 的独立方程

$$\nabla^2 B = \mu_0 \varepsilon_0 \frac{\partial^2 B}{\partial t^2} \tag{1-8}$$

$$\nabla^2 H = \varepsilon_0 \frac{\partial^2 H}{\partial t^2} \tag{1-9}$$

式（1-8）和式（1-9）称为波动方程，用于描述空间和时域波的电场和磁场分量的传播，涉及电磁波在自由空间中的传播速度 $v_0 = 1/\sqrt{\mu_0 \varepsilon_0}$。

从电磁角度看，以图1-7所示的理想化结构表示的输电线路可考虑为某种形式的波导，电磁能量在其上以波的形式传播。在波导中，电磁传播以不同模式发生，也就是横电场波（TE），横磁场波（TM）和横电磁波（TEM）模式。每一模式的命名是基于在与传播方向垂直的那种场分量，即电场、磁场以及电场和磁场。以某种特定模式发生或以其为主的传播完全取决于波导的物理尺寸和电磁能量的频率。

对于如图1-7所示的理想化结构，并忽略损耗，实际交流和直流输电线路的物理尺寸只能允许200MHz以下所有频率的电磁能在其上以TEM的形式出现。由于实际线路的导线（和大地）上确实有电能损失，导致电场和磁场在传播方向上有微小的分量。进而，从严格意义上讲，传播模式不是单纯的TEM，而是TE和TM的混合模式，所以由于纵向场分量比横向场分量小几个数量级，混合波通常近似一个准TEM波。因此输电线路的电磁模型可以认为是准TEM波传播，这一模型既可用如麦克斯韦方程组的场理论也可用电路理论来分析。对于TEM或准TEM模式传播，电场和磁场分量之间相互关联

$$\left| \frac{E}{H} \right| = \sqrt{\frac{\mu_0}{\varepsilon_0}} = Z_0 \tag{1-10}$$

式中：Z_0 为自由空间波阻抗。

通常在频域分析输电线路的电磁传播，可以以角频率为 ω 的正弦变化的形式来考虑电场和磁场的时间变化（对应频率为 f，有 $\omega=2\pi f$），可表示为

$$E = E_0 e^{j\omega t} \tag{1-11}$$

$$H = H_0 e^{j\omega t} \tag{1-12}$$

假定这些正弦变化所得到的波动方程的形式为

$$\nabla^2 E = -\omega^2 \mu_0 \varepsilon_0 E \tag{1-13}$$

$$\nabla^2 H = -\omega^2 \mu_0 \varepsilon_0 H \tag{1-14}$$

这些方程描述了波长为 $\lambda = v_0/f = 2\pi v_0/\omega$ 以光速为速度的正弦波传播。卡尔森（Carson）利用麦克斯韦方程组和一些电路理论的概念来分析在多导线输电线路上的电磁波传播。依据波的频率，可以简化分析方法。

如前所述，式（1-1）和式（1-2）是一组耦合方程，这就是说磁场随时间的变化产生部分电场，反之亦然。从频域看，由变化的磁场产生的电场的比例随频率的增加而增加。在包含工频（50/60Hz）的0~100Hz范围内，这两个方程的耦合几乎可以忽略，两个场可以看作是准静态场。换句话说，电场和磁场可以使用静电场和静磁场的方法各自独立的确定。

例如，输电线路附近电场分布的计算涉及用适当的边界条件求解式（1-3），将式（1-5）代入式（1-3）得到

$$\nabla \cdot E = \frac{\rho}{\varepsilon} \tag{1-15}$$

或者以电位 Φ 表示，由 $E=-\nabla\Phi$ 有

$$\nabla^2\Phi=-\frac{\rho}{\varepsilon} \tag{1-16}$$

没有空间电荷时 $\rho=0$，式（1-16）简化为

$$\nabla^2\Phi=0 \tag{1-17}$$

在静电场理论中，式（1-16）称为泊松（Poisson）方程，式（1-17）称为拉普拉斯（Laplace）方程。

与交流和直流输电线路相关的电场分布，无论在导线表面还是远离导线，都可以使用拉普拉斯方程和施加于导体上的已知电位来确定。尽管如此，这样的方法对于任何实际的线路结构都是非常复杂的。

（3）基于电路理论的模型。尽管可以将输电线路当作波导考虑，线路上的准 TEM 模式的传播可用电磁场理论来分析，但工程师们通常更推崇基于分布参数的电路理论的模型和分析。通常基于传输线理论的电路理论在本质上遵从麦克斯韦方程组。

在 n 根导线的传输线传播分析中，假定单位长度传输线的 $n\times n$ 阶的感抗矩阵 $[L]$，电阻矩阵 $[R]$，电容矩阵 $[C]$ 和电导矩阵 $[G]$ 是已知的，这些常数可由电路理论得出。角频率对应的线路阻抗和导纳矩阵可写为

$$[Z]=[R]+j\omega[L] \tag{1-18}$$

$$[Y]=[G]+j\omega[C] \tag{1-19}$$

沿线路传播的正弦电压和电流的耦合方程为

$$\frac{d[V_x]}{dx}=-[Z][I_x], 0<x<l \tag{1-20}$$

$$\frac{d[I_x]}{dx}=-[Y][V_x], 0<x<l \tag{1-21}$$

式中：$[V_x]$ 和 $[I_x]$ 分别为在距离 x 处线路电压和电流的复矢量，l 为线路总长度。假定线路两端连接有合适的电压源和电流源以及阻抗网络，可由式（1-20）和式（1-21）得到传输线的频域波动方程

$$\frac{d^2[V_x]}{dx^2}=[Z]Y[V_x], 0<x<l \tag{1-22}$$

$$\frac{d^2[I_x]}{dx^2}=[Y]Z[I_x], 0<x<l \tag{1-23}$$

以上所述的传输线模型将在分析沿短线和长线的无线电传播时广泛应用。

问题与思考

1-1 交流输电电压等级分为哪几类？

1-2 我国第一条特高压交流输电线路是什么？

1-3 架空输电线路的构成是什么？

1-4 高压直流输电线路的架构是怎样的？

1-5 电磁模型用于输电线路结构分析的一般原则是什么？

1-6 试计算加图 1-8 所示线路下方距离边相导线外 5m 处，地面 1m 高处的工频电场。

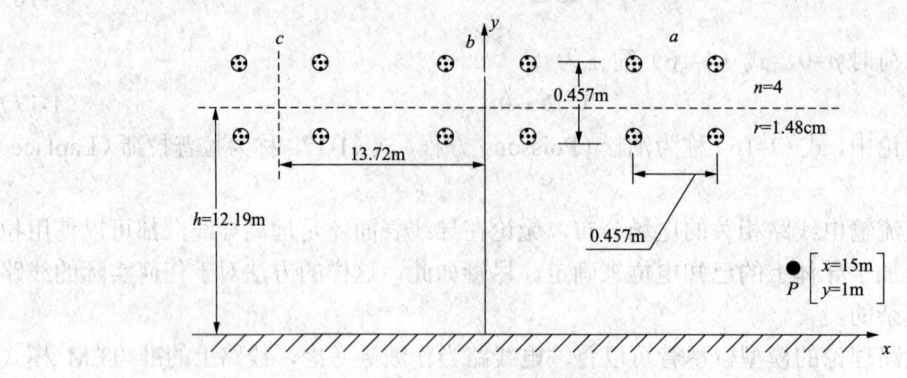

图 1-8 计算例图

第 2 章 电 磁 环 境

人类赖以生存的地球，是浩瀚宇宙中一个微小的部分。地球自身的磁场、电荷构成了地球自然的电磁环境；宇宙中各种射线、粒子等形成的辐射同时作用于地球，进一步加强了地球的电磁环境。此外，人类为了生活大力发展的各种用电设备，在局部区域不同程度地改变着电磁环境。

2.1 电磁环境概述

输变电工程包括交流输变电工程和直流送电工程。交流输变电工程由输电线路、变电站等构成，直流送电工程由输电线路和换流站、接地极线路和接地极等构成。

电磁环境作为输变电工程特有的环境现象，是指由带电导体产生的电场、载流导体产生的磁场、输电线路导线与变电站（换流站）母线等带电导体表面产生的电晕放电引起的无线电干扰与电晕噪声、变电站（换流站）主设备运行产生的可听噪声等，使输变电工程附近局部区域环境受到影响的现象。

带电导体中的电荷在其周围产生电场，运动的电荷产生磁场。此外，带电导体由于电荷分布的不均匀性，导致局部电荷密度过大，电场强度高而引起电晕，从而产生离子、电晕噪声和无线电干扰等。

变电站、换流站中的大型能量交换设备如变压器、换流变压器、电抗器等运行时，也会产生很大的噪声。

所有这些现象，构成了输变电工程电磁环境；所有这些因素均是输变电工程的环境影响因子。

2.1.1 交流输变电工程的电磁环境因子

交流输变电工程的环境影响主要包括工频电场及静电感应、工频磁场及电磁感应、无线电干扰、可听噪声等。从频率上说，这几方面覆盖了从低频 50Hz 到上百兆赫兹的范围。

1. 工频电场和工频磁场

场是一种以看不见摸不着的特殊形式存在的物质。

带电或运行中的输变电设施周围存在的电场和磁场是由其导体上载有的电荷所产生的。因此电场和磁场总是伴随着电能的传递而存在，与电能的传递是不可分割的。

工频电场由输电线路或带电设备的电荷（电压）产生，随电压的变化而变化。变电站、换流站的设备集中、连接线复杂，电场分布受带电导体、绝缘体和接地体的相互影响。

输电线路的工频电场仅由三相导体产生，受地形、周围物体的影响。线路导线的布置方式决定了电场的分布。

工频磁场由导体中的运动电荷（电流）产生。受导体附近物体影响较小，电流集中的地方和设备附近的磁场较大，线路导线的布置方式也与磁场的分布有关。

2. 无线电干扰

带电导体表面场强超过某一数值后，将引起附近空气电离，形成电晕，导致无线电干扰的产生。可以认为电晕放电产生的无线电干扰是高压架空送电线路的固有特性，其频率基本上就在 30MHz 以内。

无线电干扰是指在无线电通信过程中发生的有用信号受损害或受阻碍而导致接收质量下降。输电线路的无线电干扰主要是由导线、绝缘子或线路金具等的电晕放电产生，电晕形成的电流脉冲注入导线，并沿导线向注入点两边流动，从而在导线周围产生电磁场，即无线电干扰场。由于高压架空送电线路的导线上沿线"均匀地"出现电晕放电和电流注入点，考虑其合成效应，导线中形成了一种脉冲重复率很高的稳态电流，所以架空送电线周围就形成了的脉冲重复率很高的稳态无线电干扰场。

设备的无线电干扰主要由变电设备如变压器、电抗器和断路器、隔离开关及母线等产生。由于设备尺寸较小，一般认为其产生的无线电干扰电流会沿变电站进出线向外流出。

3. 可听噪声

（1）输电线路。输电线路的可听噪声一般较小，这是因为在线路设计中，在考虑输送容量的同时，为减小电晕损耗已将导线表面的电位梯度降低到了一定的水平，既满足了运行经济性的要求，又可满足降低电晕噪声和无线电干扰的要求。交流输电线路的可听噪声受到环境气候的影响较大。在晴好天气时，交流线路的可听噪声较小，随着空气湿度的增加，导体起晕电压将降低，电晕放电增强，从而导致电晕可听噪声的增大。一般而言，大雨天气时的噪声比晴好天气时噪声大 15dB 左右。但由于大雨天气时背景噪声很大，电晕可听噪声并不明显，而在小雨或大雾等相对湿度很大、背景噪声较小时，交流输电线的噪声比较明显。

现场测量的数据表明，输电线路的噪声在晴好天气时，与背景噪声水平相当，一般不会对环境造成明显的影响。

（2）变电站。变电站设备噪声主要由大型设备如变压器、电抗器、滤波器等产生。变压器的噪声由变压器本体噪声及辅助冷却装置噪声两部分组成。本体噪声包括铁芯、绕组、油箱（包括磁屏蔽等）等产生的噪声。

变压器因铁芯在磁通作用下产生磁致伸缩振动所引起"嗡嗡"声为电磁性可听噪声。功率越大，电磁性可听噪声越高。变压器冷却风扇主要由空气动力性噪声、机壳、管壁、电动机轴承等辐射的机械性噪声和风机振动带动变压器壳体振动辐射的固体声。变压器的振动通过基础地面向邻近的建筑结构传递，引起它们振动而产生的噪声为二次噪声。

2.1.2 直流输电工程的电磁环境影响因子

直流输电线路的电磁环境问题主要考虑离子流、直流合成场强、直流磁场、无线电干扰和可听噪声等。其中，合成场强和离子流是高压直流输电的特有现象，也是与交流输电环境影响的重要差别之一。从频率上说，这几方面覆盖了从 0Hz 到上百兆赫兹的范围。

（1）离子流。空间带电离子运动形成离子电流，或称为离子流。穿过单位面积的离子流称为离子流密度。

在交流输电线路导线附近的正负离子在交变电场的影响下，不可能迁移较大的距离，而在直流输电线路，导线电晕所产生的离子在迁移距离上可达几百米之外。

离子电流密度的大小与导线表面电场强度及电晕起始场强有关；导线表面电场强度与导线结构，包括分裂数、子导线直径、极导线间距和导线对地高度等有关；电晕起始场强与导线表面状况和天气等因素有关。当直流线路的几何尺寸确定之后，导线表面电场强度越高，电晕起始电场强度越小，离子电流密度越大。

（2）直流合成场强。直流电场方向是不随时间变化的，除了导线电压产生的场强外，与其同一极性的空间电荷也产生场强，两者的矢量和构成总场强，称为合成场强。空间电荷在地表产生的场强可达导线电压产生场强的 2 倍以上，电荷漂移导致漂移方向上的合成场强增大。离子的存在和分布决定了直流输电线路电场的复杂性。

合成电场与导线表面电场强度及电晕起始场强有关；与导线结构，包括分裂数、子导线直径、极导线间距和导线对地高度等有关；电晕起始场强与导线表面状况和天气等因素有关。当直流线路的几何尺寸确定之后，导线表面电场强度越高，电晕起始电场强度越小，合成电场越大。因此，降低导线表面电场强度或提高电晕起始电场强度均可以减小合成电场。

（3）直流磁场。直流磁场的产生与交流输电线路产生的工频磁场的机理相同，即电流产生磁场，但直流磁场是由正负两个方向的电流产生的；同时受到地球磁场的影响。

地磁总强度由我国南海海域的 $40\mu T$ 左右，向北逐渐增加到黑龙江流域的 $50\mu T$ 左右，地磁场的强度由南向北逐渐增大。

我国±500kV 直流工程的输送电流在 1200A 或在 3000A，±800kV 和±1100kV 特高压直流输送电流在 4000~5500A。输电线路在额定电流运行时，产生的磁场与地球磁场相当，且线路磁场随距离增加而快速衰减，仅影响输电线路附近数十米的带状区域。

（4）无线电干扰。直流输电线路极导线电晕并不相同，研究发现，正极性极导线电晕强于负极性导线。正极性的无线电干扰大于负极性极导线，在实际测量或计算中一般只考虑正极性导线电晕。直流电晕现象因天气变化情况与交流相反，晴天时大，阴雨天时小。

（5）可听噪声。直流输电线路的电晕噪声同样受到天气的影响。但与交流输电线路不同，直流输电线路晴天时的可听噪声比雨天时的大。

与无线电干扰一样，正极性导线噪声大，只考虑正极性电晕。

2.1.3 辐射

辐射是不以人的意志为转移的客观事物。在我们赖以生存的环境中，辐射无处不在。按照辐射作用于物质时所产生的效应不同，人们将辐射分为电离辐射与非电离辐射（电磁辐射）两类。电离辐射包括宇宙射线、X 射线和来自放射性物质的辐射。电磁辐射包括紫外线、热辐射、无线电波和微波。

1. 电离辐射

电离辐射是指携带足以使物质原子或分子中的电子成为自由态，从而使这些原子或分子发生电离现象的能量的辐射。电离辐射的特点是波长短、频率高、能量高。电离辐射可以从原子、分子或其他束缚状态中放出一个或几个电子，高速带电粒子有 α 粒子、β 粒子、质子，不带电粒子有中子以及 X 射线、γ 射线。

电离辐射包括自然辐射和人造辐射。

（1）自然辐射来源于太阳、宇宙射线和在地壳中存在的放射性核素。从地下溢出的氡是自然辐射的另一种重要来源。从太空来的宇宙射线包括能量化的光量子、电子、γ 射线和 X 射线。在地壳中发现的主要放射性核素有铀、钍和钋及其他放射性物质。它们释放出 α、β 或 γ 射线。

（2）人造辐射广泛用于医学，工业等领域。人造辐射主要用于医用设备（例如医学及影像设备）、研究及教学机构、核反应堆及其辅助设施（如铀矿以及核燃料厂）、工业检测（锅炉及压力容器无损检测）。上述设施必将产生放射性废物，其中一些泄漏出一定剂量的辐射。

2. 电磁辐射

电磁辐射是指电磁辐射源以电磁波的形式发射到空间的能量流。电磁辐射源发射的电磁波频率越高，它的波长就越短，电磁辐射就越容易产生。高频电磁场的电场和磁场是交替产生向前传播而形成电磁能量的辐射。一般而言，只有当辐射体长度大于其工作波长的 1/4 时，才有可能产生有效的电磁辐射。

广播通信、雷达导航、微波炉产生的微波等辐射属于电磁辐射，而 50Hz 频率处，输变电设施产生的工频电场、工频磁场是极低频场。重要的是，在输变电设施周围，不存在工频电场、工频磁场交替变化，不存在"一波一波"地向远处空间传送能量的情况。

在国际权威机构（如世界卫生组织、国际非电离辐射防护委员会等）的文件中，交流输变电设施产生的电场和磁场被明确地称为工频电场和工频磁场，而不称电磁辐射。

2.2 环 境 保 护

环境保护是指人类为解决现实的或潜在的环境问题，协调人类与环境的关系，保障经济社会的持续发展，有意识地保护自然资源并使其得到合理的利用，防止自然环境受到污染和破坏；对受到污染和破坏的环境必须做好综合治理，以创造出适合于人类生活、工作的环境而采取的各种行动的总称。

环境保护涉及自然科学和社会科学许多领域，其方法和手段有工程技术的、行政管理的，也有法律的、经济的、宣传教育的等。其内容主要有：

（1）防治由生产和生活活动引起的环境污染，包括防治工业生产排放的"三废"（废水、废气、废渣）、粉尘、放射性物质以及产生的噪声、振动、恶臭和电磁辐射，交通运输活动产生的有害气体、液体、噪声，海上船舶运输排出的污染物，工农业生产和人民生活使用的有毒有害化学品，城镇生活排放的烟尘、污水和垃圾等造成的污染。

（2）防止由建设和开发活动引起的环境破坏，包括防止由大型水利工程、铁路、公路干线、大型港口码头、机场和大型工业项目等工程建设对环境造成的污染和破坏，农垦和围湖造田活动、海上油田、海岸带和沼泽地的开发、森林和矿产资源的开发对环境的破坏和影响，新工业区、新城镇的设置和建设等对环境的破坏、污染和影响。

（3）保护有特殊价值的自然环境，包括对珍稀物种及其生活环境、特殊的自然发展史遗迹、地质现象、地貌景观等提供有效的保护。另外，城乡规划，控制水土流失和沙漠化、植树造林、控制人口的增长和分布、合理配置生产力等，也都属于环境保护的内容。环境保护已成为当今世界各国政府和人民的共同行动和主要任务之一。我国则把环境保护宣布为我国的一项基本国策，并制定和颁布了一系列环境保护的法律、法规，以保证这一基本国策的贯彻执行。

环境保护的目的是合理利用自然资源，防止环境污染和破坏，以保持和发展生态平衡，扩大有用自然资源的再生产，保证人类社会发展。

2.2.1 电磁环境保护

电力在社会生产和人类生活中的广泛应用和电子及通信技术的发展，导致电磁场、电磁波弥漫在人类的生存环境中，形成现代社会所特有的电磁污染。为防止各种电磁场对人体健康的影响、对通信和电子设备的干扰、以及对易燃易爆设施的危害，采取一定的抑制和防护措施是必要的。

对于电磁辐射环境管理，国家有较系统的法规与标准，这是国家实施辐射环境管理的法律依据和评价伴有电磁辐射建设项目的科学标准。主要有《中华人民共和国环境影响评价法》（中华人民共和国主席令第七十七号）、《电磁辐射环境保护管理办法》（国家环境保护总局令第十八号）、《建设项目环境保护分类管理名录》（国家环境保护总局令第十四号）、《电磁辐射防护规定》（GB 8702-2014）、《环境影响评价技术守则 输变电工程》（HJ/T 24-2014）。

对于噪声环境管理，国家有较系统的法规与标准，这是国家实施辐射环境管理的法律依据和评价伴有噪声建设项目的科学标准。主要有《工业企业厂界噪声标准》（GB 12348-2008）、《城市区域环境噪声标准》（GB 3096-2008）。

我国对输变电工程的环境影响评价进行了详细的规定。HJ/T 24-2014 适用于 500kV 超高压送变电工程电磁辐射环境影响的评价，110、220kV 及 330kV 送变电工程电磁辐射环境影响的评价、以及对上述工程项目的审批和管理目前也参照该标准执行。

2.2.2 电磁环境影响的宣传

由于电磁环境影响知识宣传得不够，人民群众对电磁环境影响的认识不够，导致人民群众对输变电工程存在恐惧和抵制心理，给输变电工程建设带来诸多不利影响，在全国范围内引发诸多输变电工程建设与居民争议的案例。

保护电磁环境必须坚决贯彻执行国家相关的法律法规、国标和行业标准；必须始终坚持国家电网公司提出的"建设环境友好型工程"的方针；还必须大力开展有关电磁环境的科普和宣传工作。事实证明，发生过的不少纠纷，是由于群众对电磁环境影响有误解而引起的。

[例1] 2004年颐和园附近某小区业主将北京市规划委员会起诉至海淀法院，请求法院撤销市规委为北京电力公司核发的（2003）规建市政字××××号《建设工程规划许可证》。因为该许可证许可北京电力公司在该小区西侧绿地上施工架设 220kV 高压输电线市环保局对该工程建设进行了环境影响评价，并予以批准。

该小区业主声称，根据电学常识，高压输电线导线周围的工频电场会产生强大的电磁辐射，并会对人体造成严重危害。而北京市的相关专家也提出了不同的看法，认为高压线不会产生强大的电磁辐射，与恶疾无关，无须对输变电工程的电磁影响恐慌。

随后，颐和园附近高压线环保听证会举行，该高压线是否会造成电磁辐射成争论焦点。北京市环保局召开专家论证会，专家认为，颐和园附近高压线的电磁辐射低于国家标准，公众安全有保障，项目可行。针对专家的"无危害"结论，有12家单位均持异议。在经过多次协商和交流后，颐和园附近高压线正式通过市环保局环境审批。环保局认为，从环境保护角度分析，该项目运行期间主要污染物符合现行的国家标准中的规定；同意工程环境报告书的结论，予以批准建设。

[例2] 2006年，广州市地铁三号线某变电站的建设遭到附近的小区居民反对，认为拟建的变电站电磁辐射污染严重。而该变电站为半地下式安装，主变压器安装位置低于周围地面，GIS（Gas Instulated Switchgear，气体绝缘全封闭配电装置）高压带电部分配备有全封闭的金属外壳，可有效屏蔽和隔绝电磁辐射。

不少居民根据一些不实的资料误认为变电站产生的电磁辐射可能导致各种疾病。同时，地铁三号线变电站线路属于地埋式，辐射强度几乎等于零。完全不会影响人体健康。在地铁二号线主变电站投入运营时，环保部门曾组织专家带专用仪器到居民小区进行现场测评，结果显示："仪器几乎测不到变电站的辐射，而家用主供电线的电磁辐射还高过了变电站的辐射强度"。权威评价辐射强度远低于国家标准。

国家批准的该三号线《环境影响评价大纲》报告书的结论认为：三号线的供电系统和运行区间的电磁辐射远低于国标规定的标准，不会影响乘客、工作人员及地面、高架线路两侧居民的健康。

由此可见，应加大电磁环境影响的宣传，让民众对输变电工程电磁环境有明确的认识。同时，在输变电工程的规划、设计、建设过程中，应充分考虑输变电工程的电磁环境的影响情况，合理规划、科学设计，减小输变电工程对环境的影响，为建设和谐社会做出应有的贡献，实现电网公司的企业社会责任。

问题与思考

2-1 高压输变电工程产生的电磁环境影响因子主要包括哪里？
2-2 电磁环境的概念是什么？
2-3 交流输变电工程的电磁环境因子包括哪些？
2-4 直流输变电工程的电磁环境因子包括哪些？

第3章 静 电 场

3.1 电 荷

　　自然界中的电荷分为正电荷和负电荷两种类型。物体由于摩擦、加热、射线照射、化学变化等原因，失去部分电子时物体带正电，获得部分电子时物体带负电。带有多余正电荷或负电荷的物体称为带电体也称为电荷。

　　电荷既不能创造，也不能消灭，它只能从一个物体转移到另一个物体，或从物体的一部分转移到另一部分，在转移的过程中，系统的电荷总数保持不变；也就是说，一个与外界没有电荷交换的系统，电荷的代数和总是保持不变。

　　电荷的多少称为电荷量，单位为库仑（C）。把电子所带的电荷量称为最小电荷量。20 世纪初，著名的油滴实验证实电荷具有量子性质，也就是说，电荷是由一堆称为基本电荷的单独小单位组成的。基本电荷以符号 e 标记，大约带有电荷量（电量）$1.602×10^{-19}$C。夸克是个例外，所带有的电量为 $e/3$ 的倍数。质子带有电荷量 e；电子带有电荷量 $-e$。

　　点电荷是带电粒子的理想模型。真正的点电荷并不存在，只有当带电粒子之间的距离远大于粒子的尺寸，或是带电粒子的形状与大小对于相互作用力的影响足以忽略时，此带电体就能称为点电荷。

　　点电荷是建立基本规律时必要的抽象概念，也是分析复杂问题时不可少的分析手段。例如，库仑定律、洛伦兹定律的建立，带电体的电场以及带电体之间相互作用的定量研究，试验电荷的引入等，都应用了点电荷的观念。

　　人们规定用丝绸摩擦过的玻璃棒带的是正电荷，用毛皮摩擦过的橡胶棒带的是负电荷。电荷的最基本的性质是：同种电荷相互排斥，异种电荷相互吸引。

3.2 库 仑 定 律

　　在公元前六世纪，人类就发现琥珀摩擦后，能够吸引轻小物体的静电现象。库仑定律（Coulomb's law）是静止点电荷相互作用力的规律，是电学发展史上的第一个定量规律，是电磁学和电磁场理论的基本定律之一，1785 年由法国科学家库仑实验得出。

　　库仑定律的常见表述为：真空中两个静止的点电荷之间的相互作用力，与它们的电荷量的乘积（q_1q_2）成正比，与它们的距离的二次方（r^2）成反比，作用力的方向在它们的连线上，同名电荷相斥，异名电荷相吸。

　　库仑定律的数学表达式为

$$F = k\frac{q_1q_2}{r^2}e_r \tag{3-1}$$

式中：r 为两者之间的距离；e_r 为从 q_1 到 q_2 方向的矢径；k 为库仑常数（静电力常量）。当各个物理量都采用国际制单位时，$k=9.0×10^9$N·m^2/C^2。

使用该公式时，不考虑电荷的正负符号，计算过程用绝对值计算，根据同名电荷相斥，异名电荷相吸来判断力的方向。

库仑定律的微分形式为

$$\nabla \cdot \boldsymbol{D} = \rho \tag{3-2}$$

式中：$\boldsymbol{D}$ 为电位移矢量，在真空中，$\boldsymbol{D}=\varepsilon_0\boldsymbol{E}$，$\boldsymbol{E}$ 为电场强度，ε_0 为真空中的介电常数，实验测得其大小 $\varepsilon_0=8.85\times10^{-12}\mathrm{C}^2/(\mathrm{N}\cdot\mathrm{m}^2)$。$\rho$ 为电荷密度。

该式描述为空间中某一点的电位移矢量的散度等于该处的电荷密度。微分形式的库仑定律也被称为电场的高斯定律，是麦克斯韦方程组的一部分。

在库仑定律的常见表述中，通常会有"真空"和"静止"两个限定词，是因为库仑定律的实验基础（扭秤实验），为了排除其他因素的影响，是在亚真空中做的。另外，一般讲静电现象时，常由真空中的情况开始，所以库仑定律中有真空的说法。

库仑定律还适用于均匀介质中，真空中的库仑力为

$$F = k\frac{q_1q_2}{d^2} = \frac{q_1q_2}{4\pi\varepsilon_0 d^2} \tag{3-3}$$

在均匀无限大介质中（介电常数 $\varepsilon=\varepsilon_r\varepsilon_0$），两个点电荷之间的相互作用力是真空中的 ε_r 倍，即

$$F = \frac{q_1q_2}{4\pi\varepsilon_0 d^2} = \frac{q_1q_2}{4\pi\varepsilon d^2} \tag{3-4}$$

其形式与真空的完全一样。因此，库仑定律不仅适用于真空，还适用于介质中。

库仑定律适用于场源电荷静止、受力电荷运动的情况，但不适用于运动电荷对静止电荷的作用力。由于静止的场源电荷产生的电场的空间分布情况是不随时间变化的，所以，运动的电荷所受到的静止场源电荷施加的电场力是遵循库仑定律的；静止的电荷所受到的由运动电荷激发的电场产生的电场力不遵守库仑定律，因为运动电荷除了激发电场外，还要激发磁场。此时，库仑力需要修正为电磁力。

库仑定律只适用于点电荷之间。带电体之间的距离比它们自身的大小大得多，以至形状、大小及电荷的分布状况对相互作用力的影响可以忽略，在研究它们的相互作用时，把它们抽象成一种理想的物理模型——点电荷，库仑定律只适用于点电荷之间的受力。

库仑定律不仅是电磁学的基本定律，也是物理学的基本定律之一。库仑定律阐明了带电体相互作用的规律，决定了静电场的性质，也为整个电磁学奠定了基础。

3.3 静电场的量度

库仑定律没有解决电荷间相互作用力是如何传递的，甚至按照库仑定律的内容，库仑力不需要接触任何媒介，也不需要时间，而是直接从一个带电体作用到另一个带电体上的。即电荷之间的相互作用是一种超距作用，然而另一批物理学家认为这类力是近距作用，电力通过一种充满在空间的弹性媒介——以太来传递。

英国科学家法拉第在研究电场时首先提出场的观点。他认为电荷会在其周围空间激发电场，处于电场中的其他电荷将受到力的作用，即电荷与电荷的相互作用是通过存在于它们之间的场来实现的。

静电是指静电荷,用于表征电荷在静止时的状态,而静止电荷所建立的电场称为静电场,是指观察者与电荷相对静止时所观察到的电场。它是电荷周围空间存在的一种特殊形态的物质,其基本特征是对置于其中的静止电荷有力的作用。

(1) 电场强度。电场强度是用来表示电场的强弱和方向的物理量。

实验表明,在电场中某一点,试探点电荷(正电荷)在该点所受电场力与其所带电荷的比值是一个与试探点电荷无关的量。于是以试探点电荷(正电荷)在该点所受电场力的方向为电场方向,以前述比值为大小的矢量定义为该点的电场强度,常用 E 表示。

按照定义,电场中某一点的电场强度的方向可用试探点电荷(正电荷)在该点所受电场力的电场方向来确定;电场强弱可由试探电荷所受的力与试探点电荷带电量的比值确定。试探点电荷应该满足两个条件:①它的线度必须小到可以被看作点电荷,以便确定场中每点的性质;②它的电量要足够小,使得由于它的置入不引起原有电场的重新分布或对有源电场的影响可忽略不计。

电场强度的单位为 V/m 或 N/C(这两个单位实际上相等)。常用的单位还有 V/cm。

不同场源情况下的电场强度计算公式如下。

真空中点电荷场强公式为

$$E=kQ/r^2$$

式中:k 为静电力常量,$k=9.0\times10^9$ N·m^2/C^2;Q 为点电荷量,单位为 C。

匀强电场场强公式为

$$E=U/d$$

式中:d 为沿场强方向两点间距离,单位为 m;U 为两点之间电压,单位为 V。

任何电场中都适用的定义式为

$$E=F/q$$

平行板电容器间的场强为

$$E=U/d=4\pi kQ/eS$$

式中:S 为极板面积,单位为 m^2。

介质中点电荷的场强为

$$E=kQ/r^2$$

均匀带电球壳的电场为

$$E_内=0,\ E_外=kQ/r^2$$

无限长直线的电场强度为

$$E=2k\rho/r$$

式中:ρ 为电荷线密度;r 为与直线距离。

带电半圆对圆心的电场强度为

$$E=2k\rho/R$$

式中:R 为半圆半径。

与半径为 R 的圆环所在的平面垂直,且通过轴心的中央轴线上的场强为

$$E=kQh/(h^2+R^2)^{3/2}$$

式中:h 为轴心一点到圆环中心的距离。

对任意带电曲线的场强公式为

$$E=\int k\rho/r^2 \cdot \mathrm{d}S$$

式中：r 为距曲线距离，是坐标 x，y 的函数。带电曲面为它的曲面积分。

（2）电通量。电场的通量与穿过一个曲面的电场线的数目成正比，是表征电场分布情况的物理量。

通常电场中某处面元 $\mathrm{d}S$ 的电通量 $\mathrm{d}\Phi$ 定义为该处场强的大小 E 与 $\mathrm{d}S$ 在场强方向的投影 $\mathrm{d}S\cos\theta$ 的乘积，即

$$\mathrm{d}\Phi=E\mathrm{d}S\cos\theta \tag{3-5}$$

式中：θ 为 $\mathrm{d}S$ 的法线方向 n 与场强 E 的夹角。

电通量是标量，$\theta>90°$ 时为负值。通过任意闭合曲面的电通量 Φ_E 等于通过构成该曲面的面元的电通量的代数和，如图 3-1 所示。

$$\Phi_E=\int\mathrm{d}\Phi_E=\oiint E\cos\theta\mathrm{d}S \tag{3-6}$$

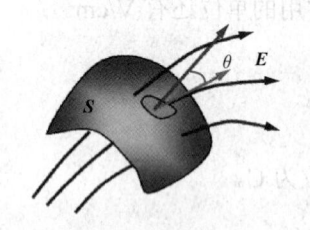

对于闭合曲面，通常取它的外法线矢量（指向外部空间）为正向。

电位移对任一面积的能量为电通量，因而电位移也称电通密度 D。对于各向同性的线性的电介质，如果整个封闭曲面 S 在一均匀的相对介电常数为 ε_r 的线性介质中，则电位移与电场强度成正比

$$D=\varepsilon_r\varepsilon_0 E \tag{3-7}$$

图 3-1　任意闭合曲面的电通量

式中：ε_r 称为介质的相对介电常数，这是一个无量纲的量。

（3）高斯定理。在静电场中，穿过任一封闭曲面的电场强度通量只与封闭曲面内的电荷的代数和有关，且等于封闭曲面的电荷的代数和除以真空中的电容率。高斯定律（Gauss' law）表明在闭合曲面内的电荷分布与产生的电场之间的关系。高斯定律在静电场情况下类比于应用在磁场学的安培定律，而二者都被集中在麦克斯韦方程组中。

设空间有界闭合区域 Ω，其边界 $\partial\Omega$ 为分片光滑闭曲面。函数 $P(x, y, z)$、$Q(x, y, z)$、$R(x, y, z)$，及其一阶偏导数在 Ω 上连续，有

$$\iiint_\Omega \left(\frac{\partial P}{\partial x}+\frac{\partial Q}{\partial y}+\frac{\partial R}{\partial z}\right)\mathrm{d}V=\iint_{\partial\Omega}P\mathrm{d}y\mathrm{d}z+Q\mathrm{d}z\mathrm{d}x+R\mathrm{d}x\mathrm{d}y \tag{3-8}$$

式中：Ω 的正侧为外侧。

式（3-8）即矢量穿过任意闭合曲面的通量等于矢量的散度对闭合面所包围的体积的积分。它给出了闭曲面积分和相应体积分的积分变换关系，是矢量分析中的重要恒等式，也是研究场的重要公式之一。

高斯定理是矢量分析的重要定理之一。它可以被表述为

$$\iiint_V \mathrm{div}F\mathrm{d}V=\iint_{\rho V}F\mathrm{d}S \tag{3-9}$$

式中：$\mathrm{div}F=\dfrac{\partial P}{\partial x}+\dfrac{\partial Q}{\partial y}+\dfrac{\partial R}{\partial z}$，称为向量场 $F=P\mathbf{i}+Q\mathbf{j}+R\mathbf{k}$ 的散度（divergence）。

该式与坐标系的选取无关。

静电学中的高斯定理指出：穿过一封闭曲面的电通量与封闭曲面所包围的电荷量成正比

$$\iiint \rho_V E dS = \frac{1}{\varepsilon_0} \sum_{q_i \text{in} V} q_i \tag{3-10}$$

换一种说法：电场强度在一封闭曲面上的面积分与封闭曲面所包围的电荷量成正比［当所涉体积内电荷连续分布时，式（3-10）右端的求和应变为积分］。它表示，电场强度对任意封闭曲面的通量只取决于该封闭曲面内电荷的代数和，与曲面内电荷的位置分布情况无关，与封闭曲面外的电荷无关。在真空的情况下，Σq 是包围在封闭曲面内的自由电荷的代数和。当存在介质时，Σq 应理解为包围在封闭曲面内的自由电荷和极化电荷的总和。高斯定理反映了静电场是有源场这一特性。

高斯定理是从库仑定律直接导出的，它完全依赖于电荷间作用力的平方反比律。把高斯定理应用于处在静电平衡条件下的金属导体，就得到导体内部无净电荷的结论，因而测定导体内部是否有净电荷是检验库仑定律的重要方法。给定区域中电荷分布，所求量为在某位置的电场。这问题比较难解决。虽然知道穿过某一个闭合曲面的电通量，但这信息还不足以确定曲面上各点处的电场分布，在闭合曲面任意位置的电场可能很复杂。仅有在体系具有较强对称性的情况下，如均匀带电球的电场、无限大均匀带电面的电场以及无限长均匀带电圆柱的电场，使用高斯定理才会比使用叠加原理更简便。

静电场的高斯定理指出，通过任意闭合曲面的电通量可以不为零，它表明静电场是有源的。有旋电场的高斯定理指出，通过任意闭合曲面的电通量（指有旋电场的通量）为零，它表明有旋电场是无源的。通量（如电通量、磁通量、流量、电流等）概念及由它表述的高斯定理是描述矢量场（如电场、磁场、流速场、电流场等）性质的重要手段，它可以确定矢量场是否有源头或尾闾（汇）。

（4）环路定理。在静电场 F 中的电荷 q_0 受到力的作用，其大小为

$$F = q_0 E \tag{3-11}$$

当电荷 q_0 在电场中的位移为 dl 时，电场力 F 所做功为

$$dA = E \cdot d = q_0 E \cdot dl \tag{3-12}$$

电荷 q_0 在电场力 F 的作用下，从点 a 经路径 l 到达点 b 所做功为

$$A = \int_a^b F \cdot dl = \int_a^b q_0 \cdot E \cdot dl = q_0 \cdot \int_a^b E \cdot dl \tag{3-13}$$

电场强度 E 沿路径 l 的线积分

$$\int_a^b E \cdot dl = \frac{q_0}{A} \tag{3-14}$$

它取决于电场强度 E 的分布。

在点电荷 q 所产生的电场中，其某点的电场强度为

$$E = \frac{q}{4\pi\varepsilon_0 r^2} r \tag{3-15}$$

$$dA = F dl = q_0 E dl = q_0 \frac{q}{4\pi\varepsilon_0 r^2} r E dl = q_0 \frac{q}{4\pi\varepsilon_0 r^2} \cos\theta dl$$
$$= q_0 \frac{q}{4\pi\varepsilon_0 r^2} dr \tag{3-16}$$

则电荷 q_0 在电场作用下，从点 a 经路径 l 到达点 b 所做功为

$$A = \int_a^b \boldsymbol{F} \cdot \mathrm{d}\boldsymbol{l} = \int_a^b \frac{q_0 q}{4\pi\varepsilon_0 r^2}\mathrm{d}r = \frac{q_0 q}{4\pi\varepsilon_0}\left(\frac{1}{r_a} - \frac{1}{r_b}\right) \tag{3-17}$$

也就是说，在点电荷电场中，电场力对外电荷所做的功只与被移动电荷距离场源电荷的距离有关，而与移动电荷的路径无关。

如果在电场力的作用下，电荷 q_0 沿某一封闭路径移动一周，则电场对其做功恒为零，即

$$A = \oint \boldsymbol{F}\mathrm{d}\boldsymbol{l} = q_0 \oint \boldsymbol{E}\mathrm{d}\boldsymbol{l} = 0 \tag{3-18}$$

又因电荷 $q_0 \neq 0$，则必有

$$\oint \boldsymbol{E}\mathrm{d}\boldsymbol{l} = 0 \tag{3-19}$$

这个结论表明，在静电场中，场强沿任意封闭曲线的线积分（称为静电场的环流）恒为零。这就是静电场的环路定理，它反映了静电场的保守性。

由上分析可知，静电场电场力做功与路径无关，只与始末位置有关，静电场力是保守力，静电场是保守场；静电场的电场线不闭合。沿任意闭合路径的场强环流恒为零，则说明静电场是一个无旋场。

（5）电势。静电场的标势称为电势，或称为静电势。

在电场中，某点电荷的电势能跟它所带的电荷量（与正负有关，计算时将电势能和电荷的正负都带入即可判断该点电势大小及正负）之比，称为这点的电势（也可称电位），通常用 φ 来表示。

电势是从能量角度上描述电场的物理量。（电场强度则是从力的角度描述电场）。电势差能在闭合电路中产生电流（当电势差相当大时，空气等绝缘体也会变为导体）。电势也被称为电位。

电势是描述静电场的一种标量场。静电场的基本性质是它对放于其中的电荷有作用力，因此在静电场中移动电荷，静电场力要做功。前述可知，静电场中沿任意路径移动电荷一周回到原来的位置，电场力所做的功恒为零，即静电场力做功与路径无关，或静电场强的环路积分恒为零。

静电场的这一性质称为静电场的环路定理。根据静电场的这一性质可引入电势来描述电场。电场中某一点的电势定义为把单位正电荷从该点移动到电势为零的点，电场力所做的功。通常选择无限远点的电势为零，因此某点的电势就等于把单位正电荷从该点移动到无限远，电场力所做的功，表示为

$$\varphi = \int_{(p)}^{+\infty} \boldsymbol{E}\mathrm{d}\boldsymbol{l} \tag{3-20}$$

电势的单位为 V，1V=1J/C。静电场中电势相等的点构成一些曲面，这些曲面称为等势面。电力线总是与等势面正交，并指向电势降低的方向，因此静电场中等势面的分布就绘出了电场分布。电势虽然是引入描述电场的一个辅助量，但它是标量，运算比矢量运算简单，许多具体问题中往往先计算电势，再通过电势与场强的关系求出场强。

和地势一样，电势也具有相对意义，在具体应用中，常取标准位置的电势能为零，所以标准位置的电势也为零。因此，电势只不过是和标准位置相比较得出的结果。我们常取地球为标准位置；在理论研究时，常取无限远处为标准位置，也常用"电场外"这样的说

法来代替"零电势位置"。电势是一个相对量,其参考点是可以任意选取的。无论被选取的物体是不是带电,都可以被选取为标准位置——零参考点。例如地球本身是带负电的,其电势相对于无穷远处约为 $8.2×10^8$V。尽管如此,照样可以把地球作为零电势参考点,同时由于地球本身就是一个大导体,电容量很大,所以在这样的大导体上增减一些电荷,对它的电势改变影响不大。其电势比较稳定,所以,在一般的情况下,还都是选地球为零电势参考点。

不管是正电荷的电场线还是负电荷的电场线,只要顺着电场线的方向总是电势减小的方向,逆着电场线总是电势增大的方向。正电荷电场中各点电势为正,远离正电荷,电势降低。负电荷电场中各点电势为负,远离负电荷,电势增高。

电场中某点电势大小由电场中某点位置决定,反映电场能的性质;与检验电荷电量、电性无关;表示将 1C 正电荷移到参考点电场力做的功。

电势差与电势的关系

$$W_{AB} = W_{AO} - W_{BO} = qU_{AB} \tag{3-21}$$

$$U_{AB} = \frac{W_{AO}}{q} - \frac{W_{BO}}{q} \tag{3-22}$$

式中:W_{AB} 为 A 点和 B 点之间的电势差;W_{AO} 为 A 点的电势;W_{BO} 为 B 点的电势。

电场力做功为 $W=qU$;而 U 由电场中两点位置决定,W 由 q、U 决定,与路径无关,和重力做功一样,电场力做功属于保守力做功。电场力做功由移动电荷和电势差决定,与路径无关。

对于一个正点电荷带电量为 Q,在它的周围有向外辐射的电场。任取一条电场线,在上面任取一点 A 距场源电荷为 r,在 A 点放置一个电荷量为 q 的点电荷。使它在电场力作用下沿电场线移动一个很小的位移 Δx。由于这个位移极小,所以认为电场力在这段位移上没有改变,得 $\varphi=KQ(1/r)$。

等量同种点电荷电势分布为正点电荷连线上,中点电势最低,从中点向两侧电势逐渐升高;连线中垂线上,从中点向中垂线两侧电势降低,直至无限远处电势为零;负点电荷的情况正好相反。

等量异种点电荷电势分布为点电荷连线上,沿电场线方向,电势从正电荷到负电荷依次降低;连线中垂线上,中垂线上任意两点之间电势差为零,即中垂线上电势为零。等量异种点电荷电势分布如图 3-2 所示。

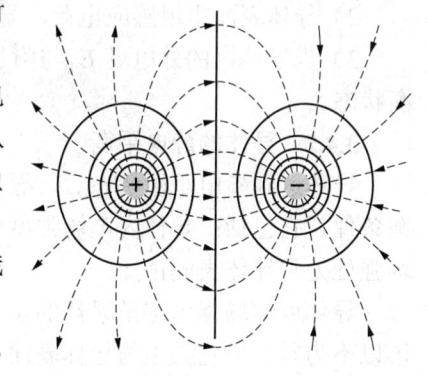

图 3-2 等量异种点电荷电势分布

3.4 静电场中的导体

3.4.1 静电感应

导体内有大量自由电子,导体不带电或不受外电场作用时,因电子的无规则热运动,导体处于电中性状态,即导体内任一体积内无净电荷。但当导体处于电场中时,电场将使自由电子重新分布,从而使电场也重新分布。

导体内的自由电子在电场力作用下运动使电荷在导体上重新分布,这种现象称为导体的静电感应现象。图 3-3 所示为导体 G 在均匀电场 E_0 作用下的静电感应情况。

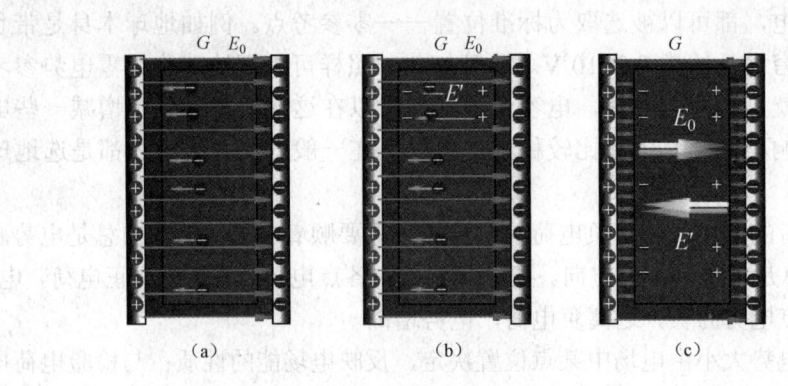

图 3-3 导体静电感应现象

感应电荷产生的电场称为附加电场。当电场中引入导体后,空间的电场分布发生变化,有
$$E=E_0+E' \tag{3-23}$$
式中:E_0 为外电场(未引入导体前的电场);E' 为感应电荷产生的附加电场。

随着静电感应的进行,感应电荷不断增多,附加电场不断增强,当导体中的总电场为零($E=E_0-E'=0$)时,自由电荷将失去运动的动力,静电感应结束,导体达到静电平衡状态。

由于导体中的自由电子数量十分巨大,比如铜导体中的自由电子的数目为 8.5×10^{28} 个$/m^3$,自由电荷密度为 $1.36\times10^{10} C/m^3$,这使得静电感应的时间极短,通常在 $10^{-8}s$ 左右。因此,在处理静电场中导体问题时,总是把它当作已达到静电平衡状态来讨论。

1)在外电场 E_0 作用下,电子逆电场方向运动。
2)导体表面出现感应电荷,导体内产生附加电场 E'。
3)当导体内的外电场 E_0 与附加电场 E' 等值而反向时,电荷运动停止,导体处于静电平衡状态。

3.4.2　导体的静电平衡

导体达到静电平衡状态后,导体的电场和电荷分布要满足一定的条件,称为导体静电平衡条件。它包括:导体内电场强度处处为零;导体是等势体,导体表面为等势面;导体表面场强处处与导体表面正交。

导体内部场强为零是显然的,否则电场将继续驱动自由电子运动。导体表面的电场强度可以不为零,但它必须与导体表面垂直,否则该电场沿导体表面切线方向的分量也将驱动自由电荷继续运动形成表面电流,破坏静电平衡。

静电感应对电场的影响不局限于导体内部,导体外部的电场也因静电感应而改变。例如,在均匀电场中放入一个金属球,静电平衡后,不仅导体内部电场变为零,而且导体附近的电场同时发生了改变,不再是原来的均匀电场。

但值得注意的是静电平衡只是宏观上停止了定向移动,导体内部的电荷仍在做无规则的热运动,只是静电平衡时电荷只分布在导体表面,表面为等电势且内部电场强度稳定为零。

静电平衡时,导体上的电荷分布有三个特点:①导体内部没有净电荷,正负净电荷只分布在导体的外表面;②导体内部无场强,表面场强垂直于表面且满足 $E=\sigma/\varepsilon$;③在导体表面,越尖锐的地方,电荷的密度(单位面积的电荷量)越大,凹陷的位置几乎没有电荷。

3.5 静电屏蔽

处于静电平衡状态的导体，内部电场强度处处为零。由此可推知，处于静电平衡状态的导体，电荷只分布在导体的外表面上。如果这个导体是中空的，当它达到静电平衡时，内部也将没有电场。这样，利用空腔导体可消除腔内、腔外电场的相互影响，导体的外壳就会对它的内部起到保护作用，使它的内部不受外部电场的影响，这种现象称为静电屏蔽。

（1）对腔外电场的屏蔽。由静电平衡条件，导体内和导体内表面均无电荷。腔外电场的屏蔽如图 3-4 所示。

（2）对腔内电场的屏蔽。腔内电荷 q 在腔内表面感应出电荷 $-q$，同时外表面感应出电荷 q。腔内电场的屏蔽如图 3-5 所示。若将导体空腔接地，则腔外空间的电场、电势不受腔内电场的影响。接地前后腔内电场的屏蔽如图 3-6 所示。

图 3-4 腔外电场的屏蔽　　图 3-5 腔内电场的屏蔽

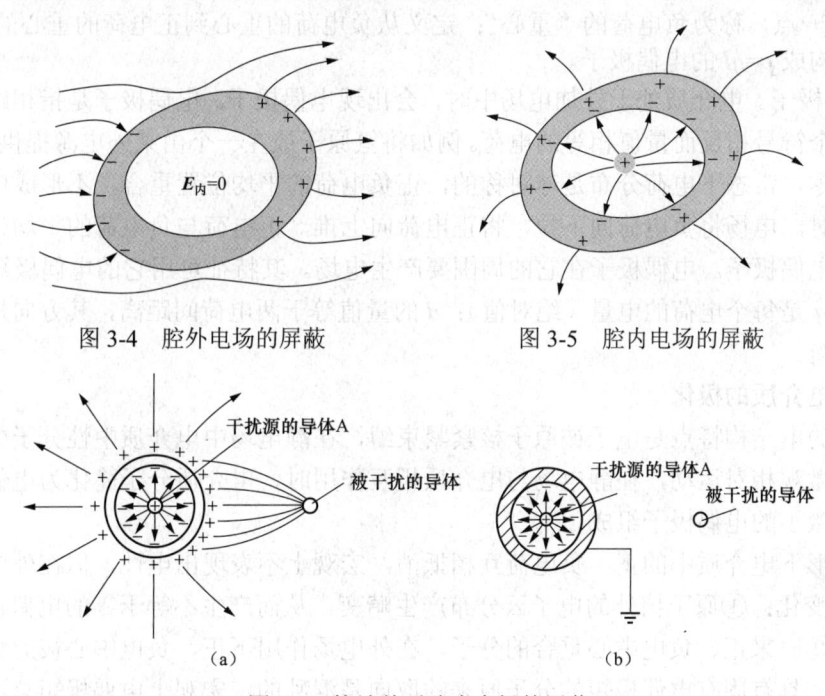

（a）　　（b）

图 3-6 接地前后腔内电场的屏蔽
（a）未接地时的情况；（b）接地后的情况

3.6 静电场中的电介质

凡在外电场作用下物质内部产生宏观上不等于零的电偶极矩，因而形成宏观束缚电荷的现象称为电极化。能产生电极化现象的物质统称为电介质。

一般认为电工材料中电阻率超过 $10\Omega\cdot cm$ 的物质便归于电介质。

电介质的带电粒子是被原子、分子的内力或分子间的力紧密束缚着，因此这些粒子的电荷为束缚电荷。在外电场作用下，这些电荷也只能在微小范围内移动，产生极化。在静电场中，电介质内部可以存在电场，这是电介质与导体的基本区别。

3.6.1 电介质的分类

电介质包括气态、液态和固态等范围广泛的物质,也包括真空。固态电介质包括晶态电介质和非晶态电介质两大类,后者包括玻璃、树脂和高分子聚合物等,是良好的绝缘材料。电介质均由分子和原子组成,每个分子中所有正电荷对外界作用的电效应可以等效为集中在某一点的等效点电荷的作用效果,这个等效点电荷的位置称为分子的正电中心;同理,每个分子中所有负电荷对外界作用的电效应可以等效为集中在某一点的等效点电荷的作用效果,这个等效点电荷的位置称为分子的负电中心。

1) 有极分子电介质。电介质中各分子的等效正电中心与等效负电中心不重合的电介质称为有极分子电介质。正电中心和负电中心分别可用等量异号电荷代替,二者有一相对位移,这样每个分子对外界的电性效果可以等效为一个电偶极子的作用。

2) 无极分子电介质。电介质中各分子的等效正点中心与等效负电中心重合的电介质称为无极分子电介质。可以认为每一个分子的正电荷 q 集中于一点,称为正电荷的"重心",负电荷 $-q$ 集中于一点,称为负电荷的"重心";定义从负电荷的重心到正电荷的重心的矢径为 l,则分子可以构成 $p=ql$ 的电偶极子。

3) 电偶极子。电介质处于外加电场中时,会出现电偶极子。电偶极子是指相距很近但有一距离的两个符号相反而量值相等的电荷。例如将氢原子放在一个由某外电源提供的电场中,若外电场为零,常态下电荷分布是球对称的,正负电荷的平均位置重合,不形成电偶极子。若有外电场时,电场将负电荷向下拉,将正电荷向上推,正电荷与负电荷的平均位置不再重合,将形成电偶极子。电偶极子在它的周围要产生电场。其特征可用它的电偶极矩 p 表示,$p=qd$。这里 q 是每个电荷的电量(绝对值);d 的量值等于两电荷间距离,其方向规定由负电荷指向正电荷。

3.6.2 电介质的极化

电介质的电结构特点是电子被原子核紧紧束缚,在静电场中电介质中性分子中的正、负电荷仅产生微观相对运动,在静电场与电介质相互作用时,电介质分子简化为电偶极子。电介质由大量微小的电偶极子组成。

通常情形下电介质中的正、负电荷互相抵消,宏观上不表现出电性,但在外电场作用下可产生 3 种变化:①原子核外的电子云分布产生畸变,从而产生不等于零的电偶极矩,称为畸变极化;②原来正、负电中心重合的分子,在外电场作用下正、负电中心彼此分离,称为位移极化;③具有固有电偶极矩的分子原来的取向是混乱的,宏观上电偶极矩总和等于零,在外电场作用下,各个电偶极子趋向于一致的排列,从而宏观电偶极矩不等于零,称为转向极化。

极化是电介质中电偶极矩的矢量和不为零的现象。电介质可分为两类:一类是非极性电介质(常态下介质内分子的正负电荷的平均位置重合),另一类是极性电介质(常态下介质内分子的正负电荷的平均位置不重合)。在无外电场作用时,非极性电介质分子的等效电偶极矩为零;极性电介质分子由于排列杂乱无章,其等效电偶极矩的矢量和也为零。在有外电场作用时,非极性电介质分子的正负电荷平均位置相对位移,极性电介质分子的电偶极矩发生转向。这样将出现极化现象。

极化的程度,可用电极化强度 P 表示,许多电介质的电极化强度 P 与电场强度 E 成正比,即

$$P=\chi\varepsilon_0 E \tag{3-24}$$

式中：ε_0 为真空介电常数；χ 为电极化率，对于各向同性电介质为一个标量，对于各向异性电介质为一张量（dl）。

某些电介质中偶极分子间作用很强，无外电场时，在小体积内分子互相平行排列，形成有宏观偶极矩的电畴。这种无外电场时电畴内部分子已出现极化的现象称为自发极化。热释电材料、铁电材料均有自发极化。当然，这类有电畴结构的电介质，由于电畴之间的排列无序，故无外电场时，整体上也不显示出极化。

3.6.3 介质中的电场

电介质在外电场中，将产生极化，也就是产生极化电荷，该电荷将产生附加电场，部分抵消外加电场作用，使得电介质达到静电平衡。这时电介质内部的电场并不为零。

如果介质是均匀的，极化的介质内部仍然没有净电荷，但介质的表面会出现电荷，称为极化电荷。极化电荷不是自由电荷，不能自由移动，但极化电荷可以产生一个附加电场是介质中的电场减小。

介质中的电场是自由电荷和束缚电荷（极化电荷）的电场的叠加结果。以各向同性介质均匀地充满电场区域的情况来定量地说明这种叠加的规律。所谓的介质均匀的充满电场区域，对于平行板电容器来说，就是一种各向同性的均匀介质充满两个极板间的空间；对于点电荷而言，原则上要充满到无穷远的地方。

实验证明，若自由电荷的分布不变，当介质充满电场空间后，介质中的任一点的电场强度变为原来真空中电场强度的 $1/\varepsilon_r$，其中，ε_r 为介质的相对介电常数。真空的 $\varepsilon_r=1$；空气的 $\varepsilon_r\approx 1$，其他介质的 $\varepsilon_r>1$。

加入介质后场强的变化是由于介质中产生的极化电荷的附加电场与外电场叠加形成的。真空中点电荷 q 在任一点 p 处产生的电场大小为

$$E=\frac{qr}{4\pi\varepsilon r^3} \tag{3-25}$$

充满相对介电常数介质为 $\varepsilon=\varepsilon_0\varepsilon_r$ 的介质后，则介质中该点 p 处的电场大小为

$$E=\frac{qr}{4\pi\varepsilon_0\varepsilon_r r^3}=\frac{qr}{4\pi\varepsilon r^3} \tag{3-26}$$

与真空中点电荷在该点处产生的电场大小计算公式相比，式（3-26）的形式不变，仅将其中的 ε_0 变为 ε。这一规律适用于所有介质。

由于介电常数均出现在电场强度公式的分母中，故介质中的电场强度要比真空中的要小。这是由于极化电荷的电场的影响结果，这一影响在公式的系数 ε 中体现。

电场强度乘以真空介电常数并与电极化强度相加之合成矢量，即为电位移 D

$$D=\varepsilon_0 E+P \tag{3-27}$$

或表示为电介质的本构方程

$$D=\varepsilon E$$

式中：ε 为电介质的介电常数。

根据高斯通量定理

$$\iint_{\rho V} E\mathrm{d}S=\frac{1}{\varepsilon_0}\sum_i q_i \tag{3-28}$$

这表明电位移 D 的通量是由自由电荷 q_i 发出的。束缚电荷虽然可能影响 D 的分布，但不会发出 D 的通量。在有些情况下使用该式更加方便，因为该式等号右端项中不包含束缚电荷。在时变电磁场中，电位移的时间变化率就是位移电流密度。电位移的单位在国际单位制中为 C/m^2。

问题与思考

3-1 库仑定律的数学表达式是什么？
3-2 处于静电平衡状态的导体对腔内外电场的屏蔽有什么区别？
3-3 什么是电介质？
3-4 电介质分为哪几类？
3-5 静电的概念及其基本特征是什么？

第4章 静 磁 场

电流、运动电荷、磁体或变化电场周围空间存在的一种特殊形态的物质，称为磁场，是一种看不见、摸不着的特殊物质，是磁体间的相互作用的媒介，所以两个磁体不用接触就能发生作用。由于磁体的磁性来源于电流，电流是电荷的运动，因而概括地说，磁场是由运动电荷产生的。产生磁场的真正场源是运动电子或运动质子。例如电流所产生的磁场就是在导线中运动的电子所产生的磁场。

一个静止的电子具有静止电子质量和单位负电荷，因此对外产生引力和电场力作用。当外力对静止电子加速并使之运动时，该外力不但要为电子的整体运动提供动能，还要为运动电荷所产生的磁场提供磁能。可见，磁场是外力通过能量转换的方式在运动电子内注入的磁能物质。电流产生磁场是大量运动电子产生磁场的宏观表现。

4.1 概　　述

生活中常见的静磁场有地球产生的磁场、永磁体产生的磁场［见图 4-1（a）］、通电导体产生的磁场［见图 4-1（b）］。永磁体是指能够长期保持其磁性的磁体，如天然的磁石、磁铁和人造磁体如铝镍钴合金等，其磁性是由内部分子环电流有序排列产生的。通电导体产生的磁场是由丹麦物理学家奥斯特发现通电导体附近磁针会发生偏转，揭示了电流的磁效应，即通有电流的导线会在其周围产生磁场。本书主要关注通电导线产生的磁场。

一般用磁感应强度来描述磁场的大小和方向，磁场的分布可用磁感线（磁力线）表示，磁感线上任一点的磁场方向为其切线的方向。磁感线稠密稀疏表示磁感应强度大小。

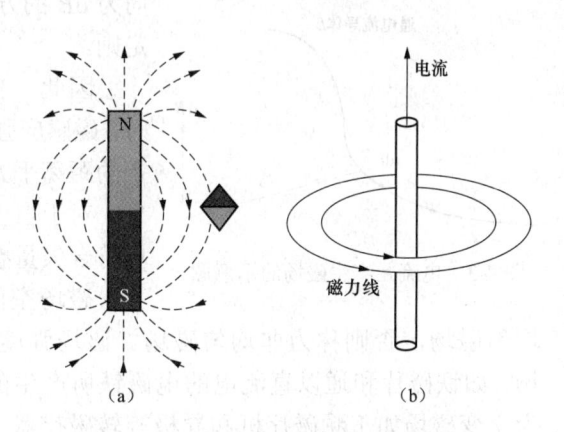

图 4-1　永磁体和通电导线产生的磁场
(a) 永磁体产生的磁场；(b) 通电导线产生的磁场

静磁场由恒定电流产生，对此麦克斯韦方程组可简化为

$$\nabla \cdot B = 0 \tag{4-1}$$

$$\nabla \times H = J \tag{4-2}$$

静磁场是有旋无散场，具有如下性质：
（1）磁感线是闭合的曲线，任意两条磁感线不能相交。
（2）闭合的磁感线与交链的电流成右手螺旋关系。
（3）在磁场中，电流将受到磁场力的作用，其与电流方向、磁感线方向满足左手定则。典型通电导体附近的磁感线分布如图 4-2 所示，图中，点（·）表示电流方向为垂直纸面向外，叉号（×）表示电流方向为垂直纸面向里。

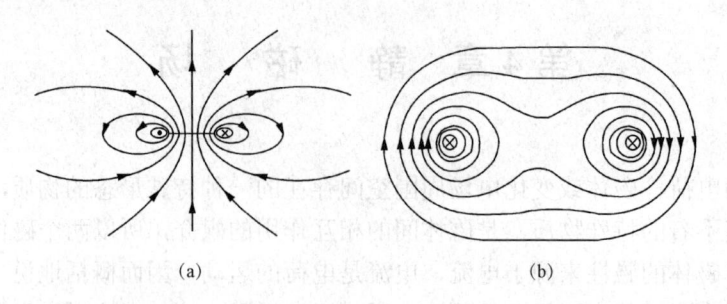

(a)　　　　　　　　　　　(b)

图 4-2　典型通电导体附近的磁感线分布
(a) 一对反向电流通电导体；(b) 一对同向电流通电导体

4.1.1　电流产生的磁场

在自由空间中，长度微小的静电流元产生的静磁场可由毕奥-萨伐尔定律计算，即

$$d\boldsymbol{B} = \frac{\mu_0}{4\pi} \frac{I d\boldsymbol{l} \times \boldsymbol{r}_0}{r^2} \tag{4-3}$$

式中：$Id\boldsymbol{l}$ 是电流元矢量；$\boldsymbol{r}_0$ 为电流元指向观测点的单位矢量；μ_0 为真空磁导率，其值为 $\mu_0 = 4\pi \times 10^{-7} \mathrm{H/m}$；$r$ 为观测点与电流元的距离，r 的方向垂直于 $Id\boldsymbol{l}$ 和 $\boldsymbol{r}_0$ 所确定平面。

如图 4-3 所示，当右手弯曲，四指从沿 $Id\boldsymbol{l}$ 方向转向 $\boldsymbol{r}_0$ 方向时，伸直的大拇指所指的方向为 $d\boldsymbol{B}$ 的方向，即 $Id\boldsymbol{l}$、$\boldsymbol{r}_0$ 和 $d\boldsymbol{B}$ 三个矢量的方向符合右手定则。

因此，当通电流导体尺度远小于导体到观测点的距离时，磁感应强度正比于该导体的电流，反比于该导体与观测点的距离平方。

对于自由空间中任意的通电流导体，在观察点产生的磁场符合矢量叠加原理，为所有电流元产生磁场的矢量和。

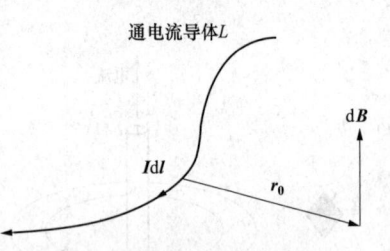

图 4-3　电流元产生磁场的示意图

磁场空间各处的磁场强度相等或大致相等，则称为均匀磁场，否则称为非均匀磁场。磁场强度和方向保持不变的磁场称为恒定磁场或恒磁场，如铁磁片和通以直流电的电磁铁所产生的磁场。磁场强度和方向在规律变化的磁场称为交变磁场如工频磁疗机和异极旋转磁疗器产生的磁场。磁场强度有规律变化而磁场方向不发生变化的磁场称为脉动磁场，如同极旋转磁疗器、通过脉动直流电磁铁产生的磁场。用间歇振荡器产生间歇脉冲电流，将这种电流通入电磁铁的线圈即可产生各种形状的脉冲磁场。脉冲磁场的特点是间歇式出现磁场，磁场的变化频率、波形和峰值可根据需要进行调节。

4.1.2　地磁场

地磁场（Geomagnetic Field）是从地心至磁层顶的空间范围内的磁场。人类对于地磁场存在的早期认识来源于天然磁石和磁针的指极性。地磁的北磁极在地理的南极附近；地磁的南磁极在地理的北极附近。磁针的指极性是由于地球的北磁极（磁性为 S 极）吸引着磁针的 N 极，地球的南磁极（磁性为 N 极）吸引着磁针的 S 极。

地磁场的磁感线和地理的经线是不平行的，它们之间的夹角叫作磁偏角。

地球的基本磁场可分为偶极子磁场、非偶极子磁场和地磁异常几个组成部分。偶极子磁场是地磁场的基本成分，其强度约占地磁场总强度的90%，产生于地球液态外核内的电磁流体力学过程，即自激发电机效应。非偶极子磁场主要分布在亚洲东部、非洲西部、南大西洋和南印度洋等几个地域，平均强度约占地磁场的10%。地磁异常又分为区域异常和局部异常，与岩石和矿体的分布有关。

地磁场变化可分为平静变化和干扰变化两大类型。平静变化主要是以一个太阳日为周期的太阳静日变化，其场源（场源是太阳粒子辐射同地磁场相互作用在磁层和电离层中产生的各种短暂的电流体系）分布在电离层中。干扰变化包括磁暴、地磁亚暴、太阳扰日变化和地磁脉动等。磁暴是全球同时发生的强烈磁扰，持续时间约为1～3天，幅度可达10nT。其他几种干扰变化主要分布在地球的极光区内。除外源场外，变化磁场还有内源场。内源场是由外源场在地球内部感应出来的电流所产生的。将高斯球谐分析用于变化磁场，可将这种内、外场区分开。根据变化磁场的内、外场相互关系，可以得出地球内部电导率的分布。

4.2 磁场的物理表征

磁场的基本特征是能对其中的运动电荷施加作用力，即通电导体在磁场中受到磁场的作用力。磁场对电流、对磁体的作用力或力矩皆源于此。当施加外磁场于物质时，磁性物质的内部会被磁化，出现很多微小的磁偶极子。磁化强度估量物质被磁化的程度。知道磁性物质的磁化强度，就可以计算出磁性物质本身产生的磁场。创建磁场需要输入能量，当磁场被湮灭时，这能量可以再回收利用，因此，这能量被视为储存于磁场中。

4.2.1 磁场强度

磁场强度 H 是从磁荷观点定义的。磁荷观点是从研究永磁铁相互作用问题中总结出来的。条形磁铁有 N、S 两极，且同性磁极相斥，异性磁极相吸，这一点与正、负电荷之间的相互作用很相似，于是假设磁极是由磁荷分布形成的。N 极上的磁荷称为正磁荷，S 极上的磁荷称为负磁荷。同性磁荷相斥，异性磁荷相吸。当磁极本身的线度比正、负磁极间的距离小很多时，磁极上的磁荷称为点磁荷。

磁库仑定律是两个点磁荷之间相互作用力的规律，表示为

$$\boldsymbol{F}_\mathrm{m} = k\frac{q_{\mathrm{m}1}q_{\mathrm{m}2}}{r^2}\boldsymbol{r} \tag{4-4}$$

式中：k 为比例系数，与式中各量的单位选取有关，$q_{\mathrm{m}1}$、$q_{\mathrm{m}2}$ 为每个点磁荷的数值，r 为两个点磁荷之间的距离，$\boldsymbol{r}$ 为两者连线上的单位矢量。

按照磁荷观点，仿照电场强度的定义规定磁场强度 H 是这样一个矢量：其大小等于单位点磁荷在磁场中某点所受的力，其方向为正磁荷在该点所受磁场力的方向。简言之，磁场强度为单位正点磁荷在磁场中所受的力。表示为

$$\boldsymbol{H} = \frac{\boldsymbol{F}_\mathrm{m}}{q_0} \tag{4-5}$$

式中：H 为磁场强度，$\mathrm{A \cdot m^{-1}}$；q_0 是试探点磁极的磁荷；$\boldsymbol{F}_\mathrm{m}$ 为 q_0 在磁场中所受的磁力。

显然，与点电荷的电场强度公式对应，点磁荷的磁场强度公式为

$$H = \frac{1}{4\pi\mu_0}\frac{q_m}{r^2}r \tag{4-6}$$

式中：μ_0 为真空磁导率，其值为 $\mu_0 = 4\pi \times 10^{-7} \mathrm{H/m}$。

从磁荷观点把 **H** 称为磁场强度是合理的，它与电场强度相对应。只是后来安培提出分子电流假说，认为并不存在磁荷，磁现象的本质是分子电流。自此磁场强度多用磁感应强度 **B** 表示。但是在磁介质的磁化问题中，磁场强度 **H** 作为一个导出的辅助量仍然发挥着重要作用。在介质中，磁场强度则通常被定义为

$$H = \frac{B}{\mu_0} - M \tag{4-7}$$

式中：**M** 为磁化强度。

4.2.2 磁感应强度

磁感应强度是指描述磁场强弱和方向的物理量，也被称为磁通量密度或磁通密度，是矢量，常用符号 **B** 表示。

（1）载流体受力定义法。

电流（运动电荷）的周围存在磁场，它对引入场中的运动试探电荷、载流导体或永久磁铁有磁场力的作用，因此可用磁场对运动试探电荷的作用来描述磁场，并由此引入磁感应强度作为定量描述磁场中各点特性的基本物理量，与电场中的电场强度相似。

电荷在电场中受到的电场力作用，方向与该点的电场方向相同或者相反。电流在磁场中某处所受的磁场力，与电流在磁场中放置的方向有关，当电流方向与磁场方向平行时，电流受的力最小，等于零；当电流方向与磁场方向垂直时，电流受的力最大。

在匀强磁场 B 中受到的磁场力大小为

$$F = ILB \cdot \sin\alpha \tag{4-8}$$

式中：I 为电流；L 为直导线长度；α 为电流方向与磁场方向间的夹角。

磁场力的方向由左手定则判定。由式（4-8），当电流方向与磁场方向相同或相反时，即 $\alpha=0$ 或 π 时，电流不受磁场力作用。当电流方向与磁场方向垂直时，电流受的磁场力最大为 $F=BIL$。

利用式（4-8）得到磁感应强度的定义式为

$$B = F/IL \tag{4-9}$$

磁感应强度和磁场强度的区别是，磁感应强度反映的是相互作用力，是两个参考点 A 与 B 之间的应力关系，而磁场强度是主体单方的量，不管有没有外界参与，这个量是不变的。

式（4-9）是由载流导体在磁场中运动得出的，以下探讨运动的点电荷角度定义的磁感应强度。

（2）点电荷定义法。

点电荷 q 以速度 v 在没有电场的磁场中运动时，在某处受到力 F 的作用。在磁场给定的条件下，F 的大小与电荷运动的方向有关。实验表明，当 v 沿某个特殊方向或与之反向时，运动电荷受力为零（$F=0$），也就是说，在该方向上运动的电荷不受磁力的作用，且这一方向与 q、v 无关；当 v 与这个特殊方向成一定的夹角 α（$0<\alpha<\pi$），这时，速度 v 具有垂直于这一特定方向的垂直分量 $v_\perp = v\sin\alpha \neq 0$。这时，运动电荷受到的力不为零，其大小 $F \propto qv_\perp$，比例系数与 q、v 无关；这个力 F 的方向，不仅与前述特定的方向垂直，而且与 v 的方向垂直。

这时,就可以根据这一运动电荷所受的力来定义磁感应强度,它反映磁场本身的性质,其大小为

$$B = \frac{F}{qv_\perp} \tag{4-10}$$

其方向为由正电荷所受最大力 F_m 的方向转向电荷运动方向 v 时,右手螺旋前进的方向。定义了这样的磁感应强度完全反映了磁场的本身性质,而与运动电荷的性质无关。

用一个矢量公式来表示磁感应强度为

$$F = qv \times B \tag{4-11}$$

式(4-11)即为磁感应强度的定义式,也可用于计算运动电荷在磁场中所受的力。规定小磁针的北极在磁场中某点所受磁场力的方向为该点磁场的方向。在磁体外部,磁感线从北极出发到南极的方向,在磁体内部是由南极到北极,在外可表现为磁感线的切线方向或放入磁场的小磁针在静止时北极所指的方向。

以下给出几种电流的磁感应强度计算公式。

(1)无限长载流直导线外,有

$$B = \frac{\mu_0 I}{2\pi r} \tag{4-12}$$

式中:r 为该点到直导线距离。

(2)圆电流圆心处,有

$$B = \frac{\mu_0 I}{2r} \tag{4-13}$$

式中:r 为圆半径。

(3)无限大均匀载流平面外,有

$$B = \frac{\mu_0 \alpha}{2} \tag{4-14}$$

式中:α 为流过单位长度的电流。

(4)一段载流圆弧在圆心处,有

$$B = \frac{\mu_0 I \varphi}{2\pi R} \tag{4-15}$$

式中:φ 为该圆弧对应的圆心角,rad。

4.2.3 磁通量

磁通量表示磁场分布情况的物理量。设在磁感应强度为 **B** 的匀强磁场中,有一个面积为 S 且与磁场方向垂直的平面,磁感应强度 **B** 与面积 S 的乘积,叫作穿过这个平面的磁通量,简称磁通,是标量,符号"Φ"。

在一般情况下,磁通量是通过磁场在曲面面积上的积分定义的。通过闭合曲面电通量的做法,可以把通过一个闭合曲面 S 的磁通量表示为

$$\oint_s \boldsymbol{B} \cdot \mathrm{d}\boldsymbol{a} \tag{4-16}$$

式中:$\boldsymbol{B} \cdot \mathrm{d}\boldsymbol{a}$ 为点积;$\mathrm{d}\boldsymbol{a}$ 为无穷小矢量。

通过某一平面的磁通量的大小,可以用通过这个平面的磁感线条数的多少来说明。在同

一磁场中，磁感应强度越大的地方，磁感线越密。因此，B 越大，S 越大，磁通量就越大，这意味着穿过这个面的磁感线条数越多。过一个平面若有方向相反的两个磁通量，这时的合磁通为相反方向磁通量的代数和（即相反合磁通抵消以后剩余的磁通量）。

磁通密度是通过垂直于磁场方向的单位面积的磁通量，它等于该处磁场磁感应强度的大小。磁通密度精确地描述了磁感线的疏密。

4.3 相 关 定 理

4.3.1 安培环路定理

（1）积分形式。在稳恒磁场中，磁感应强度沿任何闭合路径的线积分，等于这闭合路径所包围的各个电流的代数和乘以磁导率。这个结论称为安培环路定理。

安培环路定理可以由毕奥-萨伐尔定律导出。它反映了稳恒磁场的磁感线和载流导线关系。数学表达式为

$$\oint \boldsymbol{B} \cdot \mathrm{d}\boldsymbol{l} = \mu_0 \sum_{i=1}^{n} I_i \tag{4-17}$$

按照安培环路定理，环路所包围电流之正负应服从右手螺旋法则。右手螺旋定则是表示电流和电流激发磁场的磁感线方向间关系的定则。通电直导线中的右手螺旋定则表示为用右手握住通电直导线，让大拇指指向电流的方向，那么四指指向就是磁感线的环绕方向；而通电螺线管中的右手螺旋定则表述为用右手握住通电螺线管，让四指指向电流的方向，那么大拇指所指的那一端是通电螺线管的 N 极。

值得指出的是，这里没有对环路的形状作要求，也就是说，可以选取任意形状的环路，为具有特定形状的在流体的磁场计算带来方便。当系统组态具有适当的对称性时，可以利用这种对称性，使用右手螺旋定则来便利地计算磁场。例如，当计算一条直线的载流导线或一个无限长螺线管的磁场时，可以采用圆柱坐标系来匹配系统的圆柱对称性。

（2）微分形式。当电场对于时间的偏微分等于零时，方程成立。采用国际单位制，安培环路定理的微分方程表示为

$$\nabla \times \boldsymbol{B} = \mu_0 \boldsymbol{J} \tag{4-18}$$

其物理意义为磁场 $\boldsymbol{B}$ 的旋度等于（产生该磁场的）传导电流密度 $\boldsymbol{J}$。

需要注意的是，安培环路定理只适用于静磁学。在电动力学里，当物理量为时变量时，这个方程不成立。

对式（4-18）取散度，则有

$$\nabla \cdot (\nabla \times \boldsymbol{B}) = \mu_0 \nabla \cdot \boldsymbol{J} \tag{4-19}$$

由于导体内的电流密度的散度等于零，有 $\nabla \cdot \boldsymbol{J} = 0$，故有 $\nabla \cdot (\nabla \times \boldsymbol{B}) = 0$。在静磁学内，这是正确的。但是，当电流不稳定的时候，这就不一定正确了。

上述描述电生磁的安培环路定理里只有电流产生磁，而没有变化的电通量产生磁这一项。麦克斯韦认为"变化的电通量也能产生磁"，以下简单说明这一添加项的正确性。

在安培环路定理中，磁场环流只是沿着曲面的边界的线积分，所以它只跟曲面边界有关。只要这个曲面边界是一样的，那么曲面的其他部分可以任意选取，而下面这个例子说明即便

曲面边界一样，使用安培环路定理还是会得到相互矛盾的结果。

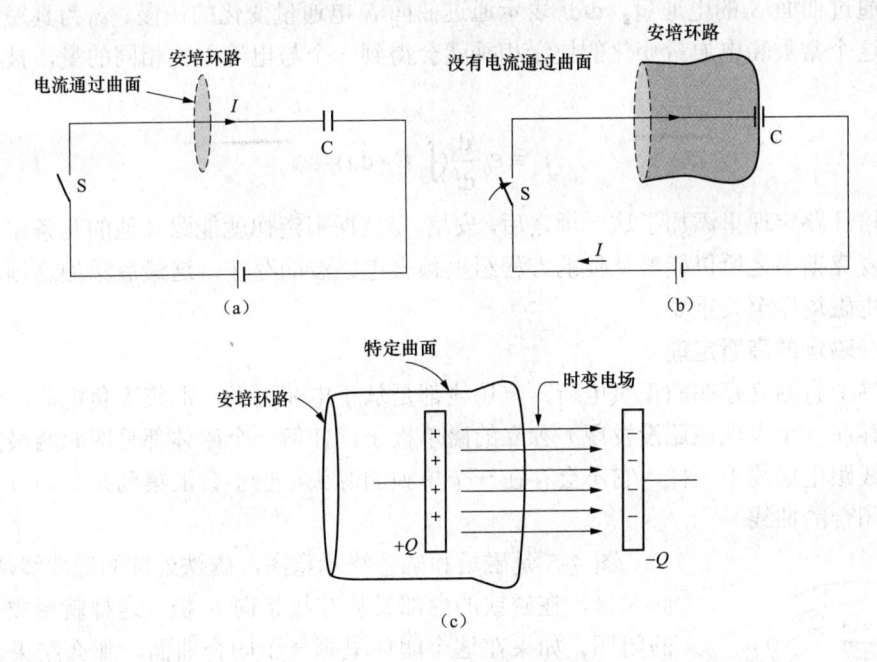

图 4-4　安培环路定理的验证
(a) 电流通过曲面的电路；(b) 没有电流通过曲面的电路；(c) 曲面的电通量改变

图 4-4（a）是一个包含电容器的简单电路。电路的初始状态时电容器是空的，当开关闭合的时候，电源为电容器充电，在一定时间内，电荷在电路中移动，形成为电容器充电的充电电流。也就是说，在给电容器充电的时候，电路上是有电流的，但是电容器之间却没有电流。所以，如果选择图 4-4（a）中的曲面，那么是有电流通过这个曲面；但是，如果选择图 4-4（b）中的这个曲面，这个曲面的边界和图 4-4（a）一样，但是它的底却很长，盖住了半块电容器。因为电容器在充电的时候，电容器里面是没有电流的，所以就没有电流通过这个曲面了。

这时，同一个电路中，如果选图 4-4（a）所示的有电流通过曲面，按照安培环路定理，它肯定会产生一个环绕磁场；但是，如果选择图 4-4（b）所示的没有电流通过曲面，按照安培环路定理就不会产生环绕磁场。安培环路定理只限定曲面的边界，并不考虑曲面的其他地方，于是就得到这两个相同边界曲面的不同结论，这说明安培环路定理并不完善。

由于电容器在充电时电路中是有电流的，所以它周围应该产生磁场。而电源不断地向电容器充电时，电容器中间虽然没有电流，但是它两边聚集的电荷却越来越多，在电容器两个极板之间的电场强度也会越来越大，通过这个曲面的电通量也就越来越大，如图 4-4（c）所示。也就是说，通过这个曲面的电通量发生了改变。

这样，麦克斯韦就把"变化的电通量"也作为产生磁场的一个因素，并修正了安培环路定理，将其变为安培-麦克斯韦定律，即

$$\oint_C B \cdot dl = \mu_0 \left(I_{enc} + \varepsilon_0 \frac{d}{dt} \int_S E \cdot da \right) \tag{4-20}$$

与式（4-17）对比一下，式（4-20）只是在右边加了变化的电通量这一项，面积分那一项就表示通过曲面 S 的电通量，d/dt 表示通过曲面 S 电通量变化的快慢。ε_0 为真空中的介电常数，把这个常数和电通量变化的快慢相乘就会得到一个与电流单位相同的量，被称为位移电流，有

$$I_d \equiv \varepsilon_0 \frac{d}{dt}(\int_S \boldsymbol{E} \cdot d\boldsymbol{a}) \tag{4-21}$$

在安培环路定理里添加了这一项之后，安培-麦克斯韦定律就能跟其他的几条定律和谐相处了。而麦克斯韦之所以能够从他的方程组里预言电磁波的存在，这最后添加这项"变化的电通量产生磁场"至关重要。

4.3.2 磁场的高斯定理

自然界中有独立存在的正负电荷，电场线都是从正电荷出发，汇集于负电荷。但是自然界里并不存在（至少现在还没发现）独立的磁单极子，任何一个磁体都是南北两极共存。所以，磁感线跟电场线不一样，它不会存在一个单独的源头，也不会汇集到某个地方去，它只能是一条闭合的曲线。

图 4-5 是磁场和磁感线示意图，磁铁外部的磁感线从 N 极指向 S 极，在磁铁的内部又从 S 极指向 N 极，这样就形成一个完整的闭环。如果在这个闭环里画一个闭合曲面，那么结果就是有多少磁感线从曲面进去，就会有多少磁感线从曲面出来。因为如果有一根磁感线只进不出，那它就不可能是闭合的了，反之亦然。这就是说进入封闭曲面的磁通量跟出来的磁通量相等，最后这个闭合曲面包含的总磁通量恒为零。这就是高斯磁场定律的核心，闭合曲面包含的磁通量恒为 0。因此磁场的高斯定理数学表达式为

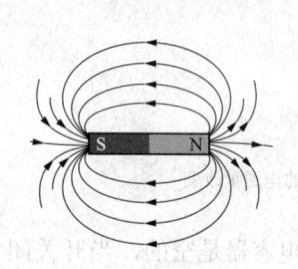

图 4-5 磁场和磁感线示意图

$$\oint_S \boldsymbol{B} \cdot d\boldsymbol{a} = 0 \tag{4-22}$$

磁场的高斯定理指出，通过任意闭合曲面的磁通量为零，即它表明磁场是无源的，亦即不存在孤立的磁单极。

4.3.3 洛伦兹力

在电动力学里，洛伦兹力（Lorentz Force）是运动于电磁场的带电粒子所受的力。洛伦兹力方程为

$$F = q(E + v \times B) \tag{4-23}$$

式中：F 为洛伦兹力；q 为带电粒子的电荷量；E 为电场强度；v 为带电粒子的速度；B 为磁感应强度。

洛伦兹力方程的 qE 项是电场力项，$qv \times B$ 项是磁场力项。处于磁场内的载电导线感受到的磁场力就是这洛伦兹力的磁场力分量。

洛伦兹力不是从别的理论中推导出来的，而是由多次重复完成的实验所得到的同样的结果。

在电场的作用下，正电荷会朝着电场的方向加速；而在磁场的作用，按照左手定则，正电荷会朝着垂直于速度 v 和磁场 B 的方向弯曲。

若带电粒子射入匀强磁场内，它的速度与磁场间夹角为 $0 < \theta < \pi/2$，这个粒子将作等距螺

旋线运动（沿 B 方向的匀速直线运动和垂直于 B 的匀速圆周运动的和运动）。其中：螺旋半径和运动周期分别为

螺旋半径为

$$R = \frac{mv\sin\theta}{Bq} \quad (4\text{-}24)$$

运动周期为

$$T = \frac{2\pi m}{Bq} \quad (4\text{-}25)$$

式中：m 为电荷质量。

螺距为

$$h = \frac{2\pi mv\cos\theta}{Bq} \quad (4\text{-}26)$$

问题与思考

4-1 高斯定理是什么？
4-2 麦克斯韦方程组表达形式有哪些？
4-3 电磁场的传播速度是多少？
4-4 麦克斯韦方程组的积分形式描述了哪些规律？
4-5 如何将麦克斯韦方程组积分化为微分形式？

第 5 章 电 晕 现 象

导体表面电场水平足够高时，高压输电线路导线周围引发复杂的电离过程，引起被称为电晕的放电现象，简称电晕。电晕放电的物理原理是非常复杂的，为评估输电线路的电晕性能，对电晕所涉及的基本过程有一个了解是必需的。对电离过程作简单回顾之后，本章描述了交直流输电线路导线上产生电晕放电的机理和不同模式，讨论了交直流电压下圆柱导体临界电晕起始电位梯度的影响因素、导体中因电晕引起的电流的起源和特性，以及电晕的其他物理、化学结果。最后讨论了在输配电线路上产生的间隙放电和可能的影响。

5.1 电离的基本过程

导线附近的空气是高压导线与接地金属支撑结构和大地之间的主要绝缘介质。因此，掌握线路附近空气的物理和电气特性，对分析保持或破坏其绝缘性能的条件是非常有用的。

空气的主要成分是几种气体和水蒸气，水蒸气的体积百分比取决于环境湿度，地球赤道附近最高，而向两极逐渐减小；地球上不同区域干燥空气的不同气体成分的体积百分比变化不太明显。干燥空气的主要气体成分是：氮气（78.09%），氧气（20.95%），氩气（0.93%），以及少量的二氧化碳、氖、氦、氪等。

通常情况下，空气中的气体成分和水蒸气成分是电中性的，即没有电子从分子游离或附着，然而有许多自然发生的现象，破坏空气的电中性。土壤中放射性衰减过程中产生的 γ 射线有足够的能量使空气分子电离，使自由电子和正离子数量增加。而自由电子很快地（在 1ms 之内）附着于氧分子，形成负离子。宇宙射线也起到电离的辅助作用。紫外光可引起空气的电离，但因能量较小，通常它对空气离子的电离作用很微弱。由于这些天然电离过程，在海平面附近的空气中，每立方厘米中大约含有 1000 个正离子和 1000 个负离子，即使是这样低浓度的带电微粒，也使得空气微弱导电，因而成为不好的绝缘介质。在合适的电场条件下，这会使得空气电晕或击穿的电气放电现象受到影响。为了对电晕和其他气体放电现象有一个更好的理解，以下简述电离和其涉及的过程。

5.1.1 电离与激发

尽管现代原子理论基本上是基于量子—机械概念，为理解涉及电晕和其他气体放电的不同类型，采用经典的波尔原子模型可能更为合适。在经典理论中，原子核由中子和质子组成，被电子的轨道运动包围着，与原子核中质子的数目相同。不同原子的电子数目是各不相同的。原子核中质子数量决定了原子的质量，电子占据不同的轨道，以不同的允许能量状态为特征。

原子中能量最低的电子距离原子核最近，而距离原子核最远的轨道中的电子具有最高的能量。正常条件下，原子是电中性的，因为环绕原子的电子负电荷被质子的正电荷所平衡。如果通过某种方式将能量赋予原子，则外层轨道的电子最可能受到影响。

如果赋予原子足够的能量使得其外层轨道的电子跃迁到相邻的更高允许能级轨道，就称这个原子被激发了。原子只能依据两个允许能态间的能差吸收与之相应的有限且离散的能量。

电子在一个非常短的时间后（10^{-8}s 左右）接着返回到原子中原来的状态，剩余能量以光子形式向外辐射。如果赋予原子的能量足够大，使一个环绕电子迁移到距离原子足够远，则这个电子将不会返回原有的能态，此时称原子被电离，原子失去电子使其变为正电性或正离子，因此，电离的过程产生一个自由电子和一个正离子。

激发或电离一个原子所需的能量可通过许多途径来提供，运动微粒的动能可以通过微粒与原子的碰撞传递给原子而增加原子的内能（势能）。碰撞中传递给原子的能量取决于微粒的相对质量。若碰撞粒子为一个电子，其质量相对原子非常小，则绝大部分动能将转移到原子，从而增加原子的势能，依据传递能量的多少，原子可能被激发或被电离，用式（5-1）、式（5-2）表示

$$A+e \rightarrow A^{*}+e \quad （激发） \tag{5-1}$$

$$A+e \rightarrow A^{+}+e+e \quad （电离） \tag{5-2}$$

式（5-1）、式（5-2）表明，带有足够能量的电子可激发或电离原子 A，产生一个受激原子 A^{*} 或正离子 A^{+} 和一个电子。这两种碰撞成为非弹性碰撞。如果电子的能量不足以引起原子的激发或电离，碰撞过程中仅些许增加原子 A 的动能，这种碰撞称为弹性碰撞。

在实际的空气放电中，为评估电子碰撞过程中的电离过程，必须考虑电子能量的分配。基于对电子能量分配的考虑，汤逊定义了电离因数 α，用以表述一个电子在外加电场方向上移动单位长度过程中，空气中产生的电子—离子对的数目。有时，称 α 为汤逊第一电离系数。在电场方向上，$n(x)$ 个电子前进 dx 距离时，所产生的电子（电子—离子对）数 dn 为

$$dn = n(x) \alpha dx \tag{5-3}$$

如果在 $x=0$ 处，$n=n_0$，则 $\ln \dfrac{n}{n_0} = \int_0^x \alpha dx$，在单位电场下

$$n = n_0 e^{\alpha x} \tag{5-4}$$

在任意电场下，α 作为电场的函数变化，因而是 x 的函数，则

$$n = n_0 e^{\int_0^x \alpha dx} \tag{5-5}$$

在带电微粒密度低的气体中，带电微粒的平均能量取决于平均自由行程获取的能量或 El_m，其中 E 为电场强度，l_m 为气体分子的平均自由行程。因而包括碰撞电离的许多基本过程是 El_m 的函数，或者是 E/p 的函数，这是因为 l_m 与气体压力 p 成反比。通过试验可得到不同气体的电离因数，因而通常可由式（5-6）表示

$$\dfrac{\alpha}{p} = f\left(\dfrac{E}{p}\right) \tag{5-6}$$

正离子对电离的影响是可以忽略的，除非正离子的能量远高于这里讨论的电气放电中可能涉及的原子的能量。引起原子激发或电离所需要的能量也可从光形式的电磁能，或从具有 $h\nu$（能量的光子获得，ν 为辐射的频率，h 为普朗克常数）光激发（吸收光子）、光电离的过程，可以用式（5-7）、式（5-8）表示

$$A + h\nu \leftrightarrow A^{*} \quad （光激发或光辐射） \tag{5-7}$$

$$A + h\nu \rightarrow A^{+} + e \quad （光电离） \tag{5-8}$$

式（5-7）表明光激发过程与其反过程，即光发射。它是当受激原子的电子由高能轨道返回其原有轨道，向外辐射能量的过程。

电子碰撞过程和光子吸收过程在电晕放电中起到非常重要的作用。其他过程，如热效应、电离振荡，在气体中也可能发生，在本书中不详述。

另外需要说明的是导体表面的电子辐射。

导体表面的电子辐射是气体放电，是空气中电晕放电的一个重要因素。金属表面原子的外层电子在金属中自由运动，而为逸出金属表面，这些电子必须获得足够的能量，这种能量被称为逸出能。

促使电子从导体表面逸出所需要的能量可通过不同的物理机理获取，其中最重要的包括：①热致辐射；②正极性离子碰撞产生电子辐射；③致辐射；④光电辐射。

在所有这些机理中，热致辐射发生在很高的温度下，是真空管的重要工作方式；场致辐射发生在很高的表面电场情况下，主要是真空中电击穿现象的重要因素。这两种机理在常温常压的气体放电中起不到任何作用。

正离子在金属表面的碰撞可引起电子的辐射，且电子数量随碰撞正离子能量的增加而增加。为使表面有一个净电子辐射，每个离子必须释放出两个电子，其中一个是离子中性化所必需的。当电子具有比金属逸出能量更大的能量时，光照在金属表面将产生光致电离。气体放电中，表面附近的放电中产生的激发原子也可产生光子，使其恢复到它们的正常状态。

5.1.2 带电粒子的复合

如某种气体中正极性和负极性带电微粒同时存在，可能产生复合现象。通常复合可表示为

$$A^+ + B^- \rightarrow AB + h\nu \tag{5-9}$$

式中：B^- 可能是负离子，也可能是电子。

辐射复合在某种程度上可认为是光电离的反过程，仅在与电子作用时发生。正负离子的复合是一个非常复杂的过程。它由两个阶段构成：

（1）第一阶段，随机运动的两种离子发生碰撞，或在库仑力的作用下在关于它们共同质心的双曲轨道上运动。

（2）第二阶段，电荷交换，使离子电中性。

这一过程发生在轨道相交或碰撞时，产生的中性微粒沿射线方向相互远离。其动能的增量为正离子电离能和负离子捕获能的差。

复合系数 R_i 定义为单位密度的正离子和负离子在单位时间内发生复合的次数。如 n_1 为正离子浓度，n_2 为负离子浓度，则

$$\frac{dn_1}{dt} = \frac{dn_2}{dt} = -R_i n_1 n_2 \tag{5-10}$$

5.1.3 带电微粒的扩散和漂移

在电离气体中，带电微粒的浓度通常远小于中性气体分子数，所以常假设带电微粒只和空气分子发生碰撞，且气体分子在带电微粒的碰撞中几乎不受影响。在这种混合气体中，气体分子对带电微粒起到固定的散射中心的作用，带电微粒的质子运动则由浓度梯度和电场来决定，前者增加其扩散的速度，后者增大其漂移速度。这些因素只影响带电微粒的分布函数而与空气分子无关。这时微粒电流可写为

$$\boldsymbol{\Gamma} = -\nabla Dn + \mu En \tag{5-11}$$

式中：$\boldsymbol{\Gamma}$ 表示微粒流动的矢量；E 为电场矢量；n 为微粒密度；D 为带电微粒扩散系数；μ 为

迁移率。式（5-11）右边第一项表示扩散，第二项表示漂移。确定空气中电子和离子的扩散系数和迁移率的理论分析是非常复杂的，然而可通过试验的方法来确定。通过试验得到的数据通常用于推导经验公式，特别是迁移率，其形式如下

$$\mu = f\left(\frac{E}{p}\right)$$

离子的扩散系数和迁移率是彼此相关的，如式（5-12）

$$\frac{D}{\mu} = \frac{kT}{e} \tag{5-12}$$

式中：k 为波尔兹曼常数；e 是电子电量；T 为气体温度，K。

式（5-12）称作爱因斯坦关系式，代入数字可得

$$\frac{D}{\mu} = 0.864 \times 10^{-4} T \tag{5-13}$$

5.1.4 空气的放电参数

空气的主要组成为氮和氧，空气的一些参数在某些程度上取决于这些成分的参数。电子与氮或氧分子发生碰撞导致空气中碰撞引起的电离过程，可由式（5-14）、式（5-15）表示

$$e + N_2 \rightarrow N_2^+ + 2e \tag{5-14}$$

$$e + O_2 \rightarrow O_2^+ + 2e \tag{5-15}$$

这两种过程均应考虑空气的电离系数，在 $E/P \leq 60$（V/cm·torr）时（在气体放电物理中，大气压力 P 通常用达因或 mmHg 表示，而在国际单位制中，大气压力用 kPa 表示，标准大气压 P_0 为 760 达因或 101.325kPa），电子附着与电离程度相当，因此，对附着已证明是正确的哈里森-格巴尔（Harrison-Geballe）的结果是较合适的；而在更高的 E/P 时，电子的附着与电离相比已微不足道，可以采用忽略附着系数得到的马修-桑德斯（Masch-Sanders）电离系数。

电离数可采用式（5-16）表示

$$\frac{\alpha}{\rho} = A e^{-B\left(\frac{E}{p}\right)} \tag{5-16}$$

式中：A、B 为常数，由在 E/p 两个范围中拟合的曲线来确定。

空气中，负离子由与氧分子碰撞中的电子附着产生，其基本的反应可表示为

$$e + 2O_2 \rightarrow O_2^- + O_2 \tag{5-17}$$

$$e + O_2 \rightarrow O^- + O \tag{5-18}$$

由 Harrison-Geballe 得到[6]的关于电子附着的数据，接近以下关系

$$\frac{\eta}{p} = A_1 + B_1(E/p) + C_1(E/p)^2 \tag{5-19}$$

常数 A_1、B_1 和 C_1 仍由拟合曲线确定，用作空气中电离系数、附着系数的试验依据，经验公式如图 5-1 所示，适于 $35 \leq E/p \leq 60$。对于 $60 \leq E/p \leq 240$，Masch-Sanders 的试验数据可拟合为经验公式[21]

$$\frac{\alpha}{p} = 9.68 e^{-264 p/E} \tag{5-20}$$

几位研究者已获得了空气中电子的迁移速度的试验数据，以下的经验公式足以代表目前

的数据。

$$V_e=1.0\times10^4 (E/p)^{0.75} \text{ (m/s)}, \text{ 适用于 } E/p\leq100 \text{ (V/cm·torr)}$$
$$V_e=1.55\times10^4 (E/p)^{0.62} \text{ (m/s)}, \text{ 适用于 } E/p>100 \text{ (V/cm·torr)}$$

空气中的负离子可由 O^-、O_2^-，甚至是 O_4^- 离子构成，空气中负离子的最终运动速度将取决于单个离子的运动和这些离子的相对比例。

相应地，空气中的正离子可由 N_2^+、O_2^+，也可能是 N_4^+ 离子组成。空气中的正离子运动速度取决于各自运动速度以及三种离子的相对比例。

研究表明：空气中离子运动速度受到许多因素的影响，如杂质、离子老化等。实际应用中，用统计分布来表示离子运动速度是比较合适的。

为简单计，空气中的正负离子的平均速度可假定为：$1.5\times10^4 (m^2/v·s)$。可将这个速度值代入式（5-12），求出离子和电子扩散系数。

空气中复合的主要过程由负氧离子与可能出现的 N_2^+、O_2^+ 或 N_4^+ 离子的碰撞中而被中性化的过程组成，对于常压的空气，复合系数可采用 $R_\Gamma = 2.2(m^3/s)$。

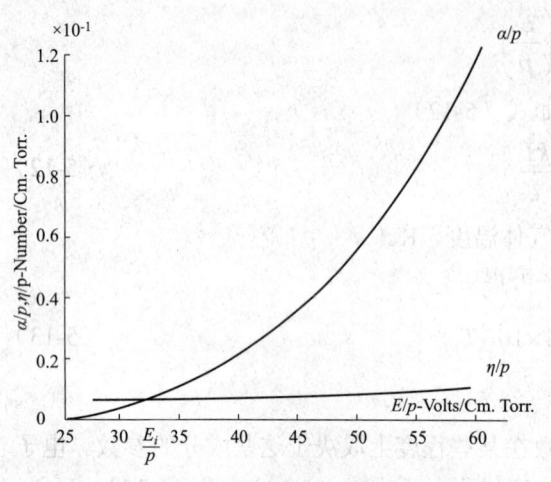

图 5-1 空气中的电离系数和吸附系数

5.2 放电现象

在前述章节中描述的电离和其他过程的基础知识，对理解空气中发生的不同放电现象是有帮助的。以下对气体放电机理的讨论从图 5-2 所示的均匀场试验情况开始，这是假定电压施加于间隔距离 d 的两个电极，以产生一个 $E=U/d$ 的电场。通过自然电离过程或从紫外线灯照射方法在阴极产生自由电子。由于电场的存在，这些电子被加速，而从 $x=0$ 处的阴极（地电位电极）奔向 $x=d$ 处的阳极（高电位电极），并与中性分子发生碰撞。随着极间电压的增加，可得到典型的伏安曲线如图 5-3 所示。伏安曲线可分为三个截然不同的区域。

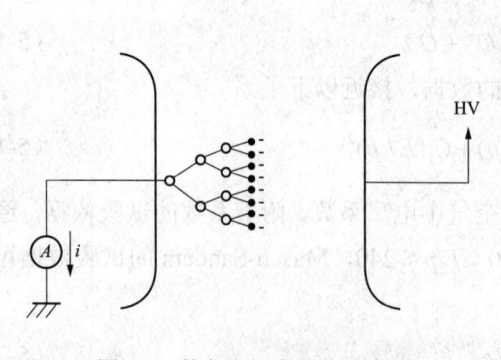

图 5-2 均匀电场中的气体放电

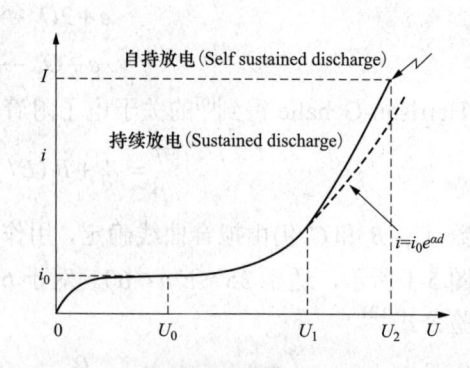

图 5-3 典型的伏安曲线

(1) 当电压低于 U_0 时,在起始阶段电流随电压线性增加,在电压接近 U_0 时趋于饱和。在电压较低时,电流由自然或人工产生自由运动的电子,在极间电场的作用下形成。在这些场强下,自由电子产生率大于穿越间隙电子的比率,使得电压-电流有一个线性关系。然而,当电压接近 U_0 时,因产生的所有自由电子都流向阳极,电流达到饱和状态。

(2) 当电压超过 U_0 时,电流开始以指数方式增加,产生这种电流的增长是因为电子从极间更高的电场获得足够的能量,使得中性气体分子电离而产生新的电子-离子时,新产生的电子也可获得足够的能量而电离其他气体分子,引起一个成为雪崩电离的过程,与电子相比较大的质量的正离子在这个过程中依旧保持静止。如果在阴极处有 n_0 个电子,在阳极处电子数升为 $n_0 e^{2d}$,考虑在阴极出发的任何一个电子,雪崩电离过程将使其在阳极产生 e^{2d} 个电子,这一电子数目指数增加成为电子崩,如图5-2所示(中部)。

(3) 在某特定的电压 U_1 之后,电流快速增加,直到电压 U_2 时闪络或击穿。电流的快速增加,被称作二次电离的过程,这一过程可在阴极产生额外的电子并能引起新的电子崩。导致阴极表面二次电子发射的最可能的机理是正离子碰撞和光子碰撞。

1) 正离子碰撞情况下,在电子崩中产生的正离子向后运动并撞击阴极表面。

2) 光子碰撞情况中,电子崩中的受激原子在它们返回正常状态时释放电子,其中部分光子碰击阴极表面。

如 n_c 为阴极表面发射的全部电子,则 (n_c-n_0) 为二次电离过程产生的电子总数,这时电子崩中产生的电子总数为

$$n_t = n_c e^{2d} \tag{5-21}$$

如果 λ 表示二次电子发射过程的效率,也称为二次电离系数,则二次电离产生的电子数为

$$(n_c-n_0) = \gamma n_t = \gamma n_c e^{2d}$$

或

$$n_c = \frac{n_0}{1-\gamma \cdot e^{2d}}$$

在任意位置 x 处电子崩中产生的电子数表示为

$$n(x) = n_c e^{2x} = \frac{n_0}{1-\gamma \cdot e^{2d}} e^{2x} \tag{5-22}$$

式(5-22)提供了一个判定击穿电压的必要判据为

$$1-\gamma e^{2d}=0 \tag{5-23}$$

这个击穿判据的物理意义是:在电压 U_2 时,电子崩中产生的电子数目,以及由此产生的电流急剧增长,只限制于外部电路。电压低于 U_2 时,如果电源的基本自由电子消失时外部电路的电流中断,则这种放电称为非自持放电,而在击穿电压 U_2 时,阴极表面产生的二次电子数目等于初始自由电子数 n_0,因而即使电源的基本自由电子消失,此时放电也可继续维持,这种情况下的放电称为自持放电。如果不是均匀场,像是在一个金属棒(点)与一个平面之间电场。自持放电仅在高场强的点电极附近的一个小区域内发展。整个间隙中不会发生电击穿现象。这种自持放电通常称为电晕放电,它可在低于间隙击穿电压的一个较大范围发生,因为非均匀的场强分布,电离系数 α 是关于高压电极距离 x 的函数,式(5-23)所示的自持放电起始电压判断准则,在非均匀场的间隙中可改写为

$$1-\gamma \cdot e^{\int_0^{d_t} \alpha dx} = 0 \tag{5-24}$$

式中：积分范围从高压电极表面开始，止于电离中止的 d_i 处。

在电子附着活跃的气体中，如空气，电离系数 α 可修正为包含有附着系数，自持放电的起始电压判定准则可改写为

$$1-\gamma \cdot e^{\int_0^{d_i}(\alpha-\eta)dx}=0 \tag{5-25}$$

此时积分上限 d_i 对应于电离系数等于附着系数的边界，也就是无电离产生的地方。

5.3 空气中圆形导体的电晕放电

为研究输电线路电晕特性，理解高压交流或直流电压施加于圆形导体上时的电晕放电是有必要的。依据施加电压类型、极性和幅值的不同，定义了几种不同模式的电晕放电。

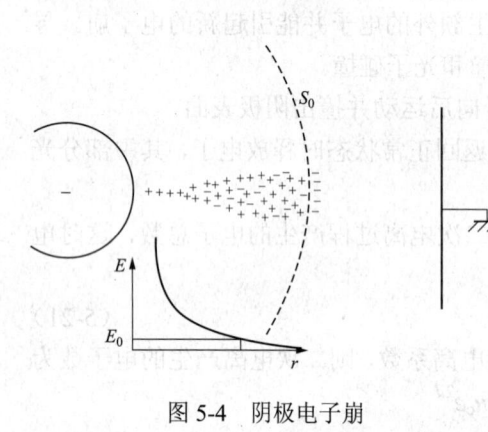

考虑如图 5-4 所示的圆形导体与平板的空气间隙，导体上施加负极性直流高压，而平板为地电位，由此在极间中产生一个非均匀场。这个间隙可由 s_0 面分成两个区域，超过 s_0 面时区域中的电场不足以维持有效的电离，也就是 $\alpha-\eta=0$。由于空气为负电性气体，负离子是比自由电子更为稳定的负电荷携带者，因其相对低的运动速度（迁移率），两种极性的离子更易在间隙中积累，在几个连续的电子崩过程中，形成准静态的电子云，通常认为是正极性和负极性的空间电荷。为正确解释空气中的电晕放电的发展过程，就必须考虑在很大程度上影响局部电场强度，并且影响电晕放电发展的空间电荷起到的作用。

图 5-4 阴极电子崩

5.3.1 负极性直流电晕模式

当高压电极，也就是导体为负电位时，电子崩始于阴极，并向阳极形成一个连续衰减的场，如图 5-4 所示，电子崩将在界面 s_0 处停止，因在所加场中自由电子比离子运动的快得多，它们在电子崩的端部集中，则在阴极和界面 s_0 之间间隙的区域中形成正离子的密集分布，而自由电子则继续向间隙另一极移动，超过 s_0 面后，自由电子快速附着于氧分子以形成负离子，这是因为它们迁移速度低而积累在超出 s_0 的区域内，这样在第一次电子崩结束后，间隙中有两种空间电荷如图 5-5 所示。

离子空间电荷的出现，直接影响间隙中的局部电场分布，对于图 5-5 所示情形，空间电荷使得靠近阴极区域的电场增加而使靠近阳极的电场减小，因而使得后续电子崩在场强稍大的区域发展，但比前面的电子迁移一个稍短距离。离子空间电荷的影响实际上调节了放电的发展，产生电

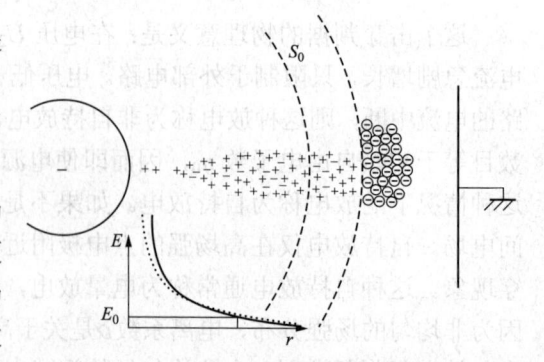

图 5-5 第一次雪崩结束时的空间电荷

气、物理和可见光学特性完全不同的电晕放电。这些模式以场强增加的顺序，依次为：特里

切赫（Trichel）流注放电，负极性连续辉光放电和负极性流注放电。

（1）特里切赫流注放电。这种放电模式遵循一种有规律的脉动模式，该模式中流注产生、发展接着熄灭，随后是一个短时的沉寂，然后重复上述过程。单个流注的持续时间很短，为几百纳秒，而无流注的沉寂时间在几微秒到几毫秒之间变化，甚至更长。由此引起的放电电流由持续时间短、幅值小的有规律负脉冲组成，以每秒几千个脉冲的速率连续出现，放电的可见光学现象如图5-6（a）所示，特里切赫电流脉冲的典型波形如图5-6（b）所示。因为电流波形可能被所使用的测量回路的时间常数影响，其持续时间可能比实际放电持续时间更长。

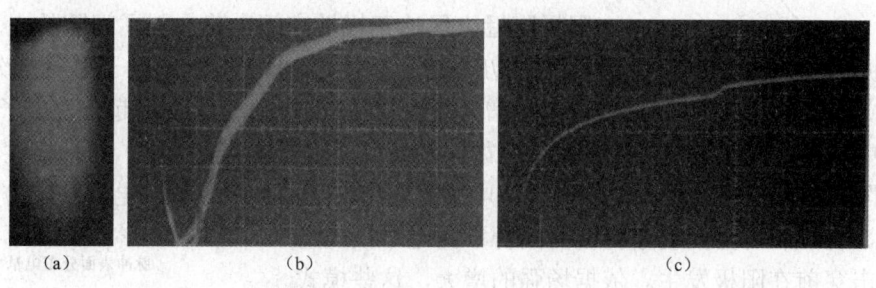

图 5-6 特里切赫流注放电典型特性
(a) 放电的可见光学现象；(b) 特里切赫电流脉冲的典型波形；(c) 起始流注之后的电流平台

特里切赫流注机理解释了放电的脉动性，它是基于在一个短暂时期中非常活跃的附着过程抑制了电离活动。流注的重复率是施加电场的函数，随施加电压增加而线性增加，而在高电场下，脉冲重复率因短时持续的稳定放电而减小，这种持续可通过如图5-6（c）所示的起始流注之后的电流平台来体现。

（2）负极性稳定辉光放电。随电压进一步增加，特里切赫流注放电在脉冲达到某临界频率后，便成为一种称为稳定辉光的电晕模式。这种变化伴随着放电现象的变化，在阴极表面连续的间歇式放电停止，变为在一个固定放电点。整个放电区域限制在如图5-7所示的区域。物理上讲，稳定的辉光电晕显示了辉光放电的典型特性，一个可轻易辨别的明亮的球形负极性辉光，接着一个从球向外延伸的正极性圆锥形光柱。

（3）负极性流注放电。如外加电压进一步升高，将出现如图5-8所示的负极性流注，放电具有的光柱被压缩成一个流注通道。在阴极观察到的辉光放电的特性暗示这种电晕模式也很大程度上取决于来自受连续离子轰击阴极的电子发射，而以密集电离为特性的流注通道的形成，表明外加电场对空间电荷的清除（移动）作用更为有效。

图 5-7 负极性连续辉光放电　　图 5-8 负极性流注放电

5.3.2 正极性直流模式

如图5-9所示为阳极附近雪崩发展过程（高场强电极为正极性的情形）。电子崩在界面s_0的某处开始，并沿连续增加的电场方向向阳极发展，这样导致在阳极表面的电离最为活跃。同样，由于离子较低的迁移率，所有在沿电子崩发展路径的后端留下正极性空间电荷。因阳极附近极高的电场强度，这里的电子附着比负极性电晕情况下弱得多，电子崩产生的大多数自由电子被阳极吸收，负极性离子主要在远离阳极的低场强区域形成。

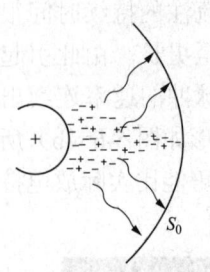

阳极附近出现的正极性空间电荷加强了间隙的电场，如图5-10所示，初次电子崩中受激分子释放的光子引发二次电子崩，这些电子在增大的场强区域中被加速，并引起二次电子崩，这样推进间隙中放电沿流注方向的径向发展，如同在高场强阴极的情况一样，两种极性的空间离子在靠近阳极附近出现，极大地影响局部电场的分布，继而影响电晕放电的发展，具有完全不同电气、物理和可见光现象特征的四种不同电晕模式，将在间隙击穿前在阳极发生。依据场强的增大，这些模式依次为突发式电晕，起始流注电晕，正极性辉光电晕，击穿流注电晕。

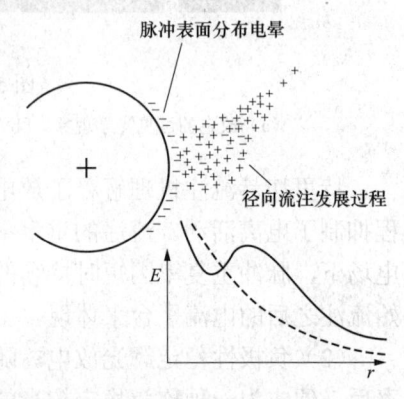

图5-9 阳极附近雪崩发展过程

（1）突发式电晕：这种放电模式源于阳极表面的电离活动，这种电离使得高能入射电子在被阳极吸收之前释放其能量。在这个过程中，在紧邻阳极的区域产生正极性离子，这一过程逐步增强而形成正极性空间电荷并抑制放电，扩散的自由电子则移到阳极的其他部分，引起的放电电流由非常小的正脉冲组成，每个脉冲对应一次阳极某局部区域的电离的扩展，随即被所产生的正极性空间电荷抑制，突发式电晕的光学现象和电流脉冲如图5-11所示。

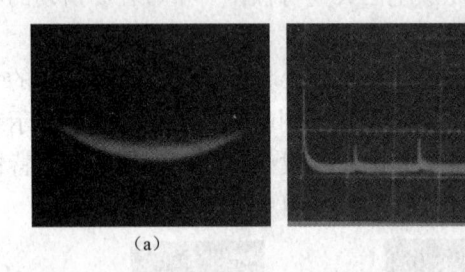

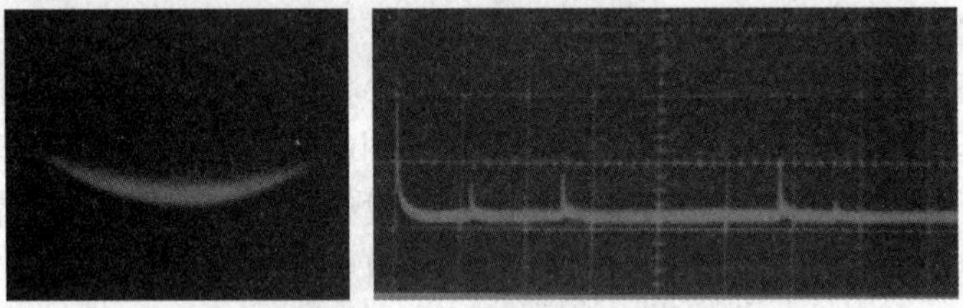

图5-10 阳极附近雪崩发展连续过程

图5-11 脉冲群式电晕典型特性
(a) 光学现象；(b) 电流脉冲

（2）起始流注放电：这种模式的电晕放电源于放电的径向发展，邻近阳极产生的正极性空间离子电荷在阳极表面引起电场增强并因而减缓电子崩。这样流注通道在径向上发展导致了起始流注反复点。在流注发展过程中，在低场强区会形成相当数量的正极性空间离子电荷。后续电子崩的累积效应和阳极对自由电子的吸收，导致阳极前面区域驻留空间离子的最终形成,在阳极附近的局部电场降低到低于电离的临界场强并抑制流注放电,这样需要一个间歇时间,使外加场移除正极性空间电荷,并准备下一个新流注发展所需要的条件,这种放电以脉冲形式发展,产生幅值大、重复率相对低的正极性脉冲电流,图 5-12 给出了起始流注放电产生的光学现象和脉冲电流的示意。

(3) 正极性辉光放电:在这种放电模式中,阳极表面的电离活动在紧邻阳极表面处形成一个薄的光环,这个区域发生剧烈的电离。放电电流基本上为直流,在其上叠加一个重复率达几百千赫兹的脉冲电流分量。这种放电模式的可见形式如图 5-13 所示。

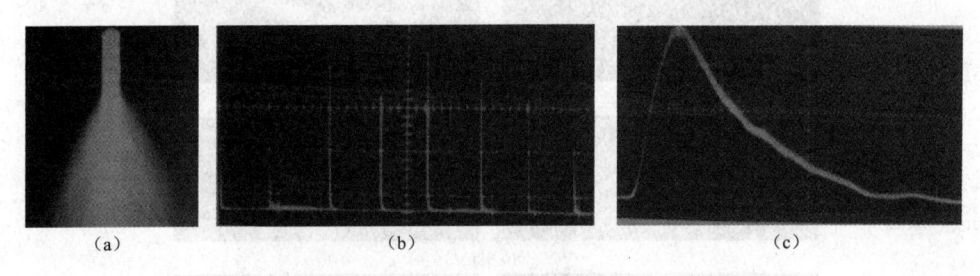

图 5-12 正极性起始流注电晕的典型特性
(a) 起始流注;(b) 流注电流脉冲串;(c) 电流脉冲波形

正极性辉光放电的发展可解释为间隙中正极性离子产生和消除的某种特定组合引起的。极间电场导致正极性离子快速重新产生,因而促进表面电离。同时,这个场强不满足放电径向发展和流注形成的条件,负极性离子的作用主要是提供必要的触发电子以维持阳极的电离。

(4) 击穿流注放电:如果外加电压进一步提高,流注将再次出现,并最终击穿间隙。放电与起始流注放电相似,但它在间隙中伸展得更远一些,流注放电非常大且据有更高的重复率。击穿流注的发展直接与电场强度有效移除正极性空间电荷有关。

图 5-13 正极性辉光放电

5.3.3 交流电晕模式

在交流电压下,高压导体电极电场的场强和极性,随时间连续变化。在施加电压的同一个周期中,可观察到几种不同模式的电晕,图 5-14 给出不同电晕模式与施加电压的函数关系。电晕的模式可由电流轻易辨别出来。

对于短间隙,在同一个半周期内,电极产生并吸收空间离子电荷。在两个半周期内,在起始电压附近可观察到相同模式的电晕产生。负极性特里切赫流注,正极性起始流注和突发电晕,对于长间隙,半个周期内产生空间离子电荷不能被电极吸收,却在下一周期被吸收到高场强区域并影响电晕的发展,如图 5-14 所示的情形,起始流注在辉光放电帮助下被抑制。而在实际的大截面导线上,在正半周期中起始流注比辉光放电更常见。在这种情形下,可以分辨出以下的电晕模式:负极性特里切赫流注、负极性辉光放电、正极性辉光放电和正极性击穿流注,负极性流注因其起始电位高于正极性击穿流注而不会出现。可以看出,用以区分长、短间隙的临界间隙,对应于半个周期内产生的空间离子电荷穿过的间隙。

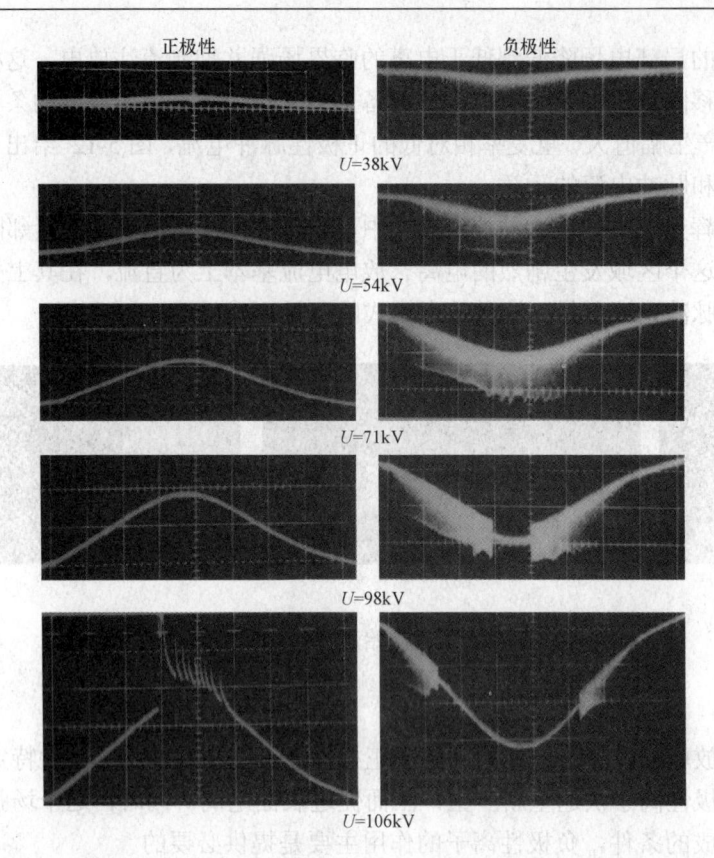

图 5-14　不同电压下典型交流正极性和负极性电晕模式
（电极由球和锥形圆筒构成，7cm；间隙，25cm）

在非常细且洁净的导线上，只有辉光模式的电晕出现，有时称其为超电晕。从实用的角度来看，为获得更高的空气间隙击穿电压，已对这种现象展开了研究。也已对由细导线绞制成的标准电缆开展这方面研究，以消除脉动型电晕，并由此减少 RI（无线电干扰）和 AN（可听噪声）的问题。然而对于实际输电线路采用的不同直径的导线，辉光电晕是不可能产生的。

5.4　电晕放电电流

电晕放电中产生的各种带电粒子，即自由电子、正离子和负离子，在局部电场力作用下使它们运动。于是，正离子沿电场方向向阴极移动，而电子和负离子沿电场反方向向阳极移动，所有带电粒子的运动使得电极中的电流增加。这些电极包括阴极、阳极以构成间隙的其他电极。这些电流要么从与电极连接的电极流出，要么从与电极连接的其他阻抗流出，由电晕放电的发生而引起的后果，主要包括能量损失和电磁干扰，取决于放电电流的幅值和时间变化。

5.4.1　肖克利-拉姆理论

计算每一个放电中的微粒的作用以确定电晕放电电流，并利用叠加原理评估所有带电粒子的总电流。在一个多电极间隙中，各电极上由极间间隙中带电粒子的随机运动产生的电流，是肖克利和拉姆分别单独得出，这个为分析真空管性能而推导出来的结果，通常被称为肖克利-拉姆（Shockley-Ramo）理论。

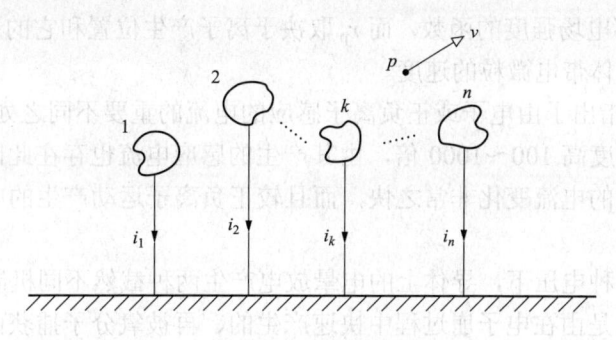

图 5-15 电荷运动感应的电流

如图 5-15 所示，考虑一个均为地电位的 n 个电极的系统，现要计算因 p 点处带有电量 q、速度为 v 的粒子在第 k 个电极中产生的电流 i_k。

肖克利-拉姆理论表明，在第 k 个电极上引起的电流 i_k 为

$$i_k = q\boldsymbol{E}_{pk} v \tag{5-26}$$

式中：$\boldsymbol{E}_{pk}$ 为电极 k 为单位电位而其他电极为零电位时在 p 点产生的电场矢量。

如果知道任意给定时刻在电极间空间所有的粒子的电荷量和位置，则在任意电极中在该时刻的感应电流可通过计算每一个粒子的作用来叠加计算。

对于电极是通过复杂阻抗接地而不是直接接地的情况，可使用修正的肖克利-拉姆理论来计算感应电流。而对电晕中多数电极而言，电极的阻抗是足够小的，使用肖克利-拉姆定律的原始公式就可以得到精确的结果。

以 2 个电极的间隙为例说明式（5-26）的使用方法。

1）在平板电极中，两极板间距离为 d，因极板间电场是均匀的，位于极板间任一位置、带电量为 e（电子电量）、速度为 v_e 垂直于极板运动的带电微粒，在阳极产生的电流，为 ev_e/d。在阴极感应的电流幅值与之相同而方向相反。

2）在如图 5-16 所示的同心圆柱系统中，内部导体和外部圆柱体的半径分别为 r_c 和 R，计算由位于径向距离为 r_p 的 p 处的带电量为 e、以径向速度 v_p、自内导体向外运动的带电粒子产生的感应电流。为计算内导体感应的电流 i_c，在内导体施加 1V 的电压而外导体的为 0，此时在 p 点的电场为

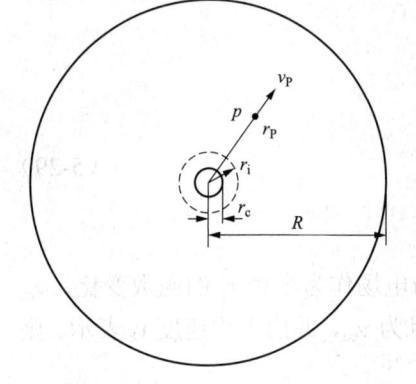

图 5-16 同心圆柱结构中的电子运动

$$E_p = \frac{1}{r_p \ln \dfrac{R}{r_c}}$$

则感应电流为

$$i_c = \frac{ev_p}{r_p \ln \dfrac{R}{r_c}} \tag{5-27}$$

显而易见，在外部圆柱体上感应的电流应为 $-i_c$。

单个带电微粒感应的电流随时间的变化，取决于式（5-27）中两个参数 v_p、r_p 随时间的变化。速度 v_p 为局部电场强度的函数，而 r_p 取决于离子产生位置和它的速度。因此，总电流取决于空间分布的全体带电微粒的速度。

式（5-27）同时指出了由电子或正负离子感应的电流的重要不同之处。对给定 E/p，电子的速度要比离子的速度高 100～1000 倍，由其产生的感应电流也存在此比例。由于相同的原因，由电子运动感应的电流变化非常之快，而且较正负离子运动产生的电流具有更短的持续时间。

在交流和直流两种电压下，导体上的电晕放电产生两种截然不同机制的电流：

（1）第一种电流是由在电子崩过程中快速产生的、再被氧分子捕获而形成速度很慢的负离子，或在接触到阳极表面而被中和之前以很高的速度在空气中穿行的电子引起的。这一机制产生持续时间很短、变化极快的脉冲电流。

（2）第二种机制的电流主要是由运动速度较慢的正负离子产生的。在直流电压下，这一机制是电晕中以稳定速率离开导体的离子迁移引起的直流电流的流动为特征。在交流电压下，离子在交变电场的作用下前后运动，因而引起交变电流。

5.4.2 同心圆柱结构的感应电流

对 5.4.1 中 2 的深入研究可以观察输电线路电晕的规律。首先考虑电子在如图 5-16 所示结构中的运动。导体上产生一个电子，形成一个负极性的电位，快速远离导体直到附着于一个氧气分子形成负离子。附着发生的半径 r_i 由条件 $\alpha=\eta$ 定义，通常将该点所处的圆柱面认为是电晕层的边界。该边界以内的电子运动可由式（5-28）定义

$$v_{ep} = \frac{dr_p}{dt} \tag{5-28}$$

式中：v_{ep} 为电子在 p 点的速度。

可改写该式并在 r_c 和 r_i 间积分得

$$\int_{r_c}^{r_i} dr_p = \int_0^{t_i} v_{ep} dt \tag{5-29}$$

式中：t_i 为电子自 r_c 到 r_i 所需要的时间。

电子速度 v_{ep} 是 E/p 的函数，可由经验公式给出。因为电场作为半径 r_p 的函数变化，v_{ep} 也随时间变化。所以假定在 r_c 到 r_i 的近距离上的速度恒定且为 v_{ea}，并由平均速度 v_a 表示。则有

$$\int_{r_c}^{r_i} dr_p = (r_i - r_c) = v_{ea} \int_0^{t_i} dt = v_{ep} t_i \tag{5-30}$$

于是

$$t_i = \frac{r_i - r_c}{v_{ea}} \tag{5-31}$$

为了解各量之间的数量关系，考虑 r_c=1cm、R=100cm、导体上施加直流电压 140kV 的具体情况。导体表面电位梯度为 E_c=30.4kV/cm，在大气压力为 760 达因时，得 E_c/p=40。此时，由 $\alpha=\eta$ 的 E_i/p=32，由此得出 E_i=24.32kV/cm，r_i=1.25cm。其中 $E_a / p = \frac{40+32}{2} = 36$ 时的电子

平均速度 v_{ea} 为 $12.96\times10^6 cm/s$。在式（5-31）中带入这些数值，$t_i=19.3\times10^{-9}s$。

t_i 的数量级与空气中负极性电晕脉冲的上升时间相同，脉冲的上升时间一般在几纳秒到几十纳秒之间变化。

离子运动可由式（5-32）定义

$$v_{ip} = \frac{dr_p}{dt} = \mu E_p = \mu \frac{E_c r_c}{r_p} \tag{5-32}$$

式中：v_{ip} 为 p 点处的离子速度；μ 为离子迁移率。

实际上空气中的离子迁移率与 E/p 无关。对该式在下限 r_c 和任意半径为 r_b 边界上积分，有

$$\int_{r_c}^{r_{bi}} r_p dr_p = \int_0^{t_b} \mu E_c r_c dt \tag{5-33}$$

离子自 r_c 到 r_b 的运动时间为

$$t_b = \frac{r_b^2 - r_c^2}{2\mu E_c r_c} \tag{5-34}$$

例如，利用式（5-34）计算上述情形中离子自 r_c 到 r_i、迁移率为 $\mu=1.5 cm^2/(V\cdot s)$ 的时间，即 $t_b=6.17\mu s$。这个时间大约是电子运动相同距离所需时间的 1000 倍。

在交流电压的电晕情况下，离子运动受交流电场的影响。计算离子运动时，忽略导体电晕层的厚度并假定离子从导体表面出发，离子运动可由式（5-35）表示

$$v_{ip} = \frac{dr_p}{dt} = \mu E_p = \mu \frac{U(t)}{r_p \ln \frac{R}{r_c}} = \frac{\mu \hat{U}}{r_p \ln \frac{R}{r_c}} \sin \omega t \tag{5-35}$$

式中：$U(t)=\hat{U}\sin\omega t$，为导体上施加的交流电压，幅值为 $\hat{U}$，角频率为 ω。

以对应于径向距离 r_1 和 r_2 的时间 t_1 和 t_2 为积分限对该式积分

$$\int_{r_1}^{r_2} r_p dr_p = \frac{\mu \hat{U}}{\ln \frac{R}{r_c}} \int_{t_1}^{t_2} \sin \omega t dt \tag{5-36}$$

或

$$r_2^2 - r_1^2 = \frac{2\mu \hat{U}}{\omega \ln \frac{R}{r_c}}(\cos \omega t_1 - \cos \omega t_2) \tag{5-37}$$

依据正弦变化的导体表面电位梯度 $E_c = \dfrac{\hat{U}}{r_c \ln \dfrac{R}{r_c}}$ 的幅值，式（5-37）可改写为

$$r_2^2 - r_1^2 = \frac{2\mu E_c r_c}{\omega}(\cos \omega t_1 - \cos \omega t_2) \tag{5-38}$$

如果在电压波形上，电晕起始时刻 t_0 已知，在 $t_1=t_0$ 时刻自导体表面辐射出的离子可达到的最大半径 r_m，则通过令 $\omega t_2 = \pi$，得出

$$r_m^2 - r_c^2 = \frac{2\mu E_c r_c}{\omega}(1+\cos\omega t_0) \tag{5-39}$$

令 $\omega t_0=0$，可得到 r_m 的最大值

$$r_m^2 = r_c^2 + \frac{4\mu E_c r_c}{\omega} \tag{5-40}$$

在前述考虑的情形中，如导体上施加 60Hz 交流 140kV 电压，由式（5-40）r_m 得最大值为 22.02cm。由于在交流电场中往复运动，离子不能到达位于 R=100cm 处的外层圆柱导体。

5.5 电晕效应

5.5.1 电磁干扰

电晕在沿输电线路导线随机分布的某些点处发生。在好天气条件下，仅有少数电晕源出现，且彼此之间间隔较远的距离。而在诸如雨雪等恶劣天气条件下，导线上出现大量的电晕源，彼此相距较近。恶劣天气下的电晕强度通常较高。

导线上每一个电晕点的电晕放电均以 5.3 中描述的不同电晕形式为特征。在正常运行导线表面电位梯度下的导线上，特切赫利脉冲和起始流注模式的电晕在电压的负半周和正半周期间轮流出现。这两种模式的电晕均产生具有快速上升和短持续时间的脉冲电流，负极性电晕电流较正极性电晕电流具有更快的上升时间和更短的持续时间，而正极性脉冲电流的幅值通常比负极性的高得多。这些特性最终导致正极性电晕为输电线路无线电干扰的主要源头，负极性电晕可能在较高频段起作用，对产生电视干扰有一点作用。

每一个电晕源作为一个电流源，向导线注入随机电流脉冲串。注入的电流脉冲，分成两个部分，每一个部分具有原脉冲一半的幅值，沿导线向相反的方向运动。在其传播过程中，两个方向的脉冲均会被畸变、衰减，直到在距离注入点一个特定距离处消失。这样，仅能在一个有限的范围内观察到每一个电晕源的影响，这取决于输电线路的衰减特性。因此，在导线任意给定的位置上，合成电流由沿导线分布的不同电晕源产生的电流脉冲形成，这些电晕源具有随机变化的幅值，并随时间随机分布，沿两个方向传播。使事情变得更加复杂的是，在一条多导线的线路一相导线上的电晕会在所有其他导线上注入或感应电流脉冲。在较近距离上出现的不同相导线，也会增加沿线路电晕电流和与之相关的电压的耦合电磁传播。

由输电线路电晕产生的高频电流和电晕的产生和传输的理论分析非常复杂，需要应用高深的数学方法，在后续各节中，将给出用于分析输电线路电晕产生的电磁干扰（EMI）的方法和工具。

（1）电晕脉冲的频域分析。对具有随机变化的脉冲幅值和脉冲间隔时间的电流脉冲串传播的时域分析，在数学上是可行的，但其过程是极端的复杂和麻烦。但在频域进行这样的分析却简单得多。在进行输电线路的电磁干扰（EMI）传播特性的分析和计算之前，有必要介绍一些基本定义。

前面描述了间隙放电和电晕放电产生脉冲电流的一些大概的特性。尽管定义正负电晕和间隙放电产生的脉冲波形的参数差异较大，但电流脉冲的基本波形与图 5-17 所示的类似。表 5-1 给出了定义不同脉冲形状的主要参数。

表 5-1　　　　定义电晕和间隙放电产生的电流脉冲的典型参数

脉冲类型	幅值（mA）	上升时间（ns）	持续时间（ns）	每秒脉冲数（p/s）
正极性电晕	10~50	50	250	10^3~50×10^3
负极性电晕	1~10	10	100	10^4~10^5
间隙放电	500~2000	1	5	10^2~50×10^3

在时域中，与图 5-17 所示波形相似的脉冲可表示为双指数形式[5]

$$i(t) = K \cdot i_p \cdot (e^{-\alpha t} - e^{-\beta t}) \quad (t \geq 0, \text{单位 ns}) \tag{5-41}$$

式中：i_p 为电流幅值，mA；K、α 和 β 为由波形信息待定的经验参数[6]。例如，由正负电晕和间隙放电产生的典型电流波形可定义为：

1）正电晕电流脉冲波形

$$i(t) = 2.335 i_p (e^{-0.01t} - e^{-0.0345t}) \tag{5-42}$$

2）负电晕电流脉冲波形

$$i(t) = 1.3 i_p (e^{-0.019t} - e^{-0.0285t})$$

3）间隙放电电流脉冲波形

$$i(t) = 2.334 i_p (e^{-0.51t} - e^{-1.76t})$$

（2）傅里叶分析。任意脉冲的时域和频域表达式可通过傅里叶变换表示为

$$F(\omega) = \int_{-\infty}^{\infty} f(t) e^{-j\omega t} dt \tag{5-43}$$

$$f(t) = \frac{1}{2\pi} \cdot \int_{-\infty}^{\infty} F(\omega) e^{j\omega t} d\omega \tag{5-44}$$

式中：ω 为角频率，f 为频率，有 $\omega = 2\pi f$。通常，$F(\omega)$ 为复变量的函数。对于实函数 $f(t)$，有 $F(\omega) = F^*(\omega)$ 成立，其中，*表示复共轭。此时，$f(t)$ 简化为

$$f(t) = \frac{1}{\pi} \int_0^{\infty} |F(\omega)| \cos[\omega t + \alpha(\omega)] d\omega \tag{5-45}$$

式中：$|F(\omega)|$ 为 $F(\omega)$ 的幅值；$\alpha(\omega)$ 为角频率 ω 下的相角。

对于电晕电流脉冲，通过傅里叶变换可得到其频域的表达式

$$F(\omega) = \int_{-\infty}^{\infty} f(t) e^{-j\omega t} dt = \int_{-\infty}^{\infty} K i_p (e^{-\alpha t} - e^{-\beta t}) e^{-j\omega t} dt$$
$$= K i_p \frac{\beta - \alpha}{(\alpha + j\omega)(\beta + j\omega)} \tag{5-46}$$

于是，可得到频谱的幅值 $|F(\omega)|$

$$|F(\omega)| = K i_p \frac{\beta - \alpha}{\sqrt{(\alpha^2 + \omega^2)(\beta^2 + \omega^2)}} \tag{5-47}$$

对于式（5-42）所给出的脉冲波形，并根据表 5-1 正、负极性电晕和间隙放电分别取 20、5mA 和 750mA 的典型幅值，通过计算其频谱，$|F(\omega)|$ 的最大值出现在 $\omega=0$ 处，且是脉冲幅值

和持续时间的函数。这在图5-17中可以清楚地看出,图中幅值为20mA、持续时间几百纳秒的正电晕脉冲电流,在$\omega=0$处与750mA幅值、持续时间只有几纳秒的间隙放电,$|F(\omega)|$具有相近的幅值。仔细分析式(5-47)可获得脉冲频谱的更多信息。变量$|F(\omega)|$作为ω的函数,可在不同区域分别考虑如下

$$|F(\omega)| = Ki_p \frac{\beta-\alpha}{\alpha\beta} \quad (\omega \ll \alpha, \beta) \tag{5-48}$$

$$|F(\omega)| = Ki_p \frac{\beta-\alpha}{\sqrt{2}\beta\omega} \quad (\omega = \alpha, \omega \ll \beta) \tag{5-49}$$

$$|F(\omega)| = Ki_p \frac{\beta-\alpha}{\sqrt{2}\omega^2} \quad (\omega \gg \alpha, \omega = \beta) \tag{5-50}$$

$$|F(\omega)| = Ki_p \frac{\beta-\alpha}{\omega^2} \quad (\omega \gg \alpha, \beta) \tag{5-51}$$

由式(5-48)给出的$|F(\omega)|$在包括0的低频段的值,实际上等于对脉冲波形在积分限0和∞之间的积分。随着ω的增加,频谱的幅值仍保持在这个数值,直到ω接近α,然后,幅值开始几乎按照角频率ω的反比减小。第二个临界点发生在$\omega=\beta$处,随后,幅值$|F(\omega)|$开始按照ω^2的反比减小。在高频段,幅值按照ω^2的反比减小。这样,定义脉冲波形的常数α、β,也同样确定了频谱的转折点。对于不同脉冲波形,可得到其临界频点$f_\alpha = \alpha/2\pi$,$f_\beta = \beta/2\pi$如下。

1) 正电晕脉冲电流:f_α=1.59MHz,f_β=5.49MHz。
2) 负电晕脉冲电流:f_α=3.02MHz,f_β=45.36MHz。
3) 间隙放电脉冲电流:f_α=81MHz,f_β=280MHz。

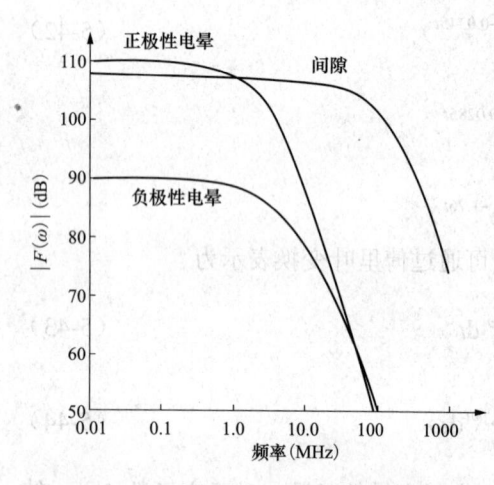

图5-17 电晕和间隙放电脉冲的频谱

在像AM广播频段的低频段,正极性脉冲式主要的EMI源。如果出现间隙放电,它也是一种低频段的骚扰源。如图5-17所示,由负极性电晕在低频段产生的EMI骚扰比正极性几乎低20dB,超过大约50MHz。由负极性电晕产生的EMI超过由正极性电晕产生的更多。电视频段的EMI主要骚扰源是间隙放电,而不是正极性或负极性电晕。

如果电晕源产生周期性的脉冲串,由此形成的串脉冲的频谱可写为

$$G(\omega) = \frac{2\pi}{T} \sum_{-\infty}^{\infty} F(n\omega)\delta(\omega-n\omega_0) \tag{5-52}$$

式中:$F(\omega)$为单个脉冲信号的频谱;T为脉冲重复周期;ω_0为周期性脉冲串的角频率,且$\omega_0=2\pi/T$(通常假定周期T比脉冲持续时间大得多,以保证脉冲之间不重叠);n为谐波阶数;$\delta(\omega-n\omega_0)$为Kronecher(克罗内克)δ函数。该函数具有以下特性

$$\delta(x-y)=1, \quad x=y \tag{5-53}$$

$$\delta(x-y)=0, \quad x\neq y \tag{5-54}$$

应该注意的是,单个脉冲变换为连续的频谱,而周期性的脉冲变换为离散的频谱。

以上所述的傅里叶分析将输电线路产生的脉冲串的传播分析和产生EMI的确定简化到一

定的程度。然而在实际的输电线路上，电晕源产生的是脉冲幅值和持续时间均为随机变量的随机而不是周期性的脉冲串。直流电晕产生连续脉冲串，而交流脉冲产生几乎所有的周期性脉冲群的随机脉冲，如图 5-18 所示。在交流电晕中，在交流电压正负峰值附近的 T_{c+}、T_{c-} 时间间隔内产生正极性脉冲和负极性脉冲。在这两种情况下，正极性脉冲是主要的 EMI 源。脉冲的幅值服从高斯分布而间隔时间服从指数分布。对于此类脉冲的分析最好采用功率谱密度的方法。

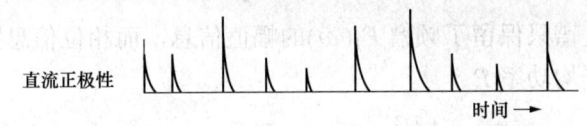

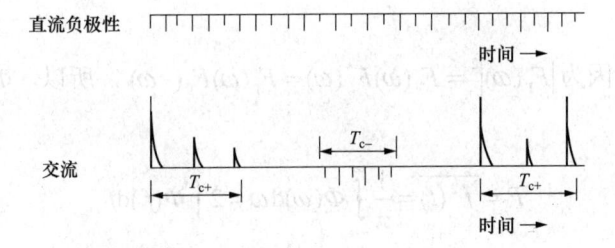

图 5-18 交流和直流电晕产生的脉冲群

（3）功率谱密度。诸如电晕或间隙放电产生的随机信号最好的频谱表达式方法是功率谱密度，它是与信号均方根值有关，而不与瞬时幅值有关的量。以下给出与功率谱密度相关的概念和定义。

考虑随机变量 $f(t)$，信号的平均功率见式（5-55）

$$P = \lim_{T \to \infty} \frac{1}{T} \int_{T/2}^{T/2} f^2(t) \mathrm{d}t \tag{5-55}$$

式中：T 为信号的周期。

$|t| > T/2$ 之外的区域截断，由此得到的信号 $f_T(t)$ 的傅里叶变换，定义为 $f_T(\omega)$。信号 $f_T(t)$ 的能量 E_T 见式（5-56）。

$$E_T = \int_{-\infty}^{\infty} f_T^2(t) \mathrm{d}t \tag{5-56}$$

由 Parseval（帕斯瓦尔）定理可知

$$E_T = \int_{-\infty}^{\infty} f_T^2(t) \mathrm{d}t = \frac{1}{2\pi} \int_{-\infty}^{\infty} |F_T(\omega)|^2 \mathrm{d}\omega \tag{5-57}$$

但，依照定义有

$$\int_{-\infty}^{\infty} f_T^2(t) \mathrm{d}t = \int_{-T/2}^{T/2} f^2(t) \mathrm{d}t \tag{5-58}$$

将式（5-56）和式（5-58）代入式（5-55），可得平均功率为

$$P = \lim_{T \to \infty} \frac{1}{T} \int_{T/2}^{T/2} f^2(t) \mathrm{d}t = \frac{1}{2\pi} \int_{-\infty}^{\infty} \lim_{T \to \infty} \frac{|F_T(\omega)|^2}{T} \mathrm{d}\omega \tag{5-59}$$

在式（5-59）中，可以看出，随着 T 的增大，信号 $f_T(t)$ 的能量 $|F_T(\omega)|^2$ 也增加。在 $T \to \infty$ 的极限过程中，数值 $|F_T(\omega)|^2/T$ 将逼近一个极限。假定这个极限存在，则信号 $f_T(t)$ 的功率密度谱 $\Phi(\omega)$ 定义为

$$\Phi(\omega) = \lim_{T \to \infty} \frac{|F_T(\omega)|^2}{T} \tag{5-60}$$

可看出，功率密度谱只保留了频谱 $F_T(\omega)$ 的幅值信息，而相位信息则丢失了。

从而得出信号的平均功率 P

$$P = \overline{f^2(t)} = \lim_{T \to \infty} \frac{1}{T} \int_{T/2}^{T/2} f^2(t)\mathrm{d}t = \frac{1}{2\pi} \int_{-\infty}^{\infty} \Phi(\omega)\mathrm{d}\omega = \int_{-\infty}^{\infty} \Phi(f)\mathrm{d}f \tag{5-61}$$

式中：$\omega = 2\pi f$。

应该指出的是，因为 $|F_T(\omega)|^2 = F_T(\omega)F_T^*(\omega) = F_T(\omega)F_T(-\omega)$，所以，$\Phi(\omega)$ 是 ω 的偶函数。式（5-61）可改写为

$$P = \overline{f^2(t)} = \frac{1}{\pi} \int_{-\infty}^{\infty} \Phi(\omega)\mathrm{d}\omega = 2\int_{-\infty}^{\infty} \Phi(f)\mathrm{d}f \tag{5-62}$$

式中：$\Phi(f)$ 为功率谱密度，它清晰地表示了信号 $f(t)$ 在频率 f 处的平均功率。

下面给出了功率密度谱的一些特性：

（1）具有功率谱密度 $\Phi_i(\omega)$ 的随机信号 $f_i(t)$，通过由传递函数 $H(\omega)$ 定义的线性滤波器，则合成输出信号的功率谱密度 $\Phi_o(\omega)$ 为

$$\Phi_o(\omega) = |H(\omega)|^2 \Phi_i(\omega) \tag{5-63}$$

（2）具有功率谱密度 $\Phi_1(\omega)$、$\Phi_2(\omega)$、$\cdots$、$\Phi_n(\omega)$ 的若干个随机信号 $f_1(t)$、$f_2(t)$、$\cdots$、$f_n(t)$，通过由传递函数 $H(\omega)$ 定义的线性滤波器，则合成的输出信号的功率谱密度 $\Phi_o(\omega)$ 定义为

$$\Phi_o(\omega) = \sum_{i=1}^{n} |H(\omega)|^2 \Phi(\omega) \tag{5-64}$$

（3）具有功率谱密度 $\Phi_i(\omega)$、的随机信号 $f_i(t)$，通过具有单位增益、通带宽度为 Δf，调谐频率为 f_0 的理想带通滤波器，则合成输出信号的均方根值 U_{rms} 为

$$U_{\mathrm{rms}} = \sqrt{2\Phi_i(f_0)\Delta f} \tag{5-65}$$

式中：$\Phi_i(f_0)$ 为输入信号在调谐频率 f_0 处的功率谱密度。

5.5.2 电晕噪声

如前讨论的无线电干扰的产生的情形相似，实际输电线路通常最可能发生的电晕放电的模式是交流电压正半周的起始流注放电和负半周期的特里切赫脉冲。这两种电晕同时组成重复瞬态放电，期间发生在几百纳秒时长的很短时间间隔内的空间电荷的快速电离和运动。这种速度很高的运动，特别是放电中产生的电子的运动，导致动能在碰撞中转移到中性的空气分子。这种短时间内的能量突然转移可等效为在电晕点发生的爆炸，这种爆炸产生瞬态声波。就其结果而言，电晕放电表现为重复性暂态声脉冲的球面声源。

因此，每一个瞬态电晕放电在导体中产生感应电流的同时，也产生在空气中传播的声脉冲。由在距离电晕点 1m 处安装的麦克风测得的单个正极性电晕源产生的声脉冲的波形，如

图 5-19 所示。如同感应电流脉冲的情形一样，声脉冲具有较规则的波形，主要表现为电压极性的函数。对应于负极性特里切赫脉冲的声脉冲波形与正极性的时域波形极为相似，但幅值大约为其 1/10。这清楚地表明，正极性电晕是交流或直流输电线路的主要可听噪声源。由正负极性电晕产生的双极性声压波与伴随集中能量快速释放的点爆炸产生的冲击波类似。

输电线路导线上的每一个电晕源表现为一个声能的点源（一个小的球面声源），这些声源发射出一系列具有随机幅值和随机时间间隔的声脉冲。电晕源本身沿输电线路的每一相导线随机分布。导线上单位长度的噪声源的数目在好天气下通常较少，但在如雨雪等恶劣天气下迅速增加。在交流输电线路上，电晕噪声主要在导线上因雨、雾或小雨形成雨滴时才增大到超过周围噪声的水平。

导线上不同噪声源产生的声压波在空中传播不同的距离后才能到达位于地面的观测点。然而，由于电晕发生在时空上的天然随机性，声波到达观测点时其相位总体上随机关系的。因而，对可听噪声的产生和传播的分析是以声功率的形式进行的，声功率不含有关于相位的任何信息。

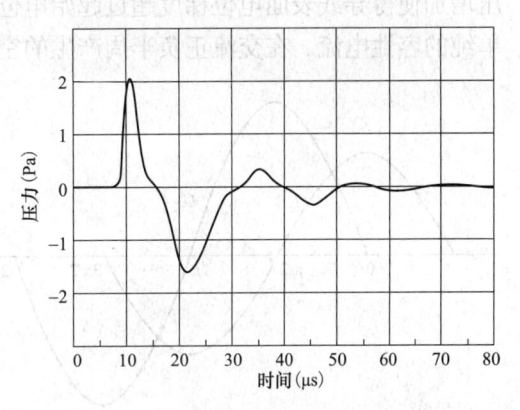

图 5-19 正极性电晕产生的生脉冲波形

在交流线路上，每一相导线对 AN（可听噪声）产生的贡献来自正电压半周期中峰值对应的时间为 T_{c+} 的短时间间隔内（见图 5-19）。因此，对于三相线路，不同相的 AN 的产生周期为对应 $\omega t = 2\pi/3$ 的时间间隔，式中 ω 为交流电压的角频率。观测点的声功率来自三相导线所有贡献的和。在交流线路上，AN 通常含有一个附加的分量，而不仅仅是相导线产生的声脉冲。这一分量源自在正负电压半周期间都产生的空间电荷的靠近和远离导线的振荡运动。空间电荷的运动随即在碰撞中将能量传递为空气分子，这一运动产生频率为电源电压频率两倍的纯音（也就是 100Hz 对于 50Hz）。这种纯音与电力变压器的铁芯中的磁致收缩产生的噪声类似。也可能出现高次谐波（如 200、300Hz 等），但它们通常没有那么显著。因此，源自交流输电线路的可听噪声的频谱由宽频带分量上叠加纯音分量构成，称为电晕损失。

5.5.3 电晕损失

前述了不同模式电晕发生时涉及的相关过程和复杂的电离情况，包括带电微粒的运动及其与中性气体分子的弹性和非弹性碰撞等许多过程，这些都需要消耗能量。导线电晕的情况下，这些能量由与导线相连的高压电源提供。它在导体表面为电晕放电的发生创造了必要的高电场条件，大部分消耗的能量变为热能，加热了导体表面附近的空气，而一小部分能量转化为声能和包括可见光的电磁辐射，以及产生臭氧和氮氧化物所需的电化学能。从电源消耗能量的速度称为功率，可确定为电晕功率损失，或电晕损失。

正负离子的产生和运动是造成电晕损失产生的主要原因。电晕放电中产生的电子存在时间短，由其快速运动引起的电流脉冲对电晕损失贡献不大。这些电流脉冲是造成电磁干扰的主要根源。

为解释交流输电线路产生电晕损失的所涉及的物理过程，分析由地面上或接地圆导体内部的单根圆形导线组成的简单结构是有益的。如果导线与地之间的距离远大于导线半径，则导线附近的电场和电荷近似均匀分布。此外，从导线表面发出的空间电荷，在其被交变电场驱动返回导线之前所能达到的最远距离，也将比导线和地之间的距离短。因此，空间电荷大多被限制在导线附近而不能到达地面或接地圆柱导体。

在导线和地之间连接一施加高压交流电压的电源，导线周围会产生一个非均匀的交变电场。如果导线上施加的电压为 $U=U\sin\omega t$，U 为幅值，ω 为角频率，在达到电晕起始电压之前，从电源吸取的电流为 $I=U\omega C\cos\omega t$，C 为导线电容。这时电压与电流的波形如图 5-20 所示。如果电压增加使得导线表面电位梯度超过起始电位梯度后，则导线上出现电晕放电，同时电流不再是单纯的容性电流。在交流正负半周产生的空间离子电荷的运动，引起电流中的一个附加分量，这个附加分量需由电源提供。与容性电流不同，这个电流分量几乎与电压同相，需由电源提供的功率是电晕损失。电晕电流分量也可能对该导线结构的容性电流的增加起一定的作用。下面描述导致电晕电流产生的过程。

采用一个完整的交流电压周期可更好地理解电晕电流分量产生所涉及的物理过程。前述情形的导线电晕时，电压和电流波形如图 5-21 所示。对应电压周期中不同时刻的空间电荷的运动如图 5-22（a）～（f）所示。

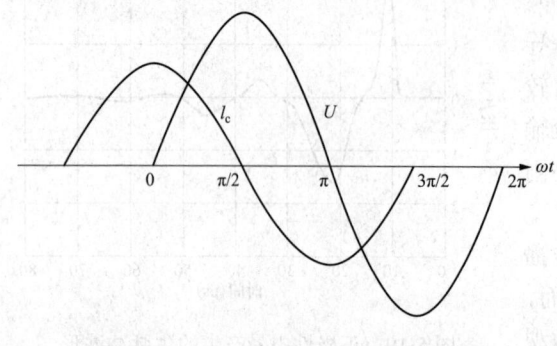

图 5-20　未起晕时的电压和电流波形

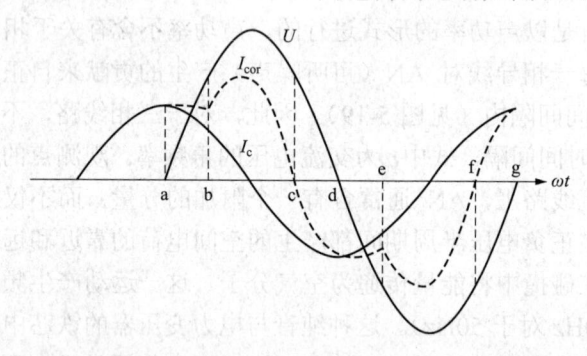

图 5-21　起晕后的电压和电流波形

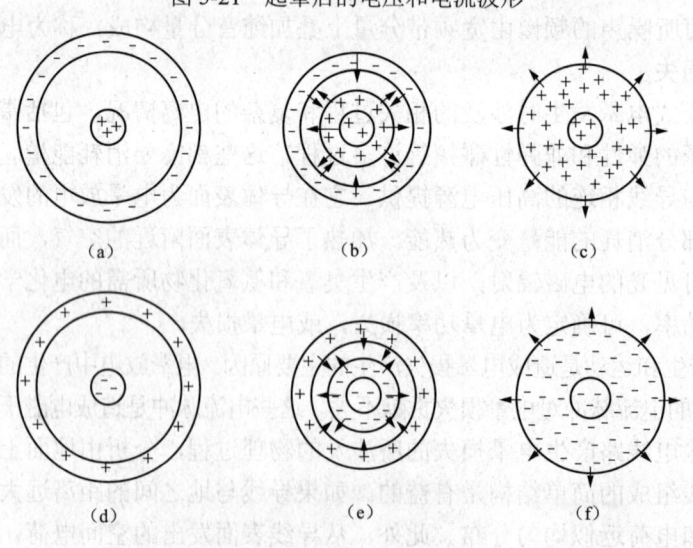

图 5-22　交流电晕不同时刻的空间电荷分布情况

电压周期起自 a 点，导线上的电压为零并在正半周开始上升，前一个负半周期产生的一群残留的负极性空间电荷，位于导体外一定距离处，如图 5-22（a）所示。尽管导线上施加的电压为零，导体表面仍因残留的负极性空间离子的存在产生一个数值不大的电场。在 a 和 b 之间，随电压的增加，导线表面和导线附近区域的电场同时增加，负极性空间离子掉转方向加速向导线运动。在电压周期的 b 点，导线表面电场等于正极性临界电晕起始电位梯度。超过这个电压后，导线表面产生电晕放电，放电中产生的正离子从导线表面向外运动，而电子快速向导线运动，并在与导线接触时被中和。因此导体起到正离子源的作用。随后向导线运动的残留负极性空间电荷与新产生的正极性空间电荷混合，一小部分正负离子之间发生复合。而大部分负极性离子在与导线接触时被中性化。在正极性电晕开始时的空间电荷分布如图 5-22（b）所示。

正极性电晕放电活动在电压达到峰值和接着下降过程中持续，直到电压周期的 c 点，此时电晕中止。因为导线附近有大量的正极性空间离子，降低导线表面的电位梯度，因而电晕停止时的电压比相应的电晕起始电压要高一些。导线表面正极性离子的发生在 c 点处停止，但已产生的正极性空间离子继续向离开导线的方向运动，如图 5-22（c）所示。自 c 点到电压变为零的 d 点，导线表面无电晕活动，因此无正离子向外发射。然而，剩余的大量正极性空间离子在 d 点或稍早一些到达距离导线最远的地方，如图 5-22（d）所示。

除极性变化外，负半周期的开始时的情形与在 a 点的相似。负半周期中随后的过程也相似，负极性电晕在 e 点时开始，在 f 点结束。相应的空间电荷分布如图 5-22（e）、（f）所示。

在这个周期中流过的电流由容性电流 I_c 和在其上叠加的电晕电流 I_{cor} 组成，如图 5-21 所示。

在 ab、ce 和 fg 期间，只有一种极性的离子存在，而在 bc、ef 期间，与导线极性相同的离子占多数，因为它们由电晕放电不断地产生，剩余的相反极性的离子部分通过复合过程中和，大部分通过与导线的接触中和。在电压周期的 bc 和 ef 阶段，所产生的电晕电流较其他阶段的大得多。

电晕电流的谐波分析表明，其基波分量基本与电压波形同相，由此产生电晕损失。应该指出，只有电晕电流的基波分量产生电晕损失。假定电压无谐波分量，其他谐波分量不产生任何电压频率的功率损失。如果电晕的起始和停止在正负半周对称，电晕电流将只有同相分量。在这些过程中的任何非对称，将引起小的非同相分量，并导致电容的小幅增加。由电晕引起的任何电容的显著增加都发生在电晕大大超过起始电压以后。

图 5-23 为导线起晕后的等效电路。表示电晕中导线的等效电路的并联元件为：C_0 为导线结构的几何电容，C_c 为因电晕而产生的附加非线性电容，G_c 为表示电晕损失的非线性导纳。导线电压低于电晕起始电压 U_0 时，$C_c=0$，$G_c=0$。电压超过起始电压之后，G_c 快速增加，而 C_c 增加速度较慢。在超过电晕起始电压的任意给定电压，导线结构等效为一个有损电容，其电容值为 $C_t=C_0+C_c$，G_c 表示电晕损失的导纳。

5.5.4 臭氧

在电晕放电中产生臭氧的主要阶段可能最需要是氧分子的裂解，这个过程吸收需要一定数量的能量。假定全部电晕损失的能量都用于这一阶段，可以估计臭氧产生量的最高限值为 1.422kWh/kg。而实验室中对单导线和分裂导线臭氧产生量的测试显示，臭氧的产生效率远远

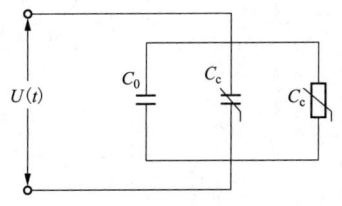

图 5-23 导线起晕后的等效电路

低于这个最高限值的 1%，影响臭氧产生率的因素是：导线表面电位梯度、电晕模式、天气的变化，即气温、湿度、降水和风。正极性流注电晕的出现增加臭氧的产生。研究发现电晕产生的氮氧化物，也基于相似的机理，但可以忽略不计，因为产生氮氧化物所需要的能量比臭氧高得多。

为确定电晕产生的臭氧是否对环境有危害，有必要测定线路附近区域不同天气条件下的臭氧浓度。考虑到输电线路构成臭氧线源矩阵，并应用差量定理，可计算产生臭氧的浓度。影响离散度模型的最主要因素是风速和风向，以及空气中的紊流和相对线路的方向。线路附近的测量表明，输电线路电晕对环境臭氧的影响仅为十亿分之几的数量级（ppb）。由此可见输电线路电晕产生的臭氧不会构成环境危害。

问题与思考

5-1 电晕放电的机理是什么？
5-2 电晕效应有哪几类？
5-3 电离的基本过程是什么？
5-4 在交流和直流两种电压下，导体上的电晕放电产生何种不同机制的电流？
5-5 输电线路电晕产生的臭氧是否会对环境产生危害？

第2篇 输电线路环境影响因子

第6章 工频电场与磁场

6.1 概述

在单质均匀媒质中,如果电荷和电流随时间按正弦规律变化,则产生的电场和磁场也按照同样频率的正弦规律变化,这种场称为时谐电磁场。工频电场和工频磁场是极低频时谐电磁场。工频一般是指交流输电系统采用的工作频率,包括我国在内的大多数国家工频采用50Hz,也有部分国家采用60Hz。

我国电力系统的电源工作频率(简称工频)为 50Hz,属于极低频(ELF)(0~300Hz)范围,其波长为 6000km。输电设施的尺寸远小于这一波长,构不成有效的电磁能量转换,其周围的电场和磁场没有互相依存、互相转化的关系。因此,工频电场和工频磁场是可以分开计算。

时谐变量是单一频率的变量,常用相量形式来表达。设空间位置 r 处随时间 t 正弦变化的矢量为

$$F(r,t) = \sqrt{2}f(r)\sin(\omega t + \varphi) \tag{6-1}$$

式中:$f(r)$ 为振幅有效值;ω 为角频率;φ 为相位角。

定义向量 $\boldsymbol{f}(r) = f(r)\mathrm{e}^{\mathrm{j}\varphi}$,则 $F(r,t) = \mathrm{Re}[\sqrt{2}\boldsymbol{f}(r)\mathrm{e}^{\mathrm{j}\varphi}]$。

由于媒质的线性特征,可以只考虑变量的幅值和相位,而不用考虑其时间特性,从而简化了问题的分析。

对于时谐电磁场,麦克斯韦方程组微分形式的复数形式表达为

$$\nabla \cdot \boldsymbol{D} = \rho \tag{6-2}$$

$$\nabla \cdot \boldsymbol{B} = 0 \tag{6-3}$$

$$\nabla \times \boldsymbol{E} = \mathrm{j}\omega \boldsymbol{B} \tag{6-4}$$

$$\nabla \times \boldsymbol{H} = \boldsymbol{J} + \mathrm{j}\omega \boldsymbol{D} \tag{6-5}$$

6.1.1 工频电场

工频电场属于极低频场,可以忽略磁场变化产生感应电场的影响。工频电场具有和静电场同样的性质,也被称为准静电场。

对于工频电场,麦克斯韦方程可以简化为

$$\nabla \cdot \boldsymbol{D} = \rho \tag{6-6}$$

$$\nabla \times \boldsymbol{E} = 0 \tag{6-7}$$

引入电位 φ,使得 $\boldsymbol{E} = -\nabla\varphi$,则有

$$\nabla^2 \varphi = -\frac{\rho}{\varepsilon} \tag{6-8}$$

此方程为泊松方程,加上边界条件、导体表面、地表面等电位等,就可以通过模拟电荷法、有限元法、有限差分法等数值方法进行求解。工频电场由电荷分布、媒质介电常数和边界条件共同决定。空间任一点对参考点的电位差称为该点的电压,一般选取大地或无穷远处为参考点。

6.1.2 工频磁场

与工频电场一样,工频磁场也属于极低频场,可以忽略电场变化产生的磁场。工频磁场具有与静磁场相同的性质,又称为稳恒磁场。

对于工频磁场,麦克斯韦方程可简化为

$$\nabla \cdot \boldsymbol{B} = 0 \tag{6-9}$$

$$\nabla \times \boldsymbol{H} = \boldsymbol{J} \tag{6-10}$$

引入磁位矢量 $\boldsymbol{A}$,使得 $\boldsymbol{B} = \nabla \times \boldsymbol{A}$,则得到泊松方程

$$\nabla^2 \boldsymbol{A} = -\mu \boldsymbol{J} \tag{6-11}$$

式中:μ 为媒质磁导率。根据电流分布和媒质磁导率,加上边界条件,可求得矢量磁位 $\boldsymbol{A}$ 的分布,工频磁感应强度 $\boldsymbol{B}$ 等于矢量磁位 $\boldsymbol{A}$ 的旋度。

当频率很低时,尽管在理论上变化的电场和磁场之间存在一定的关系,但是,不仅变化的电场产生的磁场极其微弱,而且变化的磁场产生的电场也极其微弱,均可以忽略不计。因此在低频情况下,可以认为电场和磁场是相互独立的,彼此没有联系;电场变化引起的位移电流产生的磁场可以忽略不计,可近似认为工频磁场的源主要为传导电流。工频磁场由传导电流分布、媒质磁导率和边界条件共同决定。

6.2 计 算 方 法

6.2.1 工频电场的计算

电荷之间的相互作用是通过电场发生的。只要有电荷存在,电荷的周围就存在着电场。它是物质存在的一种形式。

电场的基本特性是对静止或运动的电荷有作用力。电场强度是描述电场特性的物理量,用符号 E 来表示。电场分为静电场、感应电场两种。静电场是由静止电荷激发的电场。静电场的电场线起于正电荷,终止于负电荷,或从无穷远到无穷远,其电场力移动电荷做功与路径无关。常用电势差描述电场,或用等势面形象说明电场的分布。变化磁场激发的电场称为感应电场或涡旋电场。感应电场的电场线是闭合的,没有起点和终点。闭合的电场线包围变化的磁场。

空间点电荷在任意一点产生的电场强度为

$$E = k \frac{Q}{r^2} \tag{6-12}$$

式中:k 为常数,$k=9 \times 10^9 \text{N} \cdot \text{m}^2/\text{C}^2$;$Q$ 为电源电荷电量;r 为计算点到场源的距离。

高压输电线路产生的工频电场是工程设计中确定导线对地高度和排列方式的主要因素之一。对于工频电场主要考虑两个方面:其一为输电线路下无民房时的地面电场;其二为输电线路下有民房时的电场。

电场数值计算的方法主要有即作为场域分割法的有限差分法、有限单元法以及作为边界

分割法的表面电荷密度法和等效电荷法四种。

与有限差分法和有限单元法相比，表面电荷密度法和等效电荷法具有如下优点：①无需设定边界，从而可以避免因边界的设定引入的误差；②使计算问题的维数降低一维，因而可以用直接法求解方程组；③能直接求解出场域内的任意点的场强，无需用电位的数值微分求解，故场强的计算精度较高。

1. 等效电荷法

与表面电荷密度法相比，等效电荷法的计算方程式和程序简单，不存在奇点处理问题，并且电极表面附近的电场计算精度较高。因此，等效电荷法是用于轴对称系统的一种很有效的计算方法。

（1）基本原理。静电场的数学模型可以归结为以电位函数φ为待求量的泊松方程或拉普拉斯方程的定解问题。

基本的电位方程为

$$\nabla^2 \varphi = -\frac{\rho}{\varepsilon_0} \text{ 或 } \nabla^2 \varphi = 0 \tag{6-13}$$

式中：∇^2为拉普拉斯算符，含义为"梯度"的"散度"，为一标量；φ为电势，V；ρ为电荷体密度，C/m^3；ε_0为真空电容率，F/m。

第一类边界条件为

$$\varphi|_{L_1} = f_1(P) \tag{6-14}$$

不同介质的分界面条件为

$$\varepsilon_1 \frac{\partial \varphi_1}{\partial n} - \varepsilon_2 \frac{\partial \varphi_2}{\partial n} = 0 \quad \varphi_1 = \varphi_2 \tag{6-15}$$

在实际工程计算中，电极（导体）表面上连续分布的自由电荷以及介质分界面上连续分布的束缚电荷，其分布情况往往是未知的，不能直接由给定的边界条件解出。如果在计算场域之外设置n个被称为模拟电荷的离散电荷来等效替代这些待求的、连续分布的电荷，则依据等值替代前后边界条件不变的前提条件，即可求得各模拟电荷的量值，从而使场域内任意一点的电位与场强可由各模拟电荷所产生的场量（φ, E）叠加而获得，以此作为原场的逼近解，这就是等效电荷法的基本思想。

以单一均匀介质的电场为例，等效电荷法的分析与计算步骤如下。

1）在计算场域外设置n个模拟电荷Q_j（$j=1、2、\cdots、n$）。

2）在给定边界条件的电极上，设定数量等于模拟电荷数的匹配点M_i（$i=1、2、\cdots、n$），显然，各匹配点上的电位值φ_i（$i=1、2、\cdots、n$）是已知的。

3）根据叠加原理，可以逐一列出各匹配点M_i的电位表达式

$$\begin{cases} \varphi_1 = P_{11}Q_1 + P_{12}Q_2 + \cdots + P_{1n}Q_n \\ \varphi_2 = P_{21}Q_1 + P_{22}Q_2 + \cdots + P_{2n}Q_n \\ \cdots \\ \cdots \\ \cdots \\ \varphi_n = P_{n1}Q_1 + P_{n2}Q_2 + \cdots + P_{nn}Q_n \end{cases} \tag{6-16}$$

分界面条件为

$$\begin{aligned}\varphi_1-\varphi_2=0\\ \varepsilon_1 E_{1n}-\varepsilon_2 E_{2n}=0\end{aligned} \tag{6-17}$$

由此构成一个线性方程组

$$[P][Q]=[\varphi] \tag{6-18}$$

式（6-18）中的系数矩阵［P］中的元素 P_{ij} 表示第 j 个模拟电荷在第 i 个匹配点上产生的电位值，所以 P_{ij} 通常称为电位系数，［P］称为电位系数矩阵。显然，电位系数 P_{ij} 只和模拟电荷、匹配点的相对位置、介质的介电常数及模拟电荷的类型相关，而与模拟电荷的电量无关。

4）求解该方程组，获得模拟电荷的电量值［Q］。

5）在电极表面另取若干个校验点，校核计算精度，若不符合要求，则重新修正模拟电荷（包括位置、个数和类型），直到满足精度要求为止。

6）最后，用算得的模拟电荷［Q］值，即可求得任意场点处的电场强度。

等效电荷法计算电场的关键在于电位系数的计算，而电位系数的计算直接由采用何种类型的模拟电荷来决定。从理论上讲，可以任意选取模拟电荷的类型。但是，如果选取的模拟电荷类型不便于用解析方程式计算电位和电场强度，将给整个计算工作带来困难。因此在实际的计算中，通常选取符合实际情况，又能方便计算电位和电场强度的电荷类型。

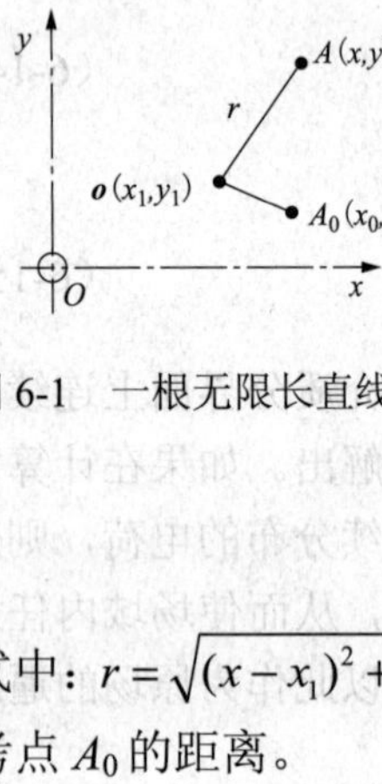

图 6-1 一根无限长直线电荷

（2）二维场中的模拟电荷。在二维场中，唯一可以采用的模拟电荷有无限长直线电荷。

设一根线电荷 ***o*** 在直角坐标系中的位置如图 6-1 所示。以 A_0 点为电位参考点，该线电荷在任意场点 A（x，y）处产生的电位为

$$\varphi=\frac{\tau}{2\pi\varepsilon}\ln\left(\frac{r_0}{r}\right) \tag{6-19}$$

式中：$r=\sqrt{(x-x_1)^2+(y-y_1)^2}$ 和 $r_0=\sqrt{(x_1-x_0)^2+(v_1-y_0)^2}$ 分别为线电荷 ***o*** 到场点 A 和电位参考点 A_0 的距离。

由此，可以得到相应的电位系数

$$P=\frac{1}{2\pi\varepsilon}\ln\left(\frac{r_0}{r}\right) \tag{6-20}$$

由电场强度与电位之间的梯度关系，可得

$$E=-\nabla\varphi=-\left(\frac{\partial\varphi}{\partial x}i+\frac{\partial\varphi}{\partial y}j\right)=f_x\tau i+f_y\tau j \tag{6-21}$$

所以场强系数

$$\begin{aligned}f_x=-\frac{\partial\varphi}{\partial x}=\frac{1}{2\pi\varepsilon}\frac{x-x_1}{r^2}\\ f_y=-\frac{\partial\varphi}{\partial y}=\frac{1}{2\pi\varepsilon}\frac{y-y_1}{r^2}\end{aligned} \tag{6-22}$$

考虑其镜像（如图 6-2 所示）后，该线电荷及其镜像在任意场点 $A(x, y)$ 处产生的电位为

$$\varphi = \frac{\tau}{2\pi\varepsilon} \ln\left(\frac{r_2}{r_1}\right) \tag{6-23}$$

式中：$r_1 = \sqrt{(x-x_1)^2 + (y-y_1)^2}$、$r_2 = \sqrt{(x-x_2)^2 + (y-y_2)^2}$ 分别为线电荷 $+o$ 和 $-o$ 到场点 A 的距离。

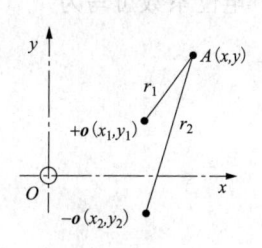

图 6-2 无限长直线电荷及其镜像

由此，可以得到相应的电位系数

$$P = \frac{1}{2\pi\varepsilon} \ln\left(\frac{r_2}{r_1}\right) \tag{6-24}$$

由电场强度和电位之间的梯度关系，可得

$$E = -\nabla\varphi = -\left(\frac{\partial\varphi}{\partial x}i + \frac{\partial\varphi}{\partial y}j\right) = f_x\tau i + f_y\tau j \tag{6-25}$$

所以场强系数

$$\begin{aligned} f_x &= -\frac{\partial\varphi}{\partial x} = \frac{1}{2\pi\varepsilon}\left(\frac{x-x_1}{r_1^2} - \frac{x-x_1}{r_2^2}\right) \\ f_y &= -\frac{\partial\varphi}{\partial y} = \frac{1}{2\pi\varepsilon}\left(\frac{y-y_1}{r_1^2} - \frac{y-y_2}{r_1^2}\right) \end{aligned} \tag{6-26}$$

2. 交流输电线路下地面电场的计算

地面电场是指输电线路下方地面上没有障碍物时的电场。由于交流输电线路下方距地面 0~2m 区域内的电场上下相差不大，常看作均匀电场。

计算和实测表明，采用等效电荷法计算高压输电线路（单相和三相高压输电线路）下空间工频电场强度是比较准确的。国际大电网会议 CIGRE （International Council on Large Electric systems）推荐在工程应用中采用等效电荷法进行计算。

按照等效电荷法求解电场强度的原理，交流输电线路产生的电场强度的计算分两步进行：①由输电线路的电压和电位系数矩阵，计算单位长度导线上的电荷；②计算由这些电荷产生的电场。

在计算时，一般认为输电线路是无限长平行于地面的，且把地面视为良导体。计算多导线线路中单位导线上的等效电荷 Q，是通过电压 U 和麦克斯韦电位系数 λ 用以下方程求解的，即

$$[Q] = [\lambda][U] \tag{6-27}$$

由 $[U]$ 矩阵和 $[\lambda]$ 矩阵，根据式（6-27）可解出 $[Q]$ 矩阵。

计算时考虑到地面电场强度最大的情况，对于导线对地高度通常取最大弧垂时导线的对地高度。对分裂导线的情况，可以用等效的单根导线代替。

（1）电位系数矩阵的求法。$[\lambda]$ 矩阵由镜像原理求得地面为电位等于零的平面，地面的感应电荷可由对应地面导线的镜像电荷代替，用 i、j、…表示相互平行的实际导线，用 i'、j'、…表示它们的镜像，如图 6-3 所示。

电位系数可写为

$$\lambda_{ii} = \frac{1}{2\pi\varepsilon_0} \ln \frac{2h_i}{R_i} \tag{6-28}$$

$$\lambda_{ij} = \frac{1}{2\pi\varepsilon_0} \ln \frac{L'_{ij}}{L_{ij}} \tag{6-29}$$

$$\lambda_{ij} = \lambda_{ji} \tag{6-30}$$

式中：ε_0 为空气介电常数；R_i 为输电导线半径；L_{ij} 和 L'_{ij} 为导线 i 及其镜像至导线 j 的距离。

对于分裂导线可用等效单根导线半径代入，R_i 的计算方程式为

$$R_i = R \sqrt[n]{\frac{nr}{R}} \tag{6-31}$$

式中：R 为分裂导线半径；n 为次导线根数；r 为次导线半径。

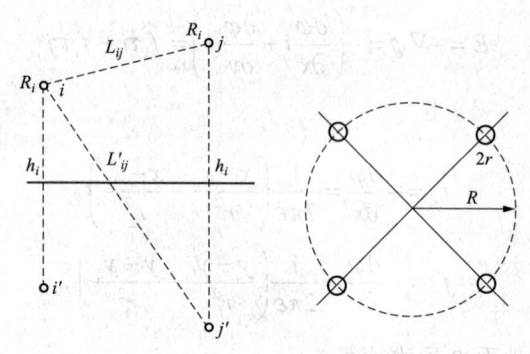

图 6-3 电位系数矩阵示意图

（2）电场强度的计算。

1）空间任一点的电场强度的计算。当各导线单位长度的等效电荷求出后，空间任一点的电场强度可根据叠加原理计算得出，在 (x, y) 点（如图 6-4 所示）的电场强度分量 E_x 和 E_y 可表示为

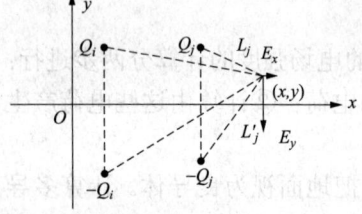

$$E_x = \frac{1}{2\pi\varepsilon} \sum_{i=1}^{m} Q_i \left(\frac{x - x_i}{L_i^2} - \frac{x - x_i}{L_i'^2} \right) \tag{6-32}$$

$$E_y = \frac{1}{2\pi\varepsilon} \sum_{i=1}^{m} Q_i \left(\frac{y - y_i}{L_i^2} - \frac{y - y_i}{L_i'^2} \right) \tag{6-33}$$

图 6-4 求空间场强的示意图

式中：x_i、y_i 分别为导线 i 的横坐标和纵坐标，$i = 1, 2, \cdots, m$，m 为导线数；L_i、L'_i 分别为导线 i 及其镜像至计算点的距离。

在地面处（$y = 0$）的电场强度，$E_x = 0$；$E_y = \frac{-1}{\pi\varepsilon} \sum_{i=1}^{m} \frac{Q_i y_i}{L_i^2}$。

2）三相交流线路空间场强的计算。对于三相交流线路，由于电压为时间变量，计算时各相导线的电压要用复数表示，相应的电荷也是复数量。下述矩阵关系即分别表示复数量的实数和虚数部分。

$$[Q_R] = [P]^{-1} [U_R] \tag{6-34}$$

$$[Q_I] = [P]^{-1} [U_I] \tag{6-35}$$

这样，根据求得的电荷计算的空间任一点电场强度的水平及垂直分量分别为

$$\boldsymbol{E}_x = \sum_{i=1}^{m} E'_{ix,R} + j\sum_{i=1}^{m} E'_{ix,I} = E'_{x,R} + jE'_{x,I} \tag{6-36}$$

$$\boldsymbol{E}_y = \sum_{i=1}^{m} E'_{iy,R} + j\sum_{i=1}^{m} E'_{iy,I} = E'_{y,R} + jE'_{y,I} \tag{6-37}$$

式中：$E'_{x,R}$、$E'_{x,I}$ 分别为由各导线的实部和虚部电荷在该点产生的场强的水平分量；$E'_{y,R}$、$E'_{y,I}$ 分别为由各导线的实部和虚部电荷在该点产生的场强的垂直分量。

该点的合成电场强度则为

$$\boldsymbol{E} = (E'_{x,R} + jE'_{x,I})\boldsymbol{x} + (E'_{y,R} + jE'_{y,I})\boldsymbol{y} \tag{6-38}$$

或写成三角函数的形式

$$\boldsymbol{E} = E_x \sin(\omega t + \varphi_x)\boldsymbol{x} + E_y \sin(\omega t + \varphi_y)\boldsymbol{y} \tag{6-39}$$

式中：E_x、φ_x 及 E_y、φ_y 分别为该点场强的水平与垂直分量的振幅及相角。即

$$E_x = \sqrt{E'^2_{x,R} + E'^2_{x,I}} \tag{6-40}$$

$$E_y = \sqrt{E'^2_{y,R} + E'^2_{y,I}} \tag{6-41}$$

$$\varphi_x = \arctan\frac{E'_{x,I}}{E'_{x,R}} \tag{6-42}$$

$$\varphi_y = \arctan\frac{E'_{y,I}}{E'_{y,R}} \tag{6-43}$$

合成电场在空间 x 及 y 两个方向上的分量都是随时间变化的。在一般情况下，$\varphi_x \neq \varphi_y$，因此空间每一点的合成电场旋转矢量的轨迹是一个椭圆（如图 6-5 所示），它的大小和方向都随时间不断地变化，其最大值并不等于 $\sqrt{E_x^2 + E_y^2}$。但在地面上，因 $E_x=0$，该椭圆变为垂直于地面的线段。

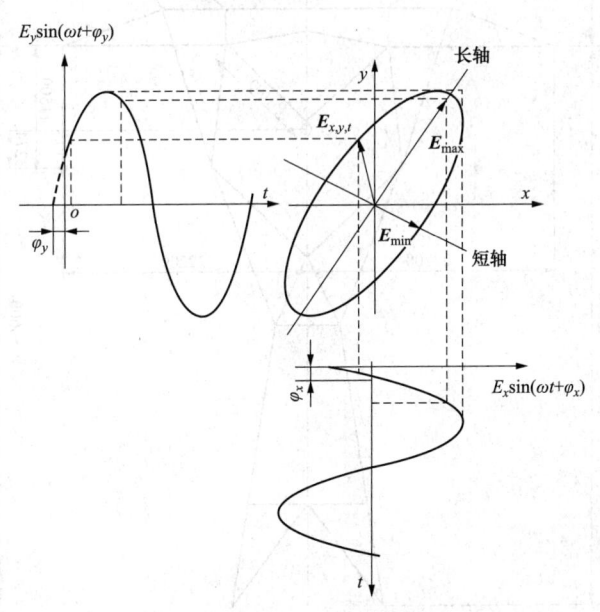

图 6-5 三相输电线路下的空间电场

图 6-6 是不同导线高度时，输电线路下方的电场。值得注意的是，在离中心线约 45m 处，有一个交叉点，这就意味着，在距离线路中心处较 45m 更远的地方，改变导线高度，并不能改善其下方的电场强度。

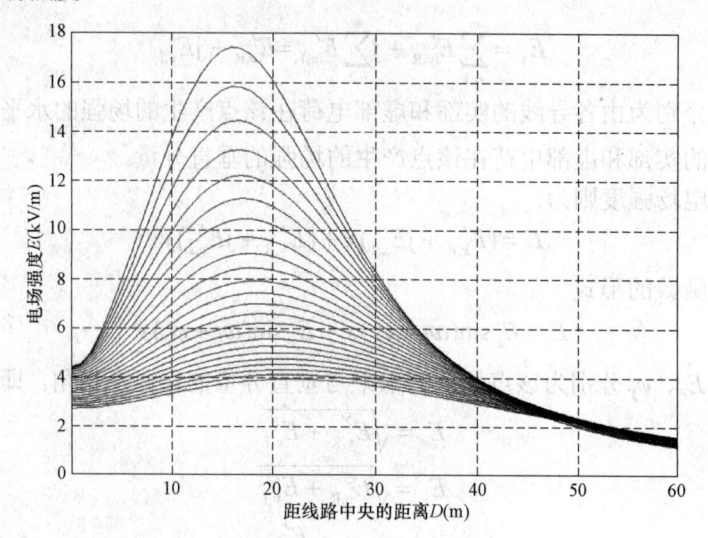

图 6-6　不同导线高度时，输电线路下方的电场

（3）工频电场的计算实例。单回路塔型如图 6-7 所示，计算电压采用 1100kV，导线采用 8×500（子导线计算半径 15mm），分裂间距 400mm，三相导线水平排列，两个边相的绝缘子串采用 I 串，中相绝缘子串采用 V 串。

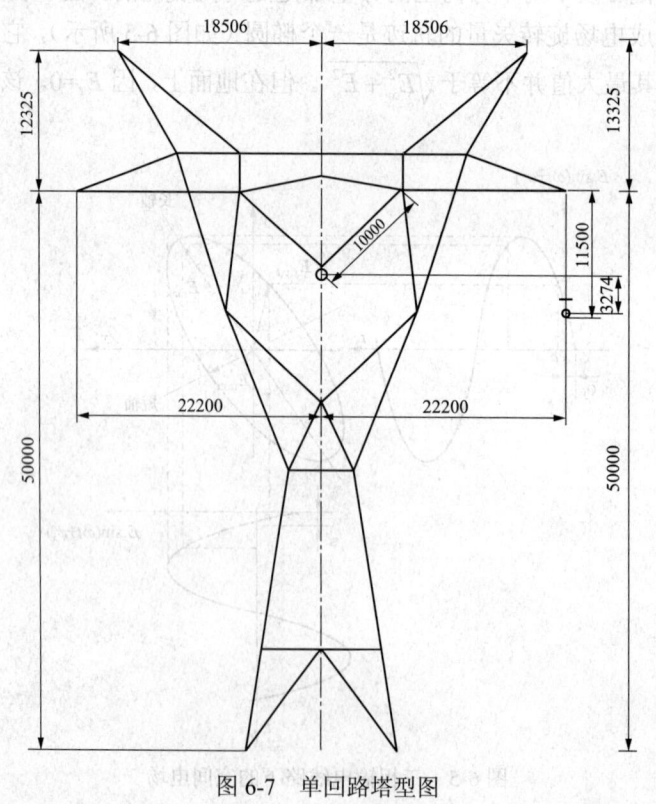

图 6-7　单回路塔型图

通过计算，可以得到图 6-8 线路计算结果。图中曲线自上而下分别为导线对地最低高度 15～39m。图中的横坐标以塔中心线作为原点。

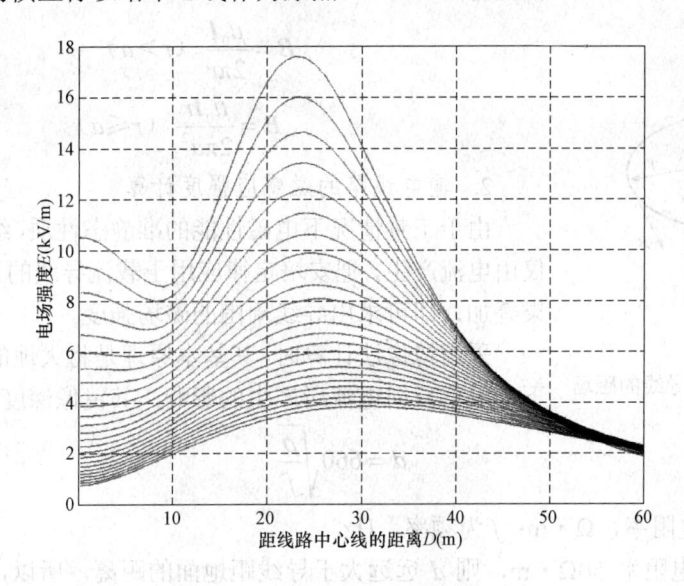

图 6-8 ⅠⅤⅠ水平排列时的电场分布

由图 6-8 中的电场分布可以看到，随着高度的增加，地面的最大场强逐步降低，但是 4kV/m 左右的场强点在边相外的距离却基本不变化。表 6-1 列出了 8×LGJ-500 导线的最大场强、距边相 20m 处场强以及达 4kV/m 处距边相的距离。可见，4kV/m 处距边相的距离在 25～26m。高度增加到 39m 后，场强降到 4kV 以下。

表 6-1　ⅠⅤⅠ水平排列计算结果

	导线对地最小高度（m）	15	16	17	18	19	20	21	22	23
	导线对地平均高度（m）	22	23	24	25	26	27	28	29	30
8×LGJ-500	最大场强（kV/m）	17.59	15.99	14.61	13.43	12.38	11.45	10.62	9.88	9.22
	距边相 20m 处场强（kV/m）	6	5.99	5.95	5.9	5.82	5.73	5.63	5.52	5.4
	4kV/m 处距边相的距离（m）	25	25	26	26	26	26	26	26	26

6.2.2　工频磁场的计算

1. 载流导体磁场计算

对于自由空间中的圆柱长载流导线，如图 6-9 所示，因为具备轴对称的结构，可以方便地通过安培定律进行磁场的求解，安培定律的积分方程式为

$$\oint B \mathrm{d}l = \mu_0 I \tag{6-44}$$

磁感应强度 B 沿闭合路径的线积分，等于此闭合路径所包围的电流 I 与真空磁导率 μ_0 的乘积。在图 6-9 中，设 a 为圆柱长载流导线的半径，I 为通过导体的电流，于是在以 r 为半径

的圆周上，B 的幅值相等，方向都是沿圆的切线，于是圆柱长载流导线周围的磁感应强度的幅值为

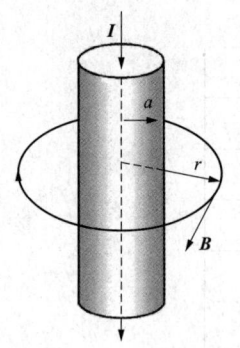

$$B = \frac{\mu_0 I}{2\pi r} \quad (r > a) \tag{6-45}$$

$$B = \frac{\mu_0 I r}{2\pi a^2} \quad (r \leq a) \tag{6-46}$$

2. 输电线路的磁感应强度计算

由于工频情况下电磁性能的准静态性质，线路的磁场可看作仅由电流产生，把安培定律应用于载流导线的计算，并将计算结果叠加，即可求出导线周围的磁场强度。

采用镜像法计算时，其基本原理是将大地的影响等效成为地下一等值反向电流所产生的影响，其镜像深度 d 近似可取

$$d = 660\sqrt{\frac{\rho}{f}} \tag{6-47}$$

图 6-9 圆柱长载流导线的磁场

式中：ρ 为大地电阻率，$\Omega \cdot m$；f 为频率，Hz。

如果取大地电阻率 $50\Omega \cdot m$，则 d 远远大于导线距地面的距离，所以，忽略它的镜像进行计算，其结果已足够符合实际。计算方程式为

$$H = \frac{I}{2\pi\sqrt{h^2 + L^2}} \tag{6-48}$$

式中：H 为由导线产生的磁场；I 为导线电流；h 为导线架设高度；L 为任意点与导线的水平距离。

3. 工频磁场的计算举例

该实例的计算条件同工频电场的计算举例条件。图 6-10 为 IVI 水平排列的线路计算结果，图中曲线自上而下分别为导线对地最低高度 15~23m。图中，实线表示工频磁场的垂直分量，虚线表示工频磁场的水平分量。

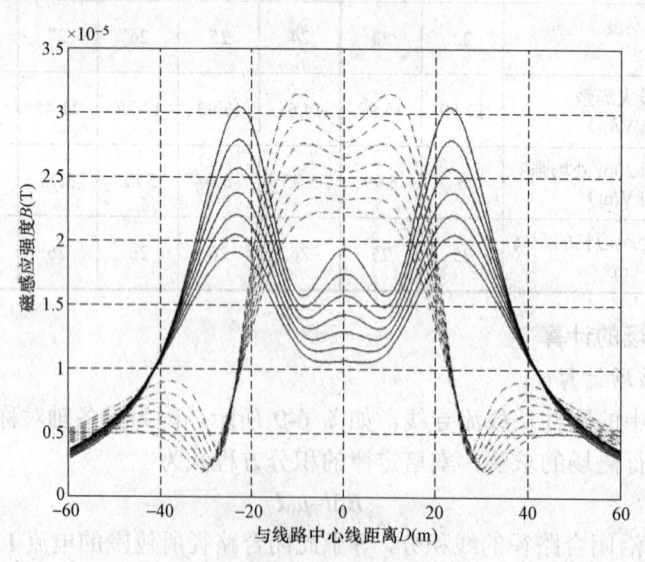

图 6-10 IVI 水平排列时的磁场分布

由图 6-10 可见，随着高度的增加，地面的最大磁感应强度逐步降低。表 6-2 列出了 8×LGJ-500 导线的最大磁感应强度的垂直和水平分量。

表 6-2 不同对地高度时的最大磁感应强度

	导线对地最小高度（m）	15	16	17	18	19	20	21
IVI 水平排列	最大磁感应强度的垂直分量（μT）	30.57	28.01	25.78	23.81	22.07	20.54	19.15
	最大磁感应强度的水平分量（μT）	31.60	29.55	27.73	26.13	24.71	23.45	22.33

6.3 特性及影响

6.3.1 工频电场的特点和影响因素

工频电场是一种 50Hz 频率交变的准静态场，它的一些效应可以用静电场的一般概念来分析。输电工程的带电体（如母线、导线、跳线等）均在其周围产生工频电场，这些场都是由电荷产生的。

1. 工频电场的特性

在工频电场中，电场方向周期性地变化，引起电场中的任何导体（不管其原来带电与否）内部正、负电荷的往复运动，即在导体内感生出交变的感应电动势，这就是"静电感应"。这个感应电动势的大小仅与导体的形状及外施电场的强弱有关，而在很大范围内与导体的电阻率无关，也就是与导体本身的性质无关。

当任何一个导体处在电场中时，导体上的电荷会产生电场，这个电场会叠加在原来的电场之上，改变导体附近的电场分布，这时导体周围的场称为"畸变场"。例如，人或动物的存在会使电场畸变。图 6-11 表示人和动物处于 10kV/m 电场场强中时使电场畸变的情况。可见，电力线集中在身体的上部，身体上面的表面场强增强了体内电流密度，并且流过身体总的短路电流 I_{sc} 也受到身体尺寸和形状的影响。

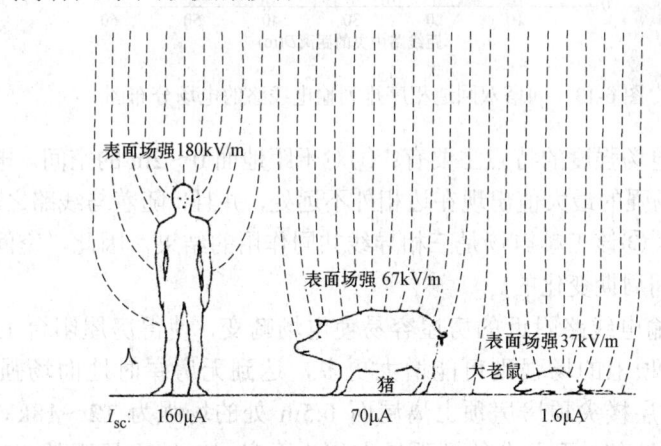

图 6-11 人和动物对工频电场分布的影响

输电线路产生的工频电场的大小和分布与线路的结构、导线形式、排列方式、对地高度等因素有关。输电线路的工频电场一般在边相导线外数十米外迅速衰减。典型的单回水平排列的输电线路工频电场的分布如图 6-12 所示，同塔双回逆相序排列输电线路的电场分布如图

6-13 所示。

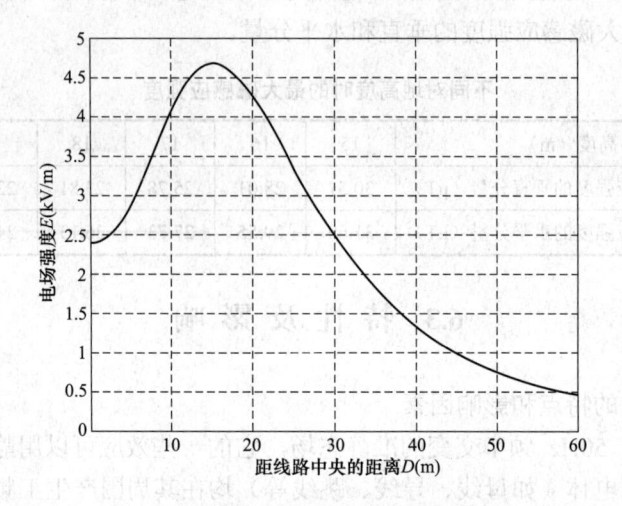

图 6-12 典型的单回水平排列的输电线路工频电场的分布图

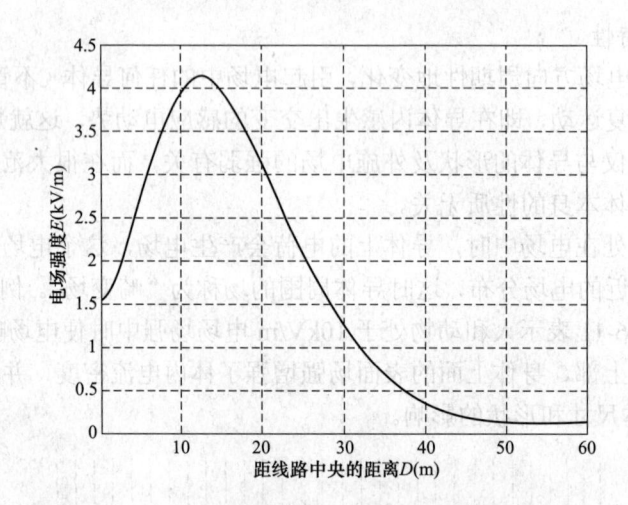

图 6-13 同塔双回逆相序排列输电线路的电场分布图

输电线路的工频电场强度的特点主要有：①对于距地面 0~2m 的空间，电场是近似均匀分布的；②地面附近场强的最大值出现在边相外不远处，并且，随着与线路之间距离的增加，电场强度降低得很快；③该工频电场是三相导线共同作用的结果，因此，空间任一点场强的大小和方向都是随时间周期变化的。

需要指出的是，输电线路附近的房屋容易使电场畸变，使得房屋阳台上的场强最大值有所增大，尖顶房房顶上的场强则可能增大更多，达到无房屋时地面场强的几倍。如图 6-14 所示的情况：二层楼尖顶房房顶上离屋面 0.5m 处的场强为 12~18kV/m，约为无房屋时地面场强的 3.7~4 倍；阳台上的场强最大值为无房屋时地面场强的 1.8 倍，局部最大为 9kV/m。

而实际上，由于房屋的屏蔽作用，在屋内及房屋周围以房屋高度为半径的范围内，场强均有不同程序的降低。如屋内场强为 0.02~0.17kV/m，低于无房屋时地面场强的 3%，这个场强水平与家用电器设备附近的工频场强为同一数量级。

2. 工频电场的影响因素

不同的导线结构、布置形式等方面均会对工频电场场强产生影响。下面以750kV输电线路为例，分别从这些影响因素进行举例分析。这里所计算的线路下地面工频电场强度均指距地面1.5m高处的电场强度。

(1) 单回输电线路工频电场的影响因素举例。三相导线按等边倒三角和等边正三角两种方式布置，其中单回路倒三角排列的塔头如图6-15所示。相间距为10m时，倒三角和正三角排列的各相坐标见表6-3。

图6-14 500kV线下的试验房屋

表6-3 相间距为10m时，倒三角和正三角排列的各相坐标（m）

相导线 及地线	倒三角 X	倒三角 Y	正三角 X	正三角 Y
A1	−5	23.66	−5	15
B1	0	15	0	23.66
C1	5	23.66	5	15
G1	−7.1	36.6	−7.1	36.6
G2	7.1	36.6	7.1	36.6

注 X 值为导线的水平位置，Y 值为导线最低高度。

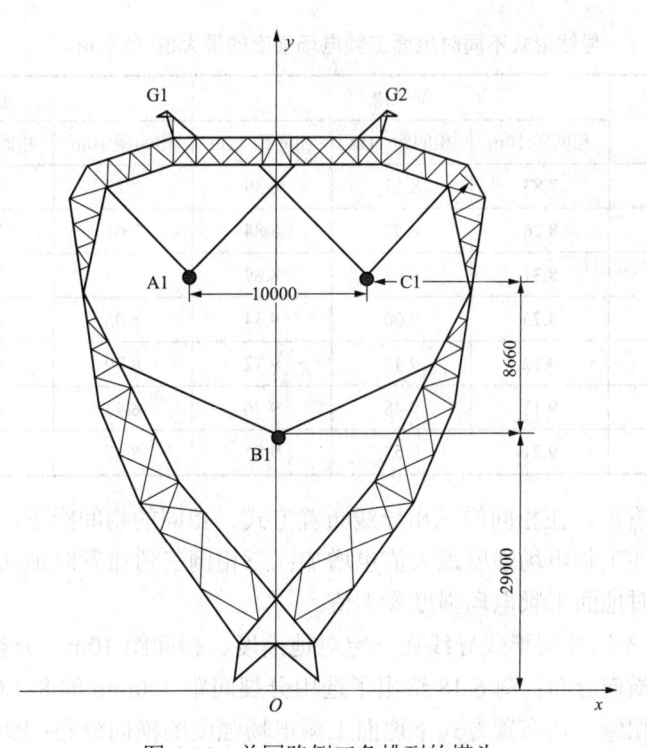

图6-15 单回路倒三角排列的塔头

1) 导线对地高度不同时的地面最大场强。如图6-16所示。以8×LGJ-400/35型号的导线为例,给出不同对地高度时地面工频电场强度的横向分布。由图可以看出,随着杆塔高度的升高,导线下方工频电场强度最大值逐渐减小。

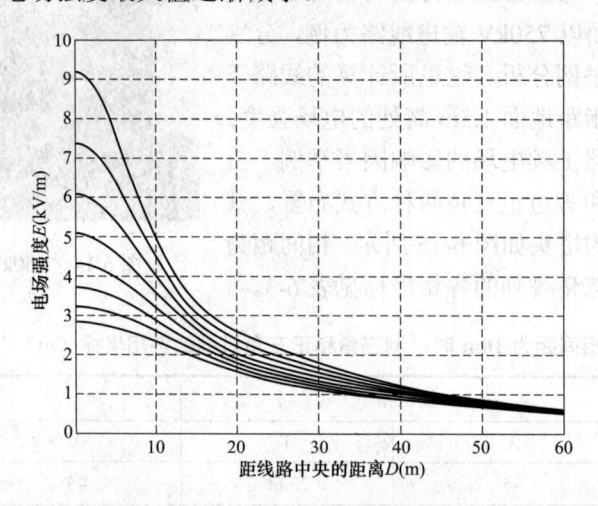

图 6-16 导线对地高度不同时地面 1.5m 高处垂直电场强度的横向分布
(曲线从上至下,下相导线最低高度依次为 15、17、19、21、23、25、27、29m)

2) 导线形式不同、三相导线布置方式不同、相间距不同时地面最大电场强度。下相导线对地高度为 15m,导线形式不同、三相导线布置方式不同、相间距不同时的地面工频电场强度最大值见表 6-4。

表 6-4　　　　　　　导线形式不同时地面工频电场强度的最大值(kV/m)

导线	倒三角			正三角		
	相间距 10m	相间距 11m	相间距 12m	相间距 10m	相间距 11m	相间距 12m
5×LGJ-720/50	7.83	8.13	8.39	7.21	7.47	7.67
6×LGJ-500/45	8.26	8.57	8.84	7.61	7.87	8.08
6×LGJ-630/45	8.31	8.62	8.89	7.65	7.91	8.12
7×LGJ-500/35	8.75	9.06	9.34	8.05	8.31	8.53
8×LGJ-300/40	9.12	9.44	9.72	8.39	8.66	8.87
8×LGJ-400/35	9.17	9.48	9.76	8.43	8.70	8.91
8×LGJ-500/45	9.21	9.53	9.81	8.47	8.74	8.95

由表 6-4 可以看出,在相同的三相导线布置方式、相同的相间距下,导线的分裂数和子导线半径增加,地面工频电场强度最大值也增加;三相倒三角布置时地面工频电场强度最大值大于正三角布置时地面工频电场强度最大值。

图 6-17 给出了不同分裂形式导线在一定对地高度、相间距 10m、分裂间距 400mm 时地面工频电场强度的横向分布;图 6-18 给出了选用分裂间距 400mm 的 8×LGJ-400/35 导线,而相间距不同时在三相倒三角布置方式下地面工频电场强度的横向分布;图 6-19 给出了选用不同分裂间距的 8×LGJ-400/35 导线在三相倒三角布置方式下相间距 10m 时的地面工频电场强度横向分布。由图 6-19 可以看出,分裂间距增大,地面工频电场强度增大。

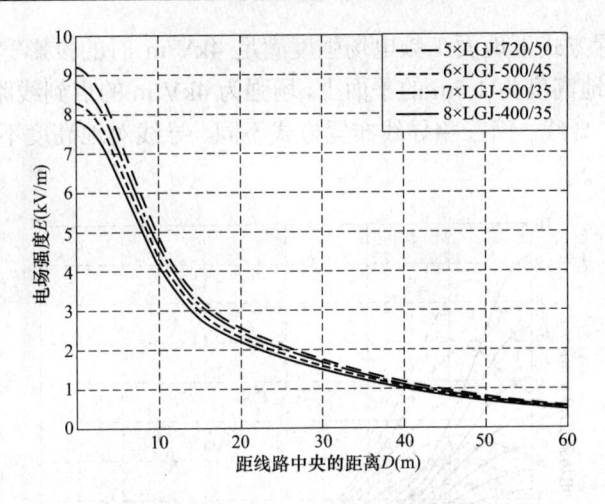

图 6-17　不同型号导线的地面场强横向分布

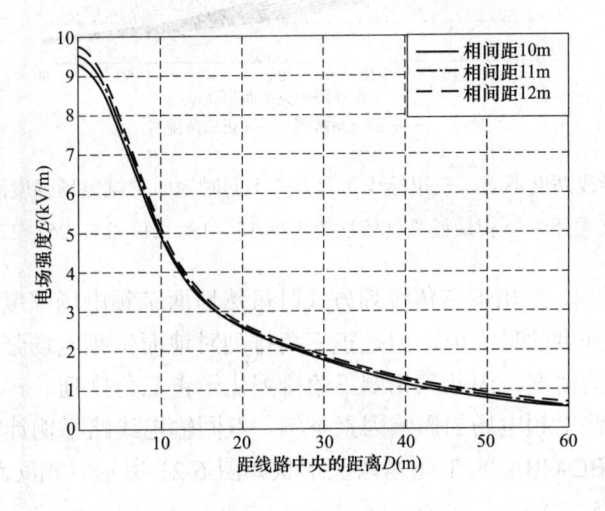

图 6-18　不同相间距时地面场强横向分布

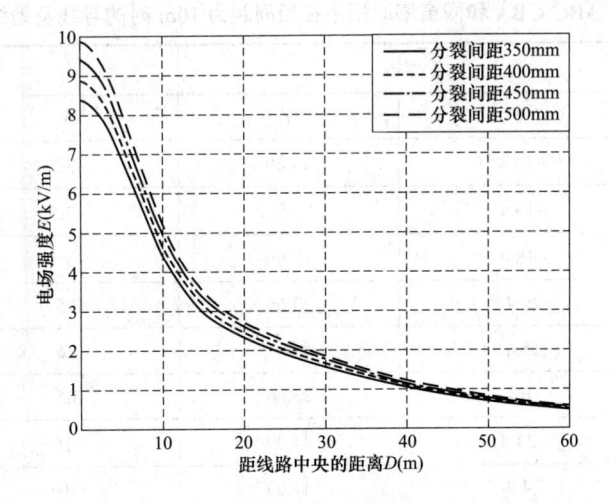

图 6-19　不同分裂间距时地面场强横向分布

3）不同导线布置方式下地面工频电场强度满足 4kV/m 时的投影宽度比较。这里的投影宽度指在线路下方距地高度为 1.5m 的平面上，场强为 4kV/m 的点到线路中央的距离。图 6-20 给出了 8×LGJ-400/35 导线，而三相导线布置方式不同、导线对地高度不同时地面工频电场强度的横向分布。

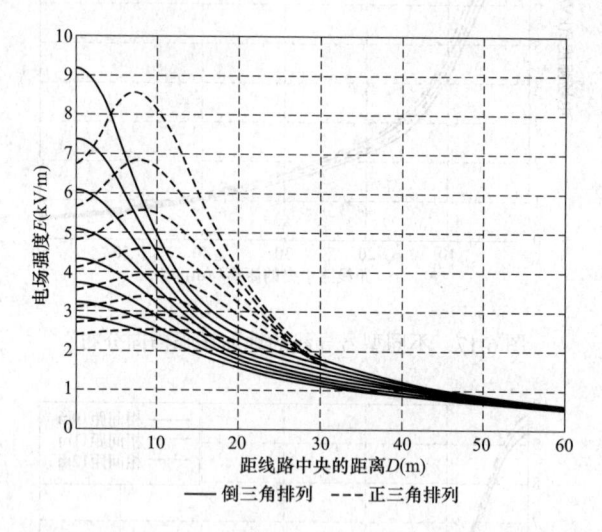

图 6-20　导线高度不同，三相导线布置方式不同时地面工频电场强度的横向分布
（曲线从上至下，下相最低高度依次为 15、17、19、21、23、25、27、29m）

由图 6-20 可以看出，三相正三角排列方式时虽然地面工频电场强度的最大值小于倒三角排列时地面工频电场强度的最大值，但是正三角排列时地面工频电场强度所覆盖的高场强区域大于倒三角排列时的情况，因此三相倒三角排列优于正三角排列。

（2）双回输电线路工频电场的影响因素举例。双回输电线路举例计算的塔型分 T 型塔和同窗塔，其中相序 ABC-CBA 的 T 型塔塔头形状如图 6-21 所示。相间距为 10m 时导线及地线的坐标参数见表 6-5。

表 6-5　**T 型塔相序 ABC-CBA 和同窗塔同相序在相间距为 10m 时的导线及地线坐标参数（m）**

相导线及地线	T 型塔		同窗塔	
	X	Y	X	Y
A1	−20.4	23.66	−3.5	35
B1	−15.4	15	−3.5	25
C1	−10.4	23.66	−3.5	15
A2	20.4	23.66	3.5	35
B2	15.4	15	3.5	25
C2	10.4	23.66	3.5	15
G1	−24.3	41.09	−10	46.6
G2	24.3	41.09	10	46.6

注　X 值为导线的水平位置，Y 值为导线最低高度。

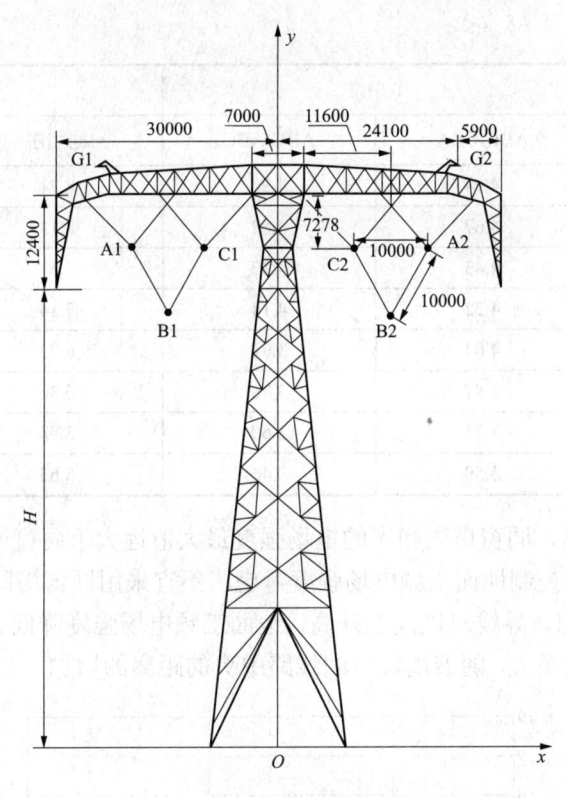

图 6-21 T 型塔塔头

双回路地面工频电场的计算较单回路的不同在于双回路相序不同也会对地面工频电场强度造成影响,以下是在不同情况下对双回路地面工频电场强度的计算分析以及不同分裂导线、塔型、相序的比较。举例计算中 T 型塔采用的相序为 ABC-CBA 和 ABC-ABC。同窗塔主要计算相序为同相序和逆相序。

1) 塔型不同、相序不同、导线对地高度不同时的地面最大场强。在导线为 8×LGJ-400/35,相间距为 10m,分裂导线束的分裂间距为 400mm 时,不同塔型、不同对地高度、不同相序的地面工频电场强度最大值见表 6-6。

表 6-6　　　　　　　　　不同塔型的地面最大场强（kV/m）

下相导线对地最低高度(m)	T 型塔 ABC-CBA	T 型塔 ABC-ABC	同窗塔 同相序	同窗塔 逆相序
15	9.44	9.45	16.84	7.40
16	8.51	8.52	15.29	6.58
17	7.73	7.73	13.95	5.89
18	7.07	7.07	12.79	5.32
19	6.51	6.50	11.76	4.84
20	6.03	6.01	10.86	4.42
21	5.61	5.59	10.06	4.07
22	5.25	5.22	9.34	3.76

续表

下相导线对地最低高度（m）	T型塔 ABC-CBA	T型塔 ABC-ABC	同窗塔 同相序	同窗塔 逆相序
23	4.94	4.90	8.71	3.49
24	4.67	4.62	8.13	3.25
25	4.43	4.37	7.61	3.04
26	4.22	4.14	7.14	2.85
27	4.04	3.94	6.72	2.67
28	3.87	3.76	6.33	2.51
29	3.73	3.60	5.98	2.37
30	3.59	3.46	5.65	2.24

由表 6-6 可以看出，同窗塔同相序的电场强度最大值远大于同窗塔在逆相序时的地面工频电场强度。因此，从控制地面工频电场强度考虑，不宜采用同窗塔同相序。

由图 6-22 可以看出，导线对地高度升高，地面工频电场强度降低。在每一回线路的中央位置地面工频电场强度最大，随着离每一回线路中央的距离的增加，工频电场强度逐渐降低。

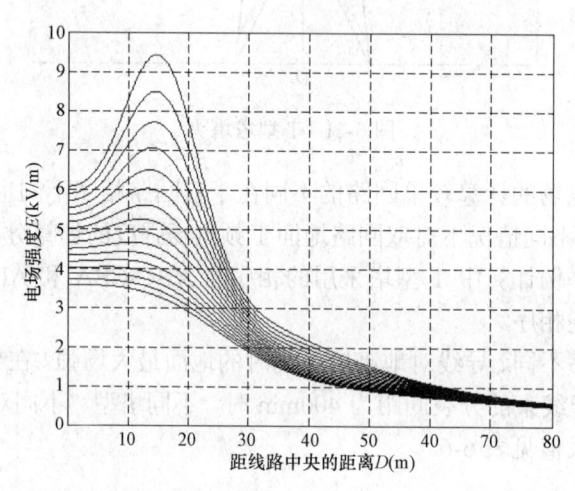

图 6-22 导线对地高度不同时离地面 1.5 m 处电场强度的横向分布
（曲线从上至下，下相导线对地最低高度依次为 15～30m）

2）分裂导线不同时地面的最大电场强度。相同塔型、相同相序时，子导线分裂数增加、子导线截面积增大，地面工频电场强度最大值增大。图 6-23 给出了下相导线对地最低高度为 15m、相间距为 10m、分裂间距为 400mm、T 型塔、相序 ABC-CBA、分裂导线不同时地面工频电场强度的横向分布特性。图 6-24 给出了 8×LGJ-400/35 导线在下相导线对地最低高度为 15m、相间距为 10m、分裂间距为 400mm、塔型不同、相序不同时地面工频电场强度的横向分布特性。

3）相间距离不同时的地面工频电场强度。下相导线对地最低高度为 15m，导线为 8×LGJ-400/45，塔型为 T 型塔，相序为 ABC-CBA，分裂间距为 400mm 时，不同相间距地面 1.5m 处电场强度的横向分布特性如图 6-25 所示。

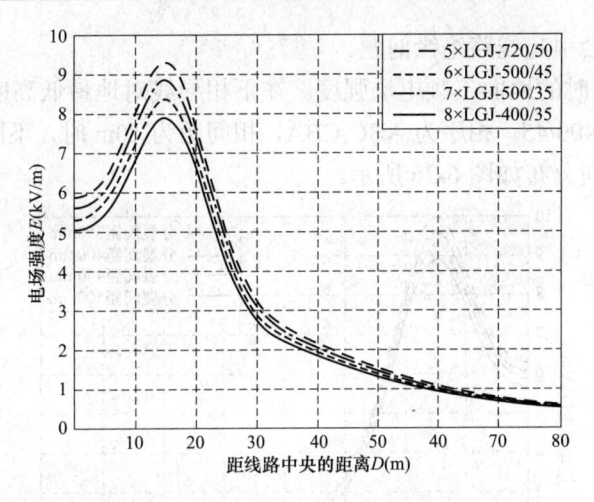

图 6-23 分裂导线不同时地面 1.5m 处垂直场强横向分布

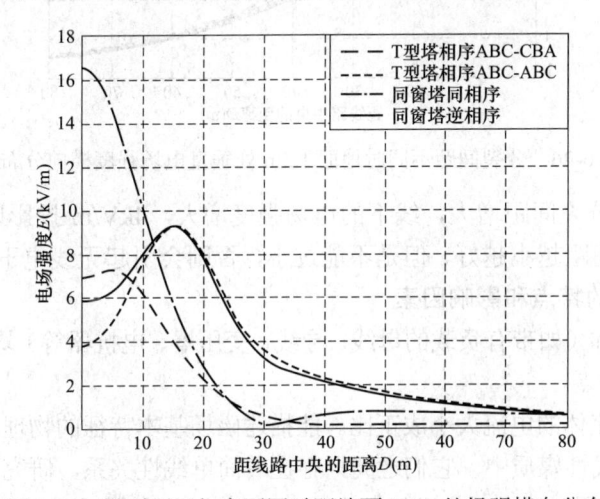

图 6-24 塔型不同相序不同时距地面 1.5m 处场强横向分布

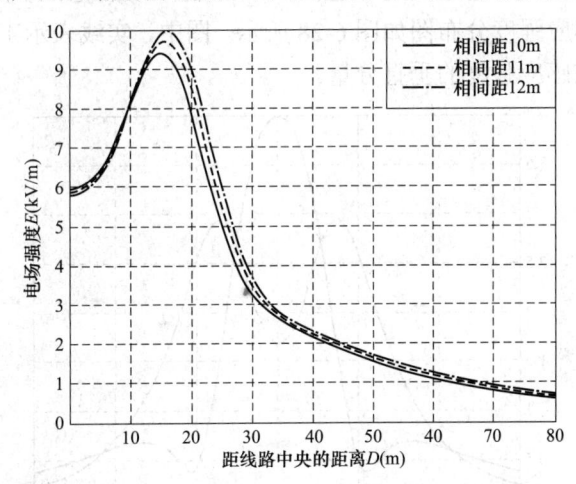

图 6-25 不同相间距时地面工频电场强度横向分布特性

由图可以看出，相间距离增大，地面工频电场强度最大值增大，距每回线路中央的距离增加，地面工频电场强度迅速衰减。因此，从控制地面工频电场强度考虑，相间距越小越好，但是不能过小，否则会引起线路绝缘问题。

4）分裂间距不同时的地面工频电场强度。在下相导线对地最低高度为 15m，塔型为 T 型塔，导线为 8×LGJ-400/45，相序为 ABC-CBA，相间距为 10m 时，不同分裂间距地面 1.5m 处垂直电场强度的横向分布如图 6-26 所示。

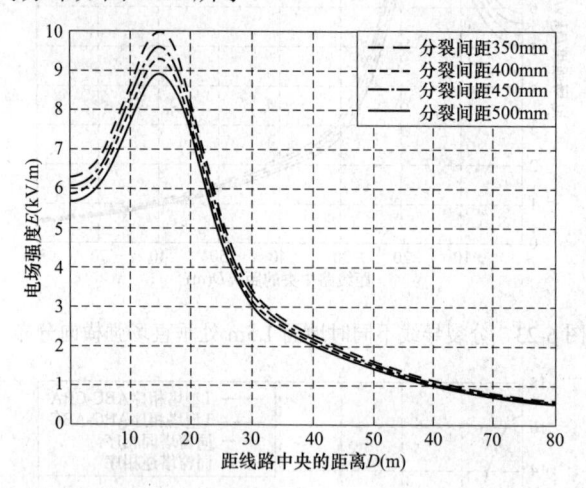

图 6-26 分裂间距不同时地面 1.5m 处垂直电场强度横向分布

由图可以看出，分裂间距增大，线下的电场强度增大，4kV/m 投影地面投影处距线路中央越远。因此，分裂间距越小越好，但是不能过小，否则会引起无线电干扰和可听噪声增大。

6.3.2 工频磁场的特点和影响因素

输电工程的载流体（如带有负载的母线、导线，变压器、电抗器等）均在其周围产生磁场。

1. 工频磁场的特点

磁场的大小与载流体的电流大小成正比。能描述磁场基本特征的物理量为磁感应强度和磁场强度，在各向同性线性媒质中，它们之间只存在着简单线性关系，研究两者是等效的。对于工频磁场而言，一般采用磁感应强度进行描述。单回路线路工频磁感应强度分布如图 6-27 所示，同塔双回线路工频磁感应强度分布图如图 6-28 所示。图中，实线表示工频磁感应强度的水平分量，虚线表示工频磁感应强度的垂直分量。

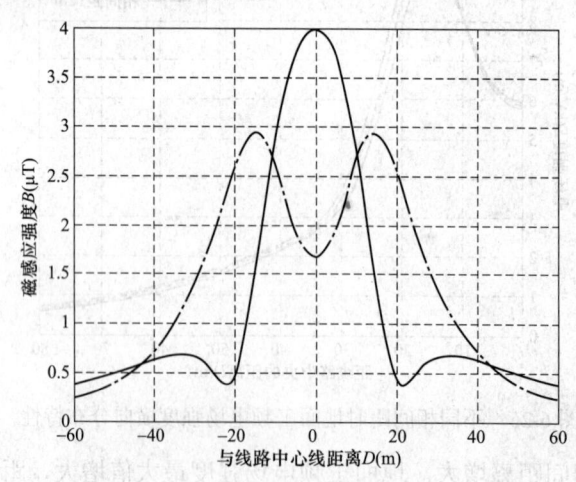

图 6-27 单回路线路工频磁感应强度分布图

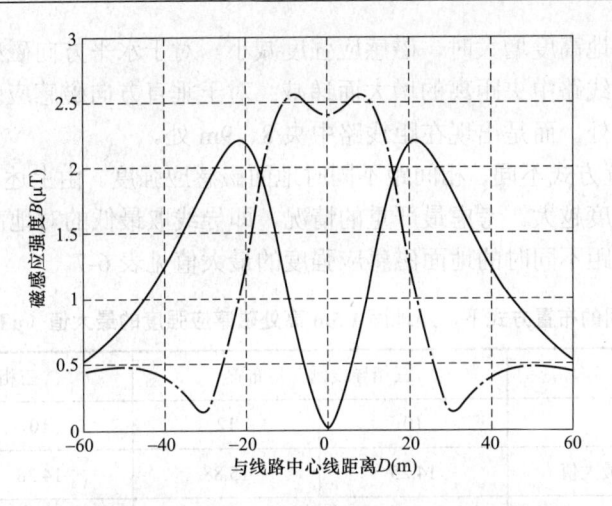

图 6-28 同塔双回线路工频磁感应强度分布

输电系统产生的工频磁场强度的特点主要有：①工频磁场强度随着用电负荷的变化而变化；②随着与输电线路距离的增加，工频磁场强度快速下降，并且与工频电场强度相比，工频磁场强度随距离的增加，下降得更快。

与工频电场不同的是，只要不是磁性物质，工频磁场通常不会由于该物体的存在而发生畸变。

2. 工频磁场的影响因素

不同的导线结构、布置形式等均会对工频磁感应强度产生影响。下面分别从这些影响因素进行举例分析。这里所计算的线路下地面工频磁感应强度均指距地面 1.5m 高处的磁感应强度。

（1）单回输电线路工频磁场的影响因素举例。单回输电线路条件同工频电场的影响因素举例条件。

1）导线不同高度时地面的磁感应强度。计算电流 2.3kA，下相导线对地最低高度为 15～39m，对地平均高度为 20～34m 等 8 种不同的导线对地高度下，三相倒三角布置，相间距为 10m，分裂间距为 400mm 时，地面磁感应强度的横向分布曲线如图 6-29 所示。

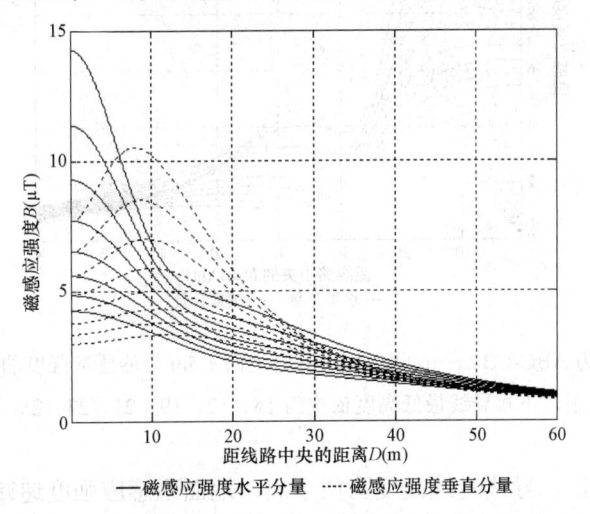

图 6-29 导线对地高度不同时地面磁感应强度的横向分布

（曲线从上至下，下相导线最低高度依次为 15、17、19、21、23、25、27、29m）

曲线表明导线对地高度增大时，磁感应强度减小。对于水平方向磁感应强度来说，线路中央处最大，并随离线路中央距离的增大而递减；对于垂直方向磁感应强度来说，最大磁感应强度不在线路中央处，而是出现在距线路中央8、9m处。

2）三相导线布置方式不同、相间距不同时地面磁感应强度。由上述可知，导线距离地面越近，地面磁感应强度越大。考虑最严重的情况，即导线取最低的对地高度15m，三相导线布置方式不同、相间距不同时的地面磁感应强度的最大值见表6-7。

表6-7　　　　不同的布置方式下，距地面1.5m高处磁感应强度的最大值（μT）

布置方式	三相导线倒三角布置		三相导线正三角布置	
相间距（m）	10	12	10	12
水平方向磁感应强度最大值	14.25	15.88	14.38	16.41
垂直方向磁感应强度最大值	10.50	11.50	19.12	21.79

由表6-7可以看出，同一导线对地高度下，地面磁感应强度水平和垂直分量都随相间距的增加而增加；三相倒三角排列时地面磁感应强度水平和垂直分量都比正三角排列时要小。

（2）双回输电线路工频磁场的影响因素举例。双回输电线路条件同工频电场的影响因素举例条件。

1）导线对地不同高度时地面的磁感应强度。计算电流2.3kA，下相导线对地最低高度15~29m等8种对地高度下，T型塔在相序为ABC-CBA，相间距为10m时，地面1.5m处磁感应强度的横向分布曲线如图6-30所示。

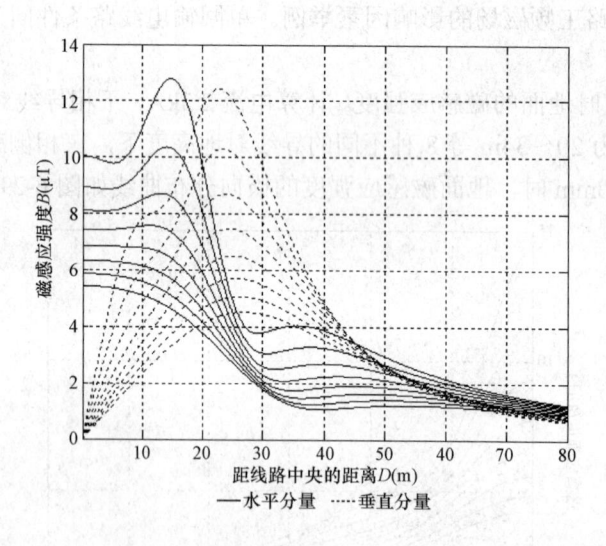

图6-30　相序为ABC-CBA，相间距为10m时地面1.5m处磁感应强度的横向分布曲线
（曲线从上至下，下相导线最低高度依次为15、17、19、21、23、25、27、29m）

由图6-30可以看出，导线对地高度由低至高，地面磁感应强度递减。

2）相序不同与相间距不同时地面磁感应强度。下相导线对地最低高度15m、T型塔、不同相序、不同相间距时地面1.5m处的磁感应强度如图6-31和图6-32所示。

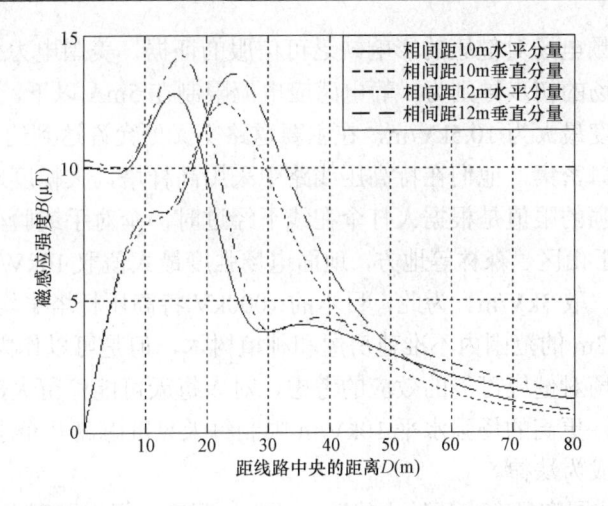

图 6-31　不同相间距地面 1.5m 处磁感应强度横向分布

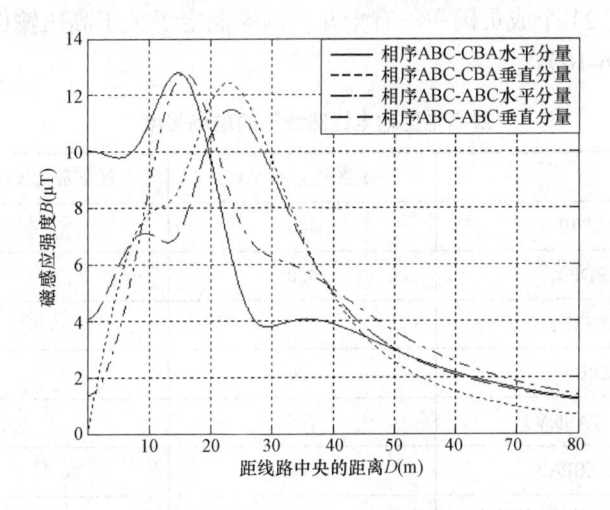

图 6-32　不同相序时地面 1.5m 处磁感应强度横向分布

6.4　工频电场、磁场的控制

6.4.1　工频电场和磁场的限值

ICNIRP《限制时变电场、磁场和电磁场曝露的导则（300GHz 以下）》对电磁辐射的曝露水平作了限值规定。该导则是对已知的对健康有害影响的电场、磁场和电磁场的曝露加以限制以保护健康。只有被确定的影响才用来作为制定曝露限值的基础。限值从基本限值和导出限值两方面给定（见表 6-8）。

表 6-8　　ICNIRP 的工频电场限值（50Hz）

曝露特性	基本限值（mA/m²）	导出限值 工频电场（kV/m）	导出限值 工频磁场（μT）	接触电流（mA）
职业人员	10	10	500	1
一般民众	2	5	100	0.5

由于输电线路工频电场对健康的影响缺乏可信服的证据，美国电力公司（AEP）对特高压线路设计的地面电场的初步导则为：静电感应电流限制在 5mA 以下。对 60Hz 系统，在耕地上允许地面电场强度最大为 10.5kV/m，在主要道路交叉处允许达到约 6kV/m。

日本土地少，人口密集，他们在特高压线路中采用高杆塔，大幅度地抬高导线对地距离来减小线下电场。场强的限值是根据人打伞在线下经过时，伞对手或脸火花放电产生的不舒服程度来决定的。对于山区、森林等地方，地面电场强度最大值取 10kV/m；对于人员经常活动的交通和农田道路，取 3kV/m。为此，日本的 1000kV 特高压杆塔平均高度达 110m，并且规定在靠近导线两侧 3m 的范围内不准建房屋和种植树木，但是可以作为农田使用。

意大利基于电磁场对健康可能的效应的考虑，对人每天可能停留大部分时间的地区规定的最大电场为 5kV/m，更高的场强水平 10kV/m 限制每天只准曝露几个小时，2001 年经意大利议会通过此规定而成为法律。

表 6-9 列出了一些国家最高电压输电线路下的电场强度。根据国际大电网会议 36.01 工作组 1986 年的调查，在 21 个成员国中，有十几个国家制定了关于高压输电工程静电感应的规程或设计导则（见表 6-10）。

表 6-9　　　　　　　　　最高电压输电线路线下的电场强度

国家	线路电压（kV）	线下最大地面电场强度（kV/m）
意大利电力公司（ENEL）	400	10~12
法国电力公司（EDF）	400	10
英国中央电力局（CEGB）	400	10
瑞典电力局（SSPB）	400	10
美国纽约州电力局（PASNY）	765	12
美国邦维尔水电局（BPA）	500	9
美国电力公司（AEP）	765	12
日本各电力公司	500	3

由于各国国情不同，所以各国的设计导则或环境控制标准也各不相同，但主要的依据都是：①防止引起不舒服的暂态电击；②防止稳态电击电流大于摆脱值；③限制能引起有害的生态效应。

尽管各国的情况各不相同，但是仍然可以找到比较一致的地方：线下最大电场强度（或农业地区）为 10~15kV/m，跨越公路处电场强度为 7~10kV/m，公众活动区域或邻近民房处电场强度小于 5kV/m。

表 6-10　　　　　　　各国输电线路附近电场强度的限值（CIGRE）

国家	场强限值（kV/m）	位　　置	依据
捷克	15		
	10	跨越一、二级公路	
	1	线路走廊边缘	

续表

国家		场强限值（kV/m）	位置	依据
日本		3	人撑伞经过的地方	A
丹麦		10	农业区域	
		5	交通频繁处	
波兰		10		A C
		1	医院、住房和学校所在地	A C
美国	明尼苏达州	8		
	蒙大拿州	7	跨越公路处	B
		1	线路走廊边缘居民住宅区	C
	新泽西州	3	线路走廊边缘	A C
	纽约州	11.8		B
		11	跨越私人道路	
		7	跨越公路处	
		1.6	线路走廊边缘	
	北达科州	8		
	俄勒冈州	9	人们易接近的区域	
	佛罗里达州	2	线路走廊边缘	

注 A 防止暂态电击引起的不愉快效应。
　　B 防止稳态电击电流大于摆脱电流。
　　C 限制由于电场长期作用引起的生态效应。

IEEE 标准《关于人体曝露到电磁场（0～3kHz）的安全水平的 IEEE 标准》(2002) 中指出：50Hz 受控区电场，20 kV/m；50Hz 公众电场，5 kV/m；50Hz 受控区磁场，2710μT（头部和躯体）；75800μT（四肢）；50Hz 公众磁场，904μT（头部和躯体）；75800μT（四肢）。

虽然各国关于工频磁场的限值存在差别，但大部分趋向于采用 ICNIRP 导则给出的限制值。我国在发展特高压输电工程时，采用 ICNIRP 导则给出的限制值 0.1mT 作为线路工频磁感应强度的限值。这与我国环境评价标准中对居民区工频磁场的限值相同。

我国环境指标《500kV 超高压送变电工程电磁辐射环境影响评价技术规范》规定"为便于评价，根据我国有关单位的研究成果、送电线路设计规定和参考各国限值，推荐暂以 4KV/m 作为居民区工频电场评价标准"。

《110～500kV 架空送电线路设计技术规程》的 16.0.5 条："500kV 送电线路跨越非长期住人的建筑物或邻近民房时房屋所在位置离地 1m 处最大未畸变电场不得超过 4kV/m，推荐应用国际辐射防护协会关于对公众全天辐射的工频限值 0.1mT 作为磁感应强度的评价标准。"

由于与其他国家相比，我国的输电线路邻近民房问题比较突出，应引起足够重视。所以邻近民房时房屋所在位置的最大未畸变电场仍保持与 500kV 线路相同。

6.4.2 电磁屏蔽技术

对于输电工程局部电场、磁场超标的地方，采用电磁屏蔽技术是有效的解决手段。电磁屏蔽是用导电或导磁的物体构成封闭面将其内外两侧空间进行电磁性隔离。但是，对于输电设施周边的工频电场、磁场,完全没有必要采用如此严格的屏蔽措施,我们日常所居住的房屋对电场的屏蔽作用就足以使电场降低到允许水平了。对于居民日常活动频繁、场强又不能满足要求的区域(如靠近输电线路的阳台),可采用增设屏蔽线来降低电场强度。低频磁场屏蔽的技术较为复杂,但由于我国输电设施的磁场水平在大多数情况下远远低于国家环保控制指标,因此一般只在极少数场合如过于接近变压器或电抗器,或安放有对磁场敏感设备的地点实施磁场屏蔽。

1. 房屋对工频电场的屏蔽作用

静电屏蔽的目的是防止外界的静电场进入到某个区域,变化较慢的工频电场的屏蔽也可以归结到静电屏蔽中。图 6-33 描述了静电屏蔽的原理:在外界静电场的作用下电导率较大的导体表面电荷将重新分布,直到导体内部电场处处为零为止。对于变化很慢的工频(例如 50Hz)交流电场而言,虽然其电场在不断改变,但由于电场中的导体表面电荷仅在 10～19ms 内就完成重新分布,因此导体上的电荷有足够长的时间来保证内部场强为零,从而屏蔽工频电场。

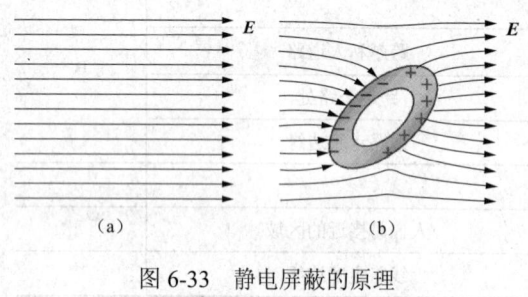

通常来说工频电场是较容易屏蔽的,这是因为金属导体的电导率要比空气的电导率大十几个数量级。实际应用中金属外壳不必完全封闭,例如在生活中通常居住的钢筋混凝土结构房屋中,由钢筋组成的不连续金属网也可达到类似的屏蔽效果。即使仅用红砖和普通瓦建造的房屋,由于这些材料的电导率显著大于空气,也可使内部工频电场降低到外部的 1/10 以下。

图 6-33 静电屏蔽的原理

(a) 外电场;(b) 空腔导体屏蔽外电场

2. 增设屏蔽线以降低局部工频电场强度

我国目前在高压输电线路设计阶段就将电磁环境作为最严格的控制指标,所采用的塔型和导线高度都是经过认真计算的,但如果在某些特殊区域的电场强度难以满足要求,特别是对已架设运行的线路,则采取架设接地屏蔽线的方法,有效降低地面场强。

图 6-34 为一个最简单的接地屏蔽线架设示意图。实际架设方式需根据具体线路参数经过

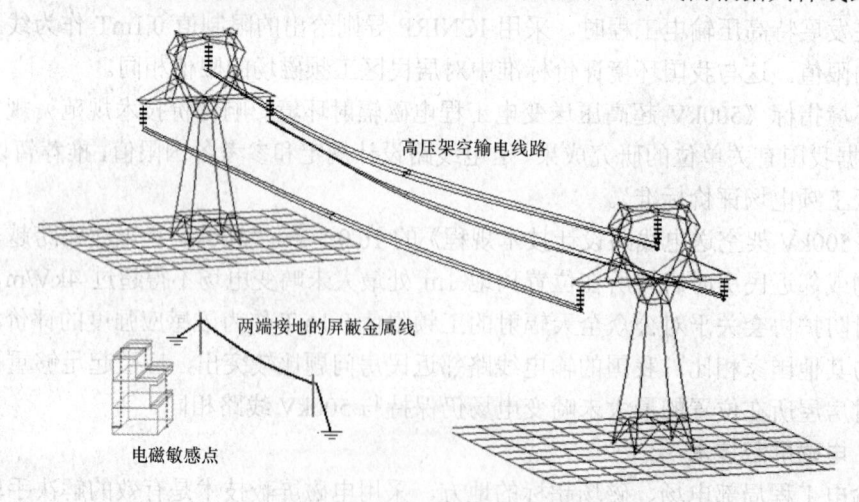

图 6-34 接地屏蔽线架设示意图

计算确定，一般来说，采用的金属材料电导率越高、表面积越大、两端接地电阻越小则屏蔽效果越好。

在某 500kV 输电线路下进行过屏蔽线模拟试验，图 6-35 为试验布置示意图，图 6-36 为现场照片。图中，500kV 线路的三相导线呈三角形排列，边相导线对地高度 23m。屏蔽线采用宽 15mm、厚 1.5mm 的铜编织带，架设在边相导线外水平距离 2 米处，对地高度 11m。

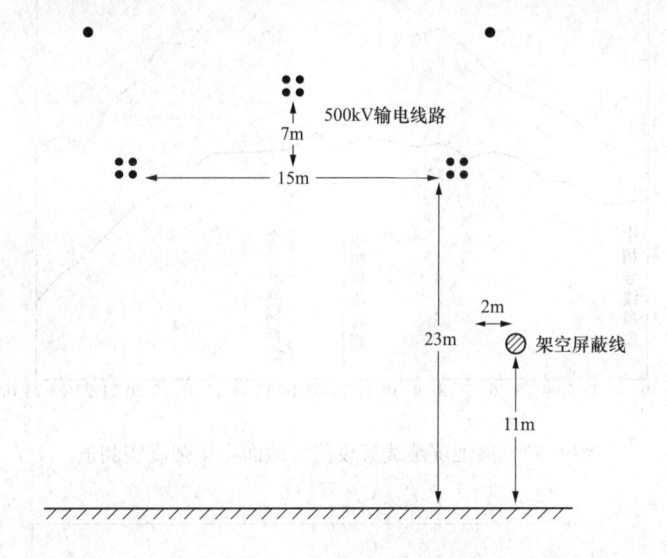

图 6-35　500kV 输电线路增设屏蔽线模拟试验布置图

图 6-36　500kV 输电线路增设屏蔽线模拟试验现场试验照片

图 6-37 给出了架设屏蔽线前后的电场强度实测值，上曲线为架设前的场强分布，下曲线为架设后的场强分布，图 6-38 给出了架设屏蔽线前后电场的理论计算值，图中，零点为中相导线对地投影。可以看出，架设了屏蔽线后场强最大值降低了 35%左右，而且测量结果和理论计算结果吻合较好。

如果仅在少数居民房屋楼顶或阳台等地点发现电场强度超标现象，可以在此类平台边缘架设接地金属围栏来降低平台上的电场强度，屏蔽设施只要经过精心的设计，不但可以降低场强,而且可起到美化住宅外观的作用,图 6-39 为某居民楼平台的接地金属围栏设计效果图。

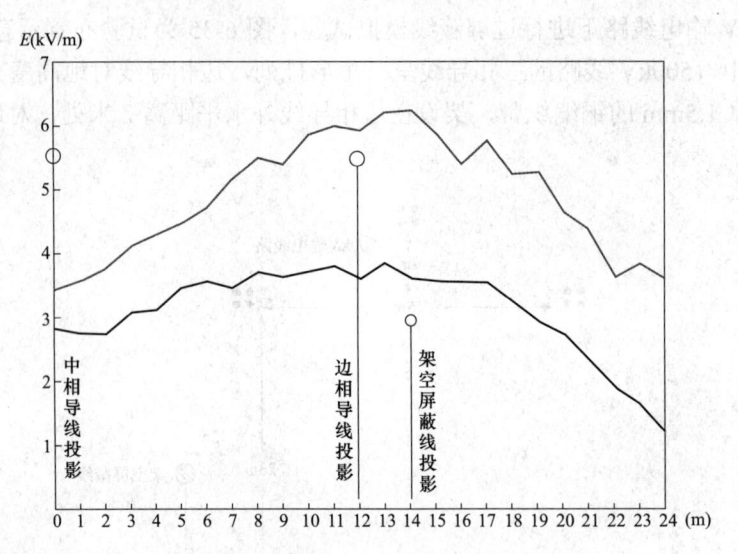

图 6-37 接地屏蔽线架设前后地面电场强度实测值

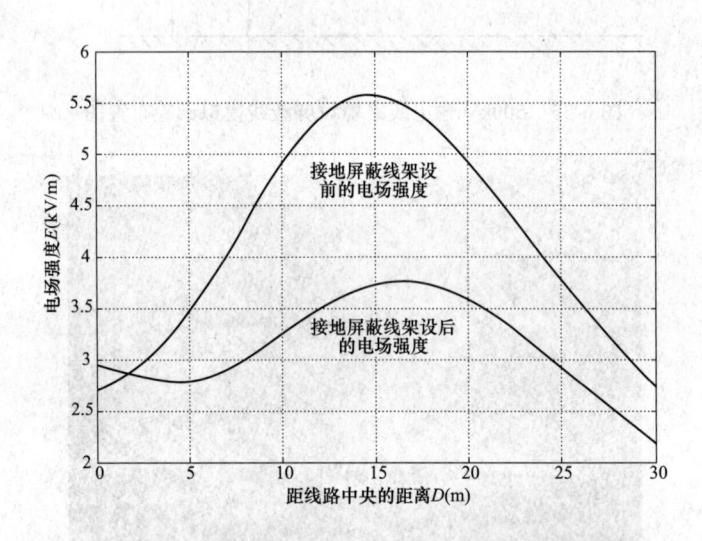

图 6-38 接地屏蔽线架设前后地面电场强度理论计算值

如在某靠近 500kV 输电线路的楼顶平台进行接地金属围栏屏蔽效果试验,在围栏架设前,平台靠线路一侧的边缘和棱角处的场强普遍超出 4kV/m,其中场强最大点出现在离线路的距离最近角。在平台的中部和没有靠线路的其余三侧,场强垂直均小于 4kV/m。

平台靠线路的一侧架 1 根高 3m 的屏蔽线后,电场强度的垂直分量全部降到 4kV/m 以下,场强降低的幅度在 30%～73%。平台靠线路的一侧架起第 2 根屏蔽线,高 2.2m,与第 1 根屏蔽线距离 0.8m。平台靠线路一侧的场强降低的幅值均在 50%以上,达到了非常好的屏蔽效果。

3. 同杆架设多回不同电压线路以减小地面电场强度

同杆架设不同电压线路也是一项可行的技术措施。将较低电压等级的输电线路架设在下层，一方面提高了高电压线路的架设高度，减轻了其地面的电场强度，另一方面低电压等级线路对高电压线路电场起到一定的屏蔽作用。图 6-39 所示为某居民楼平台的接地金属围栏设计效果图。

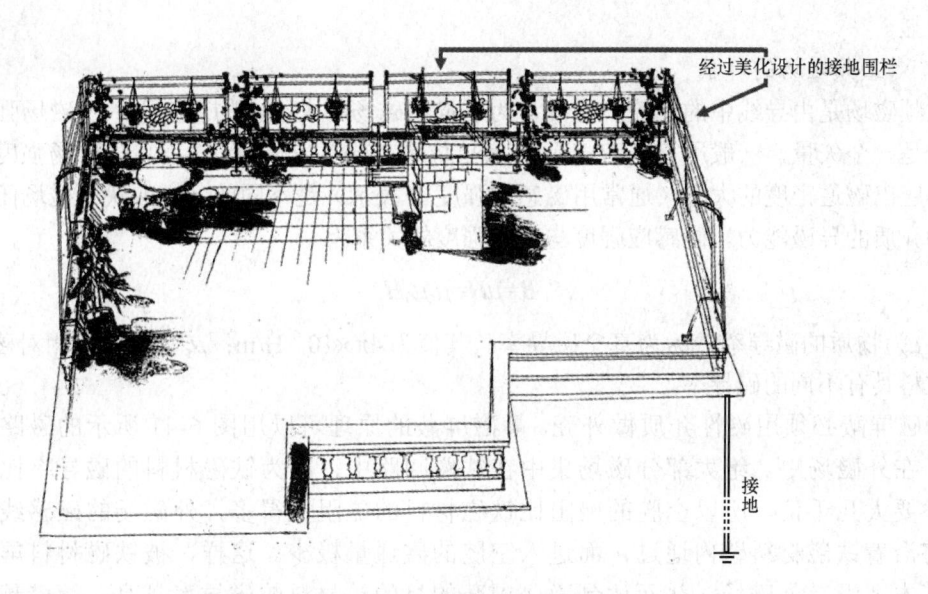

图 6-39 某居民楼平台的接地金属围栏设计效果图

4. 种植适宜的植物以屏蔽电场

对于运输道路等特殊地点，可采用种植物来减少输电线路产生的电场强度。在夏季时，树干和灌木枝有显著的导电性，试验表明 3～4m 高的植物可以将地面 1.8m 高处的电场强度降低到 $\frac{1}{4} \sim \frac{1}{3}$，可以改善输电线附近的环境状况。当线路附近有机动车道时，可以通过在机动车道两边种树来限制地面电场强度。当然，具体实施应事先经过计算或试验，以确保当人接触超高压和特高压导线下的车辆时的安全。图 6-40 为树木屏蔽作用的分析例子：曲线 1、

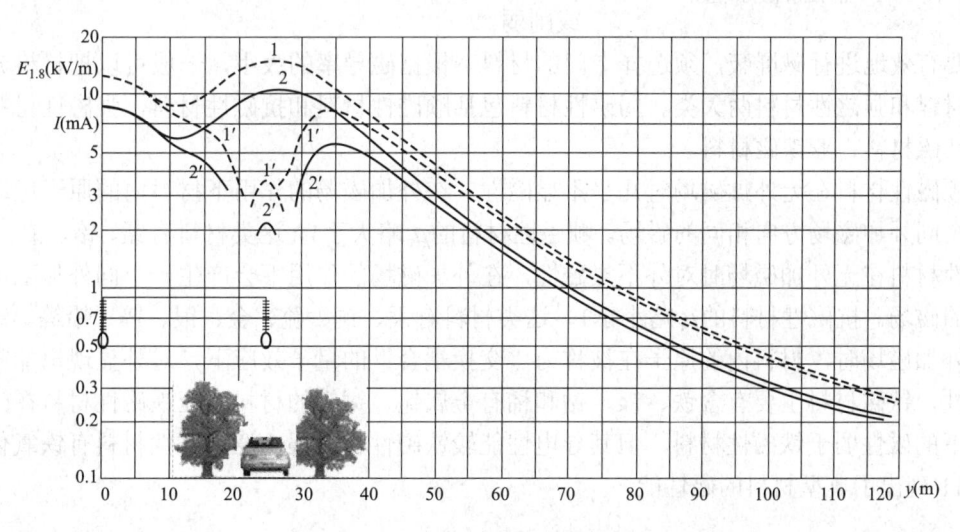

图 6-40 树木屏蔽作用的分析

1′为地面 1.8m 高处的电场强度分布；曲线 2、2′为感应电流分布。道路处在线路边相导线下方，线路的中相导线对地投影为电场强度和感应电流的零点，曲线 1、2 为无树木时的情况；曲线 1′、2′为有树木时的情况。可以看出，电场强和感应电流都有降低，树木的屏蔽作用明显。

5. 对工频磁场的屏蔽

工频磁场是由导线中的电流产生的，为了描述磁场的大小，物理上引入了磁场强度的概念，它是一个矢量，一般用符号 H 表示，其单位是 A/m（安培/米）。而单位磁场强度在周围空间感应出磁通密度的大小（通常用磁感应强度 B 表示）是不同的，它取决于磁场闭合环路中各种介质的导磁能力。磁感应强度与磁场强度的关系为

$$B=\mu H=\mu_r\mu_0 H \tag{6-49}$$

式中：μ 为物质的磁导率；μ_0 为真空磁导率，其值为 $4\pi\times10^{-7}$ H/m；μ_r 为物质的相对磁导率，不同材料具有不同的磁导率。

静磁屏蔽必须用磁性介质做外壳。静磁屏蔽的原理可以用图 6-41 所示的磁路概念来说明：在外磁场中，绝大部分磁场集中在铁磁回路中，因为铁磁材料的磁导率比空气的磁导率要大几千倍，所以空腔的磁阻比铁磁材料的磁阻大得多，外磁场的磁感线的绝大部分将沿着铁磁材料壁内通过，而进入空腔的磁通量极少。这样，被铁磁材料屏蔽的空腔就基本上没有外磁场，从而达到静磁屏蔽的目的。材料的磁导率越高，筒壁越厚，屏蔽效果就越显著。因常用磁导率高的铁磁材料如软铁、硅钢、坡莫合金做屏蔽层，故静磁屏蔽又称铁磁屏蔽。

静电屏蔽的效果是非常好的，这是因为金属导体的电导率要比空气的电导率大十几个数量级。而一般生活中常见的材料或物体（如木材、砖瓦、石块、水泥等材料或人体、墙壁、树木等物体）的磁导率与空气差别很小，磁力线基本不因上述物体或材料的存在而产生畸变或削弱。

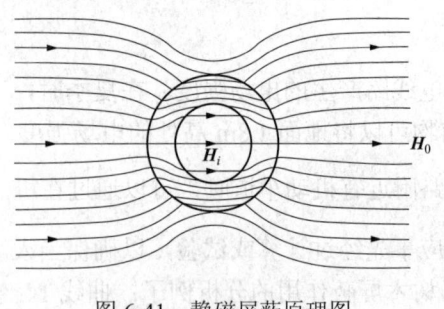

图 6-41 静磁屏蔽原理图

要有效地进行磁屏蔽，须选择专门的材料。根据磁导率的大小，一般可以把材料分为弱磁性材料和强磁性材料两大类。弱磁性材料包括顺磁性材料和抗磁性材料，强磁性材料常见的为铁磁材料、亚铁磁材料。

顺磁性材料在无外加磁场时几乎不显磁性，在外加磁场的作用下材料内的原子运动会产生一个同外加磁场方向相同的磁场。顺磁性材料的 μ_r 略大于1，这类材料有锰、铬、铂、氮等。抗磁性材料在无外加磁场时对外不显磁性，在外加磁场的作用下会产生一个同外加磁场方向相反的磁场。抗磁性材料的 μ_r 略小于1，这类材料有汞、铜、硫、金、银、锌、铅等。铁磁材料在外加磁场时，材料内的原子在被称为"交换耦合"的量子效应下，对外显现出非常强烈的磁性，铁磁材料主要有含铁、镍、钴和稀有金属钆、铽等的材料。亚铁磁性材料在外磁场作用下的磁性弱于铁磁性材料，但其导电性能较铁磁性材料强，亚铁磁性材料有铁氧体等。表 6-11 列出了典型材料的磁性能。

表 6-11　　　　　　　　　　　　典型材料的磁性能

材料	分类	相对磁导率 μ_r
铋	抗磁性	0.99983
铅	抗磁性	0.99993
真空	无磁性	1
空气	顺磁性	1.0000004
铝	顺磁性	1.00002
钯	顺磁性	1.00008
钴	铁磁性	250
镍	铁磁性	600
铁（纯度 89%）	铁磁性	5000
硅铁（硅 4%）	铁磁性	7000
铁氧体	亚铁磁性	1000

在相同的外加激励（即相同的磁场强度）下，不同材料中磁感应强度不相同，磁场向相对磁导率大的物体集中，相对磁导率较大的材料中的磁感应强度较大。但即使是铁磁物质与空气的磁导率的差别也只有几个数量级，通常为几千倍，所以静磁屏蔽总有些漏磁。为了达到更好的屏蔽效果，可采用多层屏蔽，把漏进空腔里的残余磁通量一次次地屏蔽掉。所以效果良好的磁屏蔽一般都比较笨重。如果要制造绝对的"静磁真空"，则可以利用超导体的迈斯纳效应，即将一块超导体放在外磁场中，其体内的磁感应强度 B 永远为零。超导体是完全抗磁体，具有最理想的静磁屏蔽效果，但目前还不能普遍应用。

当磁场不是很强时，可以用一块高导磁率材料遮挡以减轻磁干扰。例如，在一个办公区域中，使用着大约 20 多台工作站，其中有几台工作站的屏

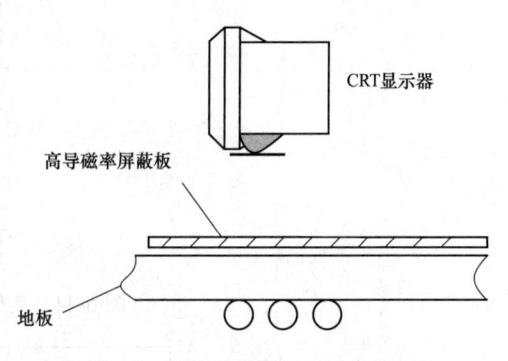

图 6-42　高导磁率材料遮挡磁场干扰

幕发生了抖动。调查表明，干扰源在显示器正下方的电力电缆。电缆中的电流每相仅有 30A，而在显示器处测得的磁场强度却超过了 70mGs。解决的方法是在地板，显示器与电缆之间，放置一块高导磁率屏蔽材料，然后在屏蔽材料上盖一块地毯，如图 6-42 所示。

为了实现有效的屏蔽，需要进行复杂的设计和计算。而且需要使用昂贵的材料（如铜、铁氧体等），所以高性能的屏蔽室一般非常昂贵。目前仅在科研、医疗或某些特殊设备必须排除电磁干扰影响的少数场合使用。图 6-43 给出了实际磁屏蔽室的照片。

6.4.3　抑制工频电场、磁场水平的措施

1. 提高输电线路对地高度以降低地面工频电场和磁场

提高输电线路对地高度是最直观、最明显的降低地面电磁场水平的措施。以图 6-44 所示的典型 500kV 输电线路塔型为例，三相导线平行架设，相间距为 10m，假设导线最小对地高度由 10m 提高到 40m，这时不同对地高度下的工频电场和磁场的横向分布分别如图 6-45 和图 6-46 所示。由图可见，在输电线路下方工频电场强度和磁场强度均随线路对地高度的增加

而显著减小。

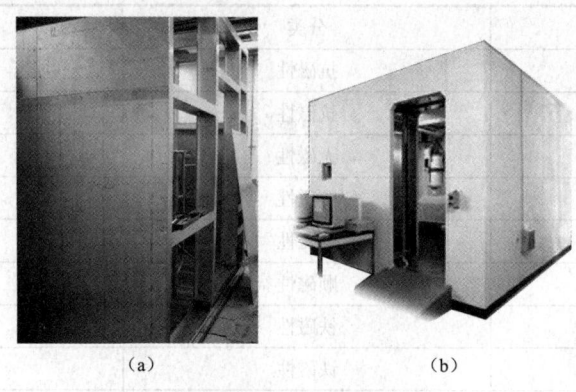

图 6-43 实际磁屏蔽室
（a）建设中的磁屏蔽室；（b）使用中的磁屏蔽室

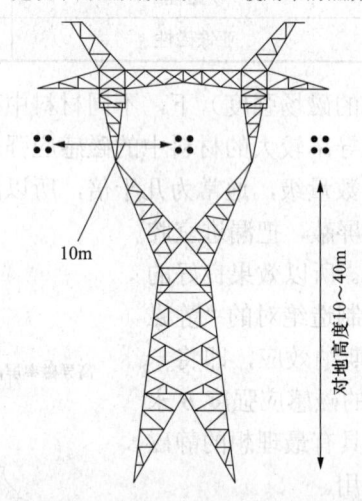

图 6-44 典型 500kV 输电线路塔型

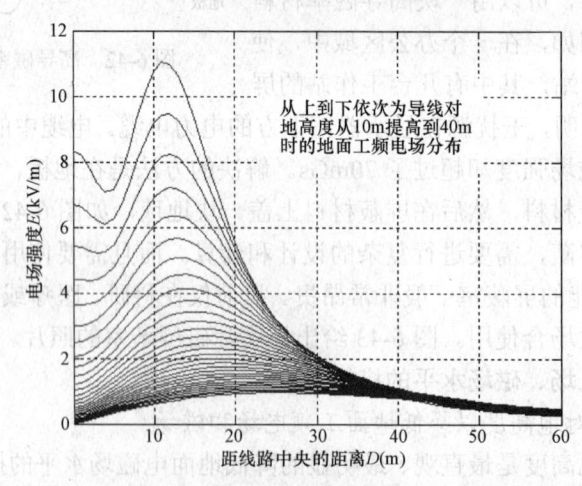

图 6-45 导线不同对地高度时地面电场的横向分布

2. 同塔多回路架设时通过相序排列降低电磁场

采用同塔多回线路架设方式，可以有效地利用日益稀缺的输电走廊。图 6-47 为典型的同

第6章 工频电场与磁场

塔双回路和同塔四回路塔型。在采用多回路架设方式时,不同的相序排列方式对工频电场强度和磁感应强度有很大的影响。以一条同塔双回路架设的500kV三相输电线路为例,相序排列方式有6种,见表6-12。

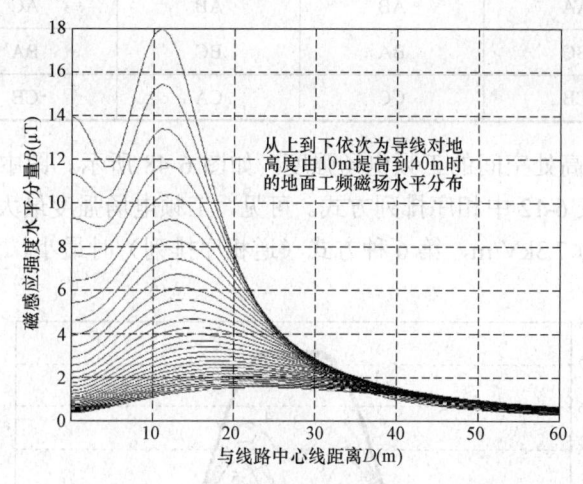

图中标注：从上到下依次为导线对地高度由10m提高到40m时的地面工频磁场水平分布

图6-46 导线不同对地高度时地面磁感应强度垂直分量的横向分布

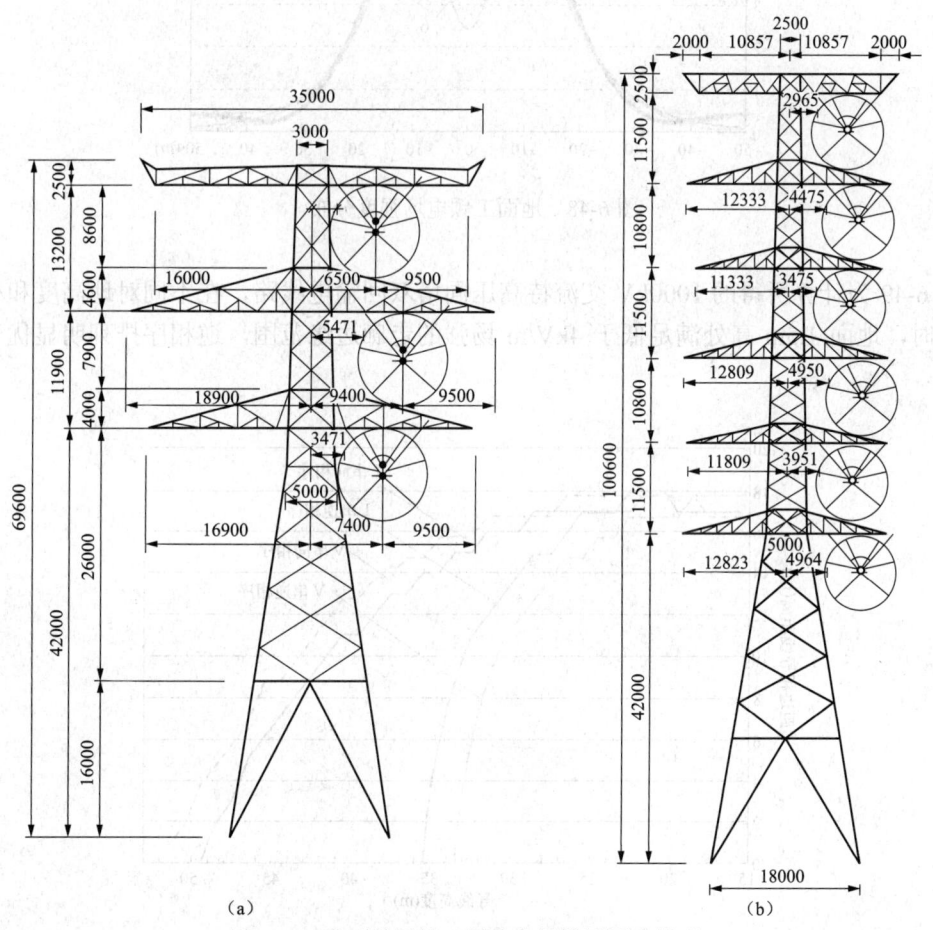

图6-47 典型的同塔双回路和同塔四回路塔型
(a) 同塔双回路；(b) 同塔四回路

表 6-12　　　　　　　　　　　500kV 同塔双回相序排列方式

方式 1	方式 2	方式 3	方式 4	方式 5	方式 6
AA	AA	AB	AB	AC	AC
BB	BC	BA	BC	BA	BB
CC	CB	CC	CA	CB	CA

线路下离地 1.5m 高处空间的工频电场强度，如图 6-48 所示。图中零点为铁塔中点，图中曲线的数字编号为表 6-12 中相序排列方式。可见，工频电场强度最大值为第 1 种方式（同相序排列）时最大，为 7.3kV/m，第 6 种方式（逆相序排列）时最小，为 4.7kV/m。

图 6-48　地面工频电场强度分布

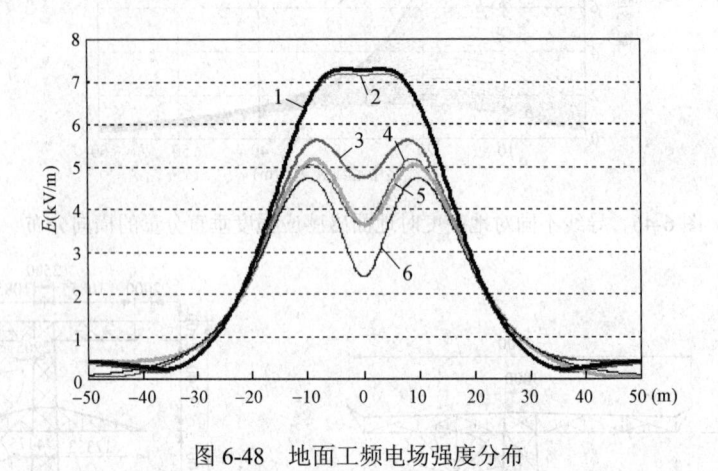

图 6-49 为计算所得的 1000kV 交流特高压同塔双回输电线路，在不同对地高度和相序排列方式时，地面 1.5m 高处满足低于 4kV/m 场强的走廊边缘范围，逆相序排列明显优于同相序排列。

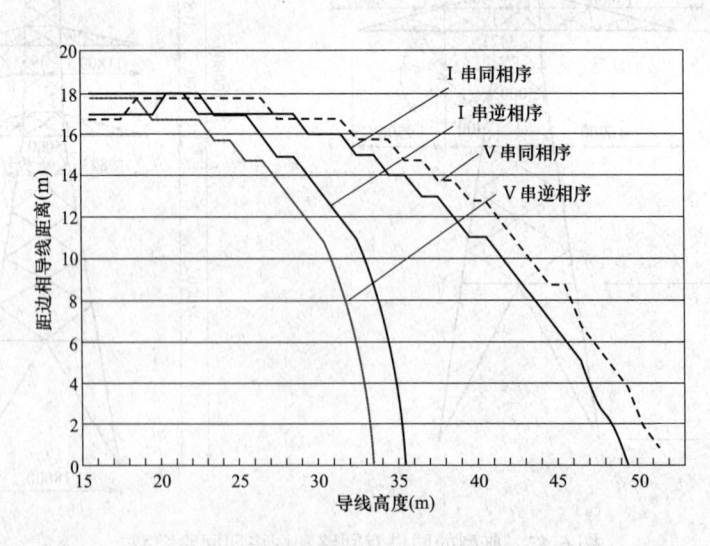

图 6-49　1000kV 交流特高压同塔双回线路线下电场低于 4kV/m 处距边相的距离

因此对于同塔多回路输电线路，可采用相序优化排列的方法来降低地面电场强度。

问题与思考

6-1　工频电场与磁场的概念？
6-2　工频电场与磁场的计算方法？
6-3　工频电场与磁场的特点有哪些？
6-4　工频电场与磁场的影响因素？
6-5　如何控制工频电场及磁场？

第 7 章 直流合成电场与直流磁场

7.1 概 述

直流输电具有诸多的优点，直流输电工程在我国日益增多，在形成全国输电系统方面占有重要地位。直流输电工程对环境的电磁影响和生态影响是人们关注的重要问题之一，也是工程设计必须掌握和妥善处理的问题。直流输电线路附近的电磁环境因子主要包括地面合成场、地面离子电流、无线电干扰和可听噪声等。本章介绍直流合成电场和直流磁场的计算方法和影响因素等。

7.1.1 直流合成电场

直流输电线路产生的电场与交流输电线路产生的电场具有完全不同的特性。就超高压交流输电线路而言，线路导线电晕时，由于电压的交替变化，所产生的离子绝大部分被限制在导线附近，基本上不存在这些离子离开导线的运动。而超高压直流输电线路的电场比较复杂，在导线无电晕（或不计及电晕及其产生的离子时），导线周围及线下地面的电场只决定于导线电压和线路的几何尺寸，即仅存在"静电场"，或所谓的标称场；导线电晕时，离子在电场力的作用下，向反极性的导线和地面运动。这样在两极导线和极导线与地之间都存在离子，亦即空间电荷，它们同时也产生电场，从而改变了地面的场强，形成了合成场强。通常，以地面合成电场来表征直流输电线路附近的电场。

对于双极直流输电线路，整个空间大致可分为三个区域，如图 7-1 所示。在正极导线与地面之间的区域充满正离子，负极导线与地面之间区域充满负离子，正负极导线之间正负离子同时存在。

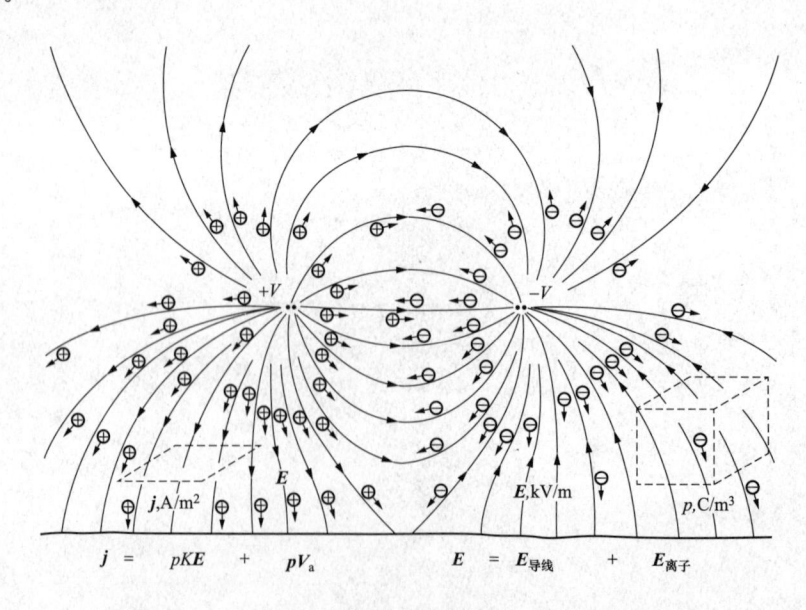

图 7-1 双极直流输电线路电力线和带电离子分布示意图

7.1.2 直流磁场

直流磁场的产生与交流输电线路产生的工频磁场的机理相同，即电流产生磁场，但直流磁场是由正负两个方向的电流产生，如图 7-2 所示；同时由于地磁场的存在，使得分析直流线路的磁场不可避免地要谈及地磁场。

地球本身具有磁性，所以在地球和近地空间之间存在着磁场，叫作地磁场。地磁场的强度和方向随地点（甚至随时间）而异。地磁场的北极、南极分别在地理南极、北极附近，彼此并不重合，而且两者间的偏差随时间不断地在缓慢变化。地磁轴与地球自转轴并不重合，约有 11°交角。我国幅员辽阔，地磁场变化很大。各个地磁要素的地理分布都遵循一定的规律，其中地磁总强度、垂直强度、水平强度和磁倾角的空间变化比较简单，等值线基本与纬度线平行，均以南北方向的变化为主。

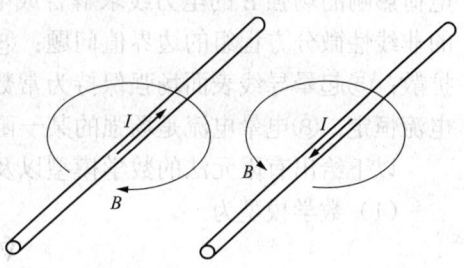

图 7-2 直流输电线路产生直流磁场示意图

稳定运行的直流线路的电流基本可以认为是不随时间变化的，因此，在线路附近的磁场为稳定的直流磁场。线路走廊一定距离外的线路产生的直流磁场强度将衰减至很小，使得其磁场表现为地磁场。

7.2 计 算 方 法

7.2.1 直流合成电场计算方法

直流合成电场的计算方法有很多，大致分为三类。

第一类方法是采用解析计算方法，这是 20 世纪 60 年代末提出，他们采用了 Deutsch 假设，认为空间电荷不影响场强的方向，只影响其大小，从而把二维计算变为一维计算，使问题变得容易解决。

第二类方法是由导线电荷产生的标称电场用理论计算，有空间电荷后的合成场强由标称电场和经验公式计算，人们称它为半经验公式法。

第三类方法是采用数值计算方法，即用有限元法等来计算离子流场，这一方法无需 Deutseh 假设，从理论角度来讲，更具有科学性。

1. 标称场强的计算方法

根据相关的研究，地面标称场强可按式（7-1）计算。

$$E_e = \frac{2UH}{\ln\frac{4H}{d_{eq}} - \frac{1}{2}\ln\frac{4H^2+P^2}{P^2}} \left[\frac{1}{H^2+\left(X-\frac{P}{2}\right)^2} - \frac{1}{H^2+\left(X+\frac{P}{2}\right)^2} \right] \quad (7-1)$$

式中：U 为相导线对地电压，kV；H 为导线对地高度，m；P 为极导线间距，m；d_{eq} 为分裂导线等效直径，m；X 为距线路中心垂直线路方向的距离，m。

2. 直流合成场的数学模型

对于具有空间电荷的电场和离子流计算来说，由于问题的复杂性，没有现成的解析方法，要实现数值计算也有相当的难度，所用的方法有模拟电荷法、有限差分法、有限元法等。为了减少编制程序的难度,一般都要采用某些假设,包括:①忽略导线周围电离层的厚度;②空间电荷只影响电场的强度而不影响电场的方向,即 Deutsch 假设,这一假设沿着已知无空间电荷影响的场强 E 的电力线求解合成电场 E_S,将复杂的二维场问题转换为沿电力线求解一维的非线性微分方程组的边界值问题;③正、负电荷的迁移率为相同常数;④忽略正负离子的扩散;⑤起晕导线表面场强保持为常数,等于起晕场强;⑥导线表面电荷恒定;⑦导线电晕电流恒定;⑧电晕电流是场强的某一函数。

以下给出有限元法的数学模型以及简要分析。

(1) 数学模型为

$$\nabla \cdot \boldsymbol{E} = (q_p - q_n)/q_0 \tag{7-2}$$

式中:$\boldsymbol{E}$ 为电场强度,V/m;q_p、q_n 为正电荷空密度和负电荷密度,C/m³。

$$\nabla \cdot \boldsymbol{J}_p = -R_i q_p q_n / q_e \tag{7-3}$$

式中:$\boldsymbol{J}_p$ 为正电流密度,A/m²;R_i 为离子复合率;

$q_e = 1.602 \times 10^{-19}$C,一个电子的电荷量。

$$\nabla \cdot \boldsymbol{J}_n = R_i q_p q_n / q_e \tag{7-4}$$

式中:$\boldsymbol{J}_n$ 为负电流密度,A/m²。

$$\boldsymbol{J}_p = M_p q_p \boldsymbol{E} - D_p \nabla q_p + \boldsymbol{W} q_p \tag{7-5}$$

式中:M_p 为正离子迁移率;D_p 为正离子扩散系数;$\boldsymbol{W}$ 为风速,m/s,如有风则设其方向垂直于线路。

$$\boldsymbol{J}_n = M_n q_n \boldsymbol{E} - D_n \nabla q_n + \boldsymbol{W} q_n \tag{7-6}$$

式中:M_n 为负离子迁移率;D_n 为负离子扩散系数。

$$\boldsymbol{J} = \boldsymbol{J}_p + \boldsymbol{J}_n \tag{7-7}$$

$$\nabla \cdot \boldsymbol{J} = 0 \tag{7-8}$$

$$\boldsymbol{E} = -\nabla U \tag{7-9}$$

式中:U 为对位电位。

式(7-2)为泊松方程,式(7-3)、式(7-4)表示电流连续性定理,式(7-5)、式(7-6)表示电荷形成电流的机理。

推导中用到的矢量关系式如下

$$\begin{bmatrix} \nabla U = \boldsymbol{a}_x \dfrac{\partial u}{\partial x} + \boldsymbol{a}_y \dfrac{\partial u}{\partial y} + \boldsymbol{a}_z \dfrac{\partial u}{\partial z} \\ \nabla \cdot \boldsymbol{D} = \dfrac{\partial D_x}{\partial x} + \dfrac{\partial D_y}{\partial y} + \dfrac{\partial D_z}{\partial z} \\ \nabla \cdot \nabla U = \dfrac{\partial^2 u}{\partial x^2} + \dfrac{\partial^2 u}{\partial y^2} \\ \nabla \cdot \nabla q = \dfrac{\partial u}{\partial x}\dfrac{\partial q}{\partial x} + \dfrac{\partial u}{\partial y}\dfrac{\partial q}{\partial y} \\ \nabla \cdot (q\boldsymbol{E}) = \boldsymbol{E} \cdot \nabla q + q \nabla \cdot \boldsymbol{E} \end{bmatrix}$$

(2) 公式推导。以 U 表示 E，则有

$$-\nabla \cdot \nabla U = (q_p - q_n)/\varepsilon_0 \text{ 或 } -\nabla \cdot \nabla U - \frac{q_p}{\varepsilon_0} + \frac{q_n}{\varepsilon_0} = 0 \quad (7\text{-}10)$$

式（7-5）代入式（7-3）有

$$M_p \boldsymbol{E} \cdot \nabla q_p + M_p q_p \nabla \cdot \boldsymbol{E} - D_p \nabla \cdot \nabla q_p + \boldsymbol{W} \cdot \nabla q_p + q_p \nabla \cdot \boldsymbol{W} = -R_i q_p q_n / q_e$$

设风速为均速，沿 x 轴方向吹，其散度为零，即 $\nabla \cdot \boldsymbol{W} = 0$。

计及式（7-10），重新整理成可以套用程序的形式为

$$-\nabla \cdot (D_p \nabla q_p) + \left[\frac{M_p q_p}{\varepsilon_0} + \left(\frac{R_i}{q_e} - \frac{M_p}{\varepsilon_0} \right) q_n \right] q_p$$

$$= \left(M_p \frac{\partial u}{\partial x} - W \right) \frac{\partial q_p}{\partial x} + M_p \frac{\partial u}{\partial y} \frac{\partial q_p}{\partial y} \quad (7\text{-}11)$$

式（7-6）代入式（7-4），同理可得

$$-\nabla \cdot (D_n \nabla q_n) + \left[\frac{M_n q_n}{\varepsilon_0} + \left(\frac{R_i}{q_e} - \frac{M_n}{\varepsilon_0} \right) q_p \right] q_n$$

$$= -\left(M_n \frac{\partial u}{\partial x} - W \right) \frac{\partial q_n}{\partial x} + M_n \frac{\partial u}{\partial y} \frac{\partial q_n}{\partial y} \quad (7\text{-}12)$$

式（7-10）～式（7-12）构成了相互耦合的阶偏微分方程，是非线性的偏微方程，它尚没有解析解，只能用数值计算，根据具体的几何结构和边界条件求出其近似解。

(3) 对公式的说明。式（7-2）是高斯定理的表示式，当将电荷放在等号右侧时，其形式为 $(q_p - q_n)\varepsilon_0$。由此可见电荷的正负性质是在公式中赋予的，而不是在量值设置时就赋予的。

式（7-3）、式（7-4）也说明了这个问题。在计算时从宏观上看电荷是稳定地分布于空间的，但从微观上看，正负离子都不停地中和（复合）、扩散和沿电场运动。为了维持空间电荷的稳定分布，必须不断地补充。散度定量中规定了以流入为负方向，流出为正方向，当由于复合损失一个正电荷时，必须向内补充一个正电荷才能保持正电荷数量的稳定，所以对正电荷的散度取负号。损失一个负电荷需要向内补充一个负电荷，负电荷的流入相当于正电流向外流，所以负电荷的散度取正号。用同样的道理，也可以对式（7-5）、式（7-6）的场致运动、扩散运行和风致运动作出说明。

以上说明，电荷的正负号是在公式中才赋予的，所以在设置电荷的边界条件时，正负电荷都应该是个正数。

7.2.2 直流磁场计算方法

直流线路的磁场强度决定于导线中的电流大小和方向，单根导线产生的磁场可根据式（7-13）计算。

$$B = \frac{\mu_0}{2\pi} \cdot \frac{I \cdot r}{D} \quad (7\text{-}13)$$

式中：B 为磁场强度，T；I 为电流，A；D 为计算点与导线间的距离，m；r 为与电流对应的 D 方向上的单位矢量；μ_0 为磁导系数，值为 $4\pi \times 10^{-7}$。

多根导线的磁场，可以分别按照式（7-13）计算，然后矢量相加。

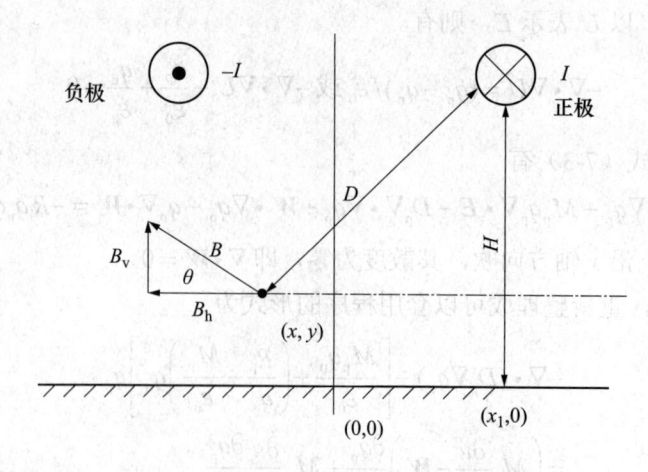

图 7-3 水平布置直流线路磁场示意图

直流单回线路磁场的计算如下。根据图 7-3 所示，直流线路在 (x, y) 处产生的磁场可分解为垂直分量 B_v 和水平分量 B_h，其计算式如下

$$B_v = \left(\frac{\mu_0}{2\pi}\right) \cdot \frac{I}{D} \cdot \sin\theta \qquad (7\text{-}14)$$

$$B_h = \left(\frac{\mu_0}{2\pi}\right) \cdot \frac{I}{D} \cdot \cos\theta \qquad (7\text{-}15)$$

其中

$$\cos\theta = \frac{H-y}{D} \qquad (7\text{-}16)$$

将直流线路正负极导线在 (x, y) 处产生磁场的垂直和水平分量分别叠加后，该处的总磁场 B 等于垂直分量 B_v 和水平分量 B_h 的平方根。即 $B = \sqrt{B_v^2 + B_h^2}$。

7.3 分布特性与影响因素

7.3.1 分布特性

直流输电线下或直流母线下的空间电场是由两部分合成的，一部分是导线上电荷产生的静电场又称为标称电场，另一部分是导线表面电晕引起的空间电荷（离子）产生的电场，这两部分电场的向量叠加，称为合成电场，计量单位用 kV/m 表示。最大合成场强的大小主要取决于导线电晕放电的严重程度，最大合成电场可能比标称电场大很多，可达它的 3~3.5 倍。合成电场的最大值一般出现在极导线外侧 1~2m 处，最小值为零，一般出现在两极导线的中心。

合成电场的横向分布曲线如图 7-4 所示，此图给出的分布是在无风时最理想情况下的分布。由于正负离子在电场下的迁移速度和风速相比，属同一数量级，因而，风（风速 1m/s）也将会使合成电场分布发生畸变，垂直线路方向的小风会使合成电场的最大值向顺风方向移动，风速稍大，就会使合成电场分布发生严重畸变。

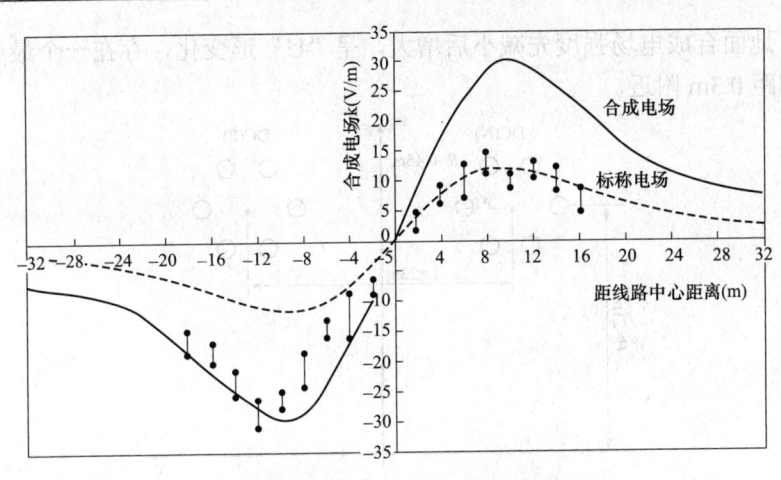

图 7-4 合成电场的横向分布曲线

高压直流输电线路下的合成电场普遍高于同一电压等级的交流输电线下电场，这两个电场是不同的，在正常运行的直流线路下，没有通过电容耦合的感应现象，因而在相同电场下，两者产生的效应也不同。

7.3.2 影响因素

直流线路的电场由导线上电荷产生的电场和电晕引起的空间电荷（离子）产生的电场合成。空间离子产生的电场与导线电晕放电程度有关，而影响导线电晕的关键因素是导线表面场强。

地面合成场强受空间离子影响较大，线路产生离子在不同气象条件下运动方式不同，导致地面合成场强、离子流密度的分布范围、大小变化较大；风速和风向对离子以及合成场的影响是：在风吹向的方向上，先是极性相反的离子中和，使极导线附近合成场较小，并可能有极性反转；随后离子使合成场逐渐变大，并持续较远的距离；这些都和风速的大小有关。

输电线路下空间场强的大小，除与所加电压有关外，还与导线的布置形式、对地高度、相间距离、分裂导线间距、结构尺寸等相关。

为说明各种因素对地面合成场强的影响，以某直流输电工程为例计算分析。线路导线布置如图 7-5 所示。线路为 $6\times720mm^2$ 导线。子导线的起始角为 $0°$，极间距 $D=22m$，导线对地高度 $H=21m$。分裂半径 $R_0=0.45m$，子导线半径 $r=17.2mm$。计算时粗糙系数 $m=0.47$。采用有限元法进行仿真计算，根据假设条件，以 X，Y 正半轴为边界，正极性导线初始电荷密度 $\rho_-=0.1\rho_+$；取 $k_+=k_-=1.5\times10^{-4}m^2/(V\cdot s)$，$R=2\times10^{-12}m^3/s$。为了便于分析讨论，当改变一个参数时，其他参数保持不变。

1. 子导线半径的影响

图 7-6 给出了采用不同子导线半径时，线路地面合成电场强度变化情况。图 7-6 表明，地面合成电场强度随子导线半径的增加而减小；但随着子导线半径的增加，地面标称电场强度基本上变化不大。这是因为子导线半径增大，导线截面积增大会使导线表面最大电场强度减小，导线表面电场强度与电晕的强弱程度成正比，导线表面电场强度减小，电晕变弱，导线表面电荷减少，相应的地面合成电场和离子流密度就会下降。

2. 导线分裂间距的影响

图 7-7 给出了地面合成电场强度随导线分裂间距的变化情况，可以看出，随着导线分裂

间距的增加，地面合成电场强度先减小后增大，呈"U"形变化，存在一个最小值，最小值出现在分裂间距 0.3m 附近。

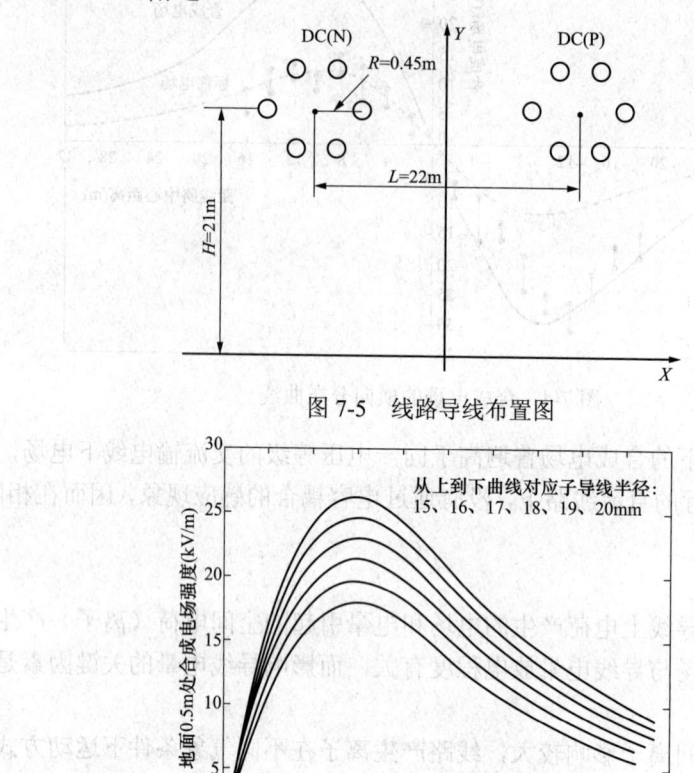

图 7-5 线路导线布置图

图 7-6 子导线半径对地面合成电场的影响

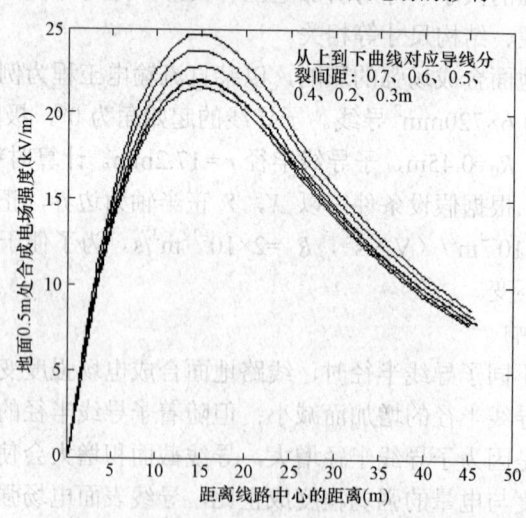

图 7-7 分裂间距对地面合成电场的影响

从控制电磁环境角度考虑，在高压直流输电线路设计中，应针对不同的子导线，选择合适的分裂间距使导线表面电场强度达到最小。但是导线的分裂间距除了影响导线表面电场外，还会影响导线的力学特性。另外，还要考虑线路建设和维护中有关构建的通用性等。因此对于实际的线路导线分裂间距的选取要综合考虑各种因素。

3. 导线对地高度的影响

图 7-8 给出了地面合成电场强度随导线对地高度的变化情况。由图 7-8 可见，随着导线对地高度的增大，地面合成电场强度也迅速减小，并且变化非常明显。改变导线对地高度可以作为控制合成电场强度的重要措施。

我国规定超特高压直流输电线路线下最大合成电场强度不超过 30kV/m。对于 6×720mm²、导线极间距为 22m、导线分裂间距为 45cm 的 ±800kV 直流输电线路要达到这一水平，从图 7-8 可以看出，导线对地高度应不低于 17m。

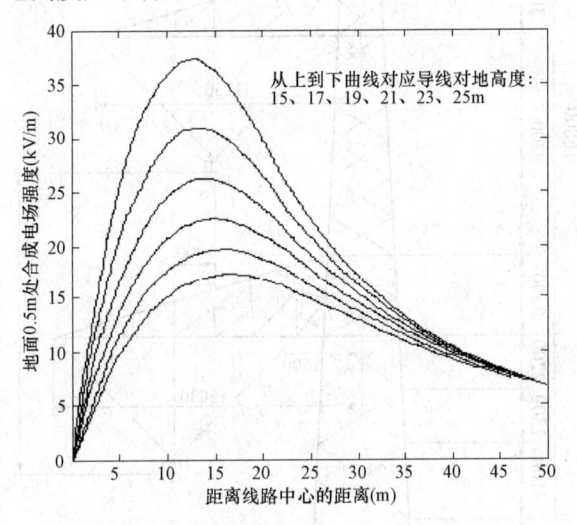

图 7-8 导线高度对地面合成电场的影响

4. 导线极间距的影响

图 7-9 给出了地面合成电场强度随极间距的变化。从图中可以看出，地面合成电场强度随极间距的增大而有小幅的增加。

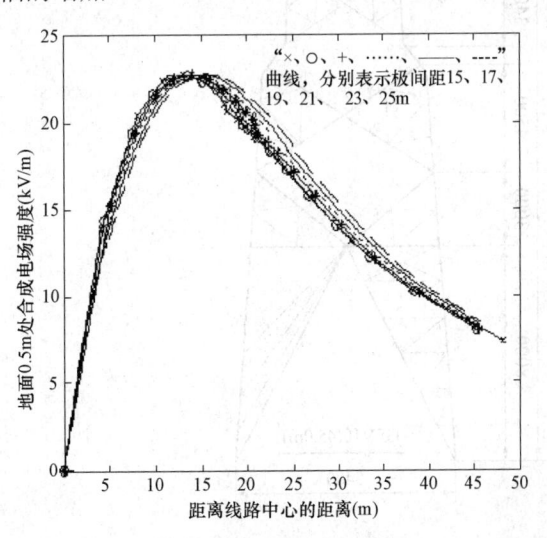

图 7-9 极间距对地面合成电场的影响

5. 垂直排列方式的影响

按照图 7-10 的参数及 4×ACSR-720/50 的导线，计算某直流线路的标称场强，计算结果如图 7-11 所示。计算用的下导线最低高度分别为 12.5、16、22m，同时也计算了极导线水平排列的情况（极间距为 14m，导线高度与垂直排列的下导线高度相同）。

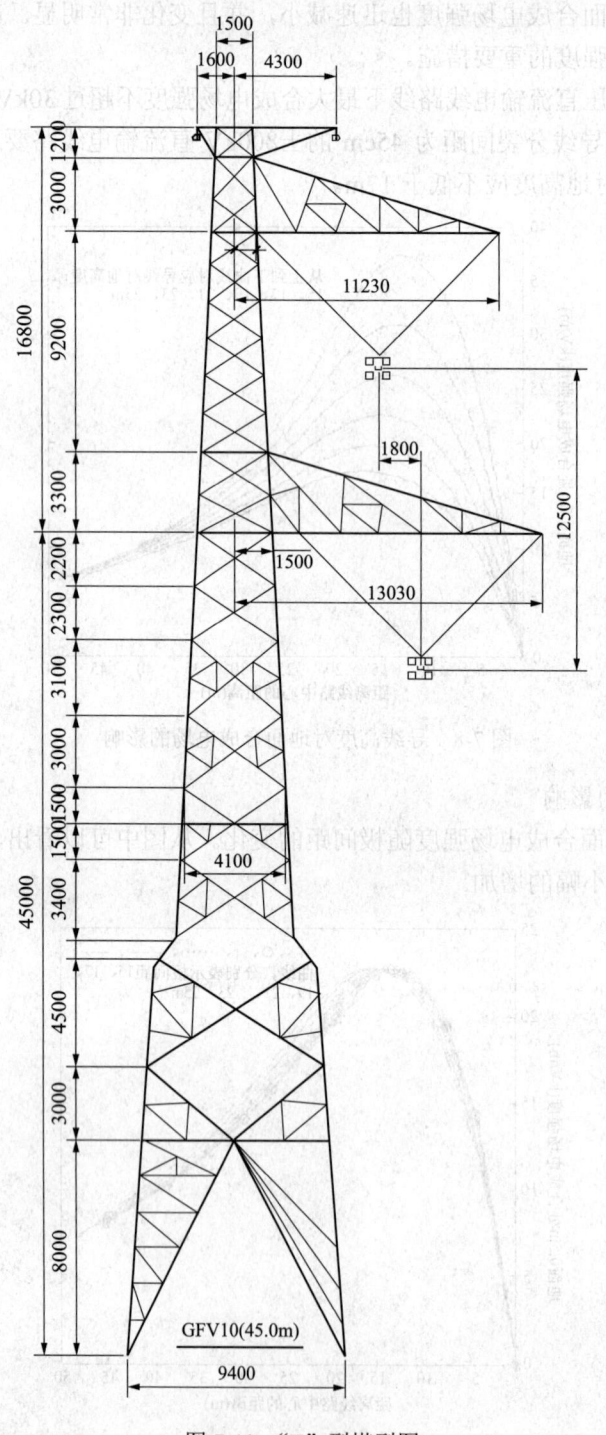

图 7-10 "F"型塔型图

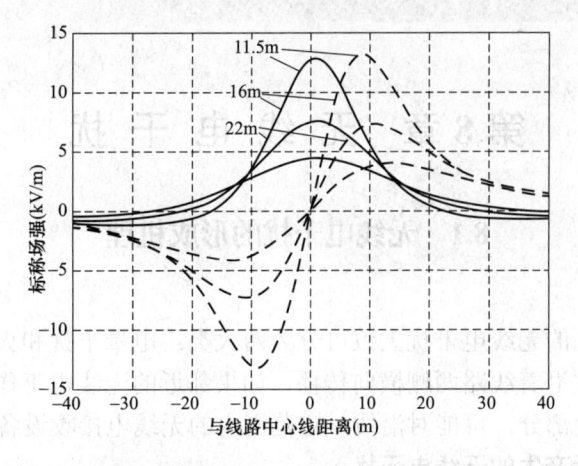

图 7-11 垂直排列直流线路标称场强（实线为垂直排列，虚线为水平排列）

极导线垂直排列时标称场强只出现一个峰值（或正、或负），极导线水平排列时则出现正、负两个峰值，显然水平排列的高场强区域要比垂直排列时宽很多。若考虑模拟试验结果中合成场强的分布情况，极导线垂直排列的高场强区宽度缩小更为明显。

通过上述计算比较可见，在导线的布置形式、对地高度、相间距离、分裂导线间距、结构尺寸等因素中，要减小线下空间场强，以适当增加导线对地高度最为有效。靠减小极间距来减小场强，将受到绝缘配合和电晕损失的限制，而且极间距离对于地面合成场强和离子流密度的影响较小，不如适当增加导线对地高度效果显著；增加分裂导线数目虽能减小线下场强，但是如果分裂根数变化而分裂导线的总截面不变，分裂根数的变化对地面场强的影响很小。

问题与思考

7-1 分析工频电场和直流合成电场的差异，为什么交流线路附近不存在离子而直流线路附近离子较多？

7-2 直流线路磁场的大小与哪些因素有关？直流线路正常运行时，直流线路附近的总磁场如何变化（按线路走向为东西方向考虑）？

7-3 试述影响直流合成电场的因素，哪些因素影响较大？

第8章 无线电干扰

8.1 无线电干扰的形成机理

高压输电线路产生的无线电干扰大致可分为两大类：电晕干扰和火花放电干扰。干扰电流所产生的脉冲电磁波沿着线路两侧横向传播，如果邻近的无线电工作频段与高压输电线路无线电干扰频段有重合部分，可能对沿线一定范围内的无线电接收设备的工作产生影响。

8.1.1 导线电晕所产生的无线电干扰

导线电晕是指在高电压作用下输电线路导线表面电位梯度升高，致使导线周围的空气发生游离放电并显现辉光和发出轻微的嘶嘶声的现象。由于输电线路电压作用，使导线表面的电位梯度达到一定数值时，将引起紧靠导线周围的空气分子碰撞游离，空间电荷数量增加，造成导线附近小范围内的放电。有时在运输或施工过程中导线表面会出现棱角和毛刺，或者局部黏附某些污秽微粒，都会导致导线表面电位梯度的局部畸变，是局部放电的起源处。这种局部放电功率很小，也是不稳定的，属于电晕放电的前期。电压继续升高，各局部放电电流逐渐汇集起来，但其数值仍然很小。直到电压升到某一数值，导致电晕放电电流突然增加，开始在导线上看到电晕辉光，并伴随着电晕放电声（可听噪声）。开始产生可见电晕现象的电压，称为电晕起始电压。起始电晕局限于导线表面不光洁的地方，随着导线电压再升高，放电现象才逐渐扩展到导线的全部表面，图8-1为典型导线的电晕发展过程。

图 8-1 典型导线的电晕发展过程

影响导线电晕放电的一个主要因素是导线表面起晕场强，美国工程师皮克对光滑等径圆形平行导线进行了大量的试验，并建立了皮克方程式，用以计算导线表面的临界起晕场强 E_0，即

$$E_0 = 30.3m\delta\left(1 + \frac{0.298}{\sqrt{r_0\delta}}\right) \tag{8-1}$$

式中：m 为导线表面系数；r_0 为导线半径，cm；δ 为相对空气密度。

导线表面系数 m 是该导线的电晕临界电压与同外径光滑圆管的电晕临界电压之比。对于绞线来说，m 除与导线外径和导线表面粗糙度有关外，还与导线外层的股数和股径有关。在制造过程中的绞合紧密程度和运输安装过程中的磨损情况也有较大影响。根据经验数据，钢芯铝绞线的 m 为 0.82～0.9。

电晕脉冲电流在导线周围空间产生无线电干扰场，如图 8-2 所示。在电压一定时，导线中的电晕脉冲电流是一种重复率很高的稳态电流，所以架空送电线周围就形成了脉冲重复率很高的稳态无线电干扰场。电晕放电的单个脉冲很窄，脉冲宽度量级为 0.1μs。实际交流线路的电晕放电多发生在工频的正、负峰值附近，由一系列脉冲形成波形不规则的脉冲群，脉冲群的持续时间为 2～3ms。这样一系列的脉冲，必然产生多种高频分量。

图 8-2 电晕产生的无线电干扰

导线电晕放电会随天气情况的变化而变化，输电线路的无线电干扰电平也会随之变化，特别是雨天电晕放电明显加强。鉴于此，通常采用具有统计意义的值来表示输电线路的无线电干扰水平，如平均值（晴好天气）、80%时间最大值和95%时间最大值（大雨天气）。

通过傅里叶分析和大量的实测数据验证表明，架空电力线的电晕干扰频谱较宽，但干扰的占有带宽有限，主要能量集中在 10MHz 以下，随着频率增高干扰分量的幅值下降非常迅速，图 8-3 为 1150kV 交流特高压输电线路运行后常年观测所统计的无线电干扰频谱特性，给出了各频段无线电干扰分量与 0.5MHz 频点分量的差值，从图中可以看出到 10MHz 以后，干扰幅值相对于 0.5MHz 已下降了 30～40dB，基本已淹没于背景噪声中，不太可能形成有效干扰。

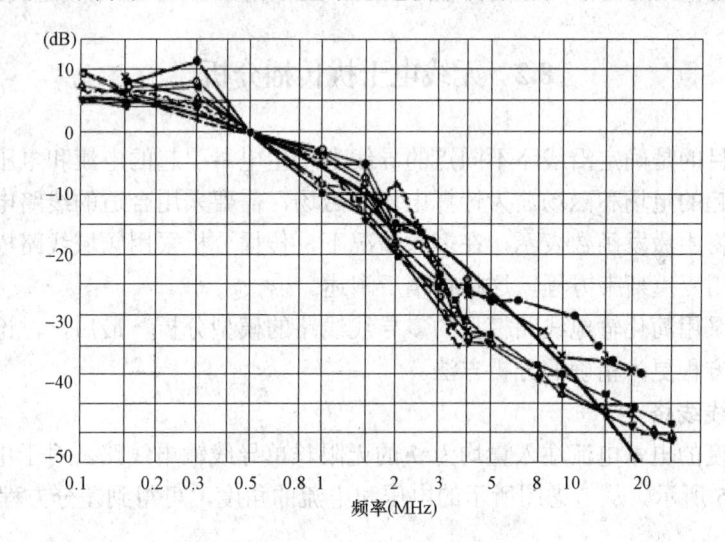

图 8-3 1150kV 交流特高压输电线路无线电干扰频谱特性

8.1.2 绝缘子和金具火花放电所产生的无线电干扰

绝缘子和金具火花放电产生的无线电干扰的频率在 30MHz 以上，火花放电主要有 3 种原因：①绝缘子串的高应力区域内的放电、打火；②导线和金具接触不良或松弛处的火花放电（见图 8-4）；③导线表面的不光滑缺陷或施工中造成导线表面毛刺等引起火花放电。由第一种原因引起的干扰是随机分布的，干扰电平较低；第二种原因一般只引起局部的干扰增加；第三种原因引起的干扰多数情况下只表现在新投入运行的线路，当线路运行一段时间（几个月）以后，由于导线本身的老化效应，这种干扰会很快地下降。

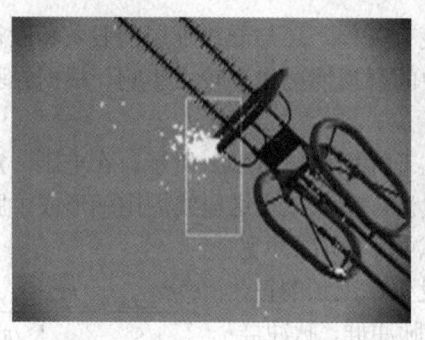

图 8-4　国网 1000kV 特高压交流试验基地金具火花放电观测结果

从干扰的传播机制上看，30MHz 以上频段干扰的传播机制与 30MHz 以下特别是中波波段和短波波段是完全不同的。在 30MHz 以下干扰主要是由于空间连续分布的电晕脉冲产生的电流，通过线路向外界辐射而产生干扰电磁波。而在 30MHz 以上频段，由于高频集肤效应的影响，脉冲干扰电流在导线上的传播衰减增大，同时在这个频段内波长已接近或小于导线间隙和设备、金具的尺寸，因此 30MHz 以上频段干扰被认为是空间不连续分布的点源辐射的结果。

在线路上导线的电晕脉冲频谱分量本身在高端已很小，同时又不能有效地辐射到空间，因此在 30MHz 以上频段输电线路的干扰较小，并主要反映为绝缘子串和金具等的火花放电，这种放电可通过改进绝缘子串和金具来减小。而对于变电站，由于这类设备和部件较为最集中。由此导致了变电站周围一定范围内在 30MHz 以上频段的干扰水平较之线路偏大。

8.2　无线电干扰传播分析

传播分析的目的是确定沿线路不同点的导线上产生电晕引起的电流和电压，并最后计算线路附近由此引起的电场和磁场。为计算电场和磁场，需要采用合适的线路电磁模型。在所有模型中，电晕将由激发函数表示，在多数情况下，传播分析采用频域线路模型。更为精确的计算应直接采用麦克斯韦方程，这将在稍后阐述。

本节给出了采用简化输电线路模型的多导线线路的模型分析。最后，讨论了基于传输线模型和麦克斯韦方程更为精确的分析方法。

8.2.1　单导线线路

考虑单位长度的电晕电流注入量均为 J 的无限长单导线输电线路。对于单位长度的线路等效电路如图 8-5 所示。从考虑图所示的电压和电流的角度，可得到差分方程

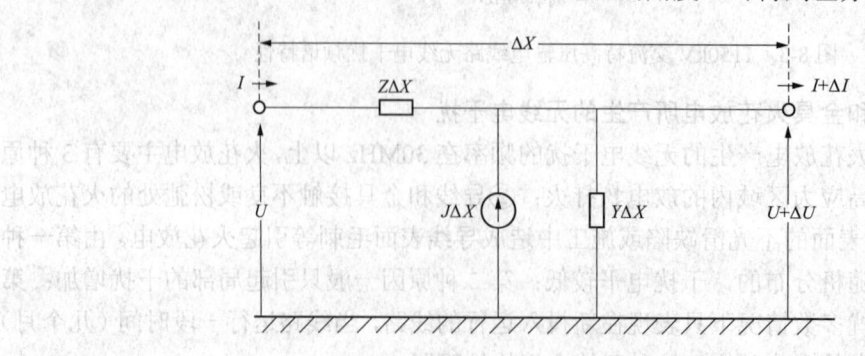

图 8-5　单位长度线路的等效电路

$$\frac{dU}{dx} = -zI \tag{8-2}$$

$$\frac{dI}{dx} = -yU + J \tag{8-3}$$

由于电晕电流以脉冲串的形式注入导线，因而 J、I 和 U 为给定频率的有效值（rms）。参数 z、y 分别为单位长度线路相同频率下的串联电抗和并联导纳。从基本的传输线理论可知，

线路的特征阻抗为 $\quad Z_c = \sqrt{z/y}$

线路的传播系数为 $\quad \gamma = \sqrt{zy} = \alpha + j\beta$

式中：α 为衰减常数，Np/m；β 为相位常数，rad/m。

如信号 S_0 在距离 x 上衰减为 S，则

$$S = S_0 e^{-\alpha x} \text{ 或 } \alpha = \frac{1}{x} \ln \frac{S_0}{S} \tag{8-4}$$

α 通常用 dB 表示较为方便，也可以表示为分贝每单位长度 x

$$\alpha(\text{dB}) = \frac{1}{x} \times 20 \log \frac{S_0}{S}$$

而 $20 \log \frac{S_0}{S} = 20 \log e^{\alpha} = \alpha \times 20 \log e = 8.69\alpha$，因而

$$\alpha \text{（dB/m）} = 8.69\alpha \text{（Np/m）} \tag{8-5}$$

线路的串联阻抗由电阻和感抗组成，可表示为

$$z = r + j\omega L$$

式中：r 为线路单位长度的电阻；L 为线路单位长度的电感；ω 为电压和电流的角频率。

r 和 L 的数值取决于线路中、地中及线路地线中的电流的形式。并联导纳可表示为

$$y = G + j\omega C$$

式中：G 为单位长度线路的导纳；C 为单位长度线路的电容。

导纳项 G 仅在有泄漏电流流过空气绝缘或绝缘子表面时出现，而在实际线路中，这两种泄漏电流均可以忽略不计，因而可假定 $G=0$。同样，对于实际线路，$r \ll \omega L$，在这些条件下，线路的特征阻抗为

$$Z_c = \sqrt{z/y} = \sqrt{\frac{r + j\omega L}{j\omega C}} \approx \sqrt{\frac{L}{C}} \tag{8-6}$$

电磁能量的传播速度为

$$v = \frac{1}{\sqrt{zy}} \approx \frac{1}{\sqrt{LC}} \tag{8-7}$$

传播常数 γ 由下式给出

$$\gamma = \alpha + j\beta = \sqrt{zy} = \sqrt{(r + j\omega L)j\omega C} \approx \frac{r}{2Z_c} + j\frac{\omega}{v}$$

即

$$\alpha = \frac{1}{2Z_c} \beta = \frac{\omega}{v} \tag{8-8}$$

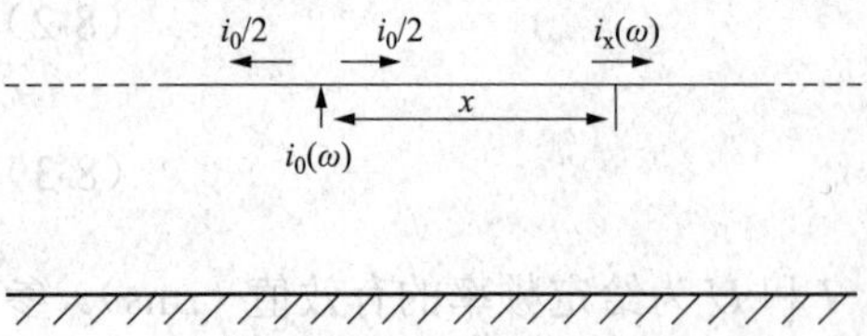

角频率为 ω 的正弦电流 $i_0(\omega)$ 注入到线路的某特定点后,如图 8-6 所示等分(因假定线路在注入点两侧无限延伸)且向两个方向传播。则,在注入点两侧距离 x 处的电流 $i_x(\omega)$ 为

$$i_x(\omega) = \frac{1}{2} i_0(\omega) e^{-\gamma x} \tag{8-9}$$

图 8-6 线路的电晕电流注入和传播

这样可定义传输函数 $g(x, \omega)$ 为

$$g(x,\omega) = \frac{i_x(\omega)}{i_0(\omega)} = \frac{1}{2} e^{-\gamma x} \tag{8-10}$$

因为注入电流的随机特性,均匀的电晕产生可由具有单位长度频谱密度为 $\varphi_0(\omega)$ 的注入电流来表示。依据图 8-7,在 x 点处的 $\varphi_0(\omega)dx$ 的注入,在观察点 o 处产生的电流的频谱密度为

$$\Delta\Phi(\omega) = |g(x,\omega)|^2 \varphi_0(\omega)dx = \frac{1}{4} e^{-2\gamma x} \varphi_0(\omega)dx \tag{8-11}$$

则在 o 点流过的总电流的频谱密度可通过在线路长度上的积分获得

$$\Phi(\omega) = \frac{\varphi_0(\omega)}{4} \int_{-\infty}^{\infty} e^{-2\gamma x} dx = \frac{\varphi_0(\omega)}{4} \int_{0}^{\infty} e^{-2\gamma x} dx = \frac{\varphi_0(\omega)}{4\alpha} \tag{8-12}$$

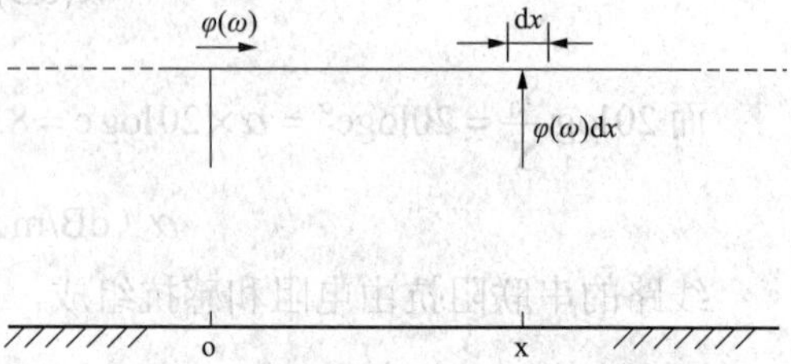

式(8-12)的结果可以按照相应的电流 I、J 的 rms 来表示,用无线电噪声计测量得到,有

$$I = \frac{J}{2\sqrt{\alpha}} \tag{8-13}$$

图 8-7 电晕电流注入点的频谱密度

这样,式(8-13)为差分方程组式(8-2)和式(8-3)的必须解。应该注意式中导线的电流频谱密度的单位是 A^2/m(安培平方每米)。因此注入电流 J 的单位为 $A/m^{\frac{1}{2}}$,而导体中电流的单位为 A。在实际线路的 RI 分析中,注入电流 J 和激发函数 Γ 的单位通常表示为 $\mu A/m^{\frac{1}{2}}$,而电流表示为 μA。严格来讲,根据式(8-14)使用无线电噪声计测得的激发函数 Γ 应按照 $\mu A/m^{\frac{1}{2}} Hz^{\frac{1}{2}}$ 表示,以考虑仪器的带宽。然而,通常的做法是确定仪器的带宽而不是在 Γ 的单位中包含带宽。I、J 和 Γ 这三个量也经常以 dB 为单位来表示。以通用的参数 A 来表示为

$$A(dB) = 20\log\frac{A}{A_r} \tag{8-14}$$

式中:A_r 为参考值。这样,J 和 Γ 的参考值为 $1\mu A/m^{\frac{1}{2}}$,而 I 的参考值为 $1\mu A$。

在单导线传输线的传播分析中的最后一步为计算式(8-15)中得到的电流在地平面产生的电场和磁场分量。参照图 8-8,地面上任一点 p 的磁场由安培定律并假定大地为良导体得到

$$H_x = \frac{I}{2\pi} \frac{2h}{h^2 + x^2} \tag{8-15}$$

式中:h 为导线的地面高度。

最后,假定电磁波传播的准 TEM(横电磁波)模式(E 和 H 都在横平面内,均无纵向分

量的电磁波模式），对应的电场 $E_x=Z_0H_x$ 通过得到。式中：Z_0 为自由空间的波阻抗。因 $Z_0=\sqrt{\mu_0/\varepsilon_0}=376.7=120\pi$，所以电场为

$$E_x = 60I\frac{2h}{h^2+x^2} \tag{8-16}$$

RI 的电场 E_x 以单位μV/m 或用以 1μV/m 为参考值的 dB 表示。上述所述计算方法的精度取决于两个因素，①使用的衰减常数 α 数值的精度；②假定电磁波传播的准 TEM 模式的准确性，即使用 $E_x=Z_0H_x$ 的准确性。为精确确定衰减常数 α，有必要考虑全部的损耗，包括导线中的集肤效应以及因有限的电导率引起的大地的损耗。准 TEM 模式的假设是采用传输线模型进行传播分析所必定要采用的。基于麦克斯韦场方程的直接分析将不采用这一假设。

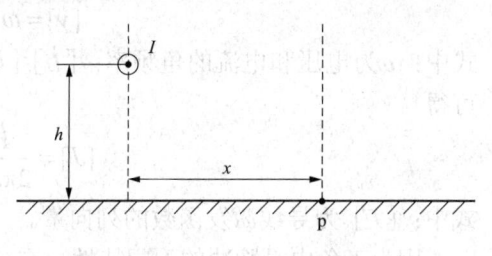

图 8-8 RI 磁场的计算

8.2.2 多导线线路简化分析

实际多导线输电线路的传播分析是非常复杂的,因为它包含着解许多组互耦的差分方程。差分方程的组数与线路的导线数相同。为解决这个问题通常采用矩阵方法并采用自然模理论获得解耦方程组。以下给出的多导线输电线路简化的传播分析,基于以下假设：①电晕产生的频谱密度沿导线均匀分布,线路的每一导线的频谱密度的幅值可以不同；②采用无损传输线模型和自然模理论,根据已知的 RI 激发函数,计算不同导线的注入电晕电流分量；③接着采用因损耗产生的衰减来计算导线中的电流分量；④假定导电良好的大地计算地面的磁场,相应的电场通过假定电磁场的准 TEM 模式传播来获得。

与式（8-2）、式（8-3）类似,确定多导线线路的 RI 传播的方程,包含有沿导线的电晕产生,可以写成矩阵形式

$$\frac{d}{dx}[U] = -[z][I] \tag{8-17}$$

$$\frac{d}{dx}[I] = -[y][U] + [J] \tag{8-18}$$

式中：$[U]$、$[I]$ 为线路上任一点 x 处的电压和电流列向量；$[J]$ 为注入导线的电晕电流密度的列向量，$[z]$、$[y]$ 为线路单位长度的串联电抗和并联导纳的方阵。

阻抗和导纳方阵由自身和相互相组成。因而,式（8-17）、式（8-18）表示 n 相导线线路上的 n 个电流和电压方程。因为导线之间的感抗和容抗耦合,n 个方程也是互耦的。直接解这些方程组是极其困难的。

自然模态称为模分析的理论,用于简化式（8-17）和式（8-18）为许多解耦的方程组,这些方程组可以像单导线的情况求解。因为分析的第一步假定是无损线路,阻抗和导纳矩阵均由无功元件组成。因而,可采用实数矩阵而不是复数矩阵来分析。为简化分析,线路的几何矩阵表示为 $[G]$，其矩阵元素定义为

$$g_{ii} = \ln\frac{2h_i}{r_i} \quad (i=1、2、\cdots、n)$$

$$g_{ii} = \ln\frac{D_{ij}}{d_{ij}} \quad (i=1、2、\cdots、n,\ i\neq j) \tag{8-19}$$

式中：h_i 为导线地面高度；r_i 为第 i 根导线的半径；D_{ij} 为第 i 根导线和第 j 根导线的地面镜像之间的距离；d_{ij} 为第 i 根导线和第 j 根导线之间的距离。

阻抗和导纳矩阵因此可写为

$$[z] = \omega[L] = \frac{\omega\mu_0}{2\pi}[G] \tag{8-20}$$

$$[y] = \omega[C] = \omega \times 2\pi\varepsilon_0 [G]^{-1} \tag{8-21}$$

式中：ω 为电压和电流的角频率；$[L]$、$[C]$ 为线路的电感和电容矩阵。同样，由式（8-22）可得

$$[J] = \frac{1}{2\pi\varepsilon_0}[C][\Gamma] = [G]^{-1}[\Gamma] \tag{8-22}$$

式中：$[\Gamma]$ 为导线激发函数的列向量。

因为正负电晕脉冲的不同特性，在交流输电线路上，正半周期发生电晕为主要的 RI 源。因而，由于正极性电晕产生的 RI 不会在所有导线上同时发生，而是每次一根导线，彼此间隔几毫秒。因此用于传播分析计算的激发函数列向量 $[\Gamma]$ 只有一个非零量 Γ_i，i 为考虑的发生电晕的那根导线。在分析线路每一相电晕的导线后，适当的组合计算结果，可确定线路总体的 RI 特性。将式（8-20）～式（8-22）代入式（8-17）和式（8-18）得

$$\frac{\mathrm{d}}{\mathrm{d}x}[U] = -\frac{\omega\mu_0}{2\pi}[G][I] \tag{8-23}$$

$$\frac{\mathrm{d}}{\mathrm{d}x}[I] = -\omega \times 2\pi\varepsilon_0[G]^{-1}[U] + [G]^{-1}[\Gamma] \tag{8-24}$$

n 阶耦合方程组式（8-23）和式（8-24）可通过模变换转换为 n 个去耦合的方程，这些方程可通过类似单导线的方法求解。假定 $[M]$ 为矩阵 $[G]$ 的模变换矩阵，即

$$[M]^{-1}[G][M] = [\lambda]_\mathrm{d}$$
$$[M]^{-1}[G]^{-1}[M] = [\lambda]_\mathrm{d}^{-1} \tag{8-25}$$

式中：$[\lambda]_\mathrm{d}$ 为矩阵 $[G]$ 的对角谱矩阵，即，该矩阵的对角线元素为 $[G]$ 的特征根。

电压、电流和激发函数的模元素可按照 $[M]$ 阵的方式定义为

$$[U] = [M][U^\mathrm{m}] \tag{8-26}$$
$$[I] = [M][I^\mathrm{m}] \tag{8-27}$$
$$[J] = [M][J^\mathrm{m}] \tag{8-28}$$
$$[\Gamma] = [M][\Gamma^\mathrm{m}] \tag{8-29}$$

在此应对上述定义的模变换有一个清楚物理意义的理解。以电流为例来考虑，电流列向量 $[I]$ 表示注入线路 n 相导线的电流 I_1、I_2、$\cdots$、I_n。列向量 $[I^\mathrm{m}]$ 表示 n 个虚构的模分量 I_1^m、I_2^m、$\cdots$、I_n^m，类似三相电路分析中的系统分量。每一个模分量 I_j^m，$j=1、2、3、\cdots、n$，可考虑为在线路中全部 n 相导线中流过的、其幅值有矩阵 $[M]$ 中第 j 列，或者第 j 个特征向量确定的。换句话说，因模 j 引起的在导线中流过的电流分别为 $M_{1j}I_j^\mathrm{m}$、$M_{2j}I_j^\mathrm{m}$、$\cdots$、$M_{nj}I_j^\mathrm{m}$。类似地，第 k 相导线中流过的全部电流为在该导线中流过的所有模电流之和。类似的解释可以应用于电压 $[U]$、注入电流 $[J]$ 和激发函数 $[\Gamma]$。

将式（8-26）～式（8-29）和式（8-22）代入式（8-23）和式（8-24），得

$$\frac{\mathrm{d}}{\mathrm{d}x}[M][U^\mathrm{m}] = -\frac{\omega\mu_0}{2\pi}[G][M] + [I^\mathrm{m}] \tag{8-30}$$

第8章 无线电干扰

$$\frac{d}{dx}[M][I^m] = -\omega \times 2\pi\varepsilon_0 [G]^{-1}[M][U^m] + [G]^{-1}[M][\Gamma^m] \tag{8-31}$$

整理得

$$\frac{d}{dx}[U^m] = -\frac{\omega\mu_0}{2\pi}[M]^{-1}[G][M][I^m] \tag{8-32}$$

$$\frac{d}{dx}[I^m] = -\omega \times 2\pi\varepsilon_0 [M]^{-1}[G]^{-1}[M][U^m] + [M]^{-1}[G]^{-1}[M][\Gamma] \tag{8-33}$$

用式（8-25）对上述两式进行简化，得

$$\frac{d}{dx}[U^m] = -\frac{\omega\mu_0}{2\pi}[\lambda]_d [I^m] \tag{8-34}$$

$$\frac{d}{dx}[I^m] = -\omega \times 2\pi\varepsilon_0 [\lambda]_d^{-1}[U^m] + [\lambda]_d^{-1}[\Gamma^m] \tag{8-35}$$

因 $[\lambda]_d$ 和 $[\lambda]_d^{-1}$ 为对角阵，式（8-34）和式（8-35）表示 n 个解耦的差分方程。以上叙述的模分析将 n 相导线的线路转换为 n 条各自独立的等效单导线线路，式（8-34）和式（8-35）与式（8-17）和式（8-18）数学形式上相似，其主要的差别是，式（8-34）和式（8-35）每一个模表示的等效"单导线线路"实际上由整条线路 n 相导线共同作用组成。换言之，n 相导线对每一个模电压和模电流都有作用，其作用大小由 $[G]$ 的对角阵确定。对某特定模式的电压和电流的传播，在导线之间不存在多重耦合，所有导线同时发挥作用。

每一模式的传播由特征阻抗数值来确定。因为在这种简化分析中，将 z 的阻性分量忽略，所有模式的传播速度都相同，且为 $v = \dfrac{1}{\sqrt{\mu_0\varepsilon_0}}$。如同在更为精确地分析方法中所见，包含阻性分量的特征阻抗 z 导致不同模式的传播速度不同。通过比较式（8-34）和式（8-35）与式（8-17）和式（8-18），可得线路的特征阻抗模的矩阵为

$$[Z_c^m] = \sqrt{\frac{\omega\mu_0}{2\pi}\frac{1}{2\pi\omega\varepsilon_0}}[\lambda]_d = -\frac{1}{2\pi}\sqrt{\frac{\mu_0}{\varepsilon_0}}[\lambda]_d = 60[\lambda]_d \tag{8-36}$$

电晕注入电流的模分量是通过给出激发函数并利用式（8-34）和式（8-35）计算得到的，如

$$[J^m] = [M]^{-1}[G]^{-1}[\Gamma] \tag{8-37}$$

由式（8-37）类似地得到导线中的电流模分量，如

$$[I^m] = \begin{bmatrix} J_1^m / 2\sqrt{\alpha_1} \\ J_2^m / 2\sqrt{\alpha_2} \\ \cdots \\ \cdots \\ J_n^m / 2\sqrt{\alpha_n} \end{bmatrix} \tag{8-38}$$

式中：α_1、α_2、$\cdots$、α_n 为模衰减常数。

上述计算得到的电流给一个模分量在线路所有导线中流过。例如，由模式 k 在线路所有导体中引起的电流可由式（8-38）决定，如

$$\begin{bmatrix} I_{1k} \\ I_{2k} \\ \cdots \\ \cdots \\ I_{3k} \end{bmatrix} = \begin{bmatrix} M_{1k} \\ M_{2k} \\ \cdots \\ \cdots \\ M_{3k} \end{bmatrix} I_k^m \tag{8-39}$$

由任意模式 k 引起的在线路导线中流过的电流，在任意一点 $p(x, 0)$ 处地面产生的相应的磁场的水平分量，以沿地面 x 轴方向为参考，取任意 y 轴，类似式（8-39）可计算得到

$$H_k^m(x) = \sum_{i=1}^n F_i(x) I_{ik} \tag{8-40}$$

式中：I_{ik} 为由式（8-39）式计算得到的电流；$F_i(x)$ 为线路每一相导线的场系数。由于假定大地为良好导体，由安培定律可得场系数为

$$F_i(x) = \frac{1}{2\pi} \frac{2 y_i}{y_i^2 + (x_i - x)^2} \tag{8-41}$$

式中：(x_i, y_i) 为第 I 相导线的坐标。假定电磁波以准 TEM 方式传播，则相应的电场垂直分量可计算得到

$$E_k^m(x) = Z_0 H_k^m(x) \tag{8-42}$$

式中：Z_0 为自由空间波阻抗，$Z_0 = 120\pi$。

在确定每一模式在 p 点的电场分量后，所有模式的电场合成量可由式（8-43）确定

$$E(x) = \left[\sum_{i=1}^n \{E_i^m(x)\}^2 \right]^{1/2} \tag{8-43}$$

假定所有模式的电流传播速度是相同的，并同时由此使得任一模电流均与其他所有模电流同相，式（8-43）中模分量的有效值（rms）相加是正确的。

式（8-37）～式（8-43）的计算，是对线路中的每一相导线的电晕进行的。在计算了因每一相导线电晕在 p 点产生的电场分量后，最后一步是将这些分量相加以得到由线路所有相导线电晕产生的 RI 场。当然，分量相加的方法取决于使用的测量仪器的自身特性。如果仪器测量的是有效值，则不同相导线电晕产生的场分量的频谱密度可直接相加。由此得到的合成场为各分量的有效值之和。而对于测量准峰值（QP）的仪器，各分量应采用所谓的 CISPR（国际无线电干扰特别委员会）加法。在这种方法中，合成场等于某一相产生的最高场分量，如果这一分量较其他相的分量大 3dB，则按式（8-44）计算

$$E_t = \left(\frac{E_1 + E_2}{2} \right) + 1.5 (\text{dB}) \tag{8-44}$$

式中：E_t 为合成场；E_1、E_2 分别为第一、第二高的相分量。

8.2.3 多导线线路精确方法

上述用于多导线线路传播分析的简化方法给出的结果总是不能很好地符合在实际线路的 RI 测试结果。主要差异在于测量与计算的 RI 横向衰减，特别是在距离线路较远的时候。这一差异的主要原因应为假设：①对于磁场计算大地为良好导体；②传播的准 TEM 模式。

于是提出了更多基于传输线理论的精确方法，用于多导线线路的暂态和高频电压和电流的传播分析。这些方法考虑了复杂的导线串联电阻，包括在具有有限电阻率的大地中流动的

任何电流。式（8-45）和式（8-46）给出了包括导线电晕产生的电流、多导线线路的给定频率下的电压和电流的传播的基本方程为

$$\frac{\mathrm{d}}{\mathrm{d}x}[U] = -[z][I] \tag{8-45}$$

$$\frac{\mathrm{d}}{\mathrm{d}x}[I] = -[y][U]+[J] \tag{8-46}$$

对于电压和电流的传播可分别复制这些方程来构成以下的差分方程组

$$\frac{\mathrm{d}^2}{\mathrm{d}x^2}[U] = [z][y][I] \tag{8-47}$$

$$\frac{\mathrm{d}^2}{\mathrm{d}x^2}[I] = [y][z][U] \tag{8-48}$$

式（8-47）和式（8-48）表示 n 阶耦合差分方程，其求解过程通常使用自然模理论（natural mode）。

因为通常情况下有损线路的 $[y][z] \neq [z][y]$，需要单独的模变换矩阵 $[M]$ 和 $[N]$，而不是像无损线路的那样只需要一个模变换矩阵。电压和电流的模分量 $[U^{\mathrm{m}}]$ 和 $[I^{\mathrm{m}}]$ 表示为

$$[U] = [M][U^{\mathrm{m}}] \tag{8-49}$$

$$[I] = [N][I^{\mathrm{m}}] \tag{8-50}$$

将式（8-49）和式（8-50）代入式（8-47）和式（8-48），可得到以模分量表示的传播方程

$$\frac{\mathrm{d}^2}{\mathrm{d}x^2}[U^{\mathrm{m}}] = [M]^{-1}[z][y][M][U^{\mathrm{m}}] \tag{8-51}$$

$$\frac{\mathrm{d}^2}{\mathrm{d}x^2}[I^{\mathrm{m}}] = [N]^{-1}[z][y][N][I^{\mathrm{m}}] \tag{8-52}$$

式（8-51）和式（8-52）表示 n 阶解耦差分方程的条件是

$$[M]^{-1}[z][y][M][U^{\mathrm{m}}] = [P^{\mathrm{m}}]_{\mathrm{d}} \tag{8-53}$$

$$[N]^{-1}[z][y][N][I^{\mathrm{m}}] = [Q^{\mathrm{m}}]_{\mathrm{d}} \tag{8-54}$$

$$[M]^{-1}[z][y][N][I^{\mathrm{m}}] = [P^{\mathrm{m}}]_{\mathrm{d}} \tag{8-55}$$

$$[N]^{-1}[z][y][M][U^{\mathrm{m}}] = [Q^{\mathrm{m}}]_{\mathrm{d}} \tag{8-56}$$

式中：$[P^{\mathrm{m}}]_{\mathrm{d}}$，$[Q^{\mathrm{m}}]_{\mathrm{d}}$ 为对角矩阵。

尽管模变换矩阵不同，可以证明 $[P^{\mathrm{m}}]_{\mathrm{d}}$，$[Q^{\mathrm{m}}]_{\mathrm{d}}$ 是唯一的，可表示为

$$[P^{\mathrm{m}}]_{\mathrm{d}} = [Q^{\mathrm{m}}]_{\mathrm{d}} = [\gamma^2]_{\mathrm{d}} \tag{8-57}$$

式中：$[\gamma^2]_{\mathrm{d}}$ 为模传播系数的对角阵。每一种模式的传播系数可如同在单导线线路情况下那样用衰减常数和相位常数表示，即

$$\gamma_i = \alpha_i + \mathrm{j}\beta_i \tag{8-58}$$

可以看出，在特定模式下的电压和电流以相同的速度和衰减常数传播，尽管不同的模式下有不同的传播速度和不同的衰减常数。模传播也可以用模特征阻抗矩阵来定义，有

$$[Z_{\mathrm{c}}^{\mathrm{m}}]_{\mathrm{d}} = [\gamma]_{\mathrm{d}}^{-1}[M]^{-1}[z][N] \tag{8-59}$$

下一步分析对给定的 RI 激发函数确定线路所有导线中流过的电流。如同简化分析方法中一样，在任一时刻只考虑一相导线上产生电晕。激发函数列向量 $[\varGamma]$ 中只有一个非零元素 $\varGamma_i$，i 为所考虑的电晕相的序号。用于注入电流 $[J]$ 的模变换矩阵与电流 $[I]$ 一致，于是

$$[J] = [N][J^m] \tag{8-60}$$

线路因在 x 点处电晕电流注入 $[J_k^m(x)]$ 而在 o 点处产生的模电流列向量的第 k 个分量 $[i_k^m(x)]$ 是相关的，如图 8-9 所示，可表示为

$$[i_k^m(x)] = g_k^m(x)[J_k^m(x)] \tag{8-61}$$

式中：$g_k^m(x)$ 为模变换函数的对角矩阵 $[g_k^m(x)]_d$ 的第 k 个元素，对于无限长线路，其定义为

$$[g_k^m(x)]_d = \left[\frac{1}{2}e^{-\gamma x}\right]_d \tag{8-62}$$

式中：γ 由式（8-57）和式（8-58）给出，为模传播系数。由式（8-52）、式（8-60）和式（8-61）及式（8-16），可得到以激发函数表示的导线电流

$$[i(x)] = [N][i^m(x)] = [N][g^m(x)]_d[N]^{-1}[G]^{-1}[\Gamma] \tag{8-63}$$

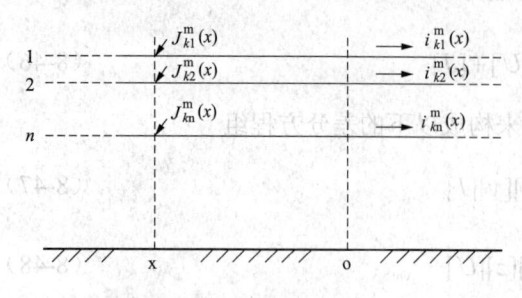

图 8-9 多导线线路的模式 k 的电晕电流注入和传播

式（8-63）可简写为

$$[i(x)] = [T(x)][\Gamma] \tag{8-64}$$

式中

$$[T(x)] = [N][g^m(x)]_d[N]^{-1}[G]^{-1} \tag{8-65}$$

应当指出，在这些方程式中，$[\Gamma]$ 和 $[i(x)]$ 分别为相电流和激发函数的 n 维列向量，$[T(x)]$ 为 $n \times n$ 维矩阵算子。

现在只考虑在第 i 相导线上发生电晕，式（8-64）可简化为

$$[i(x)] = \Gamma_i[T_i(x)] \tag{8-66}$$

式中，列向量 $[i_i(x)]$ 的元素 $i_{1i}(x)$，$i_{2i}(x)$，…，$i_{ni}(x)$ 表示因第 i 相导线上的激发函数导线 Γ_i 在线路所有 n 相导线上产生并流过的电流。类似的，$[T_i(x)]$ 的元素为 $[T_{1i}(x)]$，$[T_{2i}(x)]$，…，$[T_{ni}(x)]$。假定电晕沿第 i 相导线均匀分布，即，Γ_i 沿线路长度为常数，可得到导线中电流的频谱密度 $[\Phi_i]$

$$[\Phi_i] = \Gamma_i^2[S_i] \tag{8-67}$$

$[S]$ 的元素为

$$S_{ji} = \int_{-\infty}^{\infty}|T_{ji}(x)|^2 dx = 2\int_0^{\infty}|T_{ji}(x)|^2 dx \tag{8-68}$$

第 j 相导线中的电流 I_{ji} 的有效值由频谱密度 Φ_{ji} 给出，$I_{ji} = \sqrt{\Phi_{ji}}$。这样，求取矩阵 $[S]$ 的元素引出所有导线中 RI 电流的确定

$$I_{ji} = \sqrt{S_{ji}}\Gamma_i \tag{8-69}$$

为求得矩阵 $[S]$ 的元素 S_{ji}，为简化计定义以下矩阵

$$[\Omega] = [N]^{-1}[G]^{-1} \tag{8-70}$$

将式（8-70）代入式（8-65）得

$$[T(x)] = [N][g^m(x)]_d[\Omega] \tag{8-71}$$

因为式（8-71）的右边中间出现了对角矩阵，T 矩阵的元素的一般形式可写为

$$T_{ji} = \sum_{k=1}^{n} g_k^m(x) N_{jk} \Omega_{ki} \qquad (8\text{-}72)$$

式中：$g_k^m(x)$ 为模式 k 下的变换函数。

为确定式（8-68）中矩阵 [S] 的元素 S_{ji}，首先必须计算 $|T_{ji}(x)|^2$，然后求其积分。由式（8-62）给出的函数 $g_k^m(x)$ 和矩阵元素 N_{jk} 和 Ω_{ki} 均为带有实部和虚部的复变量和复数的函数。因此，$T_{ji}(x)$ 也是复变量的函数，且其积分中的模可表示为 $|T_{ji}(x)|^2 = T_{ji}(x)T_{ji}^*(x)$，这里 $T_{ji}^*(x)$ 表示 $T_{ji}(x)$ 的共轭。复变函数 $T_{ji}(x)$ 是已知的且所涉及的积分可通过分析法求得。然而所涉及的代数处理方法和积分的求解是非常繁杂冗长，这里将不做赘述。经过冗长的计算可得到矩阵 [S] 的元素 S_{ji}[18]

$$S_{ji} = \sum_{m=1}^{n} \frac{|N_{jm}\Omega_{mi}|^2}{4\alpha_m} + \sum_{k=1}^{n}\sum_{l=k+1}^{n} \{F(N\Omega_{kl})\} \frac{\alpha_k + \alpha_l}{(\alpha_k + \alpha_l)^2 + (\beta_k - \beta_l)^2} \qquad (8\text{-}73)$$

其中

$$F(N\Omega_{kl}) = \operatorname{Re}(N_{ji}\Omega_{li})\operatorname{Re}(N_{jk}\Omega_{ki}) + \operatorname{Im}(N_{jk}\Omega_{ki})\operatorname{Im}\operatorname{Re}(N_{ji}\Omega_{li}) \qquad (8\text{-}74)$$

将矩阵 [S] 的元素 S_{ji} 代入式（8-69），通常在大多数情况下，在线路所有导线中流过的 RI 电流 I_{ji} 作为以激发函数 Γ_i 为特性的第 i 相导线电晕的结果。计算过程考虑了每种模式下传播速度的影响，且因为矩阵 [M] 和 [N] 均为复数矩阵，它自动考虑了不同模式电流在线路上传播时它们之间的相位差异。

知道了线路所有导线中流过的电流，可采用与式（8-35）相似的场因数来计算地面附近产生的场。然而，较为精确的电流表达式可以修正这些场参数。相关的电场分量是通过与简化分析相似的假定准TEM模式传播来计算的。对线路每一相导线的电晕进行重复计算，采用上述有效值或 CISPR 加法来计算总的合成场。

除了上述复数矩阵的模分析之外，精确方法同时要求：①考虑损耗串联复阻抗矩阵 [z] 的计算；②大地中感应电流产生的磁场水平分量的计算。两种计算都需要分析沿着在无损均质地面上方理想的圆柱形线路结构中高频电流的传播分析。卡松（Carson）的经典复数分析给出了一种用于有损大地的矩阵 [z] 的修正因子矩阵。

矩阵 [z] 表示为四个矩阵之和 [11]

$$[z] = [R_c]_d + [R_g] + j\omega([L_0] + [L_g]) \qquad (8\text{-}75)$$

式中：$[R_c]_d$ 为导线电阻的对角阵；$[R_g]$ 为反映大地损耗的自阻抗和互阻抗的矩阵；$[L_0]$ 为无损线路串联电抗矩阵；$[L_g]$ 为反映大地损耗的自感抗和互感抗的矩阵。

对于线路中通常采用的 n 分裂铝导线，其电阻可用类似推导的式（8-77）得到

$$R_{ci} = \frac{1}{2\pi nr}\sqrt{\frac{\mu \pi f}{\sigma_c}} \qquad (8\text{-}76)$$

$$\alpha_{ci} = \frac{1}{4\pi nr Z_{ci}}\sqrt{\frac{\mu_c \pi f}{\sigma_c}} \qquad (8\text{-}77)$$

也可以用每一导线的直流电阻 R_{0i} 来表示，假定 $\mu = \mu_0$

$$R_{ci} = \sqrt{R_{0i}\pi f \times 10^{-7}} \qquad (8\text{-}78)$$

$[R_g]$ 和 $[L_g]$ 矩阵完全是因为有限的大地电阻造成的,可以写为

$$[R_g] = \frac{\mu_0 \omega}{\pi}[P_c] \tag{8-79}$$

$$[L_g] = \frac{\mu_0}{\pi}[Q_c] \tag{8-80}$$

$[P_c]$ 和 $[Q_c]$ 的元素为卡松校正因子。相关资料中推荐了获得校正因子的简化方法。

具有有限电阻的大地中感应电流的磁场分量的计算,也需要求解定义在有损大地上导波传播的电磁场方程。相关资料中推荐的简化方法考虑了将导线中流过的电流镜像,不是像对作为良导体的大地那样以大地平面作为镜像平面,而是以位于地面下的对称平面为镜像平面,平面在地面以下的深度取决于地电阻和电流的频率。这个平面位于地下的深度可由式(8-81)给出

$$p = \sqrt{\frac{2}{\mu \omega \sigma_g}} \tag{8-81}$$

考虑到这些对称平面,如图 8-10 所示,式(8-41)给出的场因数可改写为

$$F_i(x) = \frac{1}{2\pi}\left[\frac{y_i}{y_i^2(x_i-x)^2} + \frac{y_i+2p}{(y_i+2p)^2+(x_i-x)^2} \right] \tag{8-82}$$

采用解电磁场方程并考虑合适的边界条件的方法,对更为精确的地电流影响的分析进行了推导。这种改进了卡松工作的分析方法,给出了串联阻抗矩阵 $[z]$ 的元素和地面处磁场分量的表达式,使用数学方法很容易评估的积分方法全面地考虑了有限地电阻。

上述传播分析的精确分析方法受到传输线理论的内在限制,因为它是基于电路理论的。所涉及的假设,包括准 TEM 传播模式,可能引起较为显著的误差,尤其是在距线路距离超过所考虑频率电流的 1/10 波长的地

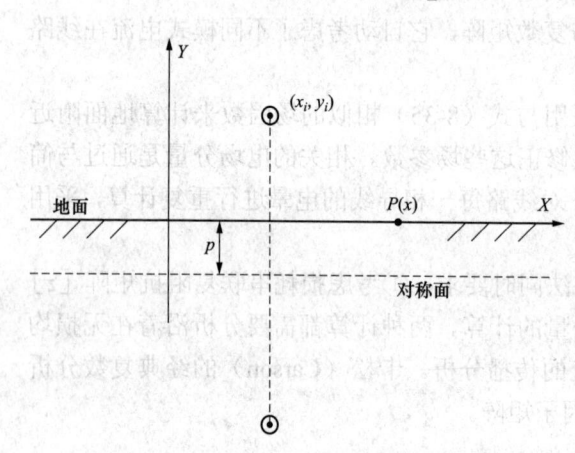

图 8-10 有损大地情况下的 RI 磁场的计算

方。为了克服这些限制,相关资料推荐了直接基于电磁场理论更为精确的分析方法。采用这种方法计算线路导线和地中电流产生的电场和磁场分量而不用使用准 TEM 模式的假设。该方法所涉及的数学方法非常复杂,需要对电磁场理论有更深入的理解。应当指出的是,这种方法给出了适用于具有任意导线布置和横向距离的精确计算结果。

8.2.4 带有地线的线路

为防止直接雷击输电线路通常采用地线。一般采用一或两根地线,在图 8-9 和图 8-10 所示的相导线上方对称布置,并与铁塔电气相连。在上述模传播分析中,地线的出现一般只和其他导线一样考虑。除使相关矩阵增加一阶或二阶外,包括与杆塔相连的地线使得分析复杂。由于这个原因,采取以下的数学方法,以维持矩阵的阶数与导线相数相同,并确定等效阻抗和导纳矩阵。

如果输电线路有 n_c 相导线和 n_g 相地线组成，导线上的电压和导线中的电流由以下阻抗矩阵相关联

$$\begin{bmatrix} Z_{cc} & Z_{cg} \\ Z_{gc} & Z_{gg} \end{bmatrix} \begin{bmatrix} I_c \\ I_g \end{bmatrix} = \begin{bmatrix} U_c \\ 0 \end{bmatrix} \quad (8\text{-}83)$$

式中：Z_{cc}、Z_{gg} 分别为导线和地线自阻抗子矩阵；Z_{gc}、Z_{cg} 为导线和地线互阻抗子矩阵；I_c、I_g 分别为导线和地线的电流列向量；U_c 为导线电压列向量。地线电压假定为 0。

式（8-83）可分解成以下两个联立矩阵方程

$$Z_{cc}I_c + Z_{cg}I_g = U_c \quad (8\text{-}84)$$
$$Z_{gc}I_c + Z_{gg}I_g = 0 \quad (8\text{-}85)$$

从式（8-85），I_g 可由 I_c 得到

$$I_g = -Z_{gg}Z_{gc}I_c \quad (8\text{-}86)$$

将式（8-86）代入式（8-84），得

$$\left[Z_{cc} - Z_{cg}Z_{gg}^{-1}Z_{gc} \right] I_c = U_c \quad (8\text{-}87)$$

由此可见，式（8-83）有 $(n_c + n_g)$ 个联立方程，而式（8-87）减少到只有 n_c 个方程。简化系统的等效阻抗矩阵可由式（8-88）给出

$$Z_{eq} = Z_{cc} - Z_{cg}Z_{gg}^{-1}Z_{gc} \quad (8\text{-}88)$$

因为导纳矩阵假定仅由容抗构成，可采用相似的过程将其简化到 n_c 阶。对于无损传输线，简化矩阵 G 可用于 Z 矩阵和 Y 矩阵的计算。

8.2.5 模衰减常数

用于式（8-86）中的模衰减常数是用于因电晕电流注入 J_m 引起的导线电流 I_m。如果对包括复杂的阻抗、导纳和模转换矩阵的有损线模型进行分析，模衰减常数将自动计算。而模衰减常数必须通过计算或测试的方式单独获得。

电磁波的衰减是发生在线路上的损耗的一个结果。实际上，在损耗仅由导线电阻引起的单导线线路情况下，衰减常数可由式（8-77）获得。而对于实际的多导线线路，确定损耗是一个较为复杂的过程。引起损耗的三个主要原因为：

（1）由电流流经导线的阻性材料引起的损耗。
（2）由电流流经通常比导线具有更高的电阻和磁导率材料构成的地线引起的损耗。
（3）由电流流过通常有均质或非均质层、具有变化的电阻、介电常数和磁导率的物质构成的大地引起的损耗。

任一特定传播模式的衰减常数 α_i，（$i=1、2、\cdots、n$）都由三个分量组成

$$\alpha_i = \alpha_{ci} + \alpha_{gwi} + \alpha_{gi} \quad (8\text{-}89)$$

式中：α_{ci}、α_{gwi}、α_{gi} 分别表示模式 i 由导线、地线和大地的衰减常数。

有

$$\alpha_{ci} = \frac{1}{4\pi n r Z_{ci}} \sqrt{\frac{\mu_c \pi f}{\sigma_c}} \quad (8\text{-}90)$$

式中：n 为相导线中的子导线数目；r 为子导线半径；Z_{ci} 为模式 i 的特征阻抗；f 为频率；μ_c 和 σ_c 分别为导线材料的磁导率和电导率。通常，$\mu_c = \mu_0$。

$$\alpha_{gwi} = \frac{R_g}{2Z_{ci}} \sum_{i=1}^{n_g} I_{gi}^2 \quad (8\text{-}91)$$

式中：R_g 为频率 f 下的大地电阻；n_g 为地线根数，I_{gi} 为由式（8-66）计算出的地线中的电流。

$$\alpha_{ci} = \frac{1}{2Z_{ci}} \sqrt{\frac{\mu \pi f}{\sigma_s}} \int_{-\infty}^{\infty} \{H_i^m(x)\}^2 dx \tag{8-92}$$

式中：σ_s 为假定均质土壤的电阻率；$H_i^m(x)$ 为由模式 i 下沿地面的磁场分量的分布。

很明显，即便是衰减常数的一个近似计算都十分复杂。在法国、美国和加拿大的大量衰减常数的测量已显示出与上述计算结果较为合理的一致性。测量结果也表明由一种线路结构到另外一种线路结构的变化并不会使得衰减常数发生明显的变化。对于土壤电阻率为 $\rho_0=100\Omega\cdot m$，频率为 $f_0=0.5MHz$ 的三相水平和三角形导线结构线路的衰减常数的平均值在表 8-1 中给出。

对于其他频率 f 和土壤电阻率 ρ 情况下的衰减常数，以 Np/m 表示的衰减常数 α 由因子 $\left(\frac{\rho}{\rho_0}\right)^{1/2}$ 和 $\left(\frac{f}{f_0}\right)^{0.8}$ 修正。

表 8-1　　　　　　　　　　　　单回路平均模衰减常数

模数	导线结构			
	水平		三角形	
	α（dB/km）	α（Np/m×10^{-6}）	α（dB/km）	α（Np/m×10^{-6}）
1	0.1	11.1	0.2	21.5
2	0.5	54	0.2	21.5
3	3	342	3	342

8.3　线路无线电干扰特性

8.3.1　环境气候条件对交流输电线路无线电干扰的影响

输电线路电晕放电会随天气的变化而发生较大范围的变化，其无线电干扰水平也会发生相应大范围的变化，对于交流线路，雨天时电晕最强。要系统研究线路的无线电干扰水平的变化，就至少需要在一年的时间进行连续测量记录，包括我国在内的许多国家的研究人员在各种电压等级的线路上进行过这样的测量，已获得了可靠的数据资料和成熟的结果，国际电工委员会的无线电干扰特别委员会（IEC/CISPR）已正式出版了 CISPR 的第 18 号系列出版物，集中反映了各国的研究成果。对长期连续测量的结果进行统计分析，可以得到具有不同统计意义的无线电干扰水平值，以下举几个例子：

（1）95%值，代表了大雨条件的平均水平。降雨量超过 0.6mm/h 就可认为是大雨，大雨时的无线电干扰平均水平是最稳定且能再现的。因此，研究人员常选择大雨时平均水平作为计算无线电干扰的基准电平。

（2）好天气的平均值，代表了导线干燥时的情况。好天气测量虽然分散性大，但实施测量容易，多测量几次，可以获得可靠结果。

（3）（全天候）80%值，介于好天气的平均值和 95%值之间，与平均值相比，受到不稳定性影响较小，因此被取作"特征电平"。

根据国外交流高压试验线段和输电线路的观测，一般95%值（大雨条件的平均值）的无线电干扰水平比80%值要大10～15dB，80%值比好天气的平均值大6～10dB。

海拔高度对输电线路的无线电干扰水平也有影响。随着海拔高度的升高，空气相对密度将降低，由于空气分子间的距离加大，使得电子的自由行程变大，更容易获得足够的动能，有利于电晕放电的发生，如果按传统的导线设计，高海拔地区的导线无线电干扰等电晕效应都将大大提高，根据目前有限的资料，海拔高度每增加300m，无线电干扰增加约1dB。

8.3.2 交流输电线路无线电干扰频谱衰减特性

输电线路的无线电干扰特性还包括频谱特性和横向衰减特性。国际电工委员会的无线电干扰特别委员会（IEC/CISPR）根据全世界范围的测量统计结果，归纳出输电线路的无线电干扰标准频谱，用数学式表达如下

$$E=E_0+5\left[1-2\lg(10f)^2\right] \tag{8-93}$$

式中：E_0 为某一干扰基准值；f 为频率（取 MHz）。图 8-11 为标准频谱曲线。

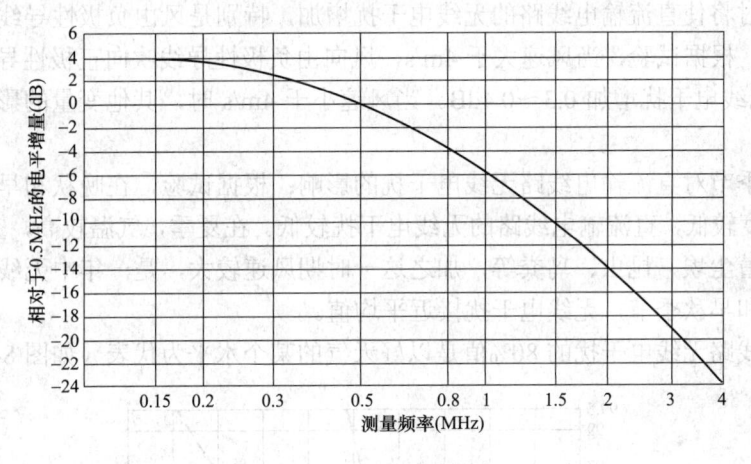

图 8-11 标准频谱曲线

8.3.3 交流输电线路无线电干扰横向衰减特性

CISPR 推荐的高压交流架空送电线无线电干扰的横向传播衰减方程式为

$$E_d=E_0-33\lg(d/20) \quad d<100\text{m} \tag{8-94}$$

$$E_d=E_0-33\lg(100/20)-20\lg(d/100) \quad d>100\text{m} \tag{8-95}$$

式中：E_d 为距高压交流架空送电线边相导线地面投影 d 米处的无线电干扰电平，dB/（μV/m）；d 为距高压交流架空送电线边相导线地面投影的距离。即 100m 以内，每倍程衰减为 10dB；100m 以外，每倍程衰减为 6dB。

CISPR 规定的 100m 分界线同样根据 0.5MHz 计算得来，适用于 4MHz 以下频段，对于更高频段需要进行实测分析。

8.3.4 直流输电线路的无线电干扰特性

直流输电线路的无线电干扰特性与交流输电线路存在一定的差异。在直流线路正极性导线上，电晕放电点在导线表面的分布随机性大，持续的放电点大多数出现在导线表面有缺陷处，放电脉冲幅值大，且很不规则，是无线电干扰的主要来源。在负极性导线上，电晕放电

点一般均匀分布在整个导线表面，脉冲幅值小，重复出现的脉冲幅值基本一致。和正极性导线相比，负极性导线电晕放电对无线电信号接收干扰不大。对于双极性直流输电线路，由正极性导线产生的无线电干扰一般要比负极性导线产生的大 6dB。

直流输电线路的无线电干扰频谱特性和横向衰减特性与交流输电线路类似，但大气条件对直流输电线路无线电干扰的影响较为复杂，根据试验研究结果，直流输电线路无线电干扰随着湿度增加而减小，随着温度增加而增加趋势。

（1）下雨对直流输电线路无线电干扰的影响：刚开始下雨时，无线电干扰会略有增加，这可能是由于导线上个别水滴产生电晕放电所致，随着下雨时间增加，无线电干扰逐渐减小。直流线路在雨天时的无线电干扰反而比晴天时的有所降低。一般情况下，直流线路在雨天时的无线电干扰平均水平比晴天时约低 3dB，雨停后无线电干扰又会逐渐增加。这一情况和交流输电线路明显不同，交流输电线路雨天时的无线电干扰水平比晴天时高 15～28dB。

（2）下雪对直流输电线路无线电干扰的影响：和晴天相比，干雪使直流输电线路的无线电干扰增加，湿雪又会使其略有减小。

（3）有风时将使直流输电线路的无线电干扰增加，特别是风由负极性导线吹向正极性导线时影响最大。根据试验，当风速大于 4m/s，风向由负极性导线吹向正极性导线时，风速每秒增加 1m，无线电干扰增加 0.3～0.4dB。当风速小于 4m/s 时，其他变量的影响掩盖了风的影响。

（4）不同季节对直流输电线路无线电干扰的影响：根据试验，在晚秋和早冬季节，气温较低，空气湿度较低，直流输电线路的无线电干扰较低。在夏季，气温较高，空气湿度较高，导线上又常附着尘埃、昆虫、鸟粪等，加之这一时期风速较大，是一年中无线电干扰最高的季节。在冬季和早秋季节，无线电干扰接近平均值。

直流输电线路无线电干扰的 80%值是以好天气的某个水平为代表（如图 8-12 所示）。

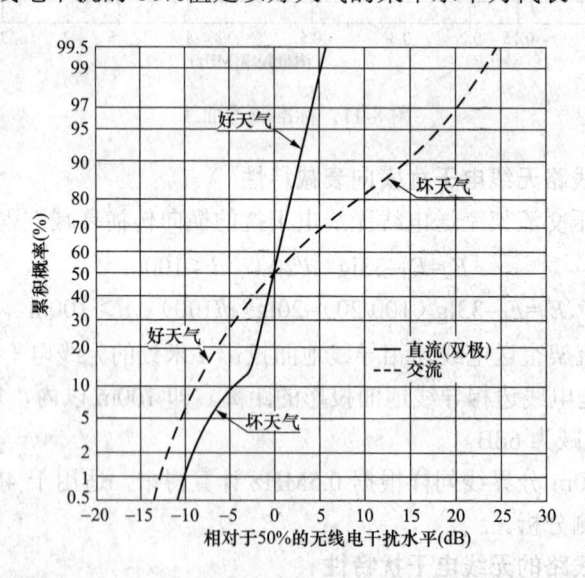

图 8-12　交流和直流输电线路的无线电水平的累积分布

好天气时双极直流输电线路的无线电干扰约等于或小于相应的交流输电线路，雨天时则低于交流输电线路。图 8-13 是实测的累积分布，进一步反映了不同季节的无线电干扰累积概率分布和全年全天候的累积概率分布，表 8-2 给出了在试验线段上长期试验的统计结果，μ、σ 和 $T\%$ 分别代表无线电干扰统计平均值、标准偏差和所占时间的百分数。

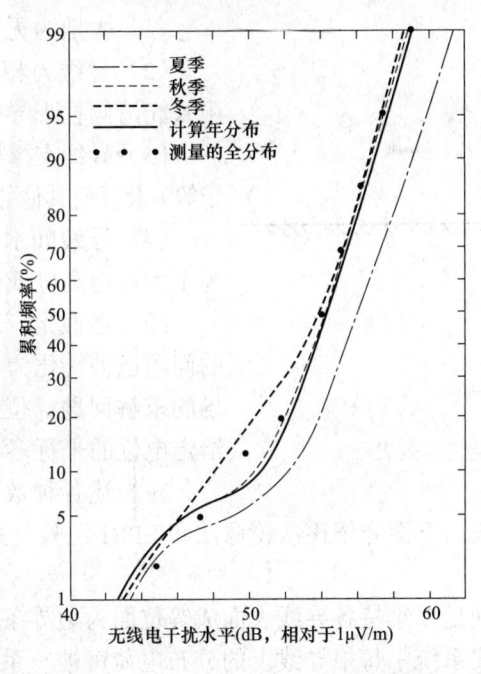

图 8-13 距正极导线 50 英尺处（15.25m）测量的无线电干扰累积分布

表 8-2 在试验线段上长期试验的统计结果（±750kV）

参数		好天气			坏天气		
		μ	σ	$T\%$	μ	σ	$T\%$
无线电干扰	夏季	55.9	2.0	75.7	45.6	2.3	5.6
	秋季	53.6	1.8	62.0	45.5	2.6	7.0
	冬季	54.0	2.2	51.7	45.3	1.9	9.0
	全年	54.4	1.95	92.85	45.47	2.36	7.15

8.4 无线电干扰的计算方法

无线电干扰计算与导线表面电位梯度紧密相关，因此首先介绍导线表面电位梯度的计算方法。然后分别介绍交流和直流输电线路的无线电干扰计算方法。

8.4.1 导线表面场强的计算方法

用于计算分裂导线表面场强的方法很多，目前采用较多的是基于求取等效半径的马克特-门得尔法（Markt and Mengele）。其优点为：简洁明了，计算速度快，对于四分裂及以下导线的表面平均场强和平均最大场强具有足够精度（误差不大于 2%）。其缺点为：计算四分裂以上导线时精度降低，而且不能反映分裂导线中每根导线表面电场大小和分布不一样的实际情况，不能计算导线附近空间电场和电位。

为了精确分析分裂导线表面及其周围空间的电场分布形态，需借助于数字计算，目前采用较多的方法有逐次镜像法（Successive Images）、EPRI 经验公式、模拟电荷法（Simulator Charges）和矩量法（Moment Methods）等。不论哪种方法，计算时均作如下假定：

(1) 大地为无穷大导体平面。

(2) 导线为相互平行且与地面平行的无限长光滑圆柱形导体。

(3) 导线支撑物（包括铁塔、金具和绝缘子等）及任何其他邻近物体的影响可忽略不计。

(4) 导线间水平间距为常数，导线高度为平均对地高度或弧垂最低点高度。

经上述假定，求解导线表面及地面场强的问题已被转化为对如图 8-14 所示的两维电场的求解问题：位于零电位的地面之上具有给定电位的平行多导体系统的电场。

图 8-14 n 导线系统及其等效表示

在上述各种数值计算方法中，逐次镜像法最为准确且计算速度较快。下面介绍逐次镜像法和 EPRI 经验公式两种计算方法。

1. 逐次镜像法

逐次镜像法的基本原理是以维持各导线表面成等位面为边界条件，在各个导线内逐次放置镜像电荷。这样，多导线系统中每根导线上的分布电荷可被一系列的点电荷等效表示。由于每一次镜像过程都使系统中每根导线的表面向等电位面趋近一步，因此当所示问题在某次镜像后已得到满足精度要求的结果时，逐次镜像过程即可结束。

如图 8-14 所示的导线系统，各导线对地电位和表面电荷分别假定为 $V_1, V_2, \cdots, V_n$ 和 $\lambda_1, \lambda_2, \cdots, \lambda_n$，大地的影响用镜像导线来等效，其电位和电荷分别为 $-V_1, -V_2, \cdots, -V_n$ 和 $-\lambda_1, -\lambda_2, \cdots, -\lambda_n$，因此原先地面之上的导线被一个 $2n$ 根导线的等效系统取代。

每根导线上的电荷都可以用所有其他导线上的电荷来表示，在放置这些电荷时，要求能使被考虑的导线表面成为一个等电位面。例如第 i 根导线，经第一次镜像后的所有镜像电荷如图 8-15 所示。导线上的镜像电荷总个数为 $2n-1$，而这些电荷的代数和仍为 λ_i。依此类推，当第一次镜像过程结束时，每根导线上都有了 $2n-1$ 个电荷。

第二次镜像时，由于每根导线上的电荷都被 $2n-1$ 个等效电荷所表示，所以当镜像过程结束时，每根导线上的电荷都被 $2(2n-1)$ 个镜像电荷所取代。

这样的镜像过程理论上说可以一直进行下去，直到求得精确解。

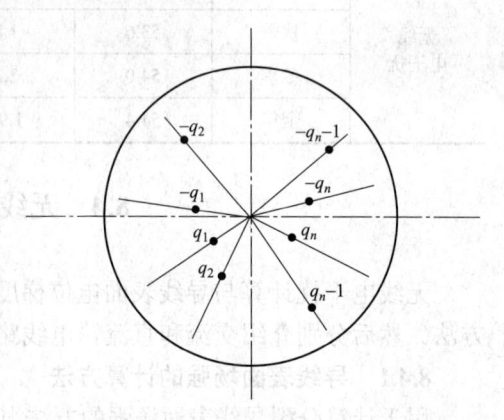

图 8-15 第 i 根导线的第一次镜像

由于计算机容量及速度的限制，镜像过程不可能一直进行下去，而且实际上也无此必要，只要计算结果已能满足精度要求时，镜像过程便可结束。

当计算精度一定时，镜像次数取决于各导线之间的距离与导线半径之比，比值越大，镜像次数越少。当该比值大于 10 时，只镜像一次便能使误差小于 0.2%。对输电线路来说，分裂间距与导线半径之比一般均超过 20，所以只进行一次镜像便能求得足够精确的解。

如图 8-16 所示，第一次镜像时，镜像电荷的位置由式（8-96）确定

$$d_{ij} = r_i^2 / D_{ij} \tag{8-96}$$

式中：r_i 为第 i 根导线半径；D_{ij} 为第 i 根导线至第 j 个电荷的距离。

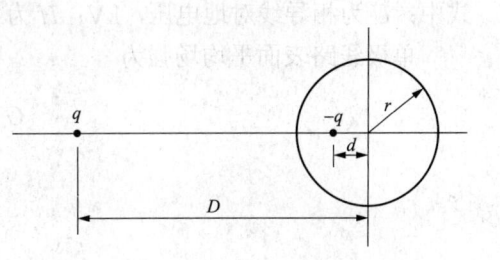

图 8-16 平行于圆柱导体的线电荷

用麦克斯韦电位系数法求得每根导线的电荷值为

$$[Q] = [P]^{-1}[V] \tag{8-97}$$

式中：$[Q]$ 为单位长度导线电荷列向量（待求）；$[P]$ 为电位系数矩阵，导线自电位系数和互电位系数（按每根导线算）；$[V]$ 为导线对地电位列向量（已知）。

电位系数由式（8-98）、式（8-99）求得

$$P_{ii} = \frac{1}{2\pi\varepsilon_0} \ln \frac{2H_i}{r_i} \tag{8-98}$$

式中：H_i 为导线 i 的高度；r_i 为导线 i 的半径；ε_0 为空气介电常数。

$$P_{ij} = \frac{1}{2\pi\varepsilon_0} \ln \frac{D'_{ij}}{D_{ij}} \tag{8-99}$$

式中：D_{ij} 为导线 i 到导线 j 的直线距离；D'_{ij} 为导线 i 到导线 j 的镜像的直线距离。

求得镜像电荷及其位置坐标后，便可计算空间任意一点的电位和电场强度。

2．EPRI 的经验公式

根据 EPRI 的研究报告，导线表面电位梯度越大，产生的电晕损失越多。典型的高压直流输电线路的导线表面电位梯度在 16～26kV/cm，新建线路的导线表面电位梯度值有向低变化的趋势。电晕开始时的电位梯度被称为"起始表面梯度"或简称"起晕梯度"。分裂导线的表面电位梯度是由线路电压、线路高度、极间距离和分裂导线等决定的。对于简单的结构，可以采用下式计算。

导线表面平均场强可根据式（8-100）计算

$$G_{av} = \frac{q}{(\pi \varepsilon d n)} \tag{8-100}$$

式中：q 为电荷；n 为导线分裂根数；d 为子导线直径，cm。

导线表面最大表面场强可根据式（8-101）计算

$$G_{max} = G_{av}\left[1 + (n-1)\frac{d}{D}\right] \tag{8-101}$$

式中：D 为分裂导线圆周直径，cm。

双极水平布置的直流线路表面平均场强为

$$G_{av} = \frac{2U}{nd \ln\left(\dfrac{4H}{d_{eq}\sqrt{\left(\dfrac{2H}{P}\right)^2 + 1}}\right)} \tag{8-102}$$

式中：U 为相导线对地电压，kV；H 为导线对地高度，m；P 为极导线间距，m。

单极线路表面平均场强为

$$G_{av} = \frac{2U}{nd \ln\left(\frac{4H}{d_{eq}}\right)} \qquad (8\text{-}103)$$

$$d_{eq} = D\sqrt[n]{\frac{nd}{D}} \qquad (8\text{-}104)$$

式中：d_{eq} 为分裂导线等效直径，m。

3. 计算结果对比

根据上述方法，按运行电压 800kV、极间距离 22m、对地高度 18m 进行对比计算，两种计算方法的结果比较见表 8-3。

表 8-3　　　　　　　　　　　　两种计算方法的结果比较

序号	导线方案	子导线直径（mm）	逐步镜像法	EPRI	差值
			导线表面最大场强（kV/cm）		
1	4×900	40.69	26.59	26.52	0.07
2	4×1120	45.3	24.48	24.41	0.07
3	6×500	30.00	26.09	25.93	0.16
4	6×630	34.32	23.41	23.66	−0.25
5	6×720	36.23	22.42	22.28	0.14
6	6×900	40.69	20.48	20.35	0.13
7	7×500	30.00	23.58	23.17	0.41
8	7×630	34.32	21.17	21.24	−0.07
9	7×720	36.23	20.28	20.14	0.14
10	7×800	38.40	19.38	19.24	0.14

从上表可以看出，两种结算方法的计算结果十分接近，因此，上述两种方法均可使用。

8.4.2　交流输电线路无线电干扰计算方法

1. CISPR 经验公式

CISPR 推荐的经验法计算线路的无线电干扰，不考虑分裂导线的分裂数的影响，因此它只适合于计算导线分裂数不大于 4 的高压送电线路的无线电干扰。三相单回路送电线路的无线电干扰场强计算方程式为

$$E_i = 3.5 g_{\max i} + 12 r_i - 33 \lg\frac{D_i}{20} - 30 \qquad (8\text{-}105)$$

$$D_i = \sqrt{x_i^2 + (h_i - 2)^2} \quad i=1,\ 2,\ 3 \qquad (8\text{-}106)$$

式中：E_i 为距第 i 相导线直接距离 D_i 处的无线电干扰场强，dB/(μV/m)；$g_{\max i}$ 为第 i 相导线最大表面电位梯度，kV/cm；D_i 为第 i 相导线到参考点 P（离地面 2m 高）处的直接距离，m；h_i 为第 i 相导线对地高度（通常为弧垂最低点的高度），m；r_i 为第 i 相导线子导线半径，cm；

x_i 为 P 点到第 i 相导线的投影距离，m。

三相线路的无线电干扰场强按下列方式计算：如果某一相的场强比其余两相至少大 3dB，那么后者可以忽略，即三相线路的无线电干扰场强可认为等于最大的一相的场强，否则有

$$E = \frac{E_a + E_b}{2} + 1.5 \qquad (8\text{-}107)$$

式中：E_a、E_b 为三相中两相较大的场强值，dB/（μV/m）。

对于同塔架设的多回路线路，相导线产生的无线电干扰场强按上式计算，然后将同名相导线产生的场强几何相加，形成叠加后的三相 E_a，E_b，E_c。

该计算结果代表了好天气时，频率为 0.5MHz 的无线电干扰场强的平均值。

根据 CISPR，以上方程式适合于导线表面场强在 12~20kV/cm 的高压线路。导线表面场强若小于 12kV/cm，可认为导线不起电晕，也就是说该导线不产生无线电干扰，因此在计算时不考虑表面场强小于 12kV/cm 的导线产生的无线电干扰电平。

2. RI 激发函数

输电线路附近的 RI 水平主要取决于两个因素：①导线电晕的产生；②线路上电晕电流的传播。对电晕产生正确的定性可以极大地简化传播的分析。从理论和实践的角度看，通过一个考虑电晕电流的随机性和脉冲性的物理量来定性电晕的产生是有用的，这个量仅取决于导线附近的空间电荷和电场分布，与导线或线路的实际结构无关。

对于由地面上一根圆导线构成的单导线输电线路，由导体附近电晕产生的电荷的运动在导体内感应出电流，感应电流可由 Shochley-Ramo（肖克利-拉莫）定理计算，电流为

$$i = \rho \frac{C}{2\pi\varepsilon_0} \times \frac{1}{r} v_r \qquad (8\text{-}108)$$

式中：C 为单位长度的导体电容；r 为电荷 ρ 所处位置的径向距离；v_r 为其径向速度。

式（8-108）可重新写为

$$i = \frac{C}{2\pi\varepsilon_0}\left(\frac{\rho}{r}v_r\right) = \frac{C}{2\pi\varepsilon_0}\varGamma \qquad (8\text{-}109)$$

在式（8-109）中，变量 $\varGamma \frac{\rho}{r} v_r$ 是一个仅与导线附近空间电荷运动有关的函数。因此，导体中的感应电流可只考虑两个方面的影响因素：①导线的电容仅由导线结构决定；②导体附近的空间电荷的密度和运动，仅由导线附近的电场分布决定。

式（8-109）中的变量 $\varGamma$ 定义为激发函数。RI 产生论述中，I 为导线中感应出的随机电流脉冲串，或者在频域中，为给定频率的电流有效值，它可由无线电噪声计依据式（8-107）进行测量。因而，激发函数 $\varGamma$ 可用频谱密度的形式表示。RI 激发函数概念的主要优点在于它与导线或线路的几何尺寸无关。这样，可以通过在如同心圆柱形电晕笼中对简单几何结构中测量 $\varGamma$，用于预测实际线路结构的 RI 特性。

在多导线结构情形中，导线 k 附近的电晕放电，不仅在导线 k 自身，而且在整个线路结构中其他所有的导线中感应出电流来，由于其附近的电晕在导体 k 内产生的感应电流可由 Shochley-Ramo 定理计算，设置 $U_k=1.0$，$U_j=0$，且 $j \neq k$，可得导体上的电荷密度

$$\begin{bmatrix} q_1 \\ q_2 \\ \cdots \\ \cdots \\ q_k \\ \cdots \\ q_n \end{bmatrix} = \begin{bmatrix} C_{11} & C_{12} & \cdots & C_{1k} & \cdots & C_{1n} \\ C_{21} & C_{22} & \cdots & C_{2k} & \cdots & C_{2n} \\ & & & \cdots & & \\ & & & \cdots & & \\ C_{k1} & C_{k2} & \cdots & C_{kk} & \cdots & C_{kn} \\ & & & \cdots & & \\ C_{n1} & C_{n2} & \cdots & C_{nk} & \cdots & C_{nn} \end{bmatrix} \begin{bmatrix} 0 \\ 0 \\ \cdots \\ \cdots \\ 1 \\ \cdots \\ 0 \end{bmatrix} \tag{8-110}$$

式中：C_{jk} 为导线 j，k 之间的电容。

从式（8-109）可得

$$q_j = C_{jk}, \quad j=1、2、\cdots、n \tag{8-111}$$

导线 k 附近，距离圆心径向距离 r，电晕产生的电荷 ρ 所处的位置的电场强度，由式（8-112）给出

$$E(r) \approx \frac{q_k}{2\pi\varepsilon_0} \frac{1}{r} = \frac{C_{kk}}{2\pi\varepsilon_0} \frac{1}{r} \tag{8-112}$$

利用上式计算电场 $E(r)$ 时，忽略了导线 k 以外的其他导线的电荷的影响。如果电荷的以径向速度 v_r 运动，则在导体 k 内产生的感应电流为

$$i_k = E(r)\rho v_r = \frac{C_{kk}}{2\pi\varepsilon_0} \frac{\rho}{r} v_r \tag{8-113}$$

式中，$\dfrac{\rho}{r} v_r$ 表示因导线 k 电晕的激发函数 Γ_k，因而

$$i_k = \frac{C_{kk}}{2\pi\varepsilon_0} \Gamma_k \tag{8-114}$$

相似的，因导线 k 电晕而在导线 j 中产生的感应电流可由下式得到

$$i_j = \frac{C_{kj}}{2\pi\varepsilon_0} \Gamma_k \tag{8-115}$$

将式（8-114）、式（8-115）通用化，得线路 n 根导线中的感应电流的列向量为

$$[i] = \frac{1}{2\pi\varepsilon_0}[C]^\mathrm{T}[\Gamma] \tag{8-116}$$

式中：$[C]^\mathrm{T}$ 为线路电容矩阵的转置；$[\Gamma]$ 为激发函数的列向量，而，$[C]^\mathrm{T} = [C]$。于是

$$[i] = \frac{1}{2\pi\varepsilon_0}[C][\Gamma] \tag{8-117}$$

在分析 RI 传播分析中，通常每次只考虑一根导线，即 $\Gamma_j = \Gamma_k$，$j=k$；$\Gamma_j=0$，$j \neq k$。

3. 评估 RI 的经验和半经验公式

完全基于分析方法来确定 RI 特性是不可能的。同时，随着理论方法的发展，在过去的 50 年中，进行了大量的实验研究、获得了不同电压等级、不同天气条件下的 RI 水平的大量实验数据。在这些研究者得到的实验数据已用于提出计算 RI 的经验和半经验方程式。

经验方程式和半经验方程式之间存在着显著的差别。经验法，也称为比较法，是从在运行的线路及全尺寸试验线段上得到的实验数据中推导而来的。半经验法，有时也称半分析法，是结合了试验确定的 RI 激发函数和 RI 传播特性的分析技术来预测新建线路结构的 RI 特性。RI 激发函数所使用的经验方程式通常是由短的试验线段或室外电晕笼获得的实验数据推导而来的。

（1）经验公式。经验公式或比较方程式，是对 RI 试验数据作为诸如导线直径、导线表面电位梯度、与线路的横向距离等多个变量的统计回归分析的结果。不受周围干扰影响的好的试验数据，是经验公式的重要前提条件，这种方法可以精确地预测新导线结构的输电线路的 RI 水平。经验方程式通常由特定气候地区，在诸如好天气、坏天气和雨天等特定天气条件下的多条线路推导而来的，是该区域的气候特征。用于电晕性能评估的不同类型的天气类型的定义已给出。以世界上的一个地方的数据为基础而得出的经验公式，不可能总是准确地预测另一个地区的线路 RI，该区域的天气年分布规律可能是不同的。通常，经验公式的准确性和精度受限于最初得到的实验数据的参数的范围。例如，一个从具有 2~4 根子导线的分裂导线、子导线直径在 1~2cm、导线表面电位梯度 15~25kV/cm 的导线得到的实验数据推导出来的经验公式，既不能准确预测一条 6 根、直径为 3cm 的子导线构成的导线的 RI，也不能预测一条由单根导线构成、表面电位梯度为 12kV/cm 的紧凑型导线结构线路的 RI。相似地，在有降雪的寒带线路得到方程式不适合于热带的线路。

世界范围的输电线路的 RI 水平的统计已经完成[26]，通过将计算结果与所有测量结果比较的方法评估了用于评估 RI 的不同经验方法[27]。对于所考虑的方法，比较结果表明，测量结果与计算结果之间的差距可能在 5~10dB。在采用这个国家提出的方程式应用于另一个国家线路时，甚至会出现更大的差距。

以下讨论由 CIGRE 和 BPA（电力系统分析软件工具）提出的两种最为常用经验公式。用于计算输电线路任一相电晕产生的 RI 的比较经验公式的通用形式为

$$RI=RI_0+RI_g+RI_d+RI_D \tag{8-118}$$

式中：RI 为要计算的新线路的 RI 值，基于 $1\mu V/m$，单位为 dB；RI_0 为参考线路结构的相应值。其余各项分别对应所考虑分裂导线的表面电位梯度 g，导线直径 d，和与线路横向距离 D 等的影响的调整项。

参考线路的这些参数通常以 g_0、d_0 和 D_0 来表示。对应分裂导线中子导线数目的对应项在多数的 RI 经验方程式中没有出现，可能是因为这个参数的影响很小或是可以忽略的。方程式通常适用于特定的天气类型。为考虑不同的测试频率、海拔高度和天气类型，其他项也可以添加到式（8-118）中，也可以添加关于诸如测量带宽、检波功能等测试仪器不同的项。通常，使用 CISPR（9kHz 带宽，测试频率 0.5MHz）或 ANSI（5kHz 带宽，测试频率 1MHz）仪器都能得到准峰值（QP）。对于最近的测量结果，ANSI 准则已经改变与 CISPR 准则相同。有些经验方程式是基于旧 ANSI 准则。对于三相导线的输电线路，使用形如式（8-109）的方程式计算每一相导线的 RI，所有三相的贡献如 8.4.1 节讨论的方法相加。

适用于 CISPR 规范、大雨条件下的 CIGRE（国际大电网会议）方程式[28]如下

$$RI = -10 + 3.5g_m + 6d - 33\log\left(\frac{D'}{20}\right) \tag{8-119}$$

式中：g_m 为分裂导线的最大平均最大电位梯度，kV/cm（有效值）；d 为子导线直径，cm；D' 为地面测量点距离导线或分裂导线的距离，m。

式（8-119）暗含了 g_0、d_0 和 RI_0 的参考值，且 D'=20m。距离 D' 可表示为导线地面高度 h 和横向距离 D，即 $D' = \sqrt{h^2 + D^2}$。

用于计算任一给定相在横向距离 15m 处 RI 水平，适用于旧的 ANSI 准则、在平均好天气下的 BPA 的经验方程式如下

$$\mathrm{RI} = 48 + 120\log\left(\frac{g_\mathrm{m}}{17.56}\right) + 40\log\left(\frac{d}{3.51}\right) \tag{8-120}$$

为将旧的 ANSI 准则值变换为 1MHz CISPR 值，应从式（8-120）的计算之中减去 2dB。基于运行线路的大量测试数据，建议在式（8-120）的计算值基础上增加 25dB，以得出平均稳定坏天气的 RI 值。稳定坏天气类型是从全部坏天气类型中（除去诸如雾、霭等）使导线变湿，但不出现降水的情形。在某种程度上，稳定好天气类型与定义为降雨率大于 1mm/h 的大雨条件类似。应该指出的是，这与第 8.3.1 中定义的不同，用于电晕笼的人工大雨通常比这个阈值大得多。

可在式（8-120）中增加其他项，以考虑与参考数值不同的测量频率、海拔和横向距离等因素。为修正测量频率不同于 1MHz 的增加项为

$$\mathrm{RI}_f = 10\left\{1 - [\log(10f)]^2\right\} \tag{8-121}$$

采用这一修正项，得到 0.5MHz 频率的 RI 需要在式（8-121）的计算值基础上增加 5.1dB。这样，式（8-122）用于转换基于旧的 ANSI（5kHz 带宽，f=1MHz）准则的 RI 为基于 CISPR（9kHz 带宽，f=0.5MHz）准则的值

$$\mathrm{RI}_{(\mathrm{CISPR})} = \mathrm{RI}_{(\mathrm{ANSI})} + 3.1\mathrm{dB} \tag{8-122}$$

式（8-123）的参考海拔为海平面（0m），在海平面以上任一 Akm 海拔高度的建议修正项为

$$\mathrm{RI}_A = \frac{A}{0.3} \tag{8-123}$$

最后，推荐了对于横向距离 D 不为 15m 处的数值修正项，该修正项考虑了 RI 频率和大地电阻率。从基本天线理论得出的这一项由式（8-124）给出

$$\mathrm{RI}_D = C_1 + C_2 \tag{8-124}$$

式中：C_1 为参考线路的常数；C_2 为所计算 RI 的新线路常数。

直接波分量为

$$DW = \frac{h_\mathrm{c}}{KD}, D \leq \frac{12h_\mathrm{c}h_\mathrm{a}}{\lambda}$$
$$DW = \frac{h_\mathrm{c}}{KD}\frac{12h_\mathrm{c}h_\mathrm{a}}{\lambda}, D \geq \frac{12h_\mathrm{c}h_\mathrm{a}}{\lambda} \tag{8-125}$$

式中：h_c 为导线高度，m；h_a 为天线高度；D 为天线与导线之间的径向距离，m；λ 为波长，m。

表面波分量为

$$ESU = \frac{f(\rho)h_c}{KD} \tag{8-126}$$

$$ESU = \frac{h_c}{(KD)^2} \tag{8-127}$$

式中：f 为频率，MHz。

（2）半经验公式。多个研究机构基于大量的试验数据，已经提出了多个用于 RI 激发函数的经验公式。大部分的这些试验研究是在可产生最高 RI 水平的人工大雨条件下进行的（1～20mm/h），以下给出部分方程式。在这些方程式中，Γ 为依据 CISPR 规范的 RI 的激发函数，$1\text{dB}=1\mu\text{A}/\sqrt{m}$，$g_m$ 为分裂导线的平均最大电位梯度，单位 kV/cm（有效值）。

EDF 在大雨条件下 RI 激发函数方程式为

$$\Gamma = \Gamma'(g_m, r) + Ar - B(n) \tag{8-128}$$

式中：$A = 11.5 + \log n^2$；n 为分裂导线中的分裂导线数；r 为子导线半径。作为 n 的函数的 A、B 的值在表 8-4 中给出。激发函数中的 $\Gamma'(g_m, r)$ 部分如图 8-17 所示。

表 8-4　　　　　　　　　　EDF 激发函数中的 A、B 常数

子导线根数 n	1	2	3	4	6	8
A（dB/cm）	11.5	12.1	12.5	12.7	13.0	13.3
$B(n)$（dB）	0	5	7	8	9	9.5

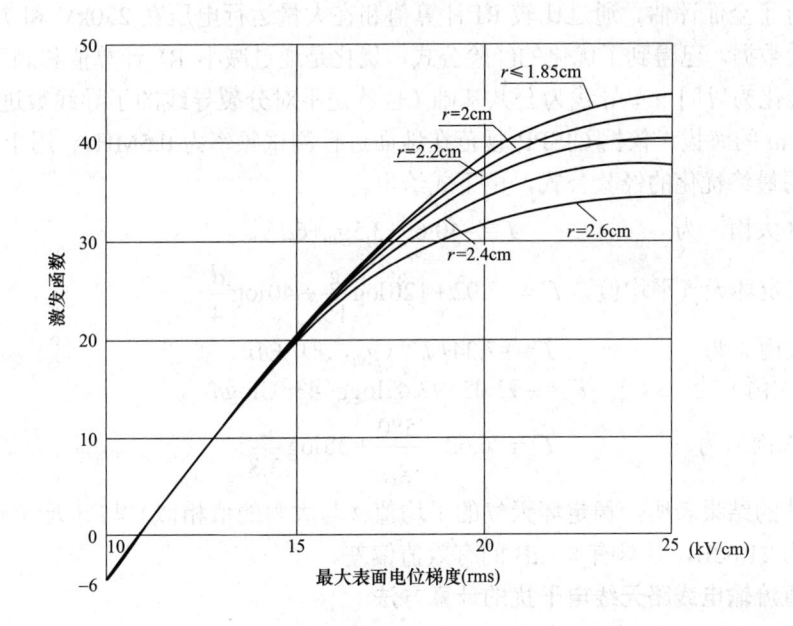

图 8-17　大雨条件下激发函数

在人工大雨条件下，基于大量不同分裂导线试验的基础上，IREQ（加拿大魁北克省水电局研究所）提出的经验公式如下

$$\varGamma = \frac{C_s}{C_b}\left[\sum_1^n \frac{1}{2\pi}\int_0^{2\pi}\varGamma_s^2(g,d)\mathrm{d}\phi\right] \tag{8-129}$$

式中：$\varGamma_s$ 为单根直径为 d 表面电位梯度为 g 的导体的 RI 激发函数。对有 n 根子导线构成的分裂导线，电位梯度 g 随着沿子导线表面的角度 ϕ 变化。C_s，C_b 分别为单根导线和分裂导线的单位长度的电容。对单根导线，$\varGamma_s$ 由经验方程式给出

$$\varGamma_s = -90.25 + 92.42\log g - 43.03\log d \tag{8-130}$$

因为激发函数取决于单导线的 g 和 d，对分裂导线的每一根子导线沿表面一周积分，并对所有子导线求和，将得到式（8-130）中的分裂导线的激发函数。可通过数值积分来估算 $\varGamma$，相关资料给出了一种简化的方法

$$\varGamma = \varGamma_s(g_m, d) - B(n, s) \tag{8-131}$$

式中：当 $n=1$，函数 $B(n,s)=0$，$B(2,s)=3.7\text{dB}$；当 $n \geq 3$，$B(n,s)=6\text{dB}$。

同样基于大雨下的大量不同分裂导线试验，EPRI（电力研究协会）得出的经验公式如下

$$\varGamma = 81.1 - \frac{580}{g_m} + 38\log\frac{d}{3.8} + K_n \tag{8-132}$$

式中：当 $n \leq 8$，$K_n = 0$；当 $n > 8$，$K_n = 6$。

在这些半经验法中，用于评估给定输电线路结构的 RI 的过程为：首先，用上述方法中的一种计算激发函数；其次，采用 8.4.2 节中所述的任一方法计算 RI 电流的传播。

最近相关资料对用于 RI 的比较法经验公式（CIGRE 和 BPA）以及上述用于激发函数的经验公式进行了全面评估。通过比较 RI 计算值和在大量运行电压在 230kV 和 750kV 输电线路的长期实验数据，已得到了优化的经验公式。优化是通过减小 RI 计算值和测量值之间均方差实现的。转化为以同一单导线为公共基础（也就是不对分裂导线的子导线数进行修正）、在海平面以上 0m 的海拔、依据 CISPR 规范在地面进行测试频率为 0.5MHz、用于 RI 激发函数的不同方法的最终优化的经验公式，由下式给出。

CIGRE（大雨）为 $\qquad \varGamma = -40.69 + 3.5g_m + 6d \tag{8-133}$

BPA（稳定坏天气平均值）$\varGamma = 37.02 + 120\log\dfrac{g}{15} + 40\log\dfrac{d}{4} \tag{8-134}$

EDF（大雨）为 $\qquad \varGamma = -7.24 + \varGamma'(g_m, r) + Ar \tag{8-135}$

IREQ（大雨）为 $\qquad \varGamma_s = -93.03 + 92.42\log g - 43.03\log d \tag{8-136}$

EPRI（大雨）为 $\qquad \varGamma = 76.62 - \dfrac{580}{g_m} + 38\log\dfrac{d}{3.8} \tag{8-137}$

上述评估的结果表明，稳定坏天气的平均值（与大雨的值相似）与好天气平均测量值之间的平均差为 21.6dB，且具有 5.1dB 的有效值偏差。

8.4.3 直流输电线路无线电干扰的计算方法

DL/T 691-1999《高压架空送电线路无线电干扰计算方法》推荐了对于双极直流送电线路无线电干扰场强的计算方法。

（1）计算方程式。对于双极直流送电线路，推荐采用式（8-138）来计算无线电干扰场强。

$$E = 38 + 1.6(g_{\max} - 24) + 46\lg r + 51\lg n + 33\lg\frac{20}{D} \tag{8-138}$$

式中：E 为距离 D 处的无线电噪声场强，dB/（μV/m）；g_{max} 为导线最大表面电位梯度，kV/cm；r 为导线或子导线半径，cm；n 为分裂导线数；D 为参考点到最近导线的直接距离，m。

$$g_{max} = g\left[1+(n-1)\frac{d}{R}\right] \qquad (8\text{-}139)$$

式中：R 为通过次导线中心的圆周直径，cm；n 为次导线根数；d 为次导线直径，cm；g 为导线的平均表面电位梯度，kV/cm。

$$g = \frac{Q_i}{\pi\varepsilon_0 dn} \qquad (8\text{-}140)$$

式中：Q_i 为每极导线的等效总电荷，C。

（2）计算结果的意义和修正。根据上述方程式计算的直流输电线路的无线电干扰值代表了好天气的平均值，而输电线路的无线电噪声限值是反映了各种天气条件的、具有统计意义的值，即所谓的80%值。所以按CISPR第18出版物（高压设备与电力线无线电干扰）建议，该方程式的计算结果增加约3dB即为80%值。

8.4.4 无线电干扰计算举例

1. 交流输电线路的无线电干扰激发函数法举例

某1000kV特高压交流单回路塔型图如图8-18，计算电压采用1100kV。导线采用8×500（子导线计算半径15mm），分裂间距400mm，三相导线水平排列，两个边相的绝缘子串采用I串，中相绝缘子串采用V串，导线对地最低高度在15～23m变化。由于分裂导线数大于4，采用激发函数法计算。

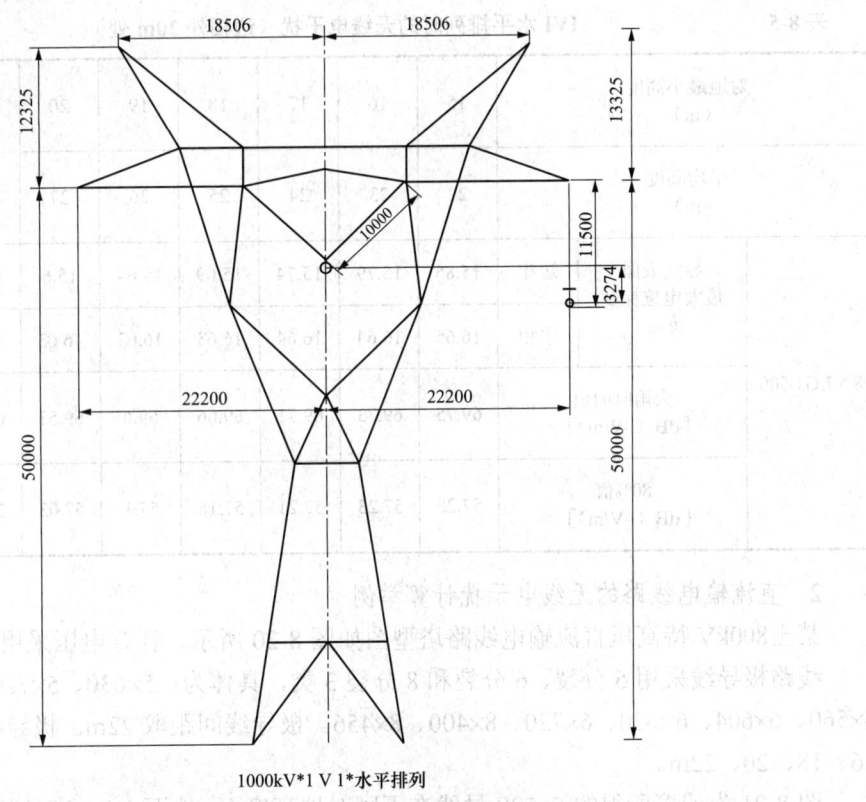

图8-18 某1000kV特高压交流单回路塔型图（mm）

图 8-19 为计算所得的对地 1.5m 高处的无线电干扰分布，表 8-5 为不同对地高度下边相外 20m 处的无线电干扰。

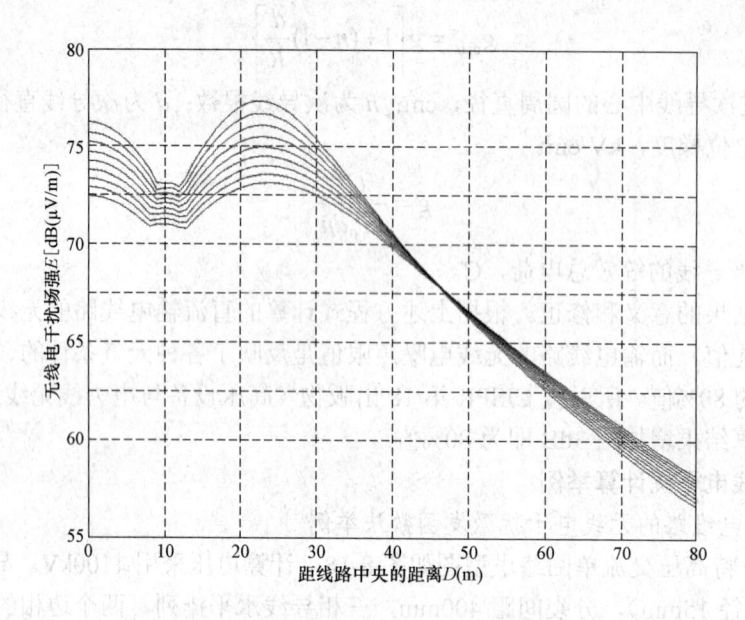

图 8-19 IVI 水平排列时的无线电干扰（mm）

表 8-5　　　　　　　IVI 水平排列时的无线电干扰（边相外 20m 处）

	对地最小高度（m）		15	16	17	18	19	20	21	22	23
	平均高度（m）		22	23	24	25	26	27	28	29	30
8×LGJ-500	导线表面最大电位梯度 g_{max}	边相	15.85	15.79	15.74	15.69	15.64	15.6	15.56	15.53	15.5
		中相	16.65	16.64	16.64	16.63	16.63	16.63	16.63	16.63	16.63
	大雨时的值 [dB（μV/m）]		69.75	69.73	69.71	69.66	69.6	69.53	69.44	69.35	69.24
	80%值 [dB（μV/m）]		57.25	57.23	57.21	57.16	57.1	57.03	56.94	56.85	56.74

2. 直流输电线路的无线电干扰计算举例

某±800kV 特高压直流输电线路塔型图如图 8-20 所示，计算电压采用±800kV。

线路极导线采用 5 分裂、6 分裂和 8 分裂 3 类，具体为：5×630、5×720、6×500、6×523、6×560、6×604、6×630、6×720、8×400、8×456。极导线间距取 22m。极导线对地最低距离为 16、18、20、22m。

图 8-21 为计算所得的 5×720 导线在不同对地高度下，地面 1.5m 高处的无线电干扰分布，

表 8-6 为不同对地高度下边相外 20m 处的无线电干扰。所有计算结果都为 80%值。

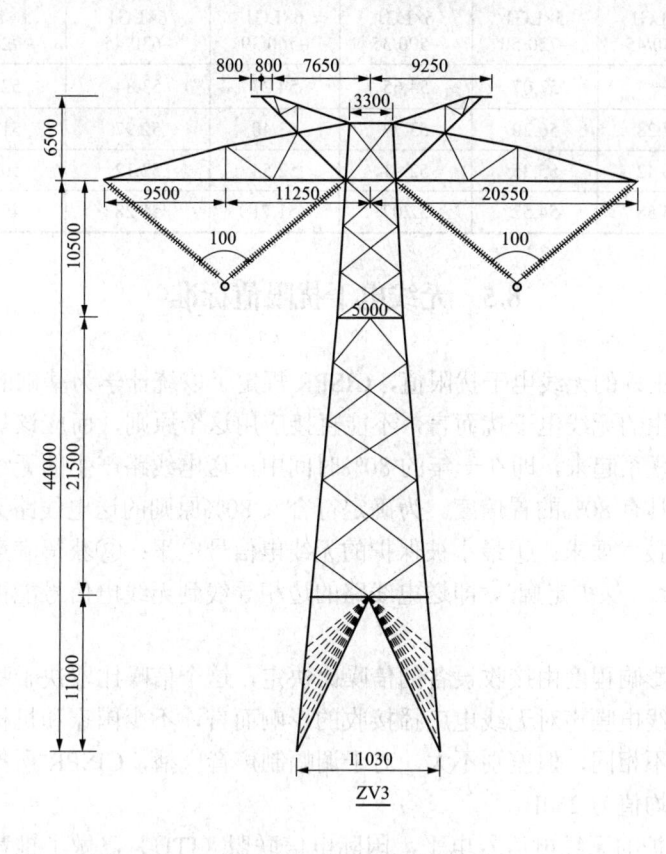

图 8-20 某±800kV 特高压直流输电线路塔型图（mm）

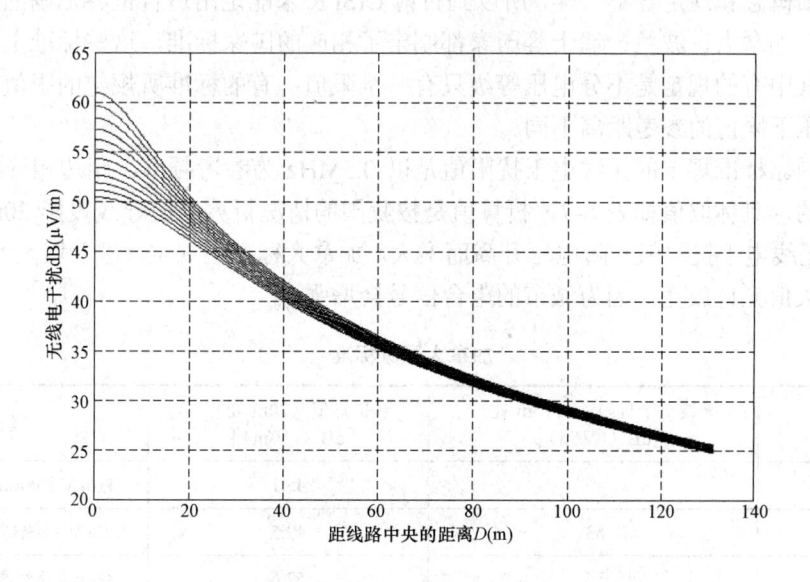

图 8-21 计算的无线电干扰横向分布（5×720 导线）

表 8-6　　　　　无线电干扰计算 [±800kV，极间距 22m]　　　　　dB (μV/m)

导线型号		5×LGJ-630/45	5×LGJ-720/50	6×LGJ-500/35	6×LGJ-560/39	6×LGJ-630/45	6×LGJ-720/50	8×LGJ-400/35
导线最低高度(m)	16	—	57.07	54.65	54.27	53.84	52.40	48.59
	18	57.28	56.20	53.77	53.40	52.97	51.55	47.72
	20	56.42	55.35	52.91	52.54	52.12	50.71	46.86
	22	55.58	54.52	52.07	51.71	51.28	49.89	46.03

8.5　无线电干扰限值标准

为确定输变电工程的无线电干扰限值，CISPR 规定了以统计学为基础的双 80%原则。但是，对电力线路产生的无线电干扰而言，不能直接应用这个原则，而应该与由天气变化产生噪声电平统计分布联系起来，即在一年的 80%时间中，送电线路产生的无线电干扰电平不超过某个规定值，并具有 80%的置信度。为确定符合双 80%原则的送电线路无线电干扰限值，CISPR 提出了三个技术要求：①最小被保护的无线电信号电平；②获得满意接收质量的最小信噪比；③保护距离（保护走廊），即送电线路的边相导线到无线电信号能被满意接收的地点的最小距离。

无线电干扰的影响程度由接收设备的信噪比决定，这个信噪比取决于噪声源的性质。就电力线路产生的无线电噪声对无线电广播接收的影响而言，不少国家和机构作过主观评价的研究，虽然结果各不相同，但差别不大，对于调幅制声音广播，CISPR 所推荐的获得满意接收质量的信噪比平均值为 26dB。

对于最小被保护的无线电信号电平，国际电信联盟（ITU）已做了推荐。由于各国对电力线路的走廊概念和规定各不一样，所以到目前 CISPR 未能定出适合世界范围的无线电干扰限值。美国、加拿大、波兰、瑞士等国家都制定了相应的国家标准，这些标准主要针对交流输电线路，其中有的规定是不分电压等级只有一个限值；有的标准所规定的限值虽然相同，但在不同电压下限值的参考距离不同。

加拿大国家标准规定的无线电干扰限值是以 0.5MHz 为参考频率，距边相导线投影 15m 为参考距离的，具体取值如表 8-7，折算值是按我国的情况折算到边导线投影 20m 处，以便对比。明显无线电干扰限值是随电压升高而增大。加拿大标准还规定，进入城区的输电线路，无线电干扰限值允许放宽，因为城市的电台信号会增强。

表 8-7　　　　　　　　　　加拿大国家标准

电压 (kV)	无线电干扰限值（15m 处）[dB (μV/m)]	折算值（20m 处）[dB (μV/m)]	备注
70~200	49	45.1	110kV 路线高度按 6m 计
200~300	53	49.5	220kV 路线高度按 6.5m 计
300~400	56	52.6	330kV 路线高度按 8m 计
400~600	60	57.2	500kV 路线高度按 8m 计
600~800	63	55~58	750kV 路线建议值

巴西的 1000kV 线路设计标准是在线路走廊边缘好天气情况下 50%时间的无线电干扰（1MHz）42dB（μV/m），若按我国情况折算到 0.5MHz 和 80%值，则无线电干扰为 57 dB（μV/m）。

在我国没有设立对居民无线电接收的保护走廊，但对专业电台却有一系列标准规定了保护距离。在这种情况下，我国发布的 GB/T 15707《交流高压架空送电线无线电干扰限值》即根据 CISPR 的技术要求和我国国情，并以不与有关保护专业电台的标准的规定相矛盾为原则，规定的无线电干扰限值见表 8-8，参考距离为最边相导线对地投影外 20m 处（如图 8-22）。

表 8-8　　　　　　交流输电线路无线电干扰限值（距边导线投影 20m 处）

电压（kV）	110	220～330	500
无线电干扰限值 [dB（μV/m）]	46	53	55

注　如果测量频率为 1MHz，无线电干扰限值为表中的数值分别减去 5dB。

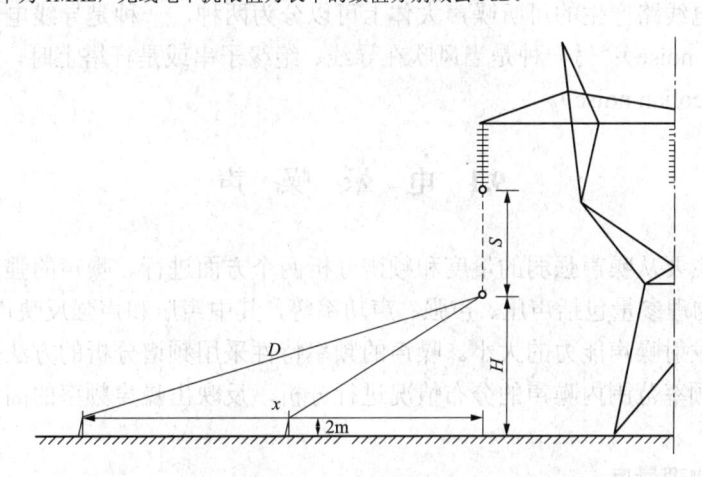

图 8-22　我国无线电干扰限值的参考距离（$x=20m$）

问题与思考

8-1　简述无线电干扰形成机理，如何理解电晕向导线注入电流？

8-2　试比较两种不同无线电干扰计算方法计算某同一条件的无线电干扰，并分析其差异产生的原因。

8-3　如何理解无线电干扰限值中的双 80%原则？

8-4　试说明无线电干扰特性的应用。

8-5　线路附近局部区域内的居民电视收看遇到问题，试分析原因并提出解决措施。

第 9 章 输电线路可听噪声

尽管早期的电晕研究中已对不同模式电晕放电声音的发射的特性进行了观测并形成研究报告，但在500kV及以上电压等级的输电线路出现后，可听噪声才作为一个线路的设计因素凸显出来。可听噪声则被人耳直接感知并能形成主观评价，所以公众对来自高压输电线路电晕产生的可听噪声给予了很大的关注，也促进了对电晕噪声的大量研究。这些研究描绘了噪声的特性，提出了不同线路设计的噪声预测方法，评估了人耳对这类环境噪声的响应。

输电线路产生的可听噪声（audible noise）是一种常见的线路对环境的影响，这种噪声会使人烦躁。输电线路产生的可听噪声大体上可以分为两种，一种是导线电晕放电所引起的电晕噪声（corona noise）；另一种是当风吹在导线、绝缘子串或是杆塔上时，空气流体运动所引起的风噪声（aeolian noise）。

9.1 电晕噪声

噪声的衡量主要从噪声强弱的量度和频谱分析两个方面进行。噪声的强弱量度反映声音的大小，常用的物理参量包括声压、声强、声功率等，其中声压和声强反映声场中声的强弱；声功率反映声源发射噪声能力的大小。噪声的频率特性采用频谱分析的方法来描述，用这种方法可以对不同频率范围内噪声的分布情况进行分析，反映出噪声频率的高低，即噪声音调高低的程度。

9.1.1 噪声物理量度

用于表征噪声的物理量如下。

（1）声压。声压是指声波传播时，在垂直于其传播方向的单位面积上引起的大气压的变化，亦即大气压强的余压，相当于在大气压强上叠加了一个声波扰动引起的压强变化。

声压用符号 P 表示，单位为 Pa 或 N/m²。声压的大小反映了声波的强弱。声波存在使局部空气被压缩或发生膨胀，形成疏密相间的空气层，被压缩的地方压强增加，膨胀的地方压强减小。声压的大小与物体的振动状况有关，物体振动的幅度越大，即声压振幅越大，所对应的压力变化越大，因而声压也就越大。声压是研究噪声时所测得的量，对于空气中稳定的声音，传播时会造成空气压力微小的变化，通常用该变化幅值的均方根来表征噪声的大小。

（2）声强。在单位时间内，通过垂直声波传播方向单位面积的声能量称为声强，用符号 I 表示，单位为 W/m²。声波的传播除引起大气压力的变化外，还伴随着声音能量的传播，声强表征的是声波的能量。

当声波在自由声场中以平面波或球面波传播时，声强与声压的关系为

$$I = \frac{P^2}{\delta c} \tag{9-1}$$

式中：I 为声强，W/m²；P 为声压，N/m²；δ 为空气密度，kg/m³；c 为声速，m/s。

（3）声功率。声源在单位时间内向外辐射的总声能量叫作声功率，用符号 W 表示，单位

为 W。声功率是描述声源本身的性质的,与声波传播的距离以及声源所处的环境无关,而声压却是随离开声源的距离加大而减小。

在自由声场中,声强与声功率之间的关系为

$$I = \frac{W}{S} = \frac{W}{4\pi r^2} \tag{9-2}$$

式中:I 为距离声源 r 处的声强,W/m²;W 为声源辐射的声功率,W;S 为声波传播的面积,m²;r 为离开声源的距离,m。

(4) 声压级。人耳能察觉到的压力变化范围是极广的。人耳能感知千差万别的声压水平。很响的声音与很弱的声音的声压之比可达 1000000 倍之多。

由于声压的变化范围很大,为方便使用,将声压 P 与基准声压 P_0 的比值用分贝(dB)表示,称为声压级,数学表达式为

$$L_p = 10\lg\frac{P^2}{P_0^2} = 20\lg\frac{P}{P_0} \tag{9-3}$$

式中:L_p 为声压级,用 dB 表示;P 为声压,Pa;P_0 为基准声压,$P_0 = 2 \times 10^{-5}$Pa。

(5) 声强级。以听阈声强值 $I_0 = 10^{-12}$W/m² 为基准,声强 I 与基准声强 I_0 的比值 L_1 定义为声强级

$$L_1 = 10\lg\frac{I}{I_0} \tag{9-4}$$

(6) 声功率级。声源的声功率级等于这个声源的声功率与基准声功率的比值,并用 dB 表示。其表达式为

$$L_w = 10\lg\frac{W}{W_0} \tag{9-5}$$

式中:L_w 为声功率级,用 dB 表示;W 为声源的声功率,W;W_0 为基准声功率,$W_0 = 10^{-12}$W。

dB 是一个相对单位,它没有量纲,其物理意义表示一个量超过另一个量(基准量)的程度,单位为贝尔(Bel)。由于贝尔太大,为了使用方便,便采用 dB,1Bel=10dB。

9.1.2 电晕噪声

电晕噪声表现为宽频噪声,包含有频率极高的分量,这使它有别于大部分一般的环境噪声。而且主要由导线表面上的正极性流注产生的。每个流注使空气压力局部发生突变,引起一个脉冲压力波传向四周。不同流注的压力波是在不同的瞬间出现的,所以,宽频噪声频谱的每一个频率分量都是由许多相互之间相位参差不齐的压力波分量共同作用的结果。许多毫无关联的压力波及其他们的高频含量混合在一起,就使输电线路噪声具有爆裂声和嘶嘶声的特点。

除爆裂声和嘶嘶声外,交流输电线路电晕噪声还有可能出现一种嗡嗡声,它是叠加在宽带噪声之上的纯音,是交流线路在特定条件下的独特现象,它的频率为工频的两倍(即 100Hz,对应于 60Hz 工频时为 120Hz)及其谐波。嗡嗡声是空气离子由于受导线的电场吸引和排斥,交替运动而造成的压力波。当导线表面电场达到正临界值的时候,发生正极性电晕放电,产生的电子受导线吸引,而正离子在电场的推动下离导线而去。当电场的极性改变时,正离子又返回导线。同样,当导线表面电场达到负临界值的时候,发生负极性电晕放电,产生的电

子附着在空气分子上形成负离子，在电场的推动下离导线而去。当电场的极性改变时，负离子又返回导线。离子的运动使空气密度和压力在每个工频周期中发生两次交替变化。于是就形成了频率为工频两倍的声压波。因为这种声压的变化并不纯粹是正弦的，而是正半周波下声压大于负半周波，所以在嗡嗡声中还会有工频及工频谐波的分量。当然，谐波分量的幅值比纯音要小得多。在所有谐波中，二次谐波（200Hz）常常比宽带噪声还要明显。

不是所有的交流电晕模式都会产生同样性质的宽带噪声和纯音的。宽带噪声主要是由正极性流注产生的，而辉光电晕会造成强烈电离从而有强纯音生成。在不同的天气条件下宽带噪声和纯音的相对大小会有不同。例如，雨天里宽带噪声占优势，结冰时纯音占优势。因此，源自交流输电线路的可听噪声的频谱由宽频带分量和纯音分量构成，而直流线路则不可能出现纯音。

如果不计因空气对声音能量的吸收而造成的衰减，那么宽带噪声和纯音的声压水平均随着离线路距离的平方根而减小，即与线路的距离每增加一倍，可听噪声就下降 3 dB。空气的吸收以及由树木、建筑物引起的衰减随频率的增加而增加，因此，它们对宽带噪声的影响比对纯音的影响要明显得多。大地反射的噪声对宽带噪声来说，其影响微不足道，而对纯音的影响却很大。

由于不同源生成的声压波之间相位关系互不相同，宽带噪声和纯音之间有着重要的差别。宽带噪声源，不管是在同一导线上还是在不同相导线上，它们所生成的声压波的相位是毫不相关的，它们的声压水平以随机的方式混合在一起，这种混合效应要用声功率来相加；而构成纯音的声压波相互之间却存在确定的时间关系。对于三相线路来说，各相产生的声压波与其导线上的电荷（也就是导线电压）的相位存在一个固定的相位角。因此，不同相导线产生的声压波，其相位角相差为 120°。由不同相导线产生的声压波到达测点时按向量相加，总声压波的相位取决于产生各声压波的导线相位以及声压波从各相导线到测点的传播时间。同时，还有大地的反射波加入，它们的相位又是与本身相位相关。结果声压波水平与测点的位置，包括离地的高度密切相关。在有些点不同的声压波可能是同一个相位，于是就使声压水平有一个增值，而在另一些点它们又可能相互抵消。

下雨期间以及在潮湿的天气条件下，当导线底部挂有水滴而又无明显风力时，电晕会使导线以很低的频率振动。在导线底部的水滴悬挂处有电晕，电晕产生间歇性的空间电荷，从而导致这些电晕诱发的振动。同时，在振动中水滴要变形，这种变形又调制了电晕，也导致了这种振动。这是一种自激现象，会使导线以其自然频率振动，振幅不断增大，直到水滴的变形使电晕与这种运动丧失同步为止。因为电晕诱发的振动频率比较低（1～5 Hz），峰对峰之间的幅值比较小（2～10cm），所以并不会使导线疲劳损伤。然而，它们会调制可听噪声，使之更加容易觉察到，而且有别于雨声。

9.1.3 交流线路的可听噪声

带电导体表面场强超过某一数值后，将引起附近空气的电离，形成电晕，导致无线电干扰及可听噪声的产生。

交流声是由于导线周围的空间电荷的运动造成的，由于正离子和负离子离开和到达导体表面的运动，在每半个周期内使空气压力变换两次方向。空间电荷由空气的电离产生，并且是由造成无规则噪声的同一个局部放电所产生的，并不是所有电晕模式都按照同样比例产生无规则噪声和交流声。对于交流输电线路，按不同频率分量所表现出的特征，可听噪声可以分为两部分：宽频带噪声和频率为工频倍数的纯音。

宽频带噪声（无规噪声）是由导线表面正极性流注放电产生的杂乱无章的脉冲所引起。宽频带噪声属于中高频噪声，频率范围通常集中在400Hz～10kHz。这种放电产生的突发脉冲具有一定的随机性，听起来像破碎声、"吱吱"声或"哗哗"声，与一般环境噪声有着明显区别。无规噪声叠加的方法是其功率密度线性相加，声压级等于每个个别噪声声压级的平方和的平方根。房屋对无规噪声有较好的屏蔽效能，通常认为无规噪声每30m的衰减值在1dB（A）左右。

交流声（纯声）是由于电压周期性变化，使导线附近带电离子往返运动产生的"嗡嗡"声。对于交流输电线路，随着电压正负半波的交变，导线先后表现为正电晕极和负电晕极，由电晕在导线周围产生的正离子和负离子被导线以两倍工频排斥和吸引，在每半周内使空气压力变换方向两次。因此，这种噪声的频率是工频的倍数，对应100Hz的分量最为明显，对应不同的导线相数和导线特性，100Hz分量值会比200Hz值大5～20dB。

交流声（纯声）叠加的方法则与它们的相位有关。如果两个交流声同相，则声压级相加；如果它们反相，则合成声级为两者之差。纯声随距离的增加衰减甚微，可以传播较远，且房屋对纯声的屏蔽效果较差。因此，距离输电线路较远的地区，主要考虑纯声对居民可能造成的影响。

输电线路的可听噪声一般较小，这是因为在线路设计中，在考虑输送容量的同时，为减小电晕损耗已将导线表面的电位梯度降低到了一定的水平，既满足了运行经济性的要求，又可满足降低电晕噪声和无线电干扰的要求。

在邻近民房时，导线电晕噪声会对居民造成一定的影响。典型的交流单回线路的噪声分布如图9-1所示。

现场测量的数据表明，输电线路的噪声在晴好天气时，与背景噪声水平相当，一般不会对环境造成明显的影响。

1. 交流输电线路可听噪声的频谱分布特性

图9-2给出了交流特高压输电线路可听噪声的频谱图。从图中可以明显地看出输电线路产生的100、200Hz的低频纯音。

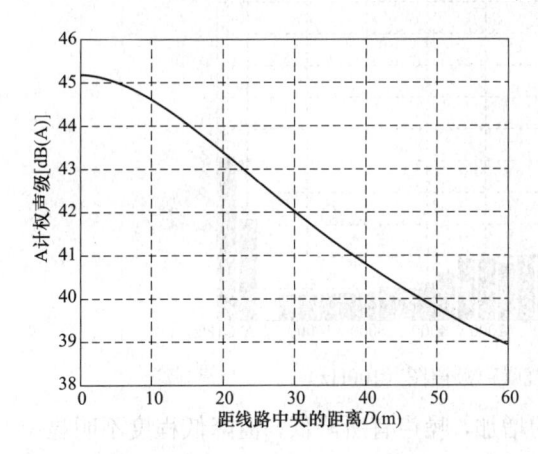

图9-1 交流单回线路噪声分布图

图9-3为交流特高压试验基地环境噪声的频谱图。将两图对比可以看出，交流输电线路的可听噪声与环境噪声有明显区别：线路可听噪声在各个频段的声级值均高于环境噪声，尤其在低频段。环境噪声在1kHz后随着频率增高明显衰减；而输电线路电晕产生的噪声则不同，频率很高（大于8kHz）时才开始衰减。这样，在环境噪声较低的场合，电晕产生的高频噪声很容易分辨。正是这一特性，输电线路电晕产生的可听噪声才给人在听觉上一种异常感。

2. 交流输电线路可听噪声的横向衰减特性

图9-4为1000kV级交流输电线路可听噪声声级横向分布图，该曲线沿垂直线路方向，离地面1.5m高分布。该曲线反映了可听噪声横向衰减特性的主要规律。图中各曲线自上而下分别对应子导线对地最低高度15～23m。

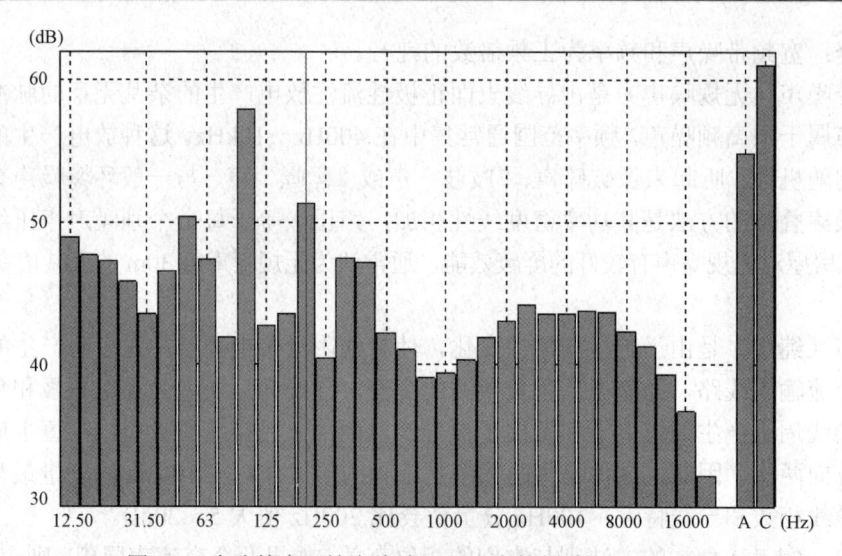

图 9-2 交流特高压输电线路可听噪声的频谱图（200Hz）

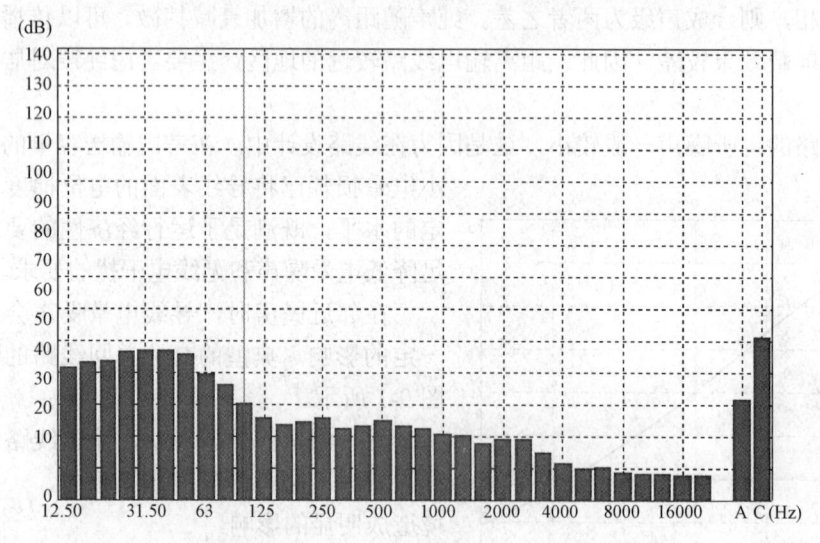

图 9-3 交流特高压试验基地环境噪声频谱图（100Hz）

从图 9-4 中可以看出：①随着导线对地高度的增加，噪声有所降低，但降低程度不明显；②沿线路垂直方向，随着与线路之间距离的增加，可听噪声逐渐衰减。但应注意到，在图中从线路中心到距中心 80m 处，可听噪声只衰减了 5～6dB。

在实际测量中，好天气条件下送电线路可听噪声水平较小，由于受到背景噪声等因素的影响，其横向分布随距离的变化往往没有明显的规律。好天气条件下交流特高压单回试验线段可听噪声随距离的衰减图如图 9-5 所示。雨天条件下交流特高压单回试验线段可听噪声随距离的衰减图如图 9-6 所示。

9.1.4 直流线路的可听噪声

当导线表面的电场强度超过空气的击穿强度时，会使导线表面发生电晕放电现象。高压直流线路正常工作时，必然有一定程度的电晕放电。

直流输电线路与交流输电线路不同，直流输电线路晴天时可听噪声比雨天时大。

图 9-7 为 ±750kV 试验线段可听噪声测量曲线，实测可听噪声等效声级为 44dB（A）。

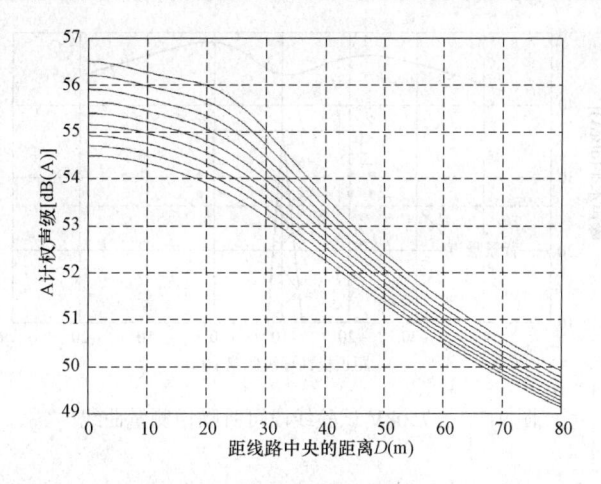

图 9-4　1000kV 级交流输电线路可听噪声声级横向分布

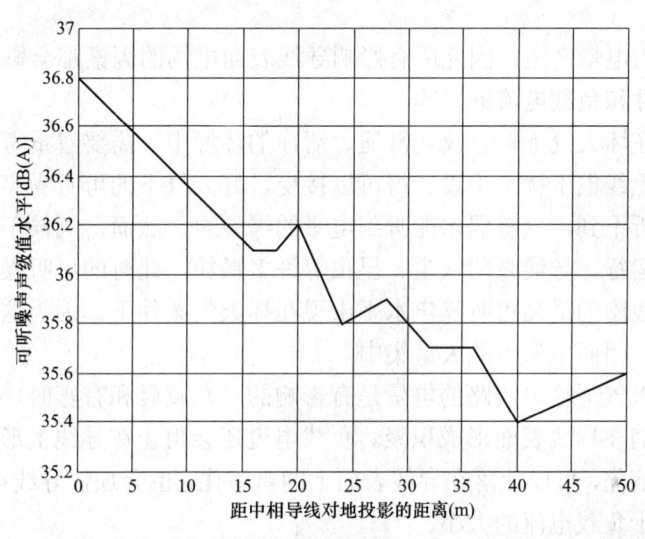

图 9-5　好天气条件下交流特高压单回试验线段可听噪声随距离的衰减图

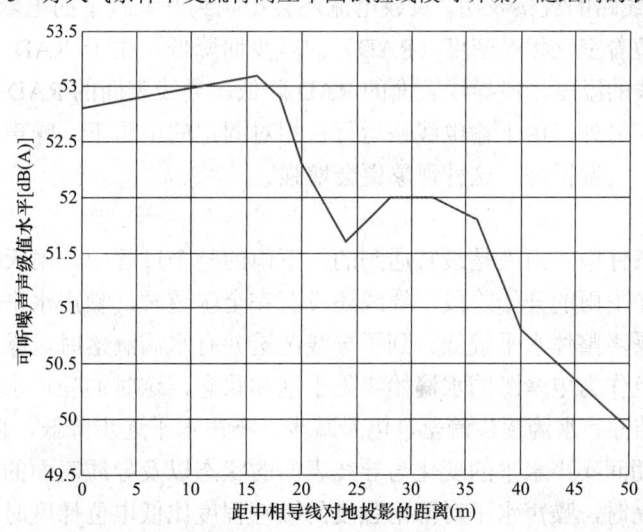

图 9-6　雨天条件下交流特高压单回试验线段可听噪声随距离的衰减图

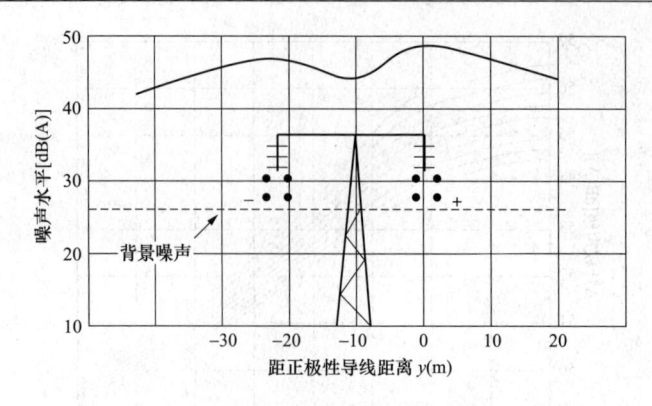

图 9-7　±750kV 试验线段可听噪声测量曲线

9.2　电晕噪声的影响因素

线路噪声主要由电晕产生，因此所有影响导线表面电场的因素都会影响噪声水平。

9.2.1　天气条件和负载电流的影响

总的来说，仅在坏天气下，且仅在舒适、清净的环境中，需要着重考虑输电线路的可听噪声。只要线路的无线电干扰水平设计得可以接受，好天气下的可听噪声通常都很低，对绝大部分线路来说都听不到，只有偶尔能听到电晕的爆裂声。然而，气候干燥时，导线在较高的表面电位梯度下运行，导线吸附灰尘、昆虫等许多颗粒，此时的可听噪声还是足以让人耳觉察得到。输电线路的最高可听噪声水平出现在坏天气条件下，因为这时像水滴或雪花等会在导线表面积聚，因而电晕可能大量集中。

负载电流对坏天气下输电线路的电晕是有影响的。在凌晨和有雾时，负载电流通过电阻的热效应会阻止它们在导线表面形成积聚。负载电流还会阻止在导线上形成白霜，甚至可以使已经成形的白霜溶化，可以使落在导线表面上的雪溶化，也会加快导线在雨后的干燥速度。当然，这些都取决于负载电流的大小。

对一条 500 kV 线路的观察表明，负载电流还会影响到好天气下的电晕现象。由于导线表面电晕的起始场强随着空气相对密度（RAD）的减少而降低。由于 RAD 反比于温度，增加负载电流会提高导线的温度，使导线表面的 RAD 降低。导线表面的 RAD 降低了，也就降低了电晕的起始场强。另外，由于输电线路运行在相对固定的电压下，噪声随着导线温度的增加而增加。夏天时，气温很高，这种现象更会增强。

1. 雨天

在所有坏天气条件中，雨天是最常遇到的。下雨的整个过程中，雨天的噪声水平会在较大的范围内变动。在下雨的开始阶段，导线还没有完全湿透时，噪声水平会随着雨的变化有相当大的起伏，但噪声整体水平较低。到了导线湿透并有水滴滴落时，噪声的起伏会明显减弱，这是因为导线上作为电晕源的水滴始终处于饱和状态，这时的噪声水平最高。降雨结束后，由于导线表面洁净、水滴逐步滴落，电晕减少，噪声水平逐步降低，直至恢复到（低于）雨前的水平。下雨期间噪声水平的变化与导线表面的状态以及导线表面的电位梯度有很大的关系。电位梯度较高时，噪声水平对降雨强度的敏感程度比低电位梯度时要差些。电位梯度较高时噪声水平的离散度较小。某三相试验线路的可听噪声在下雨时的变化如图 9-8 所示，导线采用 8 分裂导线，子导线直径为 3.31cm；中相电位梯度为 15.3 kV/cm；边相电位梯度为 14.2kV/cm；试验线路无负载电流。

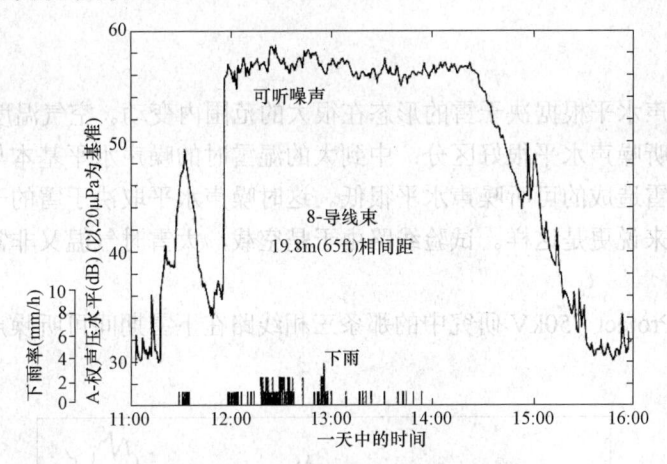

图 9-8 雨前、雨中和雨后可听噪声的变化

在可测雨下，负载电流对可听噪声几乎没有影响。如果可听噪声的限值是按可测雨下的 L50 水平来规定的，则不必考虑负载电流。在停雨后负载电流却很重要，在图 9-8 中可以看到，14:00 时雨停了，但是，直到 15:30 之前噪声始终没有达到周围环境的水平。由此可见，没有负载电流的导线变干的时间约为 0.5~1h；而对于带有负载电流的 500kV 来说，导线变干的时间只有 5min 左右。导线快速变干会影响到可听噪声概率分布的曲线形状。一般的噪声规定是以等效声压水平（在某一个特定的时间段中 A 计权噪声水平的平均值）为基准的，如果这个特定的时间段包括所有的天气条件，则负载电流对等值声压水平的计算会有影响。

2. 雾

当线路空载或只有很小的电流时，有雾时可听噪声会根据雾的强度达到一个很高的水平。在 Apple Grove Project 750kV（苹果林 750kV 项目）研究中，由于苹果林毗邻俄亥俄河，在大而浓的雾天，试验线路的可听噪声甚至达到大雨时的水平。该空载的三相试验线路在雾天里的可听噪声如图 9-9 所示，导线为 8 分裂导线，子导线直径为 3.31cm；中相电位梯度为 16.3kV/cm；边相电位梯度为 15.6kV/cm；试验线路无负载电流。

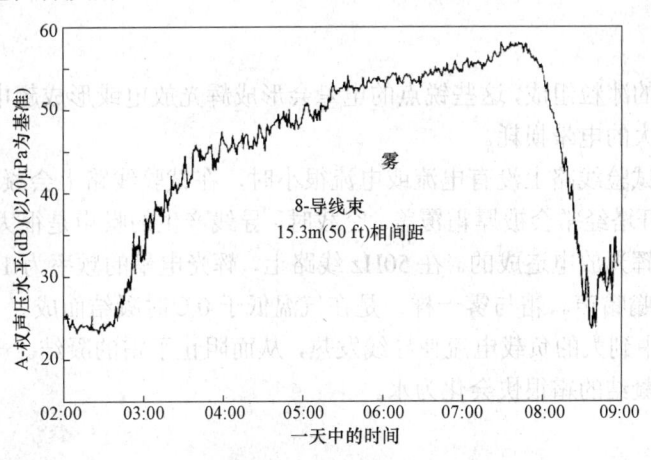

图 9-9 雾天里时可听噪声图

负载电流的热效应阻止湿气在导线表面凝成。当负载电流足够大的时候，导线表面不会形成水滴，这时的可听噪声几乎不能听到。相反，如果湿气凝成的话，会出现较高的噪声水平。

3. 雪

雪天的可听噪声水平根据决于雪的形态在很大的范围内变动。空气温度接近0℃时，雪、雨夹雪和雨时的可听噪声水平很好区分：中到大的湿雪时的噪声水平基本与下雨时相同。当气温低于0℃时，雪造成的可听噪声水平很低。这时噪声水平取决于雪的干燥程度，对于负载电流很小的线路来说更是这样。试验线路由于是空载，大雪时气温又非常低，噪声水平几乎没有增加。

Apple Grove Project 750kV 研究中的那条三相线路在下雪期间可听噪声的变化情况如图9-10 所示。

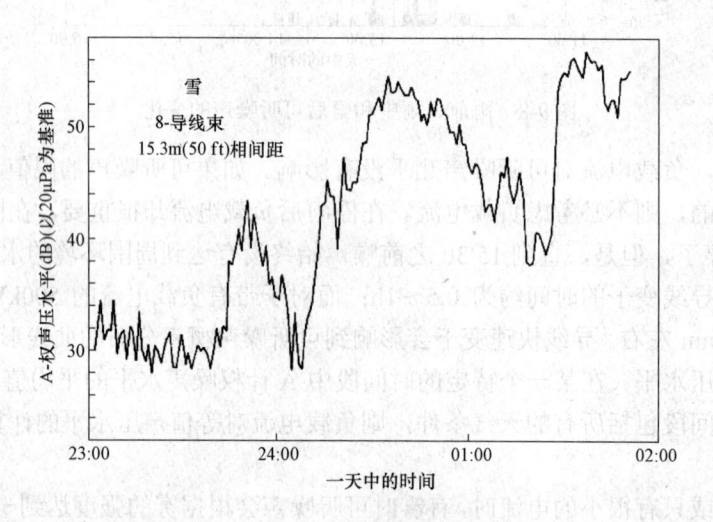

图 9-10　下雪期间可听噪声的变化情况

如果雪落到很热的导线上，会化为水并从导线上滴落下来，导致形成与下雨时相当的电晕而导致噪声水平与雨天相近。所以，如果负载电流足够大，即使雪很干，噪声也会达到下雨时的水平。

4. 霜

霜由许多锐利的冰粒组成，这些锐点的电晕会形成辉光放电或形成超电晕（ultra-corona）。这种电晕会造成很大的电晕损耗。

试验表明，当试验线路上没有电流或电流很小时，在试验线路上会凝结成霜。在冬月的凌晨时分，导线和杆塔经常会被厚霜覆盖。空载时，导线产生的噪声是很大的120Hz的纯音，这是锐点处电晕的辉光放电造成的。在50Hz线路上，辉光电晕的频率为100Hz，因而产生一种很强的100Hz的嗡嗡声。霜与雾一样，是在气温低于0℃时凝结而成。

与雾天一样，中到大的负载电流使导线发热，从而阻止了霜的凝结。一旦负载电流增大，原来电流较小时所凝结的霜很快会化为水。

5. 好天气

在干燥的环境下，即使偶尔有雨也不足以把导线洗刷干净，因而好天气时，即使线路运行在正常的导线表面电位梯度下，其噪声也会达到一个相当可观的水平。

某些线路由于条件所限，运行在很高的表面电位梯度下，这时，好天气下的可听噪声可能很高。Apple Grove Project 750kV 研究中的一条试验线路，用直径为 2.54cm 的四分裂导线，中相的表面电位梯度为 24.4kV/cm，即使在天气干燥时，该中相的电晕也非常严重。在离边相 16.8m 处，其好天气平均噪声水平为 55dB（A）。另一条类似的线路是 BPA 曾建的一条 500kV 线路，由于只用了直径为 6.35mm 的单导线，在大雨时，离边相 20m 处，可听噪声的平均水平约为 62dB（A）。在寒冷冬天，该线路好天气的可听噪声水平低于 40dB（A），而到了炎热的夏天，其好天气水平会超过 50dB（A）。

好天气的可听噪声是非常不稳定的，因此，不容易预测。在清静的环境中对可听噪声长期测量的结果表明，好天气下的可听噪声 L50 水平大约比可测雨下的可听噪声 L50 水平低 25dB（A）。在比较恶劣、干燥的天气条件下，这个差别要小些。对于运行在较高表面电位梯度下的线路来说，这个差别也要小些。由于缺乏在恶劣、干燥的环境中对可听噪声的长期测量，缺乏在有利于测得好天气下噪声水平的情形（特别低的环境噪声水平、较高表面的电位梯度、高海拔和多尘的环境）下进行的测量，因而预测好天气下的可听噪声非常困难。

如前所述，负载电流的热效应会使形成电晕的导线表面温度升高，从而影响了好天气下的电晕现象。导线温度的升高使导线表面的空气密度降低，起晕场强也会降低。如图 9-11 所示为磁场、A 计权声压水平和频率高于 6.5kHz 的声压水平随时间分布的曲线。从图 9-11 中很容易看出，可听噪声随着磁场的变化而变化（也就是随着负载电流变化）。

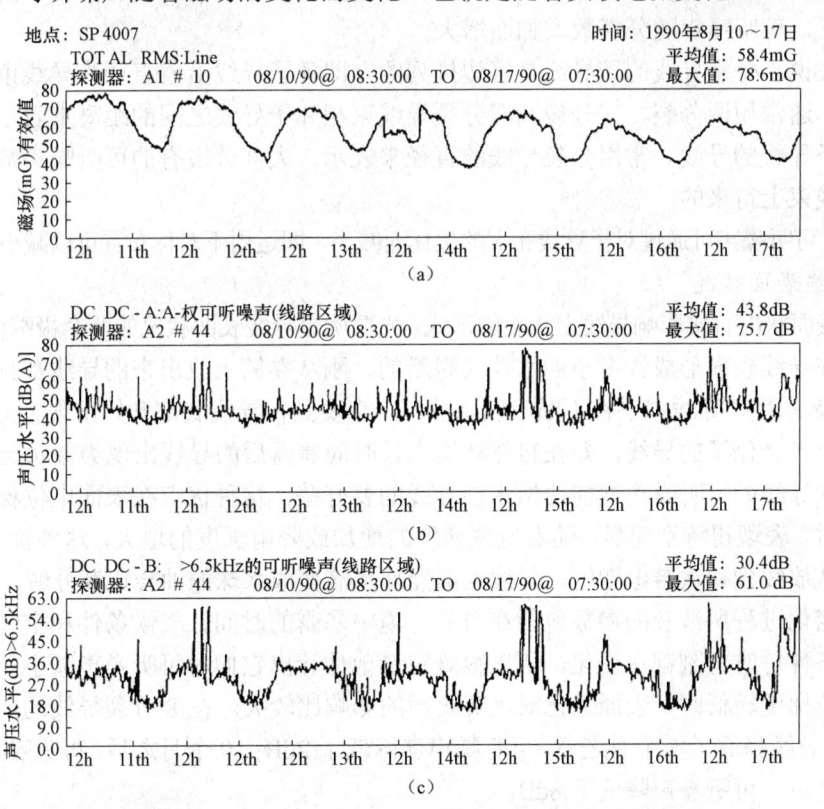

图 9-11 磁场、A 计权声压水平和频率高于 6.5 kHz 的声压水平随时间分布的曲线
(a) 磁场；(b) A 计权声压水平；(c) 频率高于 6.5kHz 的声压水平

9.2.2 导线结构和表面状况的影响

下雨时，输电线路可听噪声水平的离散性既取决于运行导线表面的电位梯度，又取决于导线的表面状况。当导线表面的电位梯度降低时，噪声的总体水平下降而离散度增加。对导线表面电位梯度影响最大的线路参数是导线的分裂数和导线的直径。这两个参数和其他线路参数有所改变时，对无线电干扰的影响前面已经讨论过，其变化规律对可听噪声也是适用的。

9.2.3 导线表面电场的影响

影响可听噪声和其他电晕现象最重要的参数是导线表面的电场。导线的直径、导线束的分裂数、导线的对地高度以及相间距离都会影响到导线表面的电位梯度。导线的对地高度并不是常数，为了计算可听噪声，习惯上总把最小对地高度加上 1/3 弧垂作为其平均高度来处理，这样可近似得到最精确的结果。根据在电晕笼中和试验线路上对可听噪声的测量，已经得到了一些能说明可听噪声与导线表面电场相关性的经验关系。

1. 导线直径

已有不少经验公式能说明可听噪声和导线直径的相互关系。如果线路电压不变，加大导线直径，可听噪声（和所有其他电晕现象）都会随之而减弱。然而，如果加大导线直径而导线表面电位梯度保持不变，则可听噪声会增大。这是因为对于大直径导线来说，电场随离开导线表面的衰减会比较慢。较大的导线有较长的电晕流注，就会产生较高的可听噪声水平。

2. 导线分裂数

与无线电干扰不同，可听噪声会随着导线分裂数的增加而增大。在其他一些参数保持不变的情况下，可听噪声随分裂数增加而增大。

一般来说，分裂导线的子导线是等边排列的，即各子导线沿着直径为导线束直径的圆周等距分布。通常用两分裂、三分裂和四分裂导线束相邻子导线之间的距离来表示导线束的尺寸。更多子导线的导线，常用分裂导线的直径来表示。大部分现有的可听噪声数据都是从等边排列导线束上得来的。

然而，可听噪声可通过对子导线布置的优化而减小，即运用不对称布置可以减小其可听噪声。

3. 导线表面状况

导线表面状况直接影响导线上水滴的形成。先要确定导线表面状况的两个极端情况：①憎水性，水会在导线表面形成许多小的水珠（崭新的、刚从卷筒上放出来的导线都具有这类表面状况）；②亲水性，导线似乎在不断吸收水分，一直要到在导线底部开始出现大的水滴，即达到饱和为止（老化了的导线，即在自然环境中长时间暴露后的导线出现类似状况）。

亲水性导线的可听噪声性能比憎水性导线的要好些。这种优点在表面电位梯度较低、小雨或有雾时，表现得特别明显；随着电位梯度的增加或降雨强度的增大，这种优点逐渐消失。输电线路从放线到初次带电期间，导线表面能使水滴变成水珠的油会逐渐分解。

导线老化过程所涉及的参数包括在自然环境中暴露的时间、气候条件和空气的清洁程度等。这些条件每时每刻都在变化，所以很难定量地估计出它们对可听噪声减小的影响。但是在表面电位梯度较低时，表面老化对可听噪声的影响比较大。在 8 分裂导线的三相试验线路上观察到，导线暴露了 5 个月之后，可听噪声就降低了 2dB；10 个月之后，可听噪声降低 4dB；大约 3 年之后，可听噪声降低了 8dB。

4. 绝缘子及各种组件引起的可听噪声

如果线路金具、各种组件和绝缘子设计得不合适，它们会产生可以觉察到的、令人不快的可听噪声。一般情况下绝缘子本身几乎不产生可听噪声。绝缘子在干燥的污秽条件下，不会有干带飞弧的问题。导致严重干带飞弧的条件是雾、细雨和露，因为它们使绝缘子变潮湿，但又不足以洗去绝缘子表面的污秽。根据不同的污秽程度和电压等级，可听噪声有时会变得很大。这种问题可以用更换或清扫绝缘子的办法来解决。与合成绝缘子相比，瓷绝缘子和玻璃绝缘子产生可听噪声会更加频繁。

线路金具和各种组件所产生的可听噪声则是另一回事。像导线一样，如果它们的表面电场超过了临界电位梯度，就会发生电晕。下雨时，在组件上水滴的集聚处会出现电晕流注。然而，这些电晕流注所产生的可听噪声不会成为问题，因为它们常会被导线的大量电晕源所产生的噪声淹没掉。

好天气时，金具上电晕源所产生的可听噪声具有不稳定的特性。在线路杆塔附近的居民，因金具上不稳定电晕源产生的可听噪声相当大而提出投诉。

随着线路电压的升级和紧凑型线路的建设，好天气下组件电晕产生的可听噪声已经成了比较突出的问题。图 9-12 所示是一个 115kV 变电站由于升级到 230kV，各组件出现过多的电晕就是一个例子。电压等级升高后，图中右侧导线的电晕较其他两相弱，是由于采用了较好的夹具。

图 9-12 终端杆塔绝缘子串的夹具的严重电晕

9.2.4 杆塔、弧垂和接地线的影响

通常，理想状态下弧垂和杆塔的影响都是忽略不计的。然而，如图 9-13 所示，弧垂和杆塔会影响导线的表面电位梯度。该图表示了杆塔和导线对地高度变化对导线表面电位梯度的影响，同时也表示了这两方面的综合影响。由图可看，导线表面电位梯度的变化很小。但是，由于从档距中央到杆塔，导线的对地高度各有不同，使弧垂对输电线路地面的噪声水平有影响，尤其是在输电走廊内或靠近输电走廊的地方，影响较为明显。这一点由图 9-14 中离中心线的横向距离 L 为 0、30m 和 90m 处的情况也可看出。

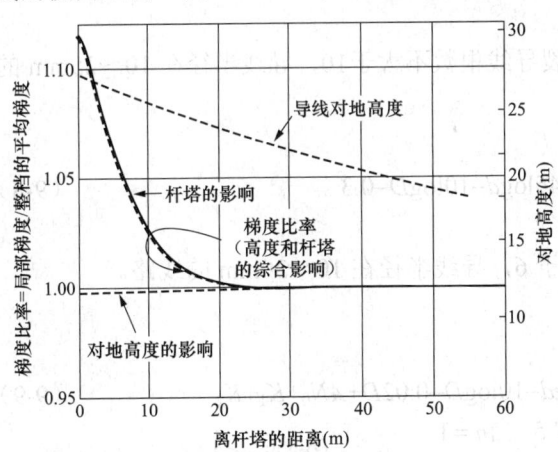

图 9-13 杆塔和导线对地高度对某 500kV 输电线路中相导线表面电位梯度的影响

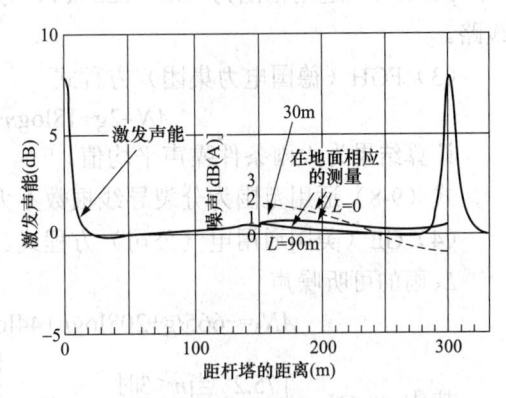

图 9-14 沿某 500kV 输电线路档距噪声的激发声能和地面的可听噪声水平与无杆塔、导线对地高度不变的理想线路的比较

接地线对输电线路整体的可听噪声水平并无影响。由于它们尺寸较小，不会使导线表面的电位梯度有显著增加。通常在运行时，接地线表面的电位梯度较低，所以，不会产生可见电晕、可听噪声和无线电干扰。而且，从电晕的角度考虑，接地线也不允许使 OPGW（光纤复合架空地线）光缆性能降低。

9.3 电晕噪声的计算方法

各国对可听噪声的预测都是通过电晕笼模拟或仿真试验线段上长期实测数据的统计、分析、回归演绎出来的，通常导线的可听噪声用 A 计权声级来表示。美国、日本、意大利和加拿大等国根据各自长期的实测数据，提出了相应的预测高压输电线路可听噪声的方程式。

可听噪声与导线表面电位梯度关系密切，计算中用到的导线表面电场强度计算方法见 8.4.1 节。

9.3.1 计算方法

1. 交流线路噪声计算方法

（1）EDF（法国电力集团）方程式为

$$AN = 15\log n + 4.5d - 10\log D + AN_0 \tag{9-6}$$

式中：n 为导线分裂根数；d 为分裂子导线直径；D 为相导线到可听噪声测量仪器所在位置的空间距离；AN_0 为可听噪声的校正常数，依赖于 g 的选取；计算结果为大雨条件噪声平均值。

式（9-6）适用范围为 400～1500kV，分裂导线根数不大于 6，导线半径在 10～30mm 的线路。

（2）ENEL（意大利国家电力公司）方程式

$$AN = 85\log g + 18\log n + 45\log d - 10\log D - 71 + K \tag{9-7}$$

式中：g 为最大电位梯度的平均值。

$$K = \begin{cases} 3 & \text{当} n = 1 \text{时} \\ 0 & \text{当} n \geq 2 \text{时} \end{cases}$$

计算结果为大雨条件噪声平均值。

式（9-7）适用范围为 400～1200kV，分裂导线根数不大于 10，导线半径在 10～25mm 的线路。

（3）FGH（德国电力集团）方程式

$$AN = 2g + 18\log n + 45\log d - 10\log D - 0.3 \tag{9-8}$$

计算结果为大雨条件噪声平均值。

式（9-8）适用范围为分裂导线根数不大于 6，导线半径在 10～30mm 的线路。

（4）GE（美国通用电气公司）方程式。

L_5 雨的可听噪声

$$AN_5 = -665/g + 208\log n + 44\log d - 10\log D - 0.02D + AN_0 + K_1 + K_2 \tag{9-9}$$

其中：$AN_0 = \begin{cases} 75.2 & \text{当} n < 3 \text{时} \\ 67.9 & \text{当} n \geq 3 \text{时} \end{cases}$；$K_1 = \begin{cases} 7.5 & \text{当} n = 1 \\ 2.6 & \text{当} n = 2 \\ 0 & \text{当} n \geq 3 \end{cases}$；$K_2 = \begin{cases} 0 & \text{当} n < 3 \\ 22.9(n-1)d/B & \text{当} n \geq 3 \end{cases}$；$B$ 为等效半径。

L_{50} 雨的可听噪声

$$AN_{50}=AN_5-\Delta A \tag{9-10}$$

其中：$\Delta A = \begin{cases} 14.2g_c/g-8.2 & \text{当}n<3 \\ 14.2g_c/g-10.4-8[(n-1)d/B] & \text{当}n \geqslant 3 \end{cases}$；$g_c = \begin{cases} 24.4(d^{-0.24}) & \text{当}n \leqslant 8 \\ 24.4(d^{-0.24})-0.25(n-8) & \text{当}n>8 \end{cases}$；

计算结果为雨天的 L_{50} 和 L_5。

该公式适用范围：230～1500kV，分裂导线根数不大于 16，导线半径在 10～30mm 的线路。

(5) IREQ（加拿大魁北克省水电局研究所）方程式

$$AN=72\log g+22.7\log n+45.8\log d-11.4\log D-57.6 \tag{9-11}$$

计算结果为大雨条件噪声平均值。

式（9-11）适用范围为 345～1500kV，分裂导线根数不小于 2。

2. 直流线路噪声计算方法

(1) EPRI（美国电力研究协会）方程式

$$AN = -57.4+124\log\frac{g}{25}+25\log\frac{d}{4.45}+18\log\frac{n}{2}+K_n \tag{9-12}$$

式中：g 为导线表面起晕电位梯度，kV/cm；d 为子导线直径，cm；K_n 为分裂导线数，$n>3$ 时，$K_n=0$。

(2) FGH 方程式

$$AN=1.4g+10\log n+40\log d-10\log D-1.0 \tag{9-13}$$

式中：g 为导线的平均最大电位梯度，kV/cm；D 为至正极导线的直接距离，m。

(3) IREQ（加拿大魁北克省水电局研究所）方程式

$$AN=k(g-25)+10\log n+40\log d-11.4\log D+AN_0 \tag{9-14}$$

式中：g 为导线的最大电位梯度，kV/cm。

k 和 AN_0 的取值如下：夏季，$k=1.54$，$AN_0=26.5$；春/秋季，$k=0.84$，$AN_0=26.6$；冬季，$k=0.51$，$AN_0=24.0$。

(4) CRIEPI（日本电力工业中央研究院）方程式

$$AN=AN_0-10\log D \tag{9-15}$$

9.3.2 交流输电线路可听噪声计算

电晕产生的可听噪声与导线参数之间的关系，是以基准导线的表面带电位梯度、导线直径、分裂线数和测量距离为参考的，分别在实际导线的 E、d、n 和 R 下实测的噪声数据来推导的。

线路噪声的预测是通过对单根导线的噪声产生量的叠加来计算线路的噪声。预测方程式一般包含导线、线路的上述参数的影响因素，其方程式具有相同的形式，该预测模式具有普遍适用性。各国所得到的关系式如表 9-1 所示。

表 9-1　　　　各国交流特高压线段参数与噪声产生量之间的相对关系式

国家	表面电位梯度（kV/cm）	次导线直径（mm）	次导线数（根）	测量距离（m）
美国（BPA）	130	44	10	10
美国（GE）	120	60	10	11.4
意大利	85	45	18	10
加拿大	72	45.8	22.7	11.3

由于美国 BPA 推荐的预测方程式是根据各种不同的电压等级、分裂方式的实际试验线路上长期实测数据推导出来的，而且，利用方程式预测的结果与其他输电线路的实测结果做过比较，两者之间的绝对误差绝大多数在 1dB 之内。因此，认为该方程式具有较好的代表性和准确性。美国 BPA 推荐的高压输电线路的可听噪声的预测方程式如下

$$SLA = 10\lg \sum_{i=1}^{z} \lg^{-1}\left[\frac{PWL(i) - 11.4\lg(R_i) - 5.8}{10}\right] \tag{9-16}$$

式中：SLA 为 A 计权声级；R_i 为测点至被测 i 相导线的距离；Z 为相数；$PWL(i)$ 为 i 相导线的声功率级。

$PWL(i)$ 按式（9-17）计算

$$PWL(i) = -164.6 + 120\lg E + 55\lg d_{eq} \tag{9-17}$$

式中：E 为导线的表面梯度，kV/cm；d_{eq} 为导线等效半径，$d_{eq}=0.58n^{0.48}d$，mm，n 为导线分裂数，d 为子导线直径，mm。

该预测方程式对于分裂间距为 300～500mm，导线表面梯度为 10～25kV/cm 的常规对称分裂导线均有效。

交流线路可听噪声计算举例。单回路塔型图如图 9-15 所示。计算电压采用 1100kV，导线采用 8×500（子导线计算半径 15mm），分裂间距 400mm，三相导线水平排列，两个边相的绝缘子串采用 I 串，中相绝缘子串采用 V 串，导线对地最低高度在 15～23m 中变化。

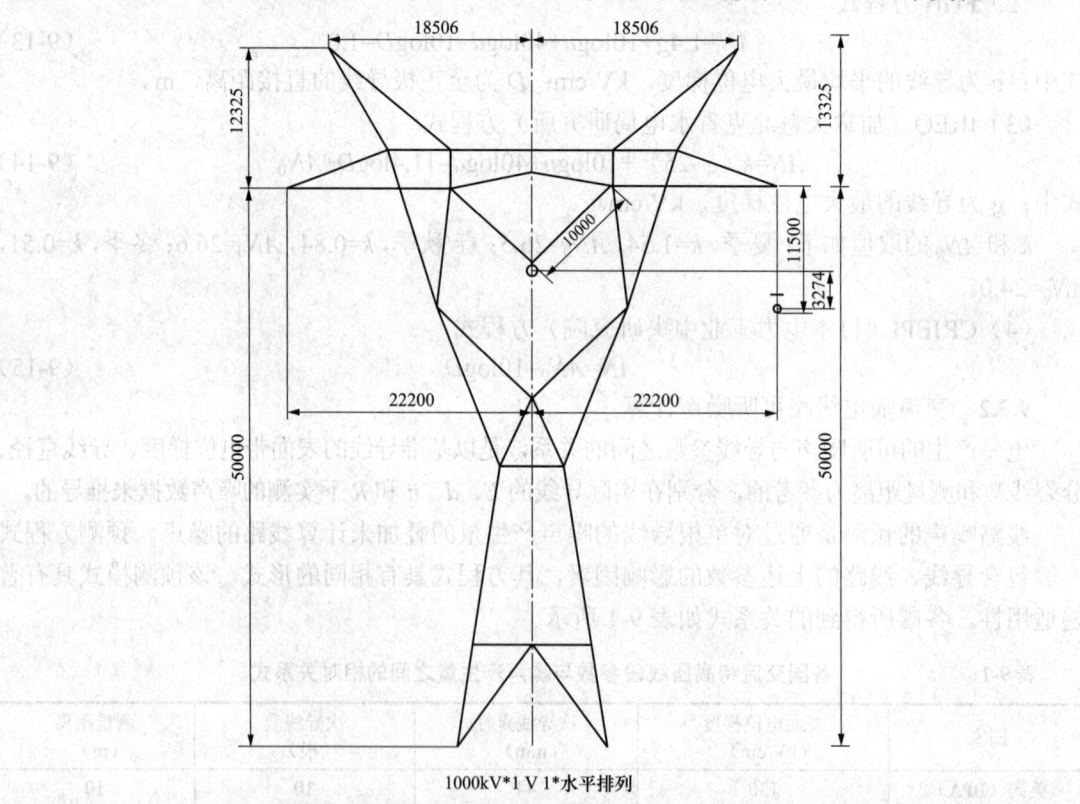

图 9-15　单回路塔型图

噪声计算结果见表 9-2，横向衰减如图 9-16 所示。

表 9-2　　　　　　　　　交流 1100kV 线路 IVI 水平排列时的噪声

导线对地最小高度（m）			15	16	17	18	19	20	21	22	23
导线平均高度（m）			22	23	24	25	26	27	28	29	30
8×LGJ-500	导线表面最大电位梯度（g_{max}）	边相	15.85	15.79	15.74	15.69	15.64	15.6	15.56	15.53	15.5
		中相	16.65	16.64	16.64	16.63	16.63	16.63	16.63	16.63	16.63
	A 计权最大值 [dB（A）]		56.51	56.21	55.92	55.65	55.4	55.16	54.93	54.71	54.5
	边相外 20m 处值 [dB（A）]		53.36	53.16	52.97	52.8	52.64	52.49	52.34	52.21	52.08

9.3.3　直流输电线路可听噪声的计算

与交流输电情况不同，直流输电线路的可听噪声的计算模型是以好天气为条件，并主要考虑正极性导线的情况。

美国的 BPA 和 EPRI，德国 FGH，加拿大 IREQ 和日本 CRIEPI 等提出了多种计算可听噪声的模型。有关资料对上述 4 种计算模型的计算结果与实测结果进行对比分析，并未作出推荐，而是指出不管采用哪种模型，都必须在其有效计算参数范围。表 9-3 为计算参数及计算结果的对比。

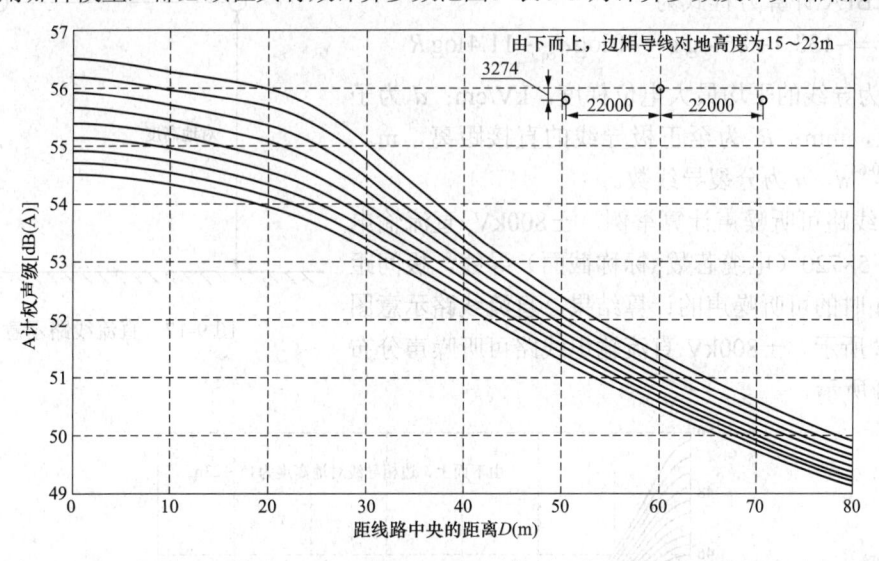

图 9-16　交流 1100kV 线路 IVI 水平排列时的噪声声级分布

表 9-3　　　　　　　　　　　　计算参数及计算结果

	排列序号	1	2	3	4
	线路电压（kV）	±750	±900	±1200	±800
线路参数	分裂数 n	4	6	6	4
	子导线直径 d（mm）	40.6	40.6	55.9	55.9
	分裂间距 S（mm）	457	457	508	610
	极间距（m）	13.7	15.2	24.4	18.3
	导线高度（m）	16.6	15.2	19.8	24.4

续表

排列序号		1	2	3	4
	线路电压（kV）	±750	±900	±1200	±800
实测结果	L50 [dB/(A)]	46.8	51.0	48.6	无
	L5 [dB/(A)]	50.3	56.0	53.1	
	Ave [dB/(A)]	47.0	50.0		
	BPA（L50）/计算与实测的偏差（dB）	48.2/+1.4	48.7/-2.3	51.2/+2.6	42.2
	FGH（Max.）/计算与实测的偏差（dB）	54.9/+4.6	52.8/-3.2	55.5/+1.6	50.1
	IREQ（Ave.）/计算与实测的偏差（dB）	44.7/-2.3	44.4/-5.6	47.6/-1.0	43.1
	CRIEPI（Ave.）/计算与实测的偏差（dB）	51.6/+4.6	49.2/-0.8	53.4/+4.8	42.1

从表 9-3 看出，当采用±800kV、5×720（电缆芯数×标称截面）和 5×800（电缆芯数×标称截面）导线时，恰好介于排列序号 1 和 2 之间，此时 BPA 的计算结果最接近于实测结果。故推荐采用 BPA 的计算方程式。

美国 BPA 计算方程式为

$$AN = -133.4 + 86\log g + 40\log d_{eq} - 11.4\log R$$

其中：g 为导线的平均最大电位梯度，kV/cm；d 为子导线直径，mm；R 为至正极导线的直接距离，m。$d_{eq}=0.66n^{0.64}d$，n 为分裂导线数。

直流线路可听噪声计算举例。±800kV 直流输电线路采用 5×720（电缆芯数×标称截面）导线，极间距离为 22m 时的可听噪声的计算结果。直流线路示意图如图 9-17 所示。±800kV 直流输电线路可听噪声分布如图 9-18 所示。

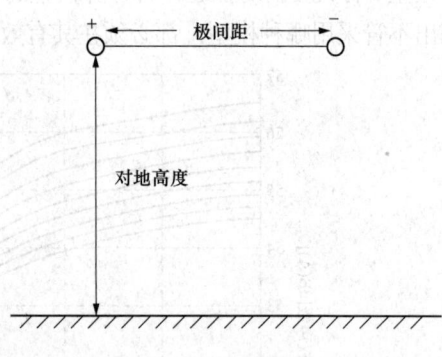

图 9-17 直流线路示意图

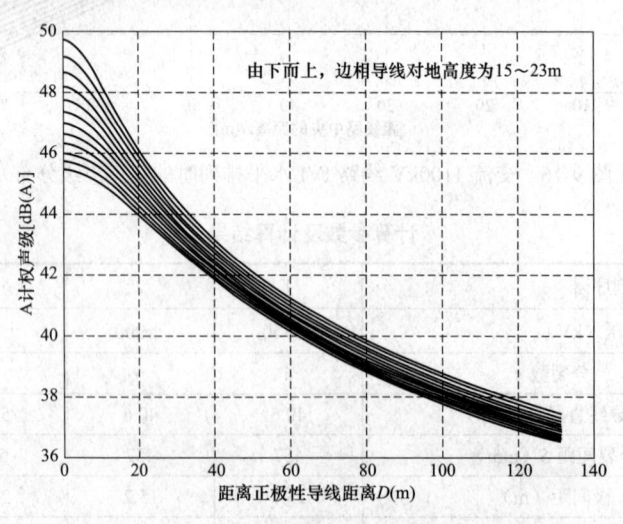

图 9-18 ±800kV 直流输电线路可听噪声分布

9.4 输电线路风噪声的产生

输电线路风噪声是指当风吹过线路时产生的一种类似于汽笛声的可听噪声，按其产生的部位可分为：导线风噪声、绝缘子串风噪声及杆塔风噪声。

随着我国超、特高压输电线路的大规模建设，包括输电线路风噪声在内的可听噪声问题也日趋严重，但风噪声对环境的影响问题却没有得到足够的重视。目前，国内对输电线路风噪声对策的研究比较少，缺乏相关的技术和经验。

为了对今后的相关试验、研究以及线路走廊的选择等提供理论以及经验参考，本节介绍输电线路风噪声的产生机理，总结到目前为止国外有关输电线路风噪声的测量和预测方法，并提出相关防治对策。

9.4.1 导线风噪声

固体在流体中发生振动时会引起周围流体的压力变动，因而产生声波并向四周传播。但是，有时固体在流体中即使不发生振动，也会产生声音。这种由传播声波的介质自身的运动所产生的声音称为压力噪声。

在架空输电线路中，风吹过导线后所引起的噪声就是其中一例。通常把这种噪声称为导线风噪声。

当风吹过导线后，由于空气的黏性作用，会在导线表面产生大的边界层，边界层因导线表面不平坦而剥离，进而形成周期性的卡门漩涡。卡门漩涡会引起导线表面的压力变化，进而产生空气振动，形成了导线风噪声。当把导线看作圆柱体时，导体周围的空气流动模型如图 9-19 所示。虽然这种流体剥离在导线的背风侧形成的卡门涡流也会引起导线的微风振动（Aeolian Vibration），但是导线风噪声与导线的微风振动是两个概念完全不同的物理现象。导线风噪声是导线周围空气的压力波动，而导线的微风振动则是导线自身在垂直方向的振动。

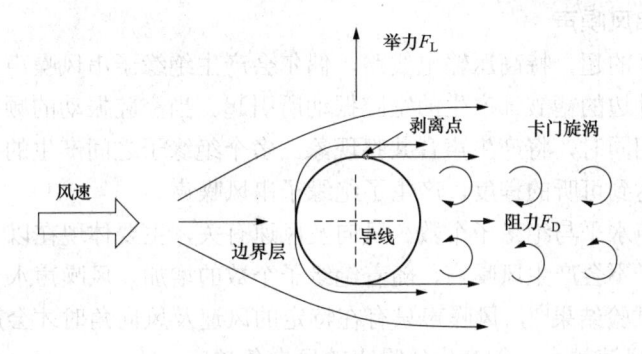

图 9-19 导线周围的空气流动模型

图中举力 F_L

$$F_L = 0.5\rho V^2 D C_L \sin(\omega t) \tag{9-18}$$

式中：ρ 为空气密度；V 为风吹到导线时的速度；C_L 为举力变动系数；ω 为卡门漩涡振动角频率。

阻力 F_D 的振幅一般在举力 F_L 振幅的 10% 以下，因此在导线表面产生的压力变动主要为近似上下交错运动的举力振动。由于举力振动几乎是垂直于风向的,因此导线风噪声一般不是沿风向传播,而是最容易沿与风向垂直的方向传播。

导线风噪声水平与输电线路的对地高度、导线方式(单导线或分裂导线)、风向以及风速等有关,具体分析如下:

(1)输电线路对地高度越高越容易产生风噪声,因此,随着电压等级的提高,在考虑地面电磁环境等问题而提高输电线路高度的同时,需要采取措施来防治随之而来的线路风噪声问题。

(2)分裂导线风噪声水平与分裂数、子导线间距离以及排列方式有关。当风吹过分裂导线时(如双分裂导线),在迎风侧子导线表面产生的卡门漩涡会与在背风侧子导线表面产生的卡门漩涡相干涉,使得背风侧子导线表面的压力变化增加。因此,分裂导线产生的导线风噪声一般比单导线产生的导线风噪声高。

(3)当风垂直吹向导线时(即风向角为90°时),产生的风噪声水平最高。随着风向角的减小,风噪声水平也随之降低。

(4)当风速增大时,风噪声水平也升高。根据日本电力中央研究所的试验结果表明,随着风速的增加,风噪声水平以风速的6次幂升高。

(5)导线风噪声水平随传播距离的增加而降低。导线风噪声的频率特性主要与风速及导线的直径有关。根据风洞试验结果,风速越大,产生的导线风噪声的主频率越高;在风速一定的情况下,不同直径的导线都有各自的固有主频率成分,并且导线直径越小,其主频率越高。导线风噪声的主频率与风速、导线的直径有下列关系

$$f = S_t \frac{V}{D} \tag{9-19}$$

式中:f为导线风噪声的主频率,Hz;V为风速,m/s;S_t为斯托罗哈尔参数,(S_t=0.2);D为导线的直径,m。

导线风噪声的主频率属于低频,在50~250Hz。

9.4.2 绝缘子串风噪声

建设在强风地区的超、特高压输电线路,偶尔会产生绝缘子串风噪声。绝缘子串风噪声主要是由绝缘子最外边的褶皱部产生的空腔振动所引起。当空腔振动的频率与绝缘子之间存在的固有振动频率相同时,将产生声音共鸣现象。多个绝缘子之间产生的共鸣叠加后,声音的振幅增加,最终达到可听的程度,产生了绝缘子串风噪声。

绝缘子串风噪声水平与绝缘子个数、风向及风速有关,主要体现在以下几个方面:

(1)单个绝缘子不会产生风噪声,随着绝缘子个数的增加,风噪声水平有上升的趋势。

(2)根据风洞试验结果[8],风噪声只有在特定的风速及风向角时才会产生;当风速增加到25 m/s以上时,风速越大,能产生风噪声的风向角越广。

绝缘子串风噪声的频率特性因绝缘子种类的不同而不同。与导线风噪声不同,绝缘子串风噪声的主频率一般在400~600Hz。一般来说,持续强风的情况比较少,因此比起导线风噪声,绝缘子串风噪声发生的次数较少。

9.4.3 杆塔风噪声

杆塔风噪声主要是由杆塔上未封闭的中空钢管内产生的空气振动所引起的。根据风洞试验结果,杆塔风噪声的主频率与风速没有关系;风噪声水平随风速的增大而升高。

9.5 风噪声计算方法

根据风洞试验以及实地测量结果，相关资料总结了有关导线风噪声水平（sound pressure level，SPL）的预测方法，预测风噪声水平的计算方法见式（9-20）。

$$S_{\text{SPL}} = 10\log \sum_{i=1}^{N} \frac{A_i \beta_i \rho D_i (V_i \sin \xi)^6 \sin \delta_i \cos \psi_i}{2c^3 r_i I_0} \quad (9\text{-}20)$$

式中：A_i 为声音特性 C 到特性 A 的变换值；β_i 为由导线尺寸、导线数量决定的参数；ρ 为空气密度，kg/m³；D_i 为导线直径，m；V_i 为风速，m/s；ξ 为风向，(°)；c 为声速（t 摄氏度时的声速为：331+0.6t），m/s；r_i 为导线与测量点之间的距离，m；$\cos\psi_i$ 为风噪声的指向性参数；I_0 为基础水平（I_0=10～12），W/m²；i 是导线的编号；N 为导线个数。

当频率在 250Hz 以下时，A_i 可以表示为

$$A_i = \left(\frac{S_t V_i \sin \xi}{D_i}\right)^3 \times 10^{-7.9} \quad (9\text{-}21)$$

式中：S_t 为斯托罗哈尔参数，S_t=0.2。

式（9-20）中的 V_i 是风吹在导线时的速度，因此，在地面上测量风速后，需用式（9-22）进行修正

$$V_i = \left(\frac{h_i}{h_0}\right)^n \times V_0 \quad (9\text{-}22)$$

式中：V_i 为地上 h_i 高度的风速，m/s；V_0 是基准高度的风速，m/s；h_0 是基准高度，m；n 是风速递增率（参考值：0.2）。

GB 3096-2008《声环境质量标准》规定了各类声环境功能区的环境噪声限值及测量方法。规定测量时的气象条件为：无雨雪、无雷电天气，风速在 5m/s 以下。但输电线路风噪声一般在强风时产生，因此，可以根据对象线路的具体地点，参考 GB 3096-2008 中的规定，并综合考虑线路所处的社会、自然环境以及背景噪声等因素的影响，来实施风噪声水平的评价。

为了验证风噪声水平预测方法的可靠性，相关资料测量了 1000kV 输电线路（子导线数为 10）不带电时线路的风噪声水平，并比较了实际值与预测值。当对地高度为 23m、风速为 15m/s 时，试验导线正下方的风噪声水平为 65～75dB（A）。这一结果与利用式（9-20）所预测的风噪声水平基本一致。

9.6 降低风噪声措施

9.6.1 降低导线风噪声措施

导线风噪声是随着气流从导线周围剥离引起压力变动而产生的，因此设法改变导线断面形状或增加导线表面的粗糙度，使气流处于乱流剥离状态，减少由卡门漩涡产生的举力变动成分来降低导线噪声水平。

虽然导线微风振动和导线风噪声都与卡门涡流有关，但两者的物理概念和发生机理不同，因此防治的方法也不同。导线微风振动的频率大致为 3～120Hz，振幅一般在导线直径的 3 倍

以下。防治导线微风振动主要是根据能量平衡原理在导线上安装阻尼减振装置,例如防振锤、阻尼线等来消耗或吸收风的输入能量,从而降低导线微风振动的水平。但这种方法对防治导线风噪声无效。

1. 扰流线螺旋式缠绕导线

用铝线或铝包钢线制成的扰流线,以螺旋形式缠绕在导线外围时,可以有效地抑制导线上举力的变动。在20世纪70年代,作为实用化的导线风噪声防治对策,开发了用铝线或铝包钢线制成的扰流线(Spiral Rod),风噪声扰流线简图如图9-20所示。

大量的试验和现场实际测试证明,用这种扰流线缠绕在导线周围,可以有效地降低导线风噪声。但其副作用是导线的电晕噪声和无线电干扰水平均略有增加。因此,扰流线的外径和节距等技术参数对降低导线风噪声以及控制电晕噪声和无线电干扰水平的效果至关重要。

图9-20 风噪声扰流线简图

经过在低噪声风洞等试验室的反复试验以及在线路现场的实测,得到了不同导线和地线所需用的扰流线的外径和节距等结构参数的优化结果,导线风噪声扰流线的规格见表9-4。

表9-4 导线风噪声扰流线的规格

项目	规格（mm²）	导线外径（mm）	扰流线外径（mm）	扰流线节距（mm）
导线	410	28.5	6.0	250
	810	38.4	7.0	400
	1520	52.8	8.0	400
地线	AC150	16.0	2.3	120
	AC260	21.0	2.6	120

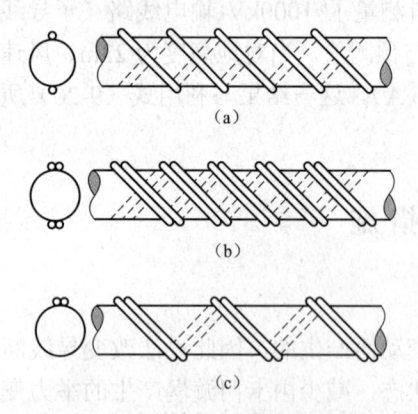

图9-21 导线风噪声扰流线缠绕方式
(a) 对角2条缠绕方式; (b) 对角密着4条缠绕方式;
(c) 密着2条缠绕方式

导线风噪声扰流线缠绕方式有3种,如图9-21所示。经试验和现场实测证明,上述三种缠绕方式对降低导线风噪声均有效,而其中对角密着4条缠绕和密着2条缠绕方式不仅能降低导线风噪声,而且对降低导线电晕噪声也有很好的效果。

500kV输电线路常用导线ACSR410×4采取缠绕扰流线措施前后的风噪声功率谱如图9-22所示。由图9-22可见,采取缠绕扰流线措施后处于风噪声的主要频率带的噪声水平降低了10dB以上。

为了有效地降低导线风噪声,在需要采取缠绕扰流线措施的场合,从悬垂线夹出口处开始,在导线的全档长度上都要安装缠绕扰流线。在装有防振锤的场合，可从防振锤线夹出口处开始安装。扰流线的螺旋方向分为右旋和左旋两种方向，在分裂导线的场合，相邻的次档距上应安装不同旋向的扰流线，相邻的子导线上也应安装不同旋向的扰流线，以增强降低导线风噪声的效果。

用于导线和地线的扰流线的单根长度有所不同，分别为 2.5m 和 1.5m。

增加扰流线后，雨天时有可能造成电晕放电噪声水平的升高。一般用 4 条扰流线对角紧贴式缠绕的方式来协调电晕放电噪声与风噪声的产生，从而实现整体噪声水平的降低。

2. 低风噪声导线

低风噪声导线是在导线制造过程中，直接在其外层绞制上若干股类似扰流线的异型线股。这种异型线股的高度要比扰流线的直径小，而且具有一定的开角，使新型低风噪声导线不会增加导线的电晕噪声和无线电干扰水平，而且与缠绕扰流线措施具有同等的防风噪声效果。因此低风噪声导线是一种兼顾防风噪声和电晕噪声的特种导线。不同规格低风噪声导线的结构简图如图 9-23 所示。

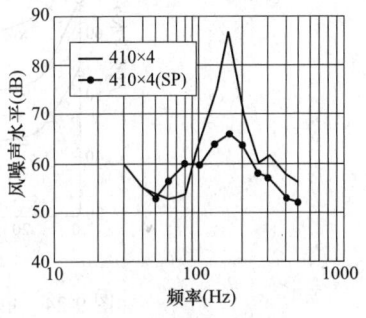

图 9-22 缠绕扰流线措施前后的风噪声功率谱

虽然缠绕扰流线可以降低导线风噪声水平，但扰流线的大量使用会导致导线自重的增加、风压负荷的增加，从而加重了杆塔负担，增加了建设费用。为此开发了一种表面带螺旋状分布突起的低风噪声导线。

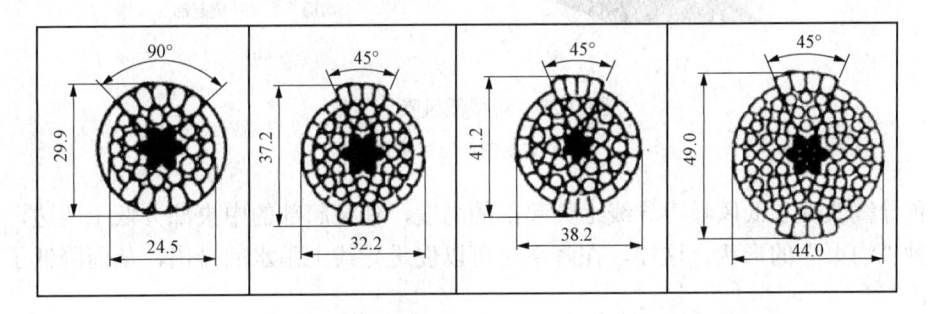

图 9-23 不同规格低风噪声导线的结构简图
（大截面导线的突起部开角比一般导线的突起部开角小）

图 9-24 所示为单导线突起部开角与风噪声水平的关系曲线。由图可见，对于单导线突起部高度 t=1.5mm、突起部开角 θ=20°～120°时，风噪声水平大约降低了 15dB 左右，具有与单纯缠绕扰流线方法相当的防风噪声效果。

为了降低导线的电晕噪声和无线电干扰水平，有的低风噪声导线外层全部采用梯形截面的线股绞制，其中部分线股的高度较高，在导线表面形成一定的突起。

这种低风噪声导线对风噪声水平的抑制效果与标准导线缠绕扰流线时相同，而且其风压等价直径与相同尺寸的标准导线直径相同。

考虑到导线凸起附近的最大导体表面电位较大，为了降低 1000 kV 输电线路导线电晕放电水平，通过改进低风噪声导线，开发了新型导线，如图 9-25 所示。

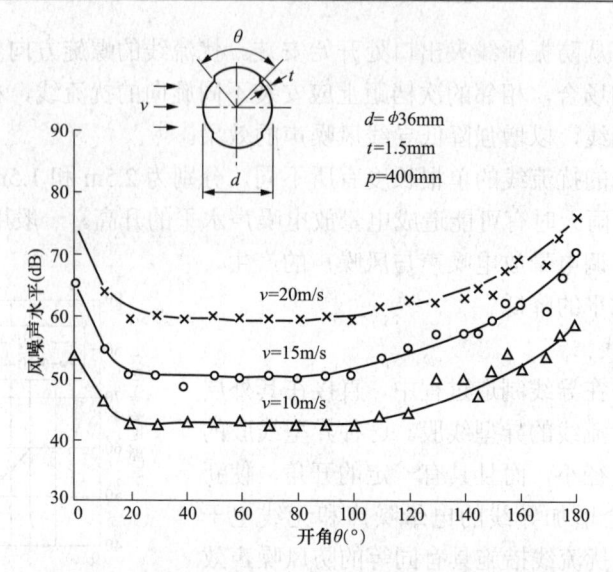

图 9-24 单导线突起部开角与风噪声水平的关系曲线

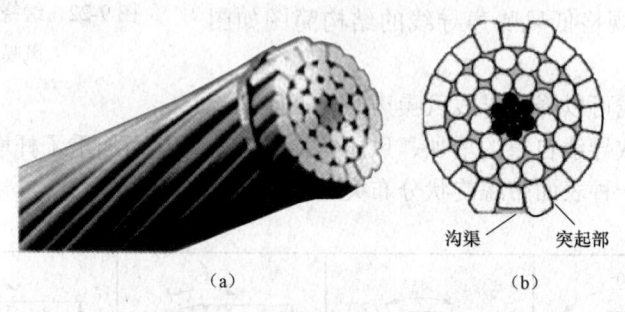

图 9-25 新型低风噪声导线
(a) 实物图；(b) 截面图

这种导线改变了低风噪声导线上突起部的高度，使突起部的中央部分低于两边，从而形成了一种"沟渠"的形状。这样，在降雨时可以促进导线上雨水的排出，从而降低了电晕放电水平。

与导线相同，架空地线上也可以采取这种"突起"的方式来降低架空地线产生的风噪声。

对于分裂导线来说，迎风侧子导线的气流剥离产生的乱流成为背风侧子导线新的声源，这使背风侧子导线的噪声水平提高；再加上子导线之间的气流互相干涉，从总体上来说，分裂导线要比单导线的噪声水平高。分裂导线采用的低风噪声导线的突起部高度应比单导线的突起部适当高一些。另外，单纯从降低风噪声水平的角度来看，子导线的间隔大一些更为有利。

9.6.2 绝缘子串风噪声对策

1. 绝缘子串风噪声防止装置

可在绝缘子之间的连接处加一个橡胶间隙来降低绝缘子之间的声音结合，这样可以防止声音共鸣，从而达到降低风噪声水平的目的。

2. 防风噪声绝缘子

绝缘子串的风噪声最初是由于风吹在绝缘子最外边的褶皱部时所引起的。因此，可以考虑改变绝缘子最外边褶皱与内部褶皱的高度，抑制褶皱之间产生的空腔振动，从而降低绝缘子串风噪声的水平。防风噪声绝缘子的形状如图9-26所示。普通绝缘子褶皱部产生的切向风会引起空腔振动，而防风型绝缘子，改变了绝缘子的盘型结构，使得绝缘子褶皱部产生的切向风在内部不会产生空腔共鸣。

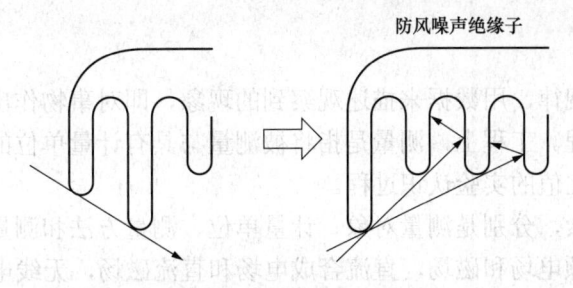

图 9-26　防风噪声绝缘子的形状

杆塔风噪声主要由杆塔上未封闭的中空钢管内产生的空气振动所引起。因此，在通过观察测量找出容易产生风噪声的中空钢管后，只需用不锈钢板或橡胶筛堵住钢管端部即可。

问题与思考

9-1　电晕噪声的概念是什么？
9-2　电晕噪声的影响因素是什么？
9-3　电晕噪声的计算方法有哪些？
9-4　输电线路风噪声的影响是什么？
9-5　输电线路风噪声的降噪措施有哪些？

第 3 篇　测量原理和测量方法

测量是按照某种规律，用数据来描述观察到的现象，即对事物作出量化描述。测量是对非量化实物的量化过程。工程上，测量是指将被测量与具有计量单位的标准量在数值上进行比较，从而确定二者比值的实验认识过程。

测量包括四个要素，分别是测量对象、计量单位、测量方法和测量的准确度。电磁环境因素的测量对象为工频电场和磁场，直流合成电场和直流磁场，无线电干扰以及可听噪声。

测量方法是指在进行测量时所用的按类叙述的一组操作逻辑次序。不同的测量对象的测量实施不尽相同，需要针对性提出不同的方法。

测量设备是指测量仪器、测量标准、标准物质、辅助设备以及进行测量所必需的资料的总称。测量仪器是通过直接或间接的方法获取测量对象某些属性的仪器，一般由传感器或变送器、传输通道、信号处理和显示等环节构成。

测量系统是用来对被测特性定量测量或定性评价的仪器或量具、标准、操作、方法、夹具、软件、人员、环境和假设的集合，用来获得测量结果的整个过程。

第 10 章　测 量 原 理

本章介绍工频电场和磁场、直流合成电场、离子电流密度、直流磁场、无线电干扰和可听噪声的测量仪器的原理和校准装置。

10.1　工频电场测量原理及校准

工频电场和磁场是交流输电线路的重要环境影响因子，是公众关注的重点。同时由于工频电场和磁场的测量原理相似，使用的传感器较为简单，处理电路相似，因此，一般将工频电场和磁场的测量仪器集成为一个仪器。这样可以通过一次测量工作实现对两个量值的测量。

10.1.1　工频电场测量原理

测量工频电场的传感器结构形式有地参考型、悬浮体型以及光电型。前两者是通过电容在交变电场中产生感应电流的原理测量电场的，后者是通过泡克耳斯效应（Pockels Effect）测量电场的。

地参考型探头可以由一块平板和一个安装在薄绝缘层上的接地电极组成，或者由一薄绝缘层分开的两个平行板组成，下极板接地，上下极经屏蔽电缆和电流表连接进行测量，如图 10-1（a）所示。

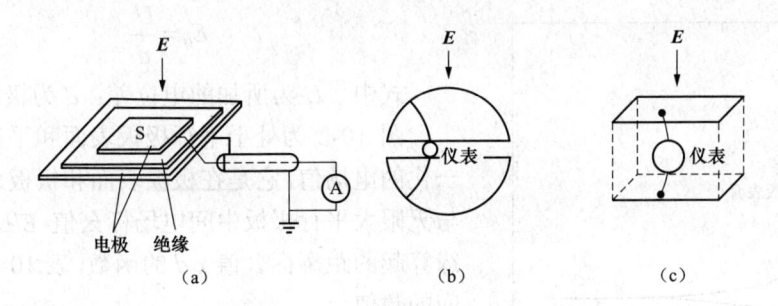

图 10-1 场强表探头的主要类型

（a）地面测量电极；（b）球偶极子型；（c）平行平板型

悬浮体型探头的主要形式有两种，如图 10-1（b）、（c）所示，即球偶极子型和平行平板型。球偶极子型是由两个半球组成的偶极子，它们沿共同的赤道圆相互绝缘，并通过一低阻抗相互连接在一起。平行平板型探头由相互绝缘的两块平行导体板构成。

悬浮体型探头的平行平板间充满了环氧树脂，其介电常数为 ε，上下平行板的面积为 S，相距为 d，将平行平板探头置于均匀电场 E 中，会在铜板上感应出电荷，铜板的面电荷密度为 σ，根据高斯定理有

$$E = \frac{\sigma}{\varepsilon} = \frac{q}{\varepsilon S} \tag{10-1}$$

两平板间电势差为

$$U = Ed = \frac{qd}{\varepsilon S} \tag{10-2}$$

由式（10-2）可知：两平板间电势差与均匀电场 E 成正比，只要测出两平板间电势差就可求出 E。

悬浮体场强仪通过测量引入到被测电场的一个孤立导体的两部分之间的工频感应电流或感应电荷，实现对工频电场的测量。它用于在地面以上的地方测量空间电场，并且不要求一个参考地电位。悬浮体场强仪的指示器可以放在探头内构成探头的一个组成部分，也可采用光纤把探头和显示单元连接起来，两种形式的探头均可用一个绝缘手柄或绝缘体引入电场。

光电场强仪利用介质晶体探头中的泡克耳斯效应确定电场强度。泡克耳斯效应就是在一个完全定向的介质晶体中由电场引起光的双折射的大小正比于电场强度，通过晶体（该晶体有时被透光的电极覆盖）和有关光元件偏振光的强度被感应的双折射所调制，光缆将指示器中的光源的光送到探头并从探头传送到指示器显示。

10.1.2 工频电场测量仪器的校准

工频电场测量仪的校准需要一个足够大的均匀电场，为产生一个理想的均匀电场，需要装置的尺寸足够大，探头不会对产生电场的电极表面上的电荷分布产生明显的影响，探头放置处场强值的不确定度减小到可接受的水平，电场不因临近物体、地面或进行校准的操作人员而产生明显的畸变。

只要两平行极板间的距离与板的尺寸相比足够小（一般要求超过 10 倍，或者在极板之间加设若干均压环），就可认为平行极板内部产生的电场为均匀电场，可作为校准电场使用。其中均匀场强值 E_0 为

$$E_0 = \frac{U}{d} \tag{10-3}$$

式中：U 为所加的电位差；d 为极板间距。

图 10-2 为处于平行极板表面和平行极中间的归一化的电场值，它是在极板表面和极板之间中部电场与无限大平行极板中间电场标幺值 E/E_0 对从极板边缘算起的距离标幺值 x/d 的函数，表 10-1 中给出了相应的数值。

图 10-2 和表 10-1 表明，在距离边缘一个极板间距处以及向极板中央的区域内，由于边缘效应而导致的均匀度偏离已经小于0.1%。对于有限尺寸的正方形极板，可以通过叠加法来估算四个边的边缘效应，并使其满足边缘效应导致的均匀度误差的要求。

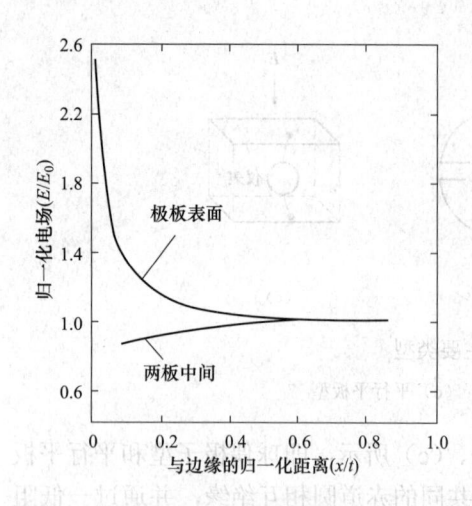

图 10-2 处于平行极板表面和平行极中间的归一化的电场值（标幺值表示）

表 10-1　　处于平行极板中间和极板表面上的归一化的电场值

两平行极板中间		平行极板表面	
x/d	E/E_0	x/d	E/E_0
0.0698	0.837	0.0185	2.449
0.1621	0.894	0.0829	1.111
0.2965	0.949	0.1230	1.265
0.4177	0.975	0.1624	1.183
0.6821	0.995	0.2431	1.095
0.7934	0.997	0.4376	1.025
1.0000	0.999	0.6861	1.005
		0.7954	1.002
		1.0000	1.001

如果极板附近没有其他物体，四个边引起的场边缘效应小于 0.5% 的正方形极板可采用具有有限尺寸的平行极板结构，图 10-3 为用于校准电场测量仪的平行极板装置。它采用一个 3m 直径的圆电极，间距为 1m 的电场探头校准，由高压发生器、电压互感器、数字万用表、平行板发生器和操作台等构成。其中高压发生器型号为 DCH-1，输出范围 0～50kV（50Hz），不确定度等级 0.2%；电压互感器型号为 HJD-100，变比为 100kV/100V，精度为 0.05 级；平行板发生器的直径为 3m；高精度万用表型号为 FLUKE8845A，Vac 准确度达 0.0024%；操作台型号为 ZX-15-2，容量为 10kVA，校准时应将测量探头放在平行极板结构的中央。

在场强仪的每个量程范围内至少均匀地取三点，每一点对应一个场强，通过 $E_i = U_i/d$ 求出装置所施加的电压。U_i 是校准平行极板上的电位差，d 是校准平行极板的间距。

施加计算所得的电压，读取仪器的读数。高压测量的不确定度应不大于 0.5%。

计算所选场强数值与仪器测量场强的读数，得出校准误差曲线。并根据相关依据给出待校准仪器的合格情况。

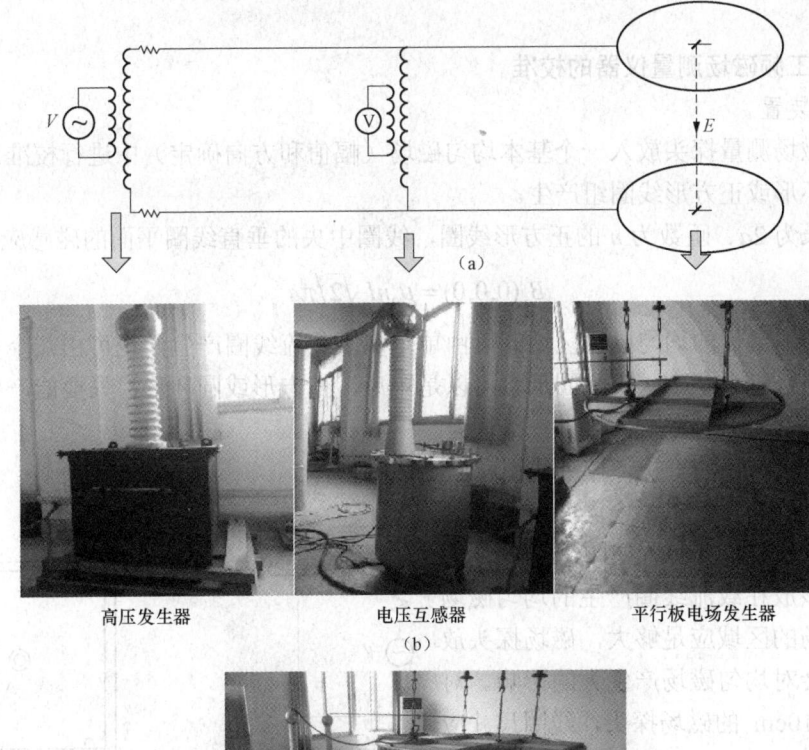

图 10-3　用于校准电场测量仪的平行极板装置
（a）原理图；（b）对应设备；（c）校准装置实物图

10.2　工频磁场测量原理及校准

10.2.1　工频磁场测量原理

根据法拉第电磁感应定律，通过一个闭合线圈的磁通量如果发生变化，那么将在这个线圈中产生感应电动势。这一电动势与线圈的面积、匝数、通过该线圈的磁通量的变化率相关。

感应电动势用 ε 表示，单位为 V，则有

$$\varepsilon = n\frac{\Delta\phi}{\Delta t} \tag{10-4}$$

式中：n 为线圈匝数；$\Delta\phi$ 为磁通量变化量，Wb；Δt 为发生变化所用时间，电动势与磁感应强度的变化率成正比，因此，需要有一个积分环节，以便将这一信号恢复成与磁感应强度相

关的量。

10.2.2 工频磁场测量仪器的校准

1. 校准装置

一般将磁场测量探头放入一个基本均匀磁场（幅值和方向确定）中进行校准。磁场可以用载流的圆环形或正方形线圈组产生。

一个边长为 $2a$、匝数为 n 的正方形线圈，线圈中央的垂直线圈平面的磁感应强度值为

$$B_z(0,0,0) = \mu_0 n I \sqrt{2}/\pi a \tag{10-5}$$

校准磁场测量仪的均匀磁场区域既可由单个多匝载流线圈产生，也可由几个多匝载流线圈按一定的结构组合产生，且线圈形状可以是矩形、正方形或圆环形，只要能产生足够的均匀场即可。

为减小对校准场的干扰，校准线圈应远离铁磁物体。

2. 校准程序

磁场测量仪的校准布置如图 10-4 所示。磁场探头应该放在载流线圈产生的均匀磁场内，均匀磁场的区域应足够大，磁场探头放入其中时不会对均匀磁场产生大的影响。对于一个直径 10cm 的磁场探头，线圈尺寸应该至少是 1m×1m。

在磁场测量仪量程范围内选取若干个校准点。根据校准装置的计算公式，计算产生这些场强所需要的电流。

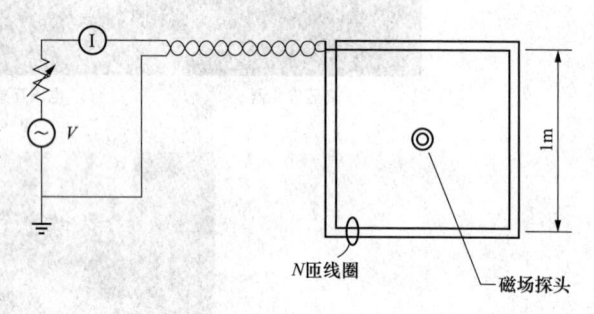

图 10-4 磁场仪的校准布置

将待校准仪器放置在校准装置的规定校准点，依次施加所计算的电流，并记录待校准仪器的读数。若为三维仪器，重复这一过程测试其他轴向的读数。

计算所选场强数值与仪器测量场强的读数，得出校准误差曲线。并根据相关依据给出待校准仪器的合格情况。

10.3 直流合成电场测量原理及校准

由于直流合成场不像交流电场那样可以用平行板电容耦合，直流合成场的测量需要特殊的旋转电场测试仪，该电场测试仪既要准确地测量合成的直流合成场大小、判断极性，又要把多余的吸附离子导入地面，不致因离子影响测量。

10.3.1 直流合成电场测量原理

测量直流场强的基本原理是使传感组件上接收到的电力线总数量周期的变化与之相应的感应电荷也随之周期性的变化。利用周期性变化的电荷所形成的电流测出相应的场强大小。同时设置一个同步信号，用于判别电场的极性。

通常，将合成电场的传感器称为"场磨"，测量仪器有时也称为"场磨"。场磨常用的有快门型、圆筒型和震板型，其中快门型场磨应用较广，以下对快门型场磨进行介绍。

快门型场磨的结构如图 10-5 所示。其探头是由两个同轴安装的圆形扇片构成，上扇片随

轴由电机驱动转动并接地，下扇片固定不动，作为信号提取的电极。

场磨探头是由每隔一定角度开有若干个扇形孔的上圆片和特定形孔的下圆片组成，两圆片同轴安置，两者间隔开一定距离并相互绝缘，上面圆片随轴转动并直接接地，下面圆片固定不动并通过一电阻接地，用于提取测量信号。

当动片（上圆片）转动时，直流合成场通过转动圆片上的扇形孔，时而作用在静片（下圆片）上，时而又被屏蔽。这样在静片与地之间产生一交变的电流信号。该电流信号与被测直流合成场成正比，通过测量该交变的电流可以知道直流合成场的大小，可用数学公式说明如下。

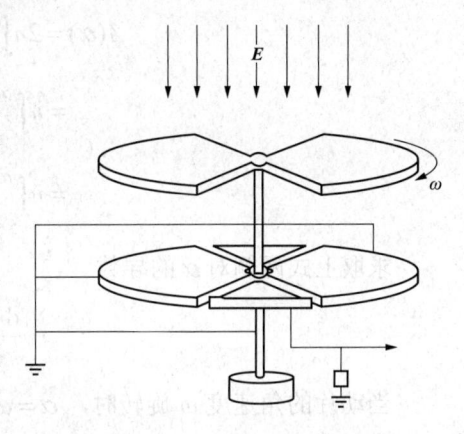

图 10-5　快门型场磨的结构

（1）数学原理。设场磨位于均匀恒定的电场 E 之中，电动机带动旋转动片（上圆片）做定速旋转，下部的传感电极静片暴露于电场 E 的面积呈周期性变化，当静片暴露于电场时，为了维持其地面电位，其上面会积聚相应的电荷，当电场指向地面时积聚的是负电荷，当电场指向上空时积聚的是正电荷。当静片被动片遮蔽时，其上的电荷会流散于地中。电荷的积聚与流散都是通过电阻 R 进行的，通过测量电阻上的压降即可测得其所在位置的电场强度。

积聚的电荷量是由式（10-6）确定

$$q_s(t) = \varepsilon_0 E A(t) \tag{10-6}$$

式中：$q_s(t)$ 为静片上随时间而变化的电荷量，C；ε_0 为真空的介电系数，$\varepsilon_0 = \dfrac{1}{36\pi} \times 10^{-9}$ F/m；E 为所测点的电场强度，V/m；$A(t)$ 为静片暴露于电场下随时间而变化的面积，m²。

与 $q_s(t)$ 相应的电流为

$$i_s(t) = \frac{\mathrm{d}q_s(t)}{\mathrm{d}t} = \varepsilon_0 E \frac{\mathrm{d}}{\mathrm{d}t} A(t) \tag{10-7}$$

式（10-7）即为设计场磨传感器物理尺寸、放大器倍数等的基本依据。

（2）静片形状确定。为使得传感探头输出的电离为正弦波形，需要设计静片的形状。

动片仍为 $1/4n$ 圆的扇状，其中 n 为磨片对的数量，静片的形状为待求量，以极坐标表示的径与角的关系为

$$\rho = f(\alpha) \tag{10-8}$$

动片下缘位于 $-\pi/4n$ 时静片被全部遮蔽，当动片下缘位于 $-\alpha$ 时，所暴露的静片面积如图 10-6 的阴影部分所示。传动轴需穿过静片，并在动片上与之连接，在动片上也要占用一定面积，该面积的半径为 r，是永远不

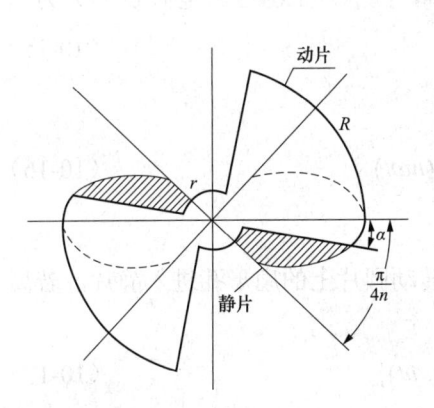

图 10-6　静片暴露面积与动片位置的关系

被暴露于电场的。由图 10-6 所示，可得出暴露面积为

$$A(\alpha) = 2n\iint \rho \mathrm{d}\rho \mathrm{d}\theta - r^2\pi \cdot 2n\frac{\left(\frac{\pi}{4n}+\alpha\right)}{2\pi}$$

$$= n\int_{-\frac{\pi}{4n}}^{\alpha} \rho^2(\theta)\mathrm{d}\theta - r^2\left(\frac{\pi}{4n}+\alpha\right) \tag{10-9}$$

$$= n\int_{-\frac{\pi}{4n}}^{\alpha} f^2(\theta)\mathrm{d}\theta - r^2\left(\frac{\pi}{4n}+\alpha\right)$$

求取上式两侧对 α 的导数

$$\frac{\mathrm{d}A(\alpha)}{\mathrm{d}\alpha} = nf^2(\alpha) - nr^2 \tag{10-10}$$

当动片的角速度 ω 旋转时，$\alpha = \omega t$
带入得

$$\frac{\mathrm{d}A(\alpha)}{\mathrm{d}\alpha} = 2nA_0\cos 2n\alpha = n\rho^2 - nr^2 \tag{10-11}$$

所以

$$\rho = \sqrt{2nA_0\cos 2n\alpha + nr^2}/n \tag{10-12}$$

这就是描述静片形状的公式。
$\alpha = 0$ 时，有

$$\rho = R = \sqrt{2nA_0 + nr^2}/n \tag{10-13}$$

按照式（10-13）制作静片的形状。

（3）工作原理。假设上圆片上共有 n 个扇形孔，每个扇形孔面积为 A_0，上面圆片转动的角速度为 ω，则当上圆片转动时下面圆片暴露于直流合成场的面积 A 随时间的变化为

$$A(t) = nA_0[1-\cos(n\omega t)] \tag{10-14}$$

若被测直流合成场的场强为 E，空气的介电系数为 ε_0，则静片上感应的电荷 $Q(t)$ 为

$$Q(t) = \varepsilon_0 EA(t) \tag{10-15}$$

由此可以求得，由直流合成场感应的电流为

$$i_\mathrm{e}(t) = \frac{\mathrm{d}Q(t)}{\mathrm{d}t} = \varepsilon_0 En^2 A_0 \omega \sin(n\omega t) \tag{10-16}$$

通过测量 $i_\mathrm{e}(t)$ 可以知道合成电场 E。

（4）离子电流的处理。空间的离子电流，也可通过转动圆片上的扇形孔进入静片，若离子电流密度为 J，则进入到下面固定圆片的离子电流为

$$i_\mathrm{j}(t) = JA(t) = nA_0 J[1-\cos(n\omega t)] \tag{10-17}$$

由式（10-17）可知，进入固定圆片的电流 $i(t)$ 是由离子电流 $i_\mathrm{j}(t)$ 和感应电流 $i_\mathrm{e}(t)$ 两个分量组成，其感应电流和离子电流相角正好差 $90°$。理论上，如能准确区分和测量 $i_\mathrm{e}(t)$ 和 $i_\mathrm{j}(t)$ 两个分量，利用该仪器可同时用来测量合成电场 E 和离子电流密度 J，但由于旋转电场仪的 A

值小,致使$i_j(t)$很小,无法由此准确求得 J 值。由于$i_j(t)$远小于$i_e(t)$,$i_j(t)$的存在对$i_e(t)$读数影响小,即$i(t) \approx i_e(t)$,故可以由此确定合成电场 E 值。

(5) 其他考虑。为保证合成场测试装置安全可靠的运行,除电路设计外,机械结构设计也是相当重要的一环。它需要将信号采集电路、光槽单元、直流电机及其驱动器、各种电路板和锂电池等合理装备在一个较小的空间内。

从前面介绍的直流合成场测量的原理可知,为保证检测的精确性,信号的频率必须非常稳定,而信号的频率取决于电机旋转的转速。为使电机转速稳定,采用电机转速的闭环控制,通过 PID 软件控制,实现在低压直流电下(5V 供电)电机转速保持不变。

10.3.2 场磨的校核

场磨是测量直流电场的。直流合成电场还存在有空间电荷,所以为校核场磨,不但要有静电场源而且还有相应的空间电荷发生装置。

和一般的仪表校核不同,不是利用一台高精度场强测量仪器来校核低精度的场强仪,而是利用能确切计算其电场强度和确切测量其空间电荷的场源和空间电荷流作为原值进行场磨校核。

1. 校准装置

(1) 静电场源。两块无穷大的平行平板之间的电场,是可精确计算出来的均匀场源,但实际上不可能有无穷大的平板,一般要求极板尺寸大于 10 倍以上的极间距离就可以了。如果不能满足这一要求,可以在上下极板之间增加若干均压环,各环之间用电阻连接。同时实验表明,在距离边缘大于板间距离的地方就已可以看作均匀场了。如图 10-7 所示,也就是说,只要被校准的设备的外缘处于 $x \geq d$ 的范围即可。

此外场磨的动片并不是将其所在的圆片面全部填满,其空档部分有所下陷,这也会影响其上空电场的均匀性。实验表明,这一影响在约 4

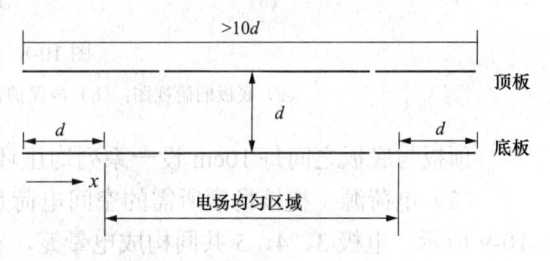

图 10-7 产生均匀电场的平板电极

倍场磨半径的地方既可认为已不存在了。亦即在图 10-7 中两板之间的距离 d 应等于或大于 4 倍场磨动片的半径。如场磨半径取 5cm,则 $d \geq 20$cm。但要制成极板间距可以调整的形式,最大距离更大,可以满足校核离子密度测量的要求。

在有空间电荷的情况下进行校核,还需测量离子电流密度。为了便于测量,采用较大电流传感的面积,该面积取为与现场测量相同的值,即 $1m^2$。

与场磨相邻的保护带宽取为 5cm,边上的保护带宽取为 40cm,即与上下平板之间的最大距离相等,使在电流传感板所有的面上的场在任何情况下都满足均匀场的条件,各板之间的缝隙取为 1.2~2mm,按以上取值,底板的尺寸如图 10-8 所示。

各板需用绝缘支架支撑。为保持板面的完整,最好用 0.5mm 厚的铜皮平铺在五夹板上,再用绝缘支柱将五夹板撑于支架上。

当没有空间电荷时,顶板只需一块周边尺寸与外保护带相同的实心金属板即可。但为了一板两用,既可用于无空间电荷的情况,又可适用于有空间电荷的情况,所以需采用不锈钢丝筛网制作,要求筛网的传输系数为 0.7 左右。

传输系数=网孔的静面积/网的总面积。例如网丝直径 0.23mm,361 目(即每平方英寸有

361 个网眼,相当于每英寸排 18 根网丝),传输系数即为 0.7。

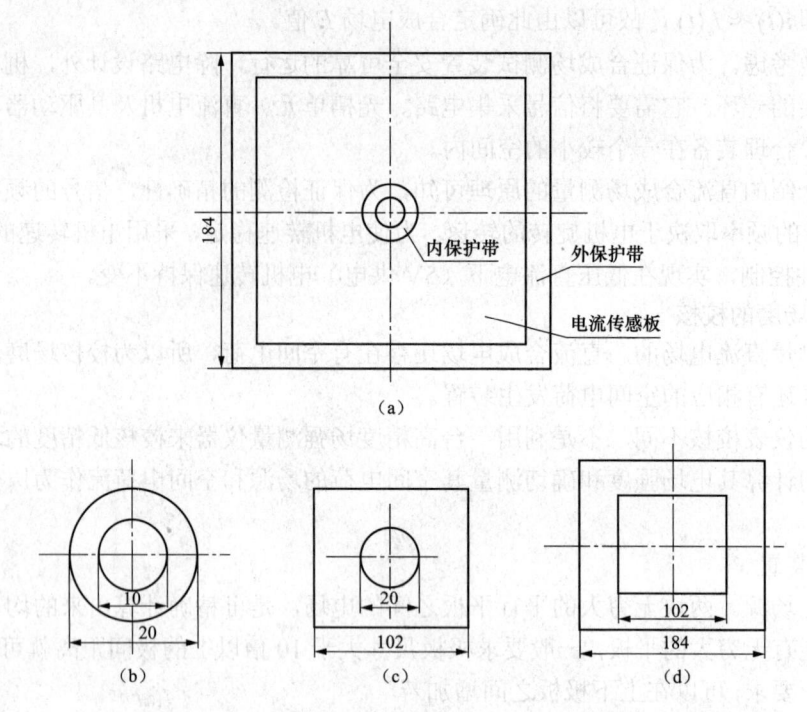

图 10-8　底板的尺寸

(a) 底板的俯视图;(b) 内保护带;(c) 电流传感板;(d) 外保护带

顶板与底板之间每 10cm 设一系列均压环,均压电阻为 500MΩ。

(2) 电荷源。校核场磨所需的空间电荷是由电荷源(电晕笼)提供的,其布置方式如图 10-9 所示,电极 3、4、5 共同构成电晕笼,在电压 (U_{co}-U_A) 作用下,电极 4 的细金属导线上产生电晕。电极 2、3、5 是由金属网构成的电极,电晕电荷除一部分被电极 3 和 5 吸收之外,向上逸至上空,向下则进入电极 2、3 之间的空间,其中一部分被电极 2 吸收之外,其余部分则进入电极 1、2 之间的空间,为校核区提供电荷。

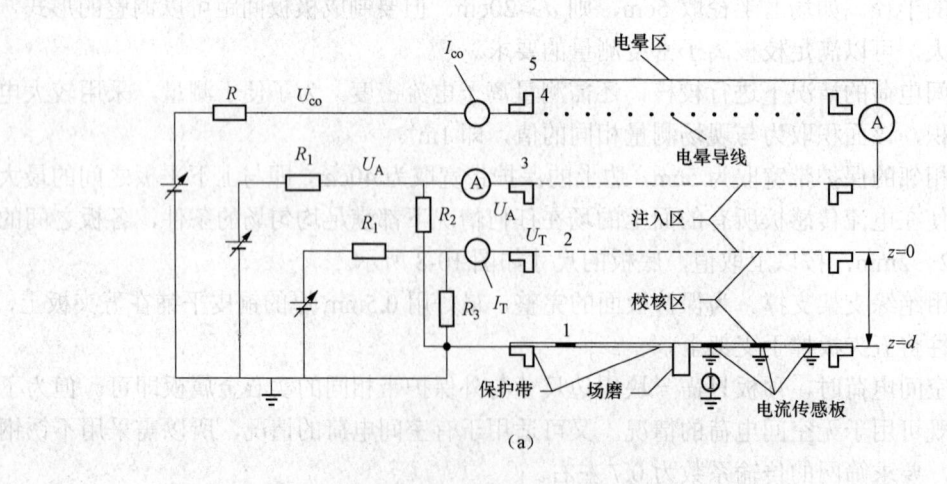

图 10-9　场磨校核装置示意图(一)

(b)

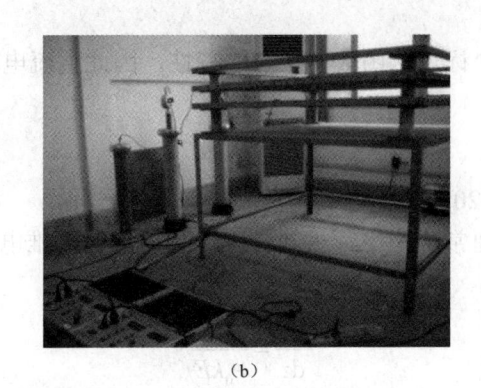

图 10-9　场磨校核装置示意图（二）
(a) 直流合成电场校准装置原理图；(b) 直流合成电场校准装置

图中各电极的结构如下：

1) 电极 1 为校核区的底板，即为静电场源中所述的底板，为正方形，采用 0.5mm 厚的铜皮平铺在五夹板上，其上设有测量、保护用的测量区域和保护区域。

2) 电极 2 为校核区的顶板，也是静电场源中所述的顶板，为正方形，大小与电极 1 相同，采用传输系数为 0.7 的不锈钢丝网。

3) 电极 3 为可调节电极，其电极板有两种规格，一层与电极 2 完全相同，另一层的传输系数为 0.42，采用薄钢片制作，钢片上钻直径为 3mm 的小孔，孔心间距离为 8mm。这两层网可以单独使用，也可重叠使用。这样该电极可以提供 0.7、0.42 和 0.7×0.42=0.294 三种传输系数。

4) 电极 4 由单向稀疏平行排列的不锈钢丝构成，因电晕会导致金属丝的腐蚀，故需用耐腐蚀的不锈钢丝，也可用钨丝。丝的直径最好小于 0.1mm，丝间距离 6cm。外框尺寸与电极 1 相同。

5) 电极 5 与电极 2 完全相同。

6) 电极 1 与电极 2 的距离为 40cm，每 10cm 设一均压环，均压电阻为 500MΩ，上下均压环通过电阻与电极 1、2 相连。

7) 电极 2 与电极 3 的距离为 8cm。

8) 电极 3 与电极 4，电极 4 与电极 5 之间的距离为 6cm。

2. 校准过程

(1) 确定各量。虽然所有电极均为平行平板电极，但其中有空间电荷存在，故其中的电位、场强、电荷密度的关系复杂，为了快捷地调整参数，必须先知道它们之间的关系。

当所研究的静电场区域中有空间电荷时，场的方程变为泊松方程，无限大平行平板间的电场可视为一维，解一维的泊松方程可以得出以下结果。

对于直流合成场，由于空间电荷的存在，其场强应满足泊松方程

$$\nabla \cdot E \rho / \varepsilon_0 \tag{10-18}$$

式中：E 为电场强度；ρ 为空间电荷密度。

在单向电场力的作用下，离子流电力线以速度 $v=kE$ 运动，形成离子流，其密度 j 为

$$j = \rho k E \tag{10-19}$$

式中：k 为离子的迁移率。

在无旋场中，可用一个标量位函数表征它的特性，因此直流电场中，电场强度与标量位函数也有如下关系

$$E = -\nabla \varphi \tag{10-20}$$

式（10-18）～式（10-20）为描述直流合成场的基本方程。

当空间电荷存在时，通常认为平行板间合成场是简单的一维电场，由方程（10-18）、式（10-19）得

$$\frac{dE}{dz} = \frac{j}{\varepsilon_0 k E} \tag{10-21}$$

式中：z 为电极的距离变量。

解此微分方程，可得电极 1、2 之间的电场强度为

$$E(z) = \left(E_0^2 + 2\frac{Jz}{k\varepsilon_0} \right)^{1/2} \tag{10-22}$$

电位为

$$\frac{3JV_T}{k\varepsilon_0} = \left(E_0^2 + 2\frac{Jz}{k\varepsilon_0} \right)^{3/2} - E_0^3 \tag{10-23}$$

通过图 10-9 的电极结构，运用上述电位和电场公式可以得出校核区域的各参数计算公式如下。

图 10-9 中电极 2 下测得电场强度为

$$E_0 = \frac{J}{k\rho_0} \tag{10-24}$$

式中：ρ_0 为顶板（电极 2）处的空间电荷密度。

离子电流密度为

$$J = \frac{2kd\rho_d^2}{\varepsilon_0 \left[1 - \left(\dfrac{\rho_d}{\rho_0} \right)^2 \right]} \tag{10-25}$$

式中：ρ_d 为底板（电极 1）上侧的空间电荷密度；d 为图 10-9 中电极板 1、2 间距。

校核区底板和顶板之间的平均电荷密度为

$$\rho_{ave} = \frac{1}{d}\int_0^d \rho(z)dz = \rho_d \frac{2}{1 + \left(\dfrac{\rho_d}{\rho_0} \right)} \tag{10-26}$$

式中：z 为电极 2 向电极 1 的距离变量。

以上就是电极 1、2 之间的空间推出的关系式，显然这些关系式也适用于描述电极 2、3 之间的有关量。

通过注入区（即电极 2、3 之间的区域）的离子流由式（10-27）决定

$$\Gamma = n \times K \times E \tag{10-27}$$

式中：Γ 为通过注入区的离子流；n、E 分别为注入区底板（即电极 2）上侧的离子密度和场强。

应注意，通过注入区的离子并不能全部进入校核区，因为电极 2 的传输系数并不等于 1。

（2）校准。利用以上已给出的公式，即可对所需的参数进行整定，程序如下：

1）选定 $\dfrac{\rho_d}{\rho_0}$ 的值，$0<\dfrac{\rho_d}{\rho_0}<1$。

2）选定平均电荷密度 ρ_{ave}，并利用式（10-26）求出 ρ_d 和 ρ_0。

3）利用式（10-23）算出 J。

4）利用式（10-24）算出 E。

5）在式（10-23）中，$z=d$ 时（为电极 1），应有 $\phi(d)=0$，由此得出

$$V_T = \frac{k\varepsilon_0}{3J}\left[\left(E_0^2 + 2\frac{Jd}{k\varepsilon_0}\right)^{3/2} - E_0^3\right] \tag{10-28}$$

根据以上求得的值，即可对场磨进行校核。校核时场磨的静片须与底板取平。

10.4 离子电流密度测量原理及校准

在 10.3 节中阐述直流合成电场测试原理时已经介绍，空间的离子电流也可以通过转动圆片上的扇形孔进入静片，若离子电流密度为 J，则进入到下面固定圆片的离子电流见式（10-17）。

10.4.1 离子电流密度测量原理

直流线路产生的离子从导线向四周扩散，最终到达异性极导线和地面，并以到达地面为主。这样就可以通过在离子运动路径上收集离子的方法进行离子电流密度的测量。即采用一块金属板，安放在地表面，并与大地绝缘，通过一个高灵敏度电流表将该金属板与大地连接，实现对截获粒子的测试。为方便计算，通常采用 $1m^2$ 的金属板。

在高压直流线路现场测量离子电流密度时，一般使用一种叫作威尔逊板的 $1m \times 1m$ 的金属板（或称为电流传感板），并在金属板周围加设接地的保护带，如图 10-10 所示，保护带宽 $5\sim 10cm$ 即可。电流表能够分辨 nA 级电流即可。

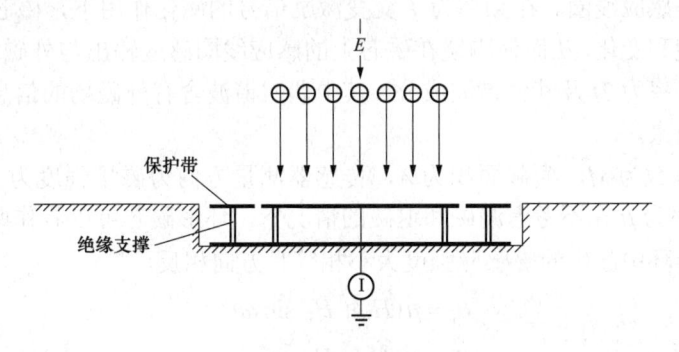

图 10-10 离子电流密度测量示意图

传感板规格的选择取决于电流测量仪器的灵敏度，除 $1m \times 1m$ 的规格，实验室常用的电流传感板还包括 $10cm \times 10cm$ 规格。

10.4.2 离子电流密度测量校准

从上述测量原理可知,只需用已知电流对其进行校核即可,例如采用图 10-11 所示的电路。当已知电压 U 和电阻 R 值,R 需远大于测量仪的输入阻抗,此时电流测量仪的读数应为

$$I = U/R \tag{10-29}$$

若电流表读数确实符合式(10-29),表明电流测量仪已校好。

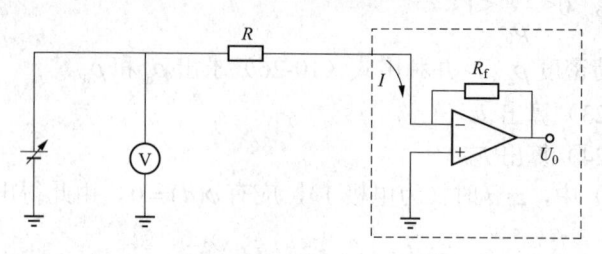

图 10-11 电流注入校核离子电流密度测量仪电路图

10.5 直流磁场测量原理及校准

在交流磁场中,任意一点的磁感线的方向是随着电流的方向发生变化而变化的。也就是说,一个固定的线圈放置在交变的磁场中,就可以感应出电动势来。而在直流磁场中,任意一点的磁感线的方向是不变的,无法通过静止的线圈实现测量,通常采用磁通门式磁敏传感器来进行测量。

磁通门式磁敏传感器又称为磁饱和式磁敏传感器,是一种采用某些高导磁率的软磁性材料(如坡莫合金)作磁芯,以其在交直流磁场作用下的磁饱和特性及法拉第电磁感应原理研制的测磁装置。

10.5.1 直流磁场测量原理

磁通门磁通仪是利用具有高导磁率的软磁铁芯在外磁场作用下的电磁感应现象测定外磁场的仪器。它的传感器的基本原理是基于磁芯材料的非线性磁化特性。其敏感元件是由高导磁系数、易饱和材料制成的磁芯,有两个绕组围绕该磁芯,一个绕组是绕向相反的两个激励线圈,另一个则是感应线圈。在频率为 f 交变激励信号的磁化作用下,磁芯的导磁特性发生周期性饱和与非饱和变化,从而使围绕在磁芯上的感应线圈感应输出与外磁场成正比的信号,该感应信号包含频率为 $2f$ 及其他谐波成分,其中偶次谐波含有外磁场的信息,可以通过特定的检测电路提取出来。

设感应线圈匝数为 M,横截面积为 A,传感器测量方向为磁场强度为 H_0,激励磁场为 $H_m \sin \omega t$,磁导率为 μ 在不考虑漏磁和退磁的情况下,环形磁芯可以看作两块半环形磁芯。激励磁场在两个半环中产生的磁感应强度大小相等且方向相反。

$$B_1 = \mu(H_0 + H_m \sin \omega t)$$

$$B_1 = \mu(H_0 - H_m \sin \omega t)$$

磁通门感应线圈输出的感应电动势为

$$U = -\frac{M}{2} A \left(\frac{dB_1}{dt} + \frac{dB_2}{dt} \right) = -MAH_0 \frac{d\mu}{dt}$$

而当超过磁芯的磁饱和点后,磁导率不再是线性的,而是如图 10-12 所示的曲线。当有角频率为 ω 的有记性激励磁场激励线圈时,可以把磁导率看作一个角频率为 2ω 的周期信号,且属于偶函数,可利用傅里叶变换将其展开为

$$\mu(t) = \mu_d + \sum_{i=1}^{\infty} \mu_i \cos 2i\omega t$$

将其带入磁通门感应线圈输出的感应电动势,可得感应线圈输出的电动势为

$$U = -4MAH_0\omega \sum_{i=1}^{\infty} \mu_i \sin 2i\omega t$$

因此,圆形磁通门感应线圈输出的信号与待测磁场成正比的偶次谐波分量的交流信号。

检测输出信号中的偶次分量,即可实现对直流磁场的测量。

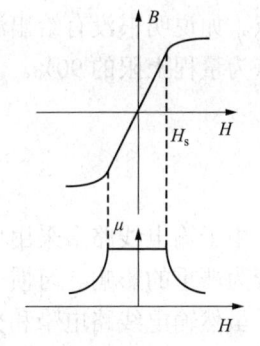

图 10-12 磁芯的磁导率变化意图

10.5.2 直流磁场测量仪器校准

直流磁场测量仪器有专门的技术标准规范其校准,JJG 2052-1990《磁感应强度(恒定弱磁场)计量器具检定系统》中规定校准装置和校准方法。以下稍做介绍。

基准磁场是通过在弱磁场中测定质子旋磁比来实现的。主要由基准磁感应强度线圈、电流发生和测量装置、频率测量装置、地球磁场补偿装置等构成。

基准磁感应强度线圈,由两个石英为支架的精密单层亥姆霍兹线圈组成,通过准确测量其几何尺寸计算其线圈系数。

地球磁场补偿装置是为克服地球磁场的影响而增加的。它由一套 3m 三维复式亥姆霍兹线圈及高稳定恒流源构成。用一条磁通门自动补偿装置来自动跟踪补偿。

校准过程按照 JJG 2052-1990 规定进行。

磁通门磁强计校准的主要的性能指标有示值误差、线性度、时漂、零偏、噪声、温漂等。

示值误差校准采用比较法,即直接比较标准装置复现的磁场与磁通门磁强计的读数的差值。选择磁通门磁强计磁场测量范围的上下限及中间值不少于七个点为校准点,并使被校准点平均分布在所选量程上。在磁场线圈上通稳定的直流电流,使线圈复现稳定的磁场环境,通过测量磁场线圈中的电流计算复现的标准磁场值。校准过程中将磁通门磁强计放置于磁场线圈的均匀区内,记录在不同标准磁场下磁通门磁强计的输出值。改变直流稳流源的输出,使磁场线圈复现其他校准点的磁场。记录磁通门磁强计在不同磁场下的示值误差。

线性度一般指某段限定范围,如果磁通门磁强计指标中没有说明,即指整个测量范围。线性度通过各校准点的示值误差计算得到。

零偏通过在零磁场正反两次测量得到。改变磁场线圈绕组中的电流,使其中心点的磁场近似为零。将磁通门磁强计探头放置于磁场线圈的中心点,使其磁轴的方向与磁场线圈的磁轴一致,记录磁通门磁强计的示值 B+。保持磁场线圈绕组中的电流不变,将磁通门磁强计探头方向改变 180°,记录磁通门磁强计的示值 B−。两次测量的均值即为零偏。

把磁通门磁强计探头放入磁屏蔽筒内,记录磁通门磁强计的输出。每 1s 记录一次读数,连续记录不少于 10 组读数,以计算器噪声特性。

时漂通过在屏蔽筒内观测磁强计在零磁场中的漂移得到。根据磁通门磁强计的技术要求

选择漂移时间及记录时间间隔，若没有具体要求，漂移时间一般定为 30 min，记录时间间隔根据漂移时间决定，记录的数据一般不少于 11 组。

根据磁通门磁强计说明书的技术要求选择温度范围和磁场校准点。每 10℃ 为一个温度测量点。如说明书没有给出温度范围和磁场校准点，则选择温度范围为 –55℃～125℃，磁场校准点为量程上限的 90%。

10.6　无线电干扰测量原理及校准

由于输电线路多采用单导线，导线与支撑结构之间较易放电，使输电线路对有线通信造成较为严重的影响。习惯上把输电线路产生这种影响称为无线电干扰。

虽然输电线路电晕和火花放电以及其他泄漏电流产生的无线电干扰的频率覆盖范围可高达 GHz 级，但本书所讲的无线电干扰频率范围为 150kHz～30MHz。

由无线电干扰特性可知，无线电干扰的频率范围广，不可能全频段测量，一般选取特定频率的无线电干扰作为特征量，用以表征其特性。

通常用 0.5MHz 的无线电干扰作为输电线路限值参考频率，以 0.15、0.25、0.5、1、1.5、3、6、8、10、15、20、25、30MHz 作为其频率特性的参考频率。

由于电晕的随机性，每一个频率点的无线电干扰的负值随时间的变化是随机的，可将该频率点的无线电干扰信号看成该频率的载波信号上叠加一个低频信号所组成的调幅信号。因此，测量无线电干扰时，测量仪器应能够输出反应该频点无线电干扰幅值特征的解调音频信号，以判断测量值不会受到正常工作的调幅广播电台的影响。

无线电干扰测量是通过天线耦合无线电干扰输出一个电信号，然后通过测量仪器（以下称为无线电干扰测量接收机，或简称接收机）测量其大小。因此无线电干扰测量包括天线和接收机两部分。

天线的原理与工频场的测量类似，这里不再赘述。可以使用的天线有偶极子天线（杆状天线）和环形天线。偶极子天线测量的是电场分量，测量时要注意杆端部可能存在的放电。环形天线测量的是磁场分量。

10.6.1　无线电干扰测量原理

无线电干扰测量时，习惯上用等效的正弦电压值来评定其强弱。"等效"的意义是：在调谐到某一频率的接收机的输入端一次馈给幅值随机的噪声电压，而另一次馈给等幅值高频正弦电压时，在此两种情况下的读数相同。

现代的无线电干扰测量仪，实际上是一台带有校准装置和满足特殊要求的测量接收机。这类仪表不但能测无线电干扰，而且也能测量正弦信号或有用信号的电压。应该注意，由于无线电干扰具有宽的频谱与各种不同的波形，使得一台用于无线电干扰测量的接收机与只测有用信号电压的电压表在电路的考虑上和测量结果的理解上有很大的不同。

无线电干扰的测量原理是利用无线电的共振和谐振，把从天线接收到的高频信号经检波（解调）还原成音频信号，送到耳机或喇叭变成音波，同时测量出其大小。这和超外差收音机的工作原理是一致的。

被选择的高频信号的载波频率就是所关注的无线电干扰频率，将其变为较低的固定不变的中频（465kHz），再利用中频放大器放大，满足检波的要求，然后才进行检波。为了产生变频作用，还要有一个本地振荡提供外差信号，本地振荡频率和被接收信号的频率相差一个中频（465kHz），这是通过同轴的双联电容器（PVC）进行调谐，使之差保持固定的中频数值。由于中频固定，且频率比高频已调信号低，中频放大器的增益可以做得较大，工作也比较稳定，通频带特性也可做得比较理想，这样可以使检波器获得足够大的信号，从而较为精确的测量。

无线电干扰测量的原理框图见图10-13，有A~J共10个部分。

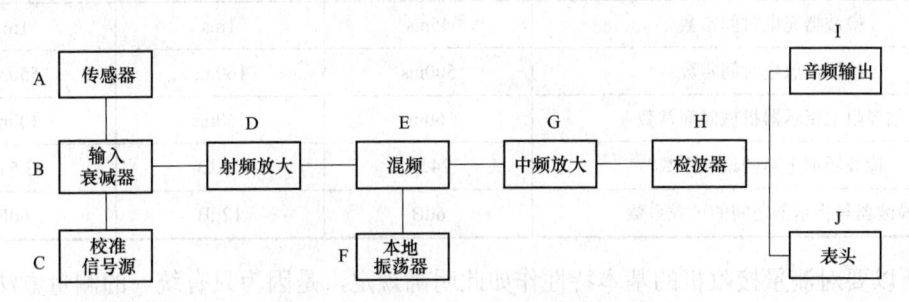

图 10-13 无线电干扰测量的原理框图

（1）A为传感器，在输变电工程中使用时就是天线。

（2）B为输入衰减器，可将外部进来的过大信号或干扰电平给予衰减，调整衰减量，保证测量输入电平在后续电路的处理范围之内，同时保护接收机免受过电压或过电流损坏。

（3）C为校准信号源，对测量过程的增益加以自我校准，以保证测量值的准确。

（4）D为射频放大、E为混频、F为本地振荡器和G为中频放大，与普通接收机原理基本一致。

（5）H为检波器，无线电干扰除可测量正弦波信号外，更常用于测量脉冲骚扰电平，因此需具有峰值检波和准峰值检波功能。

（6）I为音频输出，用于判断测量频率是否为电晕所产生的无线电干扰。

（7）J为表头，指示电磁骚扰电平。

图10-14给出了检波输出方式的示意图。其中，准峰值是要与人耳对无线电接收到的干扰的噪声所引起的"烦恼"联系起来。"烦恼"程度不仅与干扰的幅值有关，而且还要由干扰脉冲的重复率决定。测量高压架空送电线路和变电站的无线电干扰，一般采用准峰值检波。

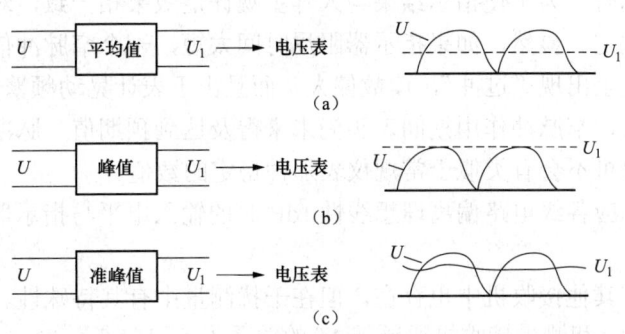

图 10-14 检波输出方式的示意图
（a）平均值检波器的输入和输出；（b）峰值检波器的输入和输出；（c）准峰值检波器的输入和输出

准峰值测量接收机的六个基本特征见表10-2。

表10-2　　　　　　　　　　　准峰值测量接收机的六个基本特征

基本特性	频率范围		
	9～150kHz	0.15～30MHz	30～1000MHz
6dB带宽	200Hz	9kHz	120kHz
检波器充电时间常数	45ms	1ms	1ms
检波器放电时间常数	500ms	160ms	550ms
临界阻尼指示器机械时间常数	160ms	160ms	100ms
检波器前电路的过载系数	24dB	30dB	43.5 dB
检波器与指示器之间的过载系数	6dB	12dB	6dB

之所以要对测量接收机的基本特性作如此明确规定，是因为只有统一的测量方法才能使结果具有可比性。也就是说，有些仪器虽然也能用来探测干扰，但不能把测量结果直接与干扰限值相比较，标准中给出的干扰限值正是用标准中规定的统一参数测量接收机统计得出的。

6dB带宽[总选择性（通带）]，测量同一个脉冲信号，不同的带宽会得出不同的读数，而且信号波形失真也会随接收带宽的下降而上升。实际测量中"宽带""窄带"干扰的鉴别，都要以接收机带宽为基准，这与习惯上的"宽带"信号、"窄带"信号概念是不同的。6dB带宽是指在调谐频率幅度最大值处，上边频和下边频方向幅度减小6dB时所测得的带宽。

充电时间常数（T_c）是指从恒定的正弦波电压加到检波级的输入端瞬间起，到检波器的输出电压达到其终值的63%所用的时间。

放电时间常数（T_d）是指从移去加在检波级输入端的恒定正弦波电压的瞬间起，到检波器的输出电压降至其初始值的37%所用的时间。

显然，在接收机中采用不同的充放电时间常数，测量同一噪声电压的指示值也不会相同，所以有必要统一规定T_c与T_d的数值。

指示器机械时间常数是指给指示器施加一个重复频率为0.1Hz、持续时间大于1s的矩形脉冲，调节脉冲幅度使指示表达到满度偏转，而且过摆不大于5%。再缩短矩形脉冲持续时间，使偏转指示指到满度的35%。此刻所用脉冲持续时间即为临界阻尼指示器机械时间常数。当测量结果用表头指示时，为了使指示结果与人耳主观评定效果相一致，对指示器的机械阻尼时间常数也应有所规定。显然，如果指示器阻尼时间太短，一个窄脉冲信号来，指示器很快就能达到预期值，甚至出现"过冲"，读数偏大。而且由于表计晃动频繁，数据读取也困难。反之，机械阻尼太大，窄脉冲作用期间表头尚未来得及达到预期值，脉冲结果指针即随之反冲干扰时，测量接收机不会有类似于常规仪表那种稳定的数值。

过载系数是指相应各级电路偏离理想线性1dB时的输入电平与指示器最大指示时的输入电平之差。

过载系数问题在其他接收机中也存在，但在干扰测量中有其特殊性。脉冲通过测量接收机后，脉冲持续时间τ和测量接收机通频带Δf的关系为$\tau = 1/\Delta f$。

对30～1000MHz的测量接收机来说，其通频带为120kHz，则脉冲持续时间为$\tau = 1/\Delta f = 1/120 = 0.00833$（ms）。

但惯性检波器的充电时间常数为 1ms，因此电容器上充电电压只达到

$$U \approx E\frac{\tau}{T_c} = 0.00833E$$

式中：E 为脉冲振幅；T_c 为检波器充电时间常数。

可见，无线电干扰接收机测量脉冲干扰时的指示值与测某一正弦信号指示值相同时，干扰脉冲的最大幅度比正弦最大幅度大 120 倍。换言之，测量接收机内部各级放大器幅度的特性必须比测试正弦信号有 120 倍以上的动态范围储备，否则就会因动态范围小而使干扰脉冲在放大过程中饱和限幅，输出读数减小，测量误差增大。提高过载能力是干扰测量仪的技术难点之一。

10.6.2 无线电干扰测量系统的校准

1. 接收机的校准

接收机实质上是一台高精密的无线电信号测量仪。但其校准是通过标准信号源输出频率和幅值可调的信号到接收机的输入端，比较接收机的频率和幅值的读数这种方法校准的。

对接收机的校准是按照其功能模块并按照表 10-2 的要求逐项校准的。无线电干扰测量装置具有法定的校准流程，应按照标准 JJF1144-2006《电磁骚扰测量接收机校准规范》实施。

以下给出充电时间常数和放电时间常数的校准方法的简要描述。

充电时间常数校准方法是将一个具有幅度恒定、频率等于中频的正弦波信号加到检波器的输入端，此信号电平应工作在相关各级放大电路的线性区域。将一个无惯性的指示器（如阴极射线示波器）接到直流放大器电路中不影响检波器性能的测量点上，记下该仪器指示 U，然后只在有限的时间施加上述同一电平的正弦波信号（包络为矩形的波形），使偏转上升到 $0.63U$，此信号的持续时间就是检波器的充电时间常数，如图 10-15 所示。

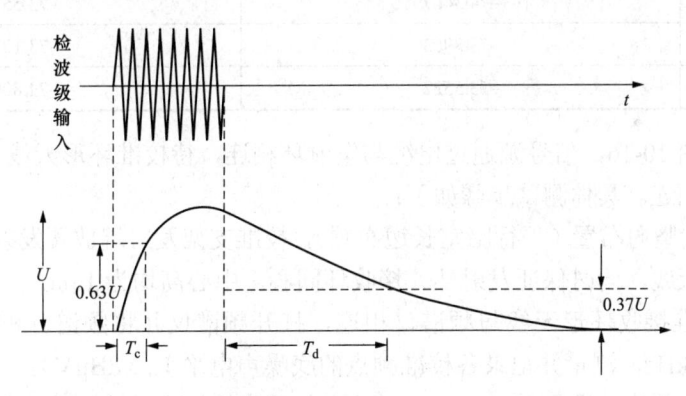

图 10-15 充放电曲线

放电时间常数校准方法与充电时间常数的测量方法相似，将施加的信号中断一定时间，使偏转指示降至 $0.37U$ 所需要的时间，就是检波器的放电时间常数，如图 10-15 所示。

2. 天线的校准

由于测量过程中还涉及天线，因此也必须对天线（包括馈线电缆）进行校准。天线系数是通过产生一个标准无线电信号，和标准测量仪器（接收机）测量天线感应的信号幅值，进而获得一个偏差，这个偏差就是天线系数。在天线的工作频段范围内，选取多个不同频点，即可得到较为完整的天线系数曲线，从而完成天线的校准。

以下给出一个电波暗室中校准圆形天线的校准实例。

对于待校准环形天线，其各主要频点的磁场环形天线系数计算公式为（推导过程略）

$$AF_{dBS/m}=K_f+V_1-V_2$$

式中：K_f 为各频点对应的天线系数常量，具体值见表 10-3；V_1 为电流监测端口电平，dBμV；V_2 为待校准接收环天线上的感应电压，dBμV。

表 10-3　　　　　　　　各频点对应的天线系数常量 K_f

频率（MHz）	直径60cm 接收环的天线系数常量 K_f	直径30cm 接收环的天线系数常量 K_f
0.15	−40.3659	−39.5504
0.25	−40.3658	−39.5503
0.50	−40.3654	−39.5500
0.75	−40.3648	−39.5493
1.0	−40.3638	−39.5485
2.0	−40.3575	−39.5425
3.0	−40.3469	−39.5326
4.0	−40.3322	−39.5188
5.0	−40.3133	−39.5009
10.0	−59.0112	−58.1924
15.0	−58.7697	−57.9647
17.5	−74.5133	−73.7148
20.0	−74.3467	−73.5570
26.0	−73.8903	−73.1230
30.0	−73.5522	−72.8002

测试布置见图 10-16，信号源通过电缆与发射环相连，待校准环形天线（直径 60cm）通过电缆与频谱仪相连。具体测试步骤如下：

（1）校准装置竖向布置（平行暗室长边布置），校准支架发射端放置发射环天线，接收端放置待校准环形天线，同时保证发射环、接收环同心，中心高均为 1.6m。

（2）将带校准接收环形天线与频谱仪相连，打开频谱仪并将频谱分析仪的分辨率带宽（RBW）设置为 9kHz，测量并记录各校准频点的底噪声电平 V_0（dBμV）。

（3）信号源射频输出设置为 107dBμV，将发射环天线的信号输入端口与信号源相连，同时将发射环天线电流监测端口与频谱分析仪相连，测量并记录各校准频点的电流监测端口电平 V_1（dBμV），关闭信号源射频输出。

（4）信号源射频输出设置为 107dBμV，将发射环天线的信号输入端口与信号源相连，同时将待校准环形天线的输出端口与频谱分析仪相连，频谱分析仪的分辨率带宽（RBW）设置为 9kHz 不变，确保各校准频点的待校准环形天线输出端口电平 V_2(dBμV)比底噪声 V_0(dBμV)至少高 10dB，测量并记录各校准频点的待校准天线输出端口电平 V_2（dBμV），关闭信号源射频输出。

（5）在两根测试电缆分别加上铁氧体，重复上述步骤（2）~（4）。

（6）重复上述步骤（1）～（5），将上述步骤中的频谱分析仪的分辨率带宽（RBW）设置为200Hz，测量并记录各校准频点的底噪声电平 V_0（dBμV）、电流监测端口电平 V_1（dBμV）、待校准天线输出端口电平 V_2（dBμV）。

（7）调整校准装置为横向布置，重复上述步骤（1）～（6）。

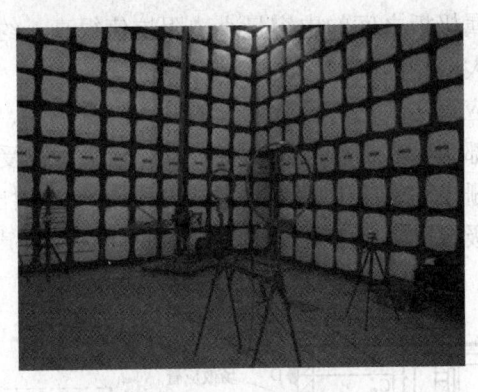

图 10-16　测试布置图

表10-4 给出了该天线的校准测试数据。

表 10-4　　　　　　　　　校 准 测 试 数 据

频率 （MHz）	横向布置		竖向布置		磁场天线系数（dBS/m）		厂商磁场天线系数 （dBS/m）
	电流 （dBμA）	电压 （dBμV）	电流 （dBμA）	电压 （dBμV）	横向布置	竖向布置	
0.15	71.8	74.0	72.1	73.2	−42.6	−41.5	−41.1
0.25	72.5	73.9	72.6	73.1	−41.8	−40.9	−41.1
0.50	72.8	73.9	73.2	73.3	−41.5	−40.5	−41.1
0.75	73.1	74.0	73.3	73.3	−41.3	−40.4	−41.1
1.0	73.0	73.9	73.2	73.3	−41.3	−40.5	−41.0
2.0	72.4	73.4	72.6	72.7	−41.4	−40.5	−40.8
3.0	71.5	72.6	71.7	72.1	−41.4	−40.8	−40.7
4.0	70.6	71.9	70.8	71.3	−41.6	−40.8	−40.8
5.0	69.6	71.1	69.6	70.6	−41.8	−41.3	−40.9

10.7　可听噪声测量原理及校准

噪声测量仪器一般是声级计，它是一种电子仪器，在把声信号转换成电信号时，可以模拟人耳对声波反应特性；对高低频有不同灵敏度的频率特性以及不同响度时改变频率特性的强度特性。声级计是一种主观性的电子仪器，不同于电压表等客观电子仪表。

10.7.1　声级计原理

噪声测量一般采用对声音敏感的电容式驻极体传声器。驻极体传声器主要由声电转换部分和阻抗变换部分组成，如图10-17所示。声电转换的关键元件是驻极体振动膜。它是一片极薄的塑料膜片，在其中一面蒸发上一层纯金薄膜。然后再经过高压电场驻极后，两面分别驻有异性电荷。膜片的蒸金面向外，与金属外壳相连通。膜片的另一面与金属极板之间用薄的绝缘衬圈隔离开。蒸金膜与金属极板之间形成一个电容。当驻极体膜片遇到声波振动时，引起电容两端的电场发生变化，从而产生了随声波变化而变化的交变电压。这就实现了对噪声信号的拾取。

由于驻极体膜片与金属极板之间的电容量小，阻抗值很高，约几十兆欧以上，这样高的阻抗是不能直接与音频放大器相匹配的，需要进行阻抗变换。

阻抗变换是通过场效应管实现的。场效应管的输入阻抗极高、噪声系数低。为保证场效应管安全可靠工作，其内部源极和栅极间又复合一只二极管，在受强信号冲击时起保护场效应管的作用。场效应管的栅极 G 接金属极板，源极 S 和漏极 D 引出。

后续音频电路处理源极 S 和漏极 D 的输出信号，即可得到噪声的大小。

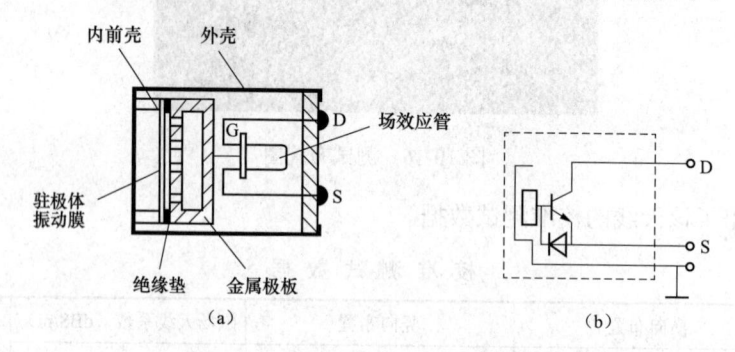

图 10-17 驻极体传声器结构示意图
（a）驻极体传声器结构；（b）输出电路

上述原理可以实现对噪声的线性测量，测量结果直接反映噪声自身的大小。由于噪声是人能够直接感受的，为了使得仪器测量结果直接反映人的主观响度感觉的评价量，在噪声测量中采用了一种特殊滤波器，称为计权网络。这是一种可模拟人耳听觉在不同频率具有的不同灵敏度，根据人耳的听觉特性把声音信号修正为与听感近似值的网络。通过计权网络测得的声压级，已不再是客观物理量的声压级（线性声级），而是计权声压级或计权声级。

人耳对不同频率纯音的响应是不同的。等响曲线是指典型听音者感觉响度相同的纯音的声压级与频率关系的曲线，如图 10-18 所示。用响度级来表示人耳对声音的主观感觉过于复杂。为了简单起见，在等响曲线中选了三条曲线，一条是 40 方的曲线，代表低声压级的响度感觉；一条是 70 方的曲线，代表中等强度的响度感觉；一条是 100 方的曲线，代表高声强时的响度感觉。按照这三条曲线的形状设计了 A、B、C 三条计权网络。A 计权网络特性曲线对应于倒置的 40 方等响曲线，B 计权网络曲线对应于倒置的 70 方等响曲线，C 计权网络曲线对应于倒置的 100 方等响曲线。

计权网络是一种特殊滤波器，当含有各种频率通过时，它对不同频率成分的衰减是不一样的。通用的有 A、B、C 和 D 计权声级。A 计权声级是模拟人耳对 55dB 以下低强度噪声的频率特性。B 计权声级是模拟 55~85dB 的中等强度噪声的频率特性。C 计权声级是模拟高强度噪声的频率特性。D 计权声级是对噪声参量的模拟，专用于飞机噪声的测量。A、B、C 计权网络的主要差别是在于对低频成分衰减程度，A 衰减最多，B 其次，C 最少。计权网络频率特性如图 10-19 所示。

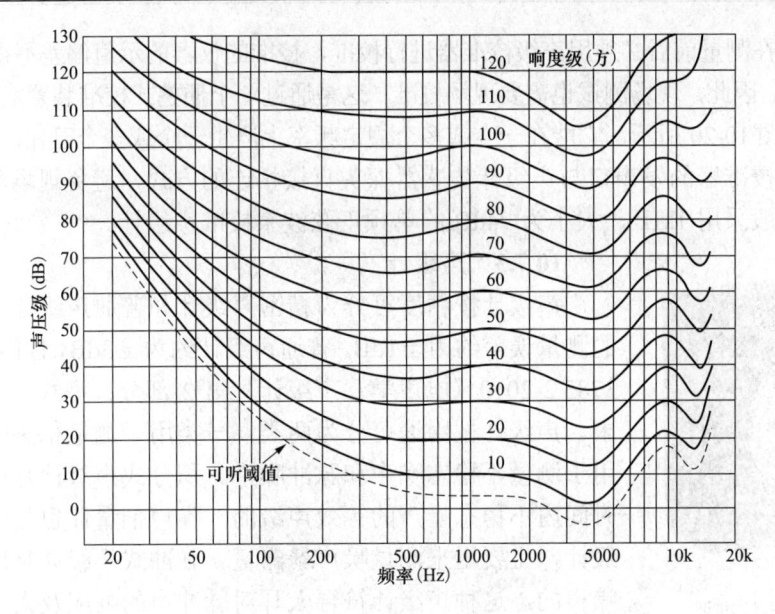

图 10-18　等响曲线

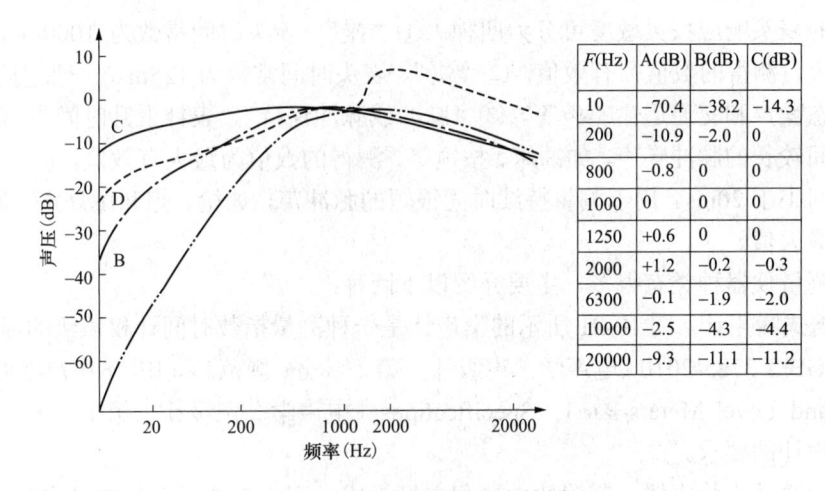

F(Hz)	A(dB)	B(dB)	C(dB)
10	−70.4	−38.2	−14.3
200	−10.9	−2.0	0
800	−0.8	0	0
1000	0	0	0
1250	+0.6	0	0
2000	+1.2	−0.2	−0.3
6300	−0.1	−1.9	−2.0
10000	−2.5	−4.3	−4.4
20000	−9.3	−11.1	−11.2

图 10-19　计权网络频率特性

（图中右侧为各频点的计权网络衰减值）

10.7.2　声级计的校准

声级计校准是通过产生一个标准强度的纯音的方式进行校准的。一般分为实验室校准和测试现场校准两种方式。

无论哪种校准方式都需要排除环境噪声的影响。实验室校准是通过在消音室中来实现的。消音室是声学测试的一个特殊实验室，是测试系统的重要组成部分，其声学性能指标直接影响测试的精度。消声室分全消声室和半消声室。房间的六个面全铺设吸声层的称为全消声室，一般简称消声室。房间的六个面中只在五个面或者四个面铺吸声层的，称为半消声室。消声室的主要功能是为声学测试提供一个自由声场空间或半自由声场空间。吸声层大多采用具有强吸声能力的吸声尖劈或平板式薄板共振吸声结构，以保证消声室良好的自由声场性能。

噪声测量在测量前后必须用声级校准器进行校准，校准的仪器的示值偏差不得大于 0.5dB，否则测试无效。因此，现场测试也需要现场校准。这是通过一个便携式校准装置实现的，这就是声校准器，如图 10-20 所示，它能在一个或多个规定频率上产生一个或多个已知声压级的装置。

通过将声校准器的发声口与声级计传感器探头直接相连的方式，避免现场环境噪声对校准的影响。一般采用 1kHz，大小为 94dB 的单频正弦波来校准声级计。

10.7.3 声级计

声级计按精度可分为精密声级计和普通声级计。精密声级计的测量误差约为±1dB，普通声级计约为±3dB，性能须符合 GB/T 3785.2-2010《电声学 声级计 第 2 部分：型式评价试验》的要求。声级计按用途可分为两类：一类用于测量稳态噪声，一类则用于测量不稳态噪声和脉冲噪声。积分式声级计是用来测量一段时间内不稳态噪声的等效声级的。噪声剂量计也是一种积分式声级计，主要用来测量噪声暴露量。脉冲式声级计是用于测量脉冲噪声的，这种声级计符合人耳对脉冲声的响应及人耳对脉冲声反应的平均时间。

图 10-20 声校准器

声级计的表头响应按灵敏度可分为四种：①"慢"。表头时间常数为 1000ms，一般用于测量稳态噪声，测得的数值为有效值。②"快"。表头时间常数为 125ms，一般用于测量波动较大的不稳态噪声和交通运输噪声等。③"脉冲或脉冲保持"。表针上升时间为 35ms，用于测量持续时间较长的脉冲噪声，如冲床、按锤等，测得的数值为最大有效值。④"峰值保持"。表针上升时间小于 20ms。用于测量持续时间很短的脉冲声，如枪、炮和爆炸声，测得的数值是峰值，即最大值。

噪声的测量仪器种类有很多，主要介绍以下两种：

（1）便携式噪声计。图 10-21 所示的噪声计是一种测量指数时间计权声级的通用噪声计，其性能符合 GB/T 3785-2010《电声学 声级计 第 1 部分：规范》和 IEC 61672-2002《Electro-acoustics-Sound Level Meters-Part1：Specifications（电声学 声级计 第 1 部分：规范）》标准对 2 级噪声计的要求。

便携式噪声计由传声器、前置放大器和主机组成。正常工作时应将测试电容传声器和前置放大器安装于主机头部，通过滚花螺母可将它们从噪声计上取下，加上延伸电缆线，延伸电缆对测量没有影响。噪声计的外形呈尖形，以减小对声波的反射。

在双声道输出插孔中可得到与被测声压呈线性关系的交流输出信号和呈对数关系的直流输出信号，它们可送至电平记录仪、磁带记录机等作时域记录，或送至频谱仪作频域分析，还可送至噪声级分析仪等智能仪器进行数据处理。在输出电路中设置有保持电路，用于测量某一段时间内声级的最大值。

来自输出电路的信号送至量程加法器，量程加法器根据量程控制器的位置，自动地加上量程底数，使显示器直接显示最后的测量结果，而不需像指针式声级计那样需作人工修正。

（2）环境噪声自动监测系统。环境噪声自动监测系统（见图 10-22）可用于城市环境噪声自动监测，交通噪声自动监测、机场噪声监测、噪声事件监测和报告及噪声数据自动采集、储存、传输，也可用于噪声污染源（如施工场地、厂界、道路车辆等）在线监测。它具有全天候监测、无需人值守、系统自动校准等特点。

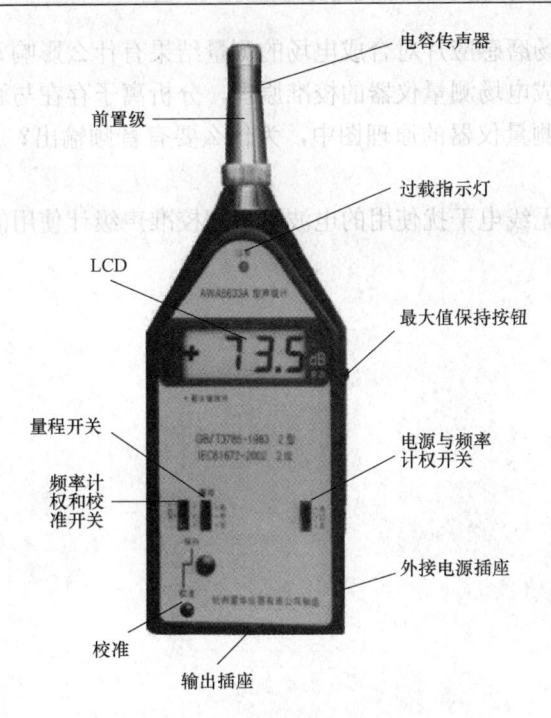

图 10-21　便携式噪声计

环境噪声自动监测系统主要由噪声监测终端、服务器软件和客户端软件组成，噪声监测终端包括户外传声器单元、数据采集控制单元、数据传输等模块，可以选配 1/3 OCT（倍频程）数值分析模块来进行频谱分析，还可加入显示屏直接将监测结果显示出来。

户外传声器单元主要作用是将监测点的噪声信号变成电信号，以便声级计进行处理。户外传声器单元具有防风、防雨、防鸟等功能，工作温度范围宽。加热驱潮功能使它可以工作在较潮湿的环境下。使用静电激发器进行自动校准，传声器的灵敏度归一化到 31.6mV/Pa，户外传声器和声级计可以互换，户外传声器可以从容物柜上取下，直接装在声级计上以方便送检、方便修理。还可以用声级校准器进行校准，以确定系统及静电激发器的准确性。

数据采集单元主要是完成数据采集，传输通信，同时将传声器送来的电信号进行灵敏度归一化。它采用数据存储器存储原始数据（数据类型查看声级计的测量指标）和统计数据，原始数据的采样间隔可以设置成 0.1、0.2、0.5s 和 1s。

图 10-22　环境噪声自动检测系统

问题与思考

10-1　结合工频电场特性，分析地参考型测量仪器使用时要注意哪些影响因素？

10-2　不同形状的场磨感应片对合成电场的测量结果有什么影响？

10-3　简述直流合成电场测量仪器的校准原理，分析离子存在与否对校准的影响。

10-4　无线电干扰测量仪器的原理图中，为什么要有音频输出？（提示：测量频段范围涵盖中短波广播信号）

10-5　试分析校准无线电干扰使用的电波暗室和校准声级计使用的声暗室的区别。

第 11 章 测 量 方 法

工频电场、工频磁场、直流电场、直流磁场、无线电干扰、可听噪声等是电力系统电磁环境影响的重要参量，线路运行后，通过工频场强计、直流合成场强计、无线电干扰接收机、可听噪声等仪器测量，获得相应的数值大小。目前我国工频场强计、直流合成场强计、无线电干扰接收机、可听噪声测量仪型号、类型较多。为得到正确的测量结果，规范各参数的测量方法是必要的。

GB/T 12720-1991《工频电场测量》和 DL/T 988-2005《高压交流架空送电线路、变电站工频电场和磁场测量方法》适用于所有电压等级的交流架空送电线路和变电站。GB/T 7349-2002《高压架空送电线路、变电站无线电干扰测量方法》给出了高压治理架空输电线路的无线电干扰测量方法。GB 3096-2008《声环境质量标准》提出用等效声级方法测量环境噪声。DL 501-2017《高压架空输电线路可听噪声测量方法》给出了交直流输电线路可听噪声的测量方法。DL/T 1089-2008《直流换流站与线路合成场强、离子流密度测试方法》给出了直流输电线路合成电场、离子电流密度的测量方法。直流磁场没有现成的测量方法，但其测量方法与治理和沉淀成的选点原则一致，实施则同工频磁场，在本章最后仅作简要描述。

11.1 工频电场、磁场测量方法

DL/T 988-2005 和 GB/T 12720-1991 中，规定了交流高压架空送电线路和变电站产生的工频电场和工频磁场的测量方法。

11.1.1 测量仪器

工频电场和磁场的测量采用具有专用探头的工频电场和磁场测量仪器，工频电场测量仪器和工频磁场测量仪器可以是探头与电压表分开，测量时通过长 3m 以上的光纤将探头与电压表连接，也可是探头和电压表两者合在一起的仪器。

工频电场和磁场测量仪的探头有一维和三维。一维探头一次只能测量空间某点一个方向的电场或磁场强度，三维探头可以同时测出空间某一点三个相互垂直方向（X、Y、Z）的电场、磁场强度分量和最大值。

无论哪一类型的测量仪器必须校验合格，并具有合格证书。测量期间，测量仪表应在校验合格的有效期内。

具有三维探头的测量仪器经光纤与电压表连接，操作简单，由于光纤长度大于 3m 以上，因而测量电场强度时测量人员可远离探头，不会造成探头附近电场畸变，测量精度较高。它用充电电池供电，便于野外测量。所以推荐使用该类型的工频电场、磁场强度测量仪进行测量。

11.1.2 测量要求

为避免通过测量仪表的支架泄漏电流，工频电场和磁场测量时的环境湿度应在 80% 以下。

进行工频电场强度测量时,测量者应离测量仪表的探头足够远,一般情况下至少要 2.5m,避免在仪表处产生较大的电场畸变。测量仪表的尺寸应满足:当仪表介入到电场中测量时,产生电场的边界面(带电或接地表面)上的电荷分布没有明显畸变。测量探头放入区域的电场应均匀或近似均匀。场强仪和固定物体的距离应该不小于 1m,将固定物体对测量值的影响限制在可以接受的水平之内。

如图 11-1 所示为一个身高 1.8m 的测量者在进行测量时测量仪表距测量者的距离、测量仪表的高度和测量误差关系。当测量仪表安置在较低位置(如 1.4m 以下)时,测量者靠得过近,会使仪表受人体屏蔽,测量电场值偏低;而当测量仪表在较高位置(甚至由测量者手持)时,则由于人体导致空间电场的集中,往往使测试结果偏高。

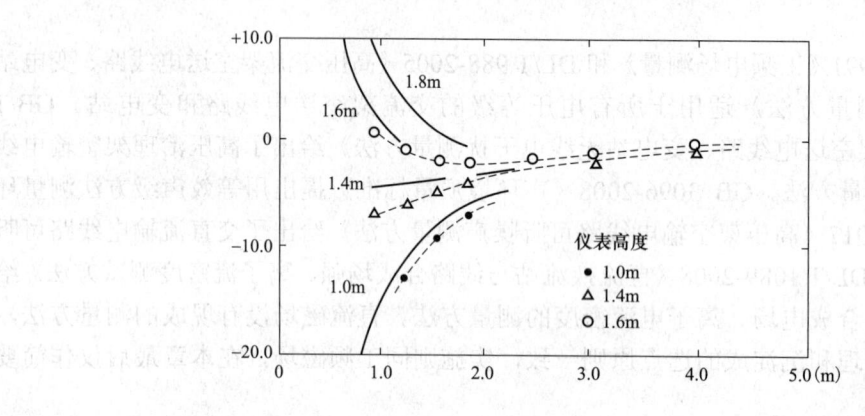

图 11-1 测量者在进行测量时测量仪表距观测者的距离、测量仪表的高度和测量误差关系

11.1.3 测量方法

测量正常运行的高压架空输电线路的工频电场、磁场时,测量地点应选择在地势平坦,远离树木、建筑物,没有其他架空电力、通信、广播线路的空地上。由于工频电场容易受周围物体的影响,因此在测量通道上及两侧应无较高的杂草;测量工频磁场通道及两侧无磁性物体。

测量工频电场、磁场时,测量仪表的探头离地面高度为 1~2m,一般选择 1.5m,也可根据需要在其他高度测量。测量报告中探头的对地高度应清楚地标明。

在距地面 2m 以内工频电场的垂直分量基本是均匀的,水平分量可以忽略,因而可只测垂直分量;工频磁场要测 X、Y、Z 三个方向的磁场分量。

用探头和电压表两者合在一起的工频电场测量仪测量工频电场,应配备一根 1.5m 长的绝缘杆,仪表固定在绝缘杆的一端,测量者手持绝缘杆的另一端,在整个测量过程中要求测量者与仪表的距离保持不变,对地高度不变,绝缘杆要放在水平位置,测量者与测量仪表间的距离至少 1.6m 以远(一般要离开 2m 以上),测量者转动仪表的方向;也可将测量仪表放置在绝缘支架上,使探头的平面与地面平行,测量电场强度垂直分量值。

测量者对磁场产生畸变的影响可以不计,因而对测量者与探头间的距离无规定。测量仪表可用一个小的电介质手柄支撑,由测量者手持(探头距地高度保持不变),也可将测量仪表固定在专用的绝缘三角支架上,转动探头位置,测量 X、Y、Z 三个方向的磁场分量及磁场最大值。

在测量工频电场时,应将探头平面与大地平行放置,测量者在距探头 2.5m 以外处进行测量工频电场的垂直分量。在测量工频磁场时,应先确定 X、Y、Z 三个方向,测量 X、Y、Z 三个方向的磁场分量及磁场最大值。

11.1.4 输电线路工频电场、磁场测量

1. 输电线路下地面工频电场、磁场的测量

输电线路的工频电场、磁场测量主要测量输电线路下方电场的横向分布。测量点应选择在具有代表性的典型档距间,导线档距中央弧垂最低位置的横截面方向上,如图 11-2 所示。单回输电线路应以弧垂最低位置中相导线对地投影为起点;同塔多回输电线路应以弧垂最低位置档距对应两杆塔中央连线对地投影为起点,测量点应均匀分布在边相导线两侧的横截面方向上。对于以杆塔对称排列的输电线路,测量点只需在杆塔一侧的横截面方向上布置。

测量前应预先在测量截面的地面上确定测量点,以线路中心线为 0m 起点,到两边导线对地投影外 50m 为止。测量时两相邻测点间的距离可以任意选定,一般为 2m。在测量最大值时,两相邻测点间的距离不大于 1m。每测点做好标记,逐点测量工频电场和工频磁场。输电线路的最大电场一般出现在边相导线外 1~2m 处,最大磁场出现在两相导线间。

图 11-2 输电线路下方工频电、磁场测量布点示意图

在各测点测得的电场垂直分量和磁场最大值,画出电场和磁场横向分布曲线示意图(如图 11-3),应标明测量期间的电压、电流值,测量截面各相导线对地高度及气象情况。

电场强度的计量单位用 kV/m 或 V/m 表示,磁场强度的计量单位为 A/m。在空气介质中,1μT 相当于 0.8A/m。

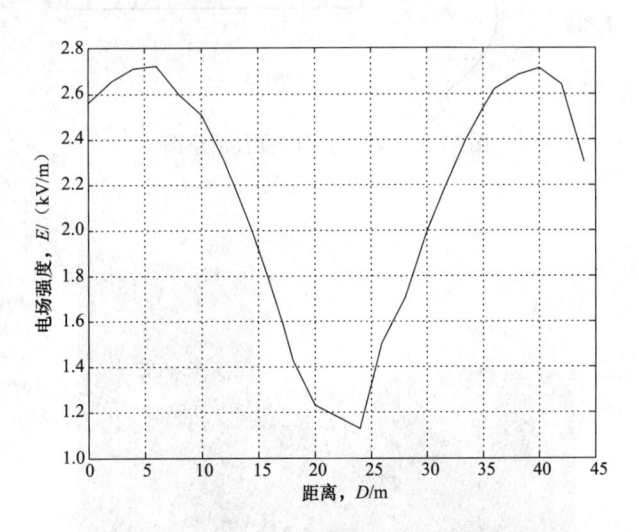

图 11-3 某线路工频电场横向分布曲线示意图

如需在其他位置或地形起伏、有建筑物及其他物体的档距内测量电场、磁场分布时,应详细记录测量点以及周围的环境情况,标明地形变化,建筑物和物体的位置和具体尺寸。

2. 输电线路附近民房外工频电场、磁场的测量

房屋周围场强的分布可用两种方法来表示,一种是固定测点,按测点位置和顺序测量电场、磁场,另一种是给出房屋周围的等场强线。各行测点垂直于房屋的前墙和后墙,测点的行间距离为 2m,每行测点间距 1m,房屋周围固定测点分布示意图如图 11-4 所示,测量探头距地 1.5m,测点的多少视具体情况而定。

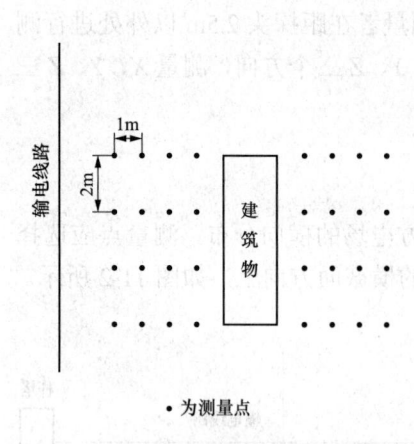

图 11-4 房屋周围固定测点分布示意图

以某输电线路邻近民房为例,确定测量路径和测量点。

线路经过某民房附近,房屋为 3 层结构,线路位于大门侧,导线高约 10m,线路边相导线投影距离房屋最近处约 12m。线路与房屋位置示意图和现场图分别如图 11-5 和图 11-6 所示。

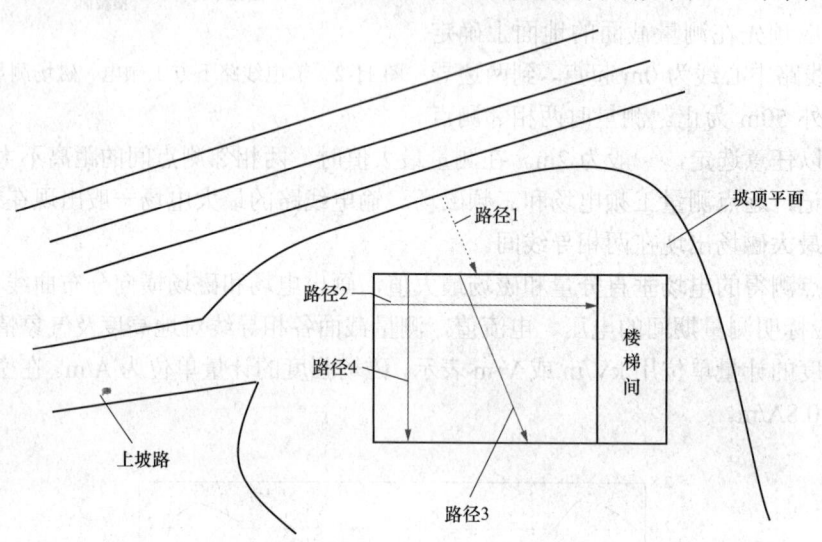

图 11-5 线路与房屋位置示意图

图 11-6 线路与房屋的现场图片

根据现场实际情况，在房屋前空地上，布置垂直于导线的测量路径1。在房屋楼顶，选择与房屋前墙平行，距离前墙边缘约1m处，布置测量路径2；在距离楼梯间5m处，布置垂直于线路的测量路径3；在距离楼梯间7m处，布置垂直于前墙的测量路径4。

需要注意的是，测量时应该避开附近的配电、供电线路、较大功率的用电设备等。民房内测量应远离供电电缆井，尤其是工频磁场的测量。

3. 输电线路附近民房内工频电场、磁场的测量

房屋内工频电场、磁场测量时，测量探头的位置应与墙壁和其他周围固定物体的距离在1.5m以远的区域内，如不能满足上述要求，则取房屋空间平面中心作为测量点，但测量点与周围固定物体（如墙壁）间的距离至少1m，测量最大值。

阳台上工频电场、磁场测量时，如阳台的几何尺寸能满足房屋内场强测量布点要求，则测量方法与房屋内测量方法相同；若不能满足要求时，探头应放在阳台的中央位置，测量最大值。

房顶平台上工频电场磁场测量时，测量探头的位置应与墙壁和其他周围固定物体（如护栏）的距离在1.5m以远的区域内，若不能满足上述要求，探头应放在平台中央位置，测量最大值。

应画出各测量点的位置示意图，标明测量期间输电线路的电压、电流值，距房屋最近点输电线路各相导线对地高度及气象情况。

11.1.5 测量读数

在特定的时间、地点和气象条件下，若仪表读数是稳定的，测量值为仪表的读数；若仪表读数是波动的，应每1min读一个数，取5min读数的平均值为测量值。

11.1.6 注意事项

工频电场测量时必须注意测量仪的内部绝缘和手柄或绝缘体必须保持清洁和干燥状态，减小泄漏电流产生的测量误差。在湿度较大的气象条件下测量的数据要慎重处理，当湿度大于80%时不推荐进行工频电场的测量。测量者或其他物体必须距测量探头2.5m以外。

工频磁场测量时为了避免扰乱磁场，磁性材料或非磁性导电的物体离开测量点的距离至少应当是该物体最大尺寸的3倍，不得小于1m。

11.1.7 应记录的数据和图形

为了正确地评价输电线路工频电场、磁场的分布情况，测量报告中应详细记录测量的数据外还应记录：测量用仪器型号和编号，仪器探头对地高度，被测线路名称，测点位置（杆塔编号），测点线路运行电压和电流值，测量日期和时间，气象情况（天气状况、气压、温度、湿度）。

在绘出输电线路工频电场、磁场强度横向分布曲线时，还必须测量测点各相导线对地高度和相位布置。在确定输电线路邻近或跨越住宅或其他敏感地点工频电场、磁场时，应给出邻近或跨越处垂直线路方向截面的电场、磁场分布，同时给出邻近或跨越处相导线的布置、相导线对地高度以及住宅与线路的具体位置。

11.1.8 测量报告中的资料

测量报告中应有以下资料。

被测线路名称、测量日期和时间、测量地点、测量人员、记录人员。测量时的天气条件：①温度℃，②相对湿度%，③天气（晴、阴、雨、雪、雾等）。线路建成年代、投运时间及其

电压等级。测量仪器名称、型号、检验日期和合格证。

两端变电站的电压（kV）、电流（A）。回路数，每回路相导线排列。相导线型号、相导线根数、分裂间距（cm）和相对位置，测量档距内导线挂高（m），测量点导线对地高度（m）。地线根数、型号、是否绝缘。被测档距两侧杆塔编号、塔型图和线路布置图。

11.2 直流合成场强和离子电流密度的测量方法

DL/T 1089-2008 规定了直流输电线路和换流站产生的直流合成电场强度（场强）和离子电流密度的测量方法。

11.2.1 概述

直流输电线下合成场强的大小主要取决于导线电晕放电的严重程度，最大值一般出现在极导线外侧 1~2m 处，最小值为零，一般出现在两极导线的中心。在无风时最理想情况下，合成场强的横向分布曲线如图 11-7 所示。由于正负离子在电场下的迁移速度和风速相比，属同一数量级，因而，风（风速 1m/s）也将会使合成电场分布发生畸变，垂直线路方向的小风，会使合成场强的最大值向顺风方向移动，风速稍大，就会使合成场强分布发生严重畸变。

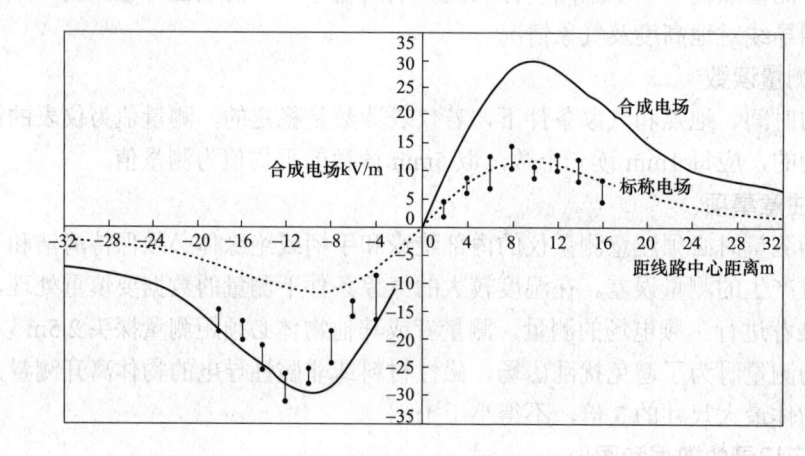

图 11-7　直流输电线路合成场强的横向分布曲线

离子电流密度是指流入地面每平方米面积的电流，在电场作用下负离子的迁移率 1.8（cm/sec）/（V/cm）大于正离子 1.4（cm/sec）/（V/cm），因此，实测的负离子电流密度大于正离子电流密度。

11.2.2 测量仪器

测量直流输电线路线下合成场强的仪器是需要特制的旋转电场测量仪，称为直流场强测量仪，该仪器能把截获的离子电流泄流入地，消除空间电荷引起的传导电流，因而能准确测量直流合成场强的大小与极性。也可由多台直流场强测量仪与数据采集系统、数据处理系统组成一个多通道自动测量系统。

离子电流密度可通过测量对地绝缘的金属板截获的电流，现在测量时一般用威尔逊板，一种方法是将威尔逊板连接一个能测微弱电流的电流表接地，直接测量电流，另一种方法是将威尔逊板与地间并联一个电阻，通过测量该电阻上的压降来得到流过的电流。这两种测量方法可以人工读取数据，也可用多通道自动测量系统进行测量。

测量时必须要有风向风速仪，温度、湿度、气压计等。

测量前应对仪器和自动测量系统进行校准。

11.2.3　测量条件

选择摆放直流场强测量仪探头和威尔逊板的通道及其周围应尽量平整、无杂草树木、无建筑物。在测量时，所有工作人员及其他设备均应远离直流场强测量仪探头和威尔逊板 3m 以外。测量过程中风速不应大于 2m/s。

11.2.4　测量方法

由于直流输电线下的合成场强和离子电流密度是随时变化的，因而测量时通常要用多套仪器同时测量，一般是在直流输电线路档距中央导线弧垂最低点下方或母线距地最低处。直流输电线路以线路中心线为 0m，母线以对地投影为 0m，沿垂直线路方向每隔一定距离放置一台直流场强测量仪探头和一块威尔逊板，若要全面测出直流输电线下合成场强和离子电流密度分布，一般需同时放置 20 余套测量设备，每套设备间的距离可在 0.5～6m 任意选定，测量仪器布置示意图可见图 11-8。

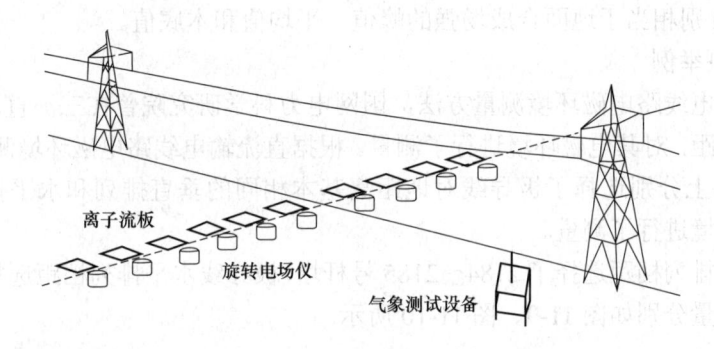

图 11-8　测量仪器布置示意图

直流输电线或直流母线下合成场强、离子电流密度的测量，可采用人工读数测量或自动测量系统测量。

1. **直流合成场强、离子电流密度横向分布测量**

(1) 人工读数测量：先把测量仪探头放置在预先确定的测量位置上，如图 11-8 所示。在无风情况下每隔 10～30s 同时读取一次数据，连续测量 10min。为了减小测量误差，要求有一人看风速仪，当风速小时，发令同时读取仪表显示值。一个测量截面应读取 20 组数据以上，经数据处理后，画出合成场强的横向分布曲线。

(2) 自动测量系统测量：探头的布置与人工读数测量相同，测量仪器和风速仪的输出用同轴电缆与自动采集系统相连接，连续测量时间取为 30min～1h。经数处理后即可得出合成场强的横向分布曲线。

每次测量开始和结束时必须记录直流线路或母线的电压、温度、湿度、气压值，特别是风向和风速值。

2. **最大合成场强的测量**

以极导线正下方为起点，沿垂直线路方向一侧以一定间隔逐点挪移直流场强仪探头，在每一点均连续测量约 1min 并每隔 10s 记录一次数据。若当前测量点的测量值比上一点大，继续往同一方向逐点挪移直流场强仪,直到场强测量值开始减小为止;在场强测量值开始减小的这一点与上一测量点之间,缩小间隔,逐点测量,直到找到最大值,相对应的测量点即为地面合成场强的最大值处。一般,无风情况下地面合成场强的最大值出现在极导线对地投影外侧 1~2m 处。

11.2.5 数据记录与处理

1. 数据记录

需记录的数据如下。

地面合成场强、离子电流密度测量值、环境温度、相对湿度、气压、风速、风向。被测线路名称、运行电压和极性、测量档距两端的杆塔编号、线路走向、同杆线路回路数、线路排列方式、导线型号、极导线分裂数、测量位置处极导线对地高度、极间距以及每一次测量的开始时间与结束时间。

2. 数据处理

在地面合成场强的连续测量中,测量数据分散性较大,应用累计概率的方法进行数据处理,并以统计场强 E_N 表示。E_N 为测量时间的 $N\%$ 所超过或相等的地面合成场强的绝对值。E_{10}、E_{50} 和 E_{90} 分别相当于地面合成场强的峰值、平均值和本底值。

11.2.6 实测举例

根据直流输电线路电磁环境测量方法,国网电力科学研究院曾在三沪直流线路上选择垂直和水平排列档距,对其电磁环境进行了测量。根据直流输电线路电磁环境测量方法的要求,在三沪直流线路上分别选择了极导线对地距离基本相同的垂直排列和水平排列的直线塔档距,对其电磁环境进行了测量。

极导线垂直排列档距选择了 2184~2185 号杆塔,极导线水平排列档距选择了 2112~2113 号杆塔,档距测量分别如图 11-9、图 11-10 所示。

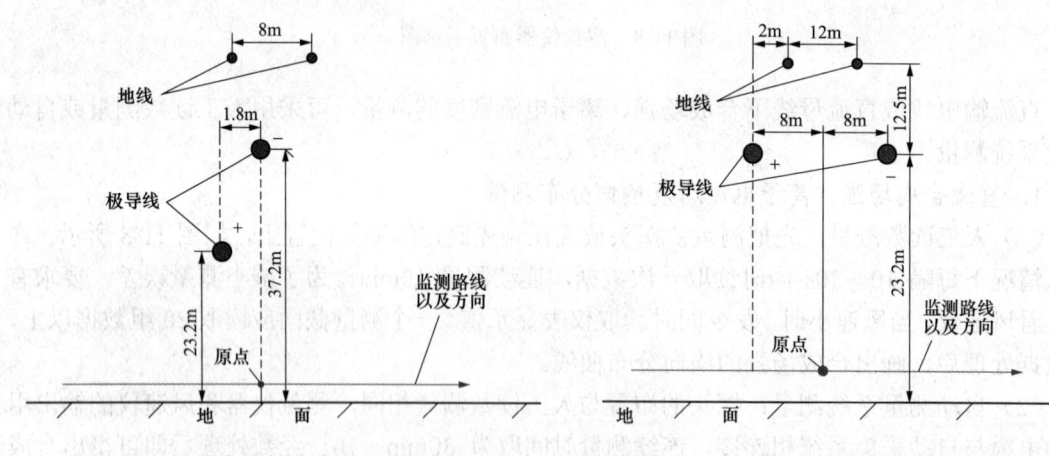

图 11-9　极导线垂直排列档距测量示意图　　图 11-10　极导线水平排列档距测量示意图

2 个不同极导线排列方式下地面合成场强的分布曲线如图 11-11 所示。

水平排列正极性导线侧合成场强的最大值为 6.45kV/m,负极性导线侧合成场强的最大值为 8.13kV/m。由于被测垂直排列线路下导线为正极性,线下地面合成场强均为正极性,且合成场强的最大值为 7.02kV/m。由图可知,相同的导线对地高度下,极导线水平排列比垂直排列的地面合成场强大,而且高场强区域宽。

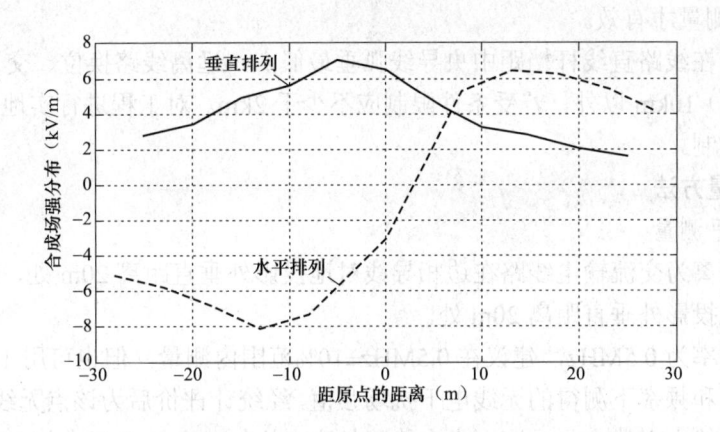

图 11-11 不同极导线排列方式下地面合成场强的分布曲线

11.3 高压架空交直流输电线路无线电干扰测量方法

本测量方法适用于交直流架空输电线路，频率范围为 0.15~30MHz 的无线电干扰测量。干扰场强单位为 μV/m，用 dB 表示时 1μV/m 为 0dB。

11.3.1 测量仪器

测量使用的仪器必须符合 GB 6113-85.1-1995《无线电骚扰和抗扰度测量设备规范》，持有有效检定证书的仪表。使用准峰值检波器和杆状天线或具有电屏蔽的环形天线，使用记录器时必须保证不影响干扰仪的性能及测量精度。

11.3.2 测量要求

测量前对仪器、附件和连线及其相互间的连接进行检查，以确保测量的正确性。

天线一般有杆状天线和电屏蔽的环形天线两种，杆状天线是测量电场分量，环形天线是测量输电线路产生的无线电干扰场的磁场分量。由于环形天线有电屏蔽，它受其他因素的影响较小，测量时优先采用。环形天线的底座高度不超过地面 2m，测量时应绕其轴旋转到最大读数的位置，记下最大指示值，并记录方位；也可以用杆状天线进行测量，杆状天线的架设高度应按照制造厂规定，测量时应避免天线顶端的电晕放电影响测量结果。如发生电晕放电，应移动天线位置，在不发生电晕放电的地方测量，或改用环形天线测量。测量人员头部应低于天线下端的高度，以不影响测量精度，其他人员和设备应远离天线。应标明是采用哪种天线进行测量。

在选择测量频率时，必须要注意避开来自非输电线路的干扰。选定后，应按仪器使用要求对仪器进行校准，然后进行测量读数。

11.3.3 测量位置的选择

测量地点应地势平坦，尽可能地远离高大建筑物和树木、金属构架、电力线、通信、广播线、交通繁忙的马路和产生电火花的加工设备，电磁环境场强（即背景干扰场强）至少比来自被测对象的无线电干扰电场强低 6dB。

沿被测线路的气象条件应一致，在雨天测量时，只有当下雨范围在线路测量点两端各

10km 以上时，测量才有效。

测量点选择在线路直线杆档距中央导线弧垂最低点，远离线路换位、交叉及转角处，距变电站（换流站）10km 以外，若受条件限制应不少于 2km。对工程进行实地干扰测量，可不受上述要求的限制。

11.3.4 测量方法

1. 干扰水平测量

测量基准距离为交流输电线路在边相导线对地投影外垂直距离 20m 处，直流输电线路在正极性导线对地投影外垂直距离 20m 处。

测量基准频率为 0.5MHz，建议在 0.5MHz±10%范围内测量，但也可用 1MHz。

在上述地点和频率下测得的无线电干扰场强值，经统计评价后为该点无线电干扰水平值。如评价线路的无线电干扰水平，应至少在线路长度上均匀分布 3 各以上的点，同样测试统计分析后，求其平均值，作为线路水平的数值。

2. 频率特性的测量

为了避免在单一频率下测量时由于线路可能出现驻波而产生误差，应在 0.15～30MHz 频段内对多个频率，可在 0.15、0.25、0.50、1.0、1.5、3.0、6.0、10.0、15.0、30.0MHz 或其附近进行测量。测量位置可在测量基准距离，也可在其他距离。测量结果在以 10 为底的对数绘制出频率特性曲线，如图 11-12 所示。测量时必须对每个频率要很好的选频，避开来自非输电线路产生的干扰。

为了比较直流输电线路正、负极导线产生的无线电干扰值，因而也可在负极性导线对地投影外 20m 处测量。

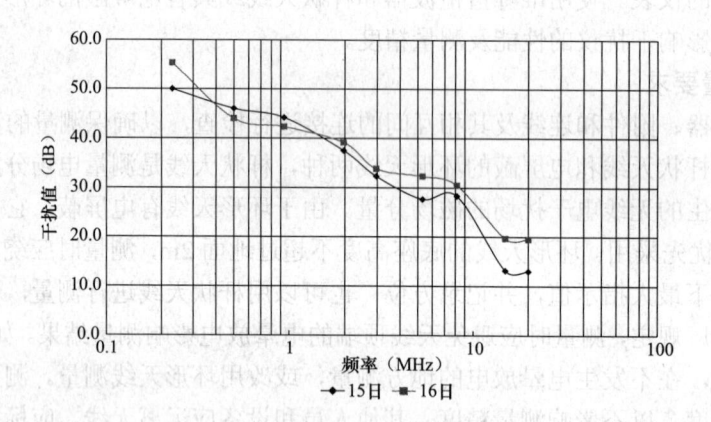

图 11-12 无线电干扰频率特性曲线

3. 距离特性的测量

测量频率取 0.5MHz 或 1MHz。交流线路以边相导线、直流线路以正极性导线对地投影为 0m 起点，向导线投影外侧的线路垂直方向，测量点选择在距起始点 0、5、10、15、20、30、50、75、100m 处，100m 后测量点距离可适当加大，测到无线电干扰场强不随距离增加而衰减为止。测点的多少及间距应由现场情况决定。测量结果绘出距离衰减特性曲线如图 11-13。

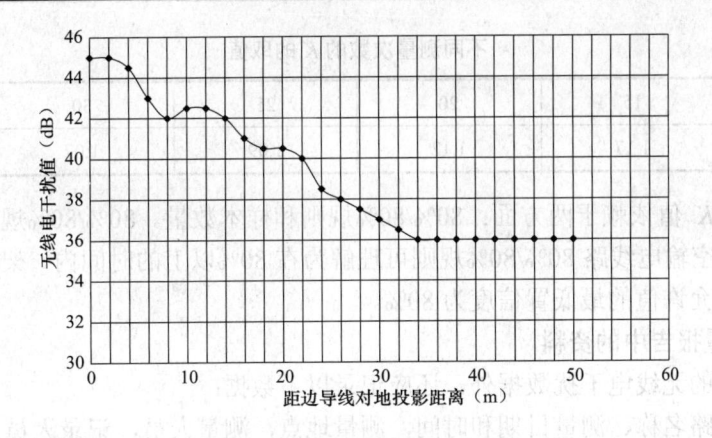

图 11-13 无线电干扰距离衰减特性曲线

测量中，必须记录无线电干扰场强值，测量时间、地点、天气状况、被测量线路运行电压、被测输电线路在测量点处的导线对地高度（m）。

4. 环境（背景）干扰场强的测量

环境干扰场强可在线路停电时在选定的测量点进行测量。如线路不能停电，可在离线路400m 以远处，找 1~2 个环境基本与测量点相似的地点，测量的环境干扰场强值作为该测点的环境（背景）干扰场强值。

11.3.5 测量数据

在特定的时间、地点和气候条件下，若仪表读数是稳定的，测量读数为稳定时的仪表读数值；若测量值是波动的，使用记录器记录或每 0.5min 读一个数，取 10min 读数的平均值为测量读数。对使用不同天线的测量读数，应分别记录与处理。

自动测量仪器可以设定测量参数，进行自动测量和记录。

输电线路无线电干扰场强测量数据一般在晴天条件下进行测量，测量数据按 11.3.6 节方法进行统计处理，给出该被测线路的无线电干扰水平，频谱曲线和距离衰减曲线以及当地的环境干扰水平。

相同测量内容的各组数据，每组数据的测量次数不得少于 15 次，最好 20 次以上。

11.3.6 数据处理方法

依照给定的干扰允许值，根据式（11-1）来判断被测系统的干扰水平。

$$\bar{X} + KS_n < L \tag{11-1}$$

式中：L 为无线电干扰允许值；$\bar{X}$ 为某一测点的无线电干扰 n 次测量结果的平均值；S_n 为 n 次测量结果样本的标准差；K 为取决于 n 的常数。

$$\bar{X} = \frac{\sum_{i=1}^{n} X_i}{n} \tag{11-2}$$

$$S_n = \sqrt{\frac{\sum_{i=1}^{n}(X_i - \bar{X})^2}{n-1}} \tag{11-3}$$

表 11-1 给出 n 次测量所用的 K 值。

表 11-1　　　　　　　　　　　　不同测量次数的 K 的取值

n	15	20	25	30	35
K	1.17	1.12	1.09	1.07	1.06

在公式中，K 值依赖于两方面：80%/80%规则和样本数量。80%/80%规则是采用统计技术获得的，对架空输电线路 80%/80%规则可理解为在 80%以上的时间内，架空输电线路的无线电干扰不超过允许值的最低置信度为 80%。

11.3.7　测量报告中的资料

除上述测量的无线电干扰数据外，还应记录以下数据：
（1）被测线路名称、测量日期和时间，测量地点，测量人员，记录人员。
（2）测量时的天气条件：温度℃、相对湿度%、大气压 Pa（mbar）、风速 m/s。
（3）测量点的海拔（m）。
（4）线路建成年代、投运时间及其运行电压。
（5）测量仪器名称、型号、检验日期和合格证。
（6）输电线路两端变电站（换流站）的电压、测量点的电压（kV）。回路数，每回路相导线排列，测量点到最近变电站进出线构架、换位和转角杆塔的距离 （km）。相导线型号、相导线根数、分裂间距（cm）和相对位置，测量档距内导线挂高（m），测量点处导线对地高度（m）。地线根数、型号、是否绝缘。被测档距两端杆塔编号、塔型图和线路布置图。

11.4　高压交直流输电线路可听噪声测量方法

11.4.1　测量仪器

根据 GB/T 3222-1994《声学　环境噪声测量方法》的要求，测量仪器准确度为Ⅱ级及以上的积分式声级计或噪声统计分析仪（具有环境噪声自动监测的功能），其性能符合 GB 3785-2010《声级计电声性能及测量方法》的规定。测量仪器必须是具有数据连续采集功能的仪器，人工读数的声级计不得再使用。测量仪器和声校准器应按规定定期校验，测量时必须持有有效校验证书。

11.4.2　测量要求

测量前后用声校准器校准测量仪器的示值偏差不大于 2dB，否则测量无效。测量时传声器加风罩。仪器用 A 计权声级，等效连续 A 声级测量，用 L_{Aeq} 或 L_{eq} 表示（以下如无说明测量值均为 L_{eq} 值），单位为 dB。

用声级计采样时，仪器动态特性为"慢"响应，采样时间间隔为 5s。用环境噪声自动监测仪采样时，仪器动态特性为"快"响应，采样时间间隔不大于 1s。

11.4.3　气象条件

测量在无雨、无雪的天气条件下进行，风速达到 5.5m/s（即风力大于 3 级）以上时停止测量。直流输电线路的可听噪声晴天比雨天大，交流输电线路的可听噪声雨天比晴天大，因而也可在雨、雪天气下进行测量，应在报告中说明。

11.4.4 测量方法

测量仪器传声器距地面高度应大于1.2m，一般为1.5m，传声器对准噪声源方向以测得最大值为原则。为了保证传声器位置距地面高度不变，最好将仪器安装在专用支架上，读数时测量人员应距仪表0.5m以远。如果不用支架，测量人员手持仪器必须将手臂伸直，传声器对准噪声源方向，使仪表读数为最大，不能将仪器靠近身体，影响测量的准确度。

11.4.5 背景可听噪声的测量

背景噪声应在被测输电线路停止运行时在选定的测量点进行测量噪声值。如线路或设备不能停运，则可以选择在其周围声学环境和气象条件与测点类似又听不到被测输电线路产生噪声的地方进行，该测量值为测量点的背景噪声值。

11.4.6 输电线路可听噪声的测量

1. 噪声水平的测量

测量地点应选择地势比较平坦、周围无障碍物、背景噪声较低的地区。测量点应在输电线路直线杆塔的档距中央，导线对地最低点线路走向的横截面上，交流输电线路以边相导线、直流线路以正极性导线对地投影外侧垂直距离15m处测得的噪声值。如果线路上产生的噪声较小，为了准确测出线路噪声值，应测量8kHz频率下的噪声值，将8kHz下测得的线路噪声加上7dB，就可得到输电线路实际的A声级。

2. 噪声横向分布的测量

在选择的测量档距内，交流输电线路以线路中心线、直流线路以正极性导线对地投影为对称轴，在导线对地最低点线路走向的横截面上，向对称轴两侧对称确定测量点。测量点以对称轴线为0m起点，向两侧5、10、15、30、45、60m为测量点进行测量。测量点间的距离可视具体情况进行调整。画出噪声横向分布图，同时给出，测量时线路电压，测量点导线对地高度。

3. 杆塔处测量地点选取

参考电力行业标准 DL 501-1992《架空送电线路可听噪声测量方法》中架空输电线路噪声测量的相关标准，杆塔处的测量地点应选在距边导线（正极性导线）对地投影15m处，声级计采取对向绝缘子取向。

4. 转角塔杆塔处

在转角塔角度小于180°侧（如图11-14所示），沿转角中心线距边相导线（正极性导线）对地投影15m处测量声级值，声级计采取对向绝缘子取向。

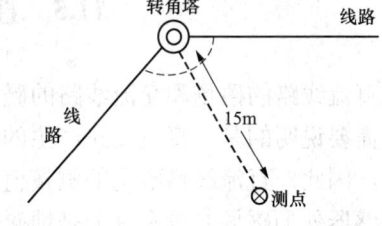

图11-14 转角塔杆塔处噪声测点布置示意图

11.4.7 测量时间

应在输电线路正常运行的情况下，分昼间和夜间两部分测量。具体时间可依地区和季节不同按当地习惯划定。

11.4.8 测量时应注意事项

靠近交流输电线路测量时，测量仪器应有电气屏蔽，同时防止传声器附近尖突物的局部电晕所产生的噪声干扰。靠近直流线路测量时，由电晕产生的离子可能沉积在传声器罩的表面上产生火花，在这情况下，应采用具有接地金属网或半导体薄膜的风罩。

雨天测量时，传声器无需另加防雨装置，但应随时将风罩上的雨水挤干或更换干燥的风罩。

11.4.9 数据记录与处理

1. 数据记录

测量数据一般直接可从仪表读取,或者可以通过声级计记录器存储,也可用磁带记录仪等进行记录,测量时必须判断噪声的来源和测量点的声学环境。

2. 数据处理

背景噪声值应比被测噪声值低 10dB（A）以上,若差值小于或等于 10dB、大于 3dB 时,按表 11-2 进行修正。

表 11-2　　　　　　　　　　噪 声 的 修 正 值

差值 LA	LA≤3	3<LA≤6	6<LA≤10
修正值	−3	−2	−1

3. 应记录的数据和图形

为了正确地评价输电线路可听噪声的水平和分布情况,测量报告中应详细记录所测量的数据,被测地区的背景噪声值,给出输电线路电压值和测量点导线对地高度,变电站（换流站）的输送功率。绘出线路可听噪声横向衰减曲线。

在记录上述数据外应记录以下数据。

（1）被测线路名称,电压等级,测量日期时间,测量地点,仪器的型号及序号,准确度,检定证书,校验结果,当地噪声等级,测量时的天气条件：温度℃、相对湿度%、大气压 Pa（mbar）、风向、风速 m/s、雨量（mm/h）、天气（晴、阴、雨、雪、雾等）,线路建成年代、投运时间。

（2）输电线路回路数,每回路相导线排列,相导线型号,相导线根数,分裂间距（cm）,相导线间的对位置和距离（m）,被测量档距内导线挂高（m）,测量点处导线对地高度（m）。地线根数、型号、是否绝缘。被测档距两侧杆塔编号、塔型图和线路布置图。

11.5　直流线路的磁场测量方法

直流线路的磁场和交流线路的磁场测量方法基本一样。

需要说明的是,直流线路产生的磁感应强度和地球自身的地磁场强度的大小在同一个数量级,因此,直流线路磁场的测量值就是线路的磁感应强度和地磁场强度之和。磁通门测得的传感器外加磁场并没有区分是地磁场还是直流线路所产生的磁场。当直流输电线路对地磁观测产生干扰时,仪器所观测到的地磁场各要素数值实际上是地磁场和直流线路磁场的矢量叠加值。因此,只要在仪器所测得的地磁场数据中,减去地磁场数值,差值即为实际的直流磁场值。

直流磁场的测量必须使用专用磁场测量仪器。

一般情况下,直流磁场要测 X 轴、Y 轴、Z 轴 3 个方向的磁场测量。

为获得直流线路电流产生的直流磁场,需测量线路所处区域的地磁场。为此,需要在距离线路 400m 以远的地方,按照相同的方向测量该处的地磁场,将其在直流线路的测点获得数据中减去。

第11章 测量方法

问题与思考

11-1 现有一条500kV导线水平排列单相交流输电线路，试给出工频电场、磁场、无线电干扰和可听噪声的测试方案。

11-2 现有一条±800kV直流输电线路，极导线从水平排列变换到垂直排列，试给出该线路直流合成电场、直流磁场，无线电干扰和可听噪声的测量方案。

第4篇 环 境 影 响

第12章 输电线路电磁环境的生态影响

交直流输变电工程电磁环境影响因子将对输变电工程附近的环境产生一定的影响。一般包括对生态环境的影响、水土流失的影响，选线选址与相关规划的符合性和相容性，电磁环境影响，甚至景观影响等。但是，当变电工程建成投入运行后，其电磁现象成为主要的环境影响因素。从电磁因子角度讲，主要有工频电场、工频磁场、离子流、直流磁场、直流合成场、无线电干扰、电晕噪声等；从频率上说，这几方面覆盖了从 0Hz、低频 50Hz 到高频上千兆赫兹的范围。电场、磁场、无线电干扰、可听噪声等均可能对人们的生活环境和生活质量，甚至健康与安全产生一定的影响。它们不仅可能对生物体产生影响，也会对其他系统（如通信、油气管道、无线电台站等）产生影响。

无线电干扰更多是影响无线电接收质量，尚没有对输电线路产生的无线电干扰产生生态影响的研究。随着电压等级的升高，输电线路无线电干扰因为线路自身结构高大而引起通信、导航等更多的关注。输电线路也会对诸如油气管道等大型基础设施产生影响。这些影响将在后续章节中讨论。

交流输变电设施产生的电场和磁场属于工频电场和工频磁场。我国工频是 50Hz，频率低；波长是 6000km，波长长。从电磁场理论可以知道，只有当一个电磁系统的尺度与其工作波长相当时，该系统才能向空间有效发射电磁能量。而输变电设施的尺寸远小于这一波长，构不成有效的电磁能量发射，其周围的电场和磁场没有互相依存、互相转化的关系，彼此独立没有联系。因此在实际工程与环境健康研究中，工频电场和工频磁场通常是分别予以讨论的。此外工频电场和工频磁场也有别于高频电磁场。高频电磁场的电场和磁场是交替产生向前传播而形成电磁能量的辐射。在国际权威机构（如世界卫生组织 WHO）的文件中，交流输变电设施产生的电场和磁场被明确地称为工频电场和工频磁场，而不称电磁辐射。

直流导线表面的电压是恒定的，如果导线起晕产生了大量的带电离子，这些带电离子将会在导线产生的电场作用下定向运动。与导线极性不同的离子将会被吸引至导线表面，而与导线的极性相同的将会远离导线，并在导线产生的电场作用下沿着一定的方向向四周和地面迁移，形成离子电流。这些带电离子本身也产生电场，从而加强导线电荷所产生的静电场，形成由导线电荷和空间带电离子共同作用所产生的所谓直流合成电场。因此研究合成电场影响与离子电流是分不开的。

生态效应包括长期效应和暂态电击效应。长期效应是从生物学和病理学的角度来确定人或动物甚至植物长期经常性地在高场强区的反映，如行为表现、血象（包括白细胞增加）、生化指标、脏器病理变化。

暂态电击效应是指人体接触金属物时，在接触瞬间，出现一小火花，同时在接触点会出现一种使人不快的刺痛感。这种现象常发生在输电线下人接触的汽车、晾晒衣服的铁丝、打雨伞等的时候。

在讨论电磁环境影响时，应注意区分两个概念，生物效应（Biological Effect）和有害的健康影响（Adverse Health Effect）。WHO指出生物效应与有害的健康影响是完全不同的两个概念，当曝露引起生物系统内某种可注意到的或可检测到的生理变化时，生物效应就发生了；而当这种生物效应超过生物体正常的代偿范围时，有害的健康影响才发生，进而可能导致某种有害的健康影响。美国国家环境卫生科学研究所指出，在有的实验室研究已提出了EMF曝露会产生生物效应的情况下，重要的是应区别生物效应与有害的健康影响的区别。许多生物效应是在正常变化范围之内，并不构成危害，例如，亮光作用于眼睛会导致瞳孔收缩，这是一种生物效应，但这属于正常反应。因此，电磁环境影响的分析应建立在科学量化分类的基础知识。

本章将讨论电场（包括工频电场和直流合成电场）、磁场（工频磁场和直流磁场），可听噪声的生态影响，以期能够简要而科学地说明它们的影响，使得这些影响能够被科学正确的理解。

12.1 工频电场的生态影响

当电气设备接通电源（即加上电压或带电）时，在其周围空间就形成了工频电场。日常生活中来自输变电设施、建筑物供电布线、动力与电热设备或各类用电器具周围的电场，多属于工频电场。人们在生活与工作中曝露到一定水平的低频电场是不可避免的。人们自然会关心这些电场对生物体会产生何种作用，这些是否会对人体健康产生某种短期或长期的危害。

12.1.1 人体内的感应电流

由于交变电场在人体表面感应的电场随时间呈周期性变化，进而在生物介质内感应出（稳态）体内电流。在工频电场中的人体电流如图12-1所示，图中给出了人体在接地或不接地时的人体电流分布，曲线1是人体通过双脚接地的情况，此情况下通过身体给定水平断面的电流总量从头部到足部电流是增大的，最大电流流经足部。曲线2是人体接地的情况，人站在地平面上方13cm处，最大的感应电流是通过身体中部的电流。

在人双脚直接接地（赤脚或用金属丝扎在脚踝直接接地）时的人体感应电流（被称为短路电流）最大值为I_{sc}，出现在脚部电流引出处。交变电场中，对地绝缘的人触及接地金属物体时，流过人体的稳态电流也即为I_{sc}。

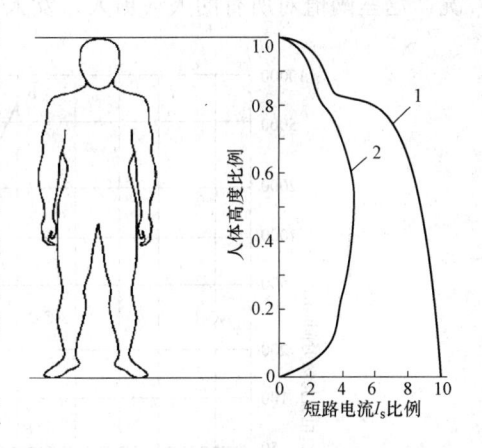

图12-1 在工频电场中的人体电流
1—人体通过双脚接地；2—人体不接地

把直立在电场中的人体视为一个高度/半径比为12，鞋底厚度为零的物理模型，交变电场中通过人体流入地的短路电流可用式（12-1）计算

$$I_S = 9.0 \times 10^{-11} h^2 fE \qquad (12-1)$$

式中：h 为人体高度，m；E 为人体高度上无畸变场强，kV/m；f 为交流电场频率，Hz。

按式（12-1），取 h=1.8m、f=50Hz、E=10kV/m 计算，脚部感应电流最大值仅约 146μA。在实际输电线路附近的电场中，通过将被测人体脚部经微安表接地进行的实际测量情况是身高 1.75m 的人在 1kV/m 的电场下，感应电流约为 14～15μA。实测结果与计算结果一致。因此认为，在架空线路下流经人体的最大短路电流约为 15μA，在 E=10kV/m 时不会超过 0.15mA，而这样大小的电流极少有人能够察觉到。

用模拟电荷法得出的人体各部位感应电流见表 12-1。可见人体内各处电流均远比 0.5mA 小得多，不能为大部分人所感知，更不可能对人体构成伤害。

表 12-1 用模拟电荷法得出的人体各部位感应电流

电压 （kV）	导线半径 （cm）	环境电场 （kV/m）	人体感应电流（μA）		
			头部	躯体	总体
225	1.5	2.5	11.3	23.6	34.9
400	7.0	5.5	25.6	54.4	80.0
750	20.0	10.0	46.5	98.9	145.0
1000	26.0	12.5	58.2	124.0	182.0

电流通过人体时，可能造成体内器官生理有害反应或病变，其程度随电流大小、电流通过人体的持续时间、电流通过人体的途径、电流频率以及人体状况（包括健康状况、人体阻抗）等不同而异。GB/T 13870.1-2008《电流对人体和家畜的效应 第 1 部分：通用部分》对人接触带电物体时，交流电流通过人体时的不同效应进行了详细分析，并给出了电流值、电流作用时间不同时人体的生理效应阈值曲线（如图 12-2）。该阈值曲线考虑了各种最不利的情况，这些阈值对所有的人（男人、女人和儿童），无论其健康状况如何都是有效的。

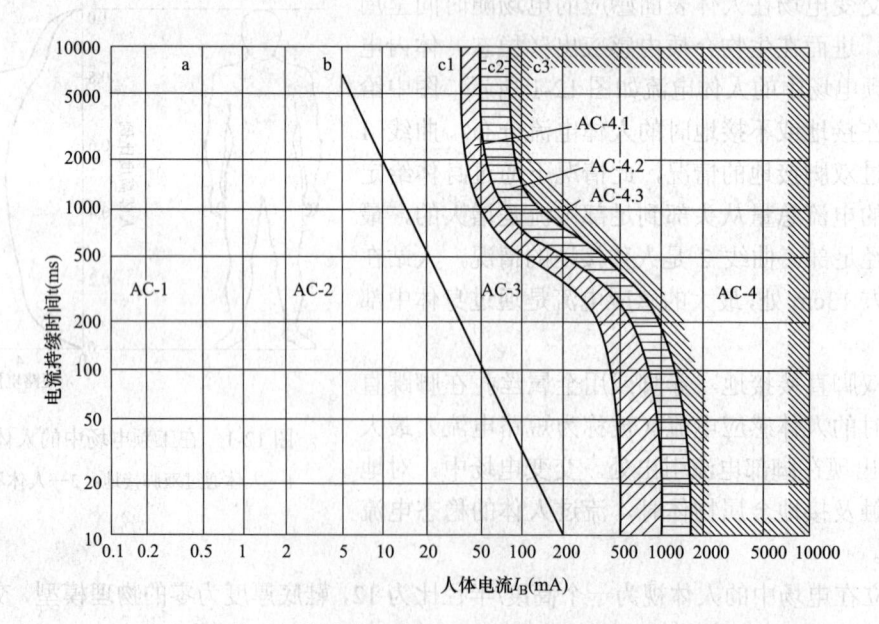

图 12-2 人体的生理效应阈值曲线（作用于人体的电流值、电流作用时间不同时）

感知阈是流过人体时能引起任何感觉的接触电流最小值，感知阈取决于若干参数，如与电极接触的人体的面积（接触面积）、接触状况（干燥、潮湿、压力、温度），而且还与个人的生理特性有关。通过人体的电流小于 0.5mA 时（图 12-2 中的 AC-1），人有可能感知，但通常不会有受到惊吓的反应。

反应阈是能引起肌肉不自觉收缩的接触电流最小值。实验研究表明，对包括儿童在内的所有人群，反应阈与电流持续时间无关，接触可导电的表面时的反应阈均为 0.5mA。

通过人体的电流若在 5mA 或以下（图 12-2 中的 AC-2 内），不管电流持续时间多长，有害的电生理效应通常不会发生。国际上普遍把图 12-2 中曲线 b 作为安全与危险的分界线。

12.1.2 工频电场中人体感应电压

环境中的工频电场通常用无畸变场水平表示。导电物体的存在将使无畸变场产生畸变，使物体表面处场的方向发生显著改变。图 12-3 显示了人体对环境电场的影响。电力线的方向表示了电场的方向，电力线通常指向身体表面。体内的线条大致表示了体内感应电流，箭头方向每半周翻转一次。图中电力线是说明性的，并未按电力线密度代表电场强度大小的比例绘制。

如图 12-3 所示，身体表面的电场强度在某些部位增强（特别是在身体上部），而在其他部位降低。在身体的特定部位的电场将超过该高度无畸变电场强度。表 12-2 给出了不同样本的平均及顶部区域电场的增强系数和接地时的感应电流。增强系数代表了所涉及场的数值与未畸变场的比率。例如，人体头部的场将是人不存在于电场时测得的无畸变场的 18 倍。假如人将一只手举起并高于头顶，那么举起的手上的电场将更大。

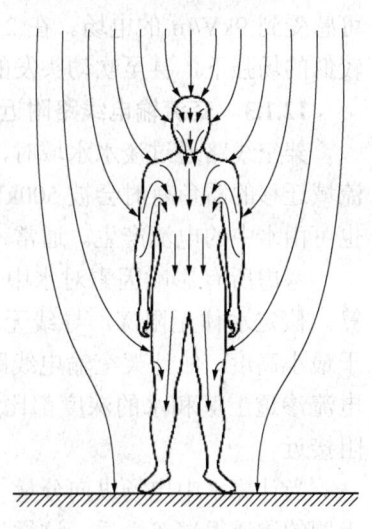

图 12-3　人体对环境电场的畸变

表 12-2　不同样本的平均及顶部区域电场的增强系数和接地时的感应电流

样本		电场增强系数		I_S/E（AmV^{-1}）
		平均区域	顶部区域	
人（直立）		2.7	18.0	1.6×10^{-9}
天鹅		1.4	6.7	7.0×10^{-10}
鼠	休息	0.7	3.7	1.2×10^{-11}
	竖立	1.5	—	2.4×10^{-11}
马		1.5		2.7×10^{-9}
母牛		1.5		2.4×10^{-9}

注　平均区域指全身场增强的平均值，顶部区域指身体顶部的场增强值，I_S/E 是归一化接地时的感应电流。

人体对低频电场的察觉机制主要是通过感觉体毛或衣服振动。在工频电场中可观察到头发以工频或其倍频振动。湿头发具有足够的导电性使皮肤表面的感应电荷沿头发轴线自由运动，这时最大的斥力出现在电场的每个半周。干头发导电性很差，其感应电荷可以相对保持不运动，作用在干头发的力因此就直接随电场变化，也就是工频振动。低温和低湿度会降低人对极低频场的察觉敏感性。

在工频电场水平较低时，身体通常感觉工频电场就像曝露体表面有温和的微风感。在较高的电场下，可观察到身体与衣服之间有刺痛感。在更高场强下，皮肤上有分布式的刺痛或爬行感。对交流输电线路产生的电场强度，大多数人即使在最大电场情况下通常也无法觉察到这问题。在无风的日子，站在500kV线路档距中央处，有些人可感到头发或向上高举手臂的毛发有轻微的颤动。

在一项研究中，110个男性描述对不同电场强度的感受。大约有20%的人通过头发的刺激可感受到 9kV/m 的电场。在 2～3kV/m 的场强下，少于 5%的人报告他们可感觉到电场。在较低的场强下，甚至吹动头发的微风就能掩盖电场产生的感觉。

12.1.3 交流输电线路附近淡水中的电场

架空线路通过淡水水域时，可能对水生动物群产生影响。某项研究观察表明，伏尔加河流域迁移的鲟鱼有时会被 500kV 架空线路阻拦。对水生动物群的不良影响可由水中的电场，也可由水中的电流产生。通常，对淡水鱼引起刺激的电场强度在 1～6V/m。

考虑所有影响因素对水中电场进行精确计算是很复杂的，常用可简化方法进行粗略计算。假定水体无限深，导线无限长且与水面平行，同时不计架空地线的影响，导线高度等于最小高度，估计架空输电线路对环境的影响。这样的计算误差不会超过20%，因为工频下电流渗透土壤和水的深度都比水体深度更深，大约是几百米，水体下的水和土壤的单位电阻接近。

当计算水中电场纵向分量 E_x 时，可运用该分量在水-地介质边界的连续性和工频电流对土壤的渗透很深等性质。这样计算的水下的 E_x 值会比水表面的 E_x 值略有下降。相对于给定电流，三相架空输电线路在水表面造成的纵向电场用式（12-2）计算

$$E_x = -\frac{j\omega\mu_0}{2\pi}\sum_{i=1}^{3}F_{ip}I_i \tag{12-2}$$

其中
$$I_1 = I_0$$

$$I_2 = I_0\left(-0.5 - j\frac{\sqrt{3}}{2}\right) \tag{12-3}$$

$$I_3 = I_0\left(-0.5 + j\frac{\sqrt{3}}{2}\right)$$

式中：$\omega = 2\pi f$，f 为频率，其值为 50Hz；μ_0 为磁导率，$\mu_0 = 1.26\times10^{-5}$ H/m；F_{ip} 为卡尔松积分；I_0 为相电流。在 50Hz 下，由于卡尔松参数小，对距离导线不远处可以通过数列中的第一项计算。这时由于公式中的相电流总和等于零，应用式（12-4）计算卡尔松积分差值

$$F_{ip} - F_{kp} \approx \ln\frac{r_{kp}}{r_{ip}} \tag{12-4}$$

式中：r_{ip}、r_{kp} 为相导线 i 和 k 到水表面点 p 的距离。

这样可以看出，三相架空输电线路在水中的纵向电场实际上并不取决于水的单位电阻。

应用式（12-2）~式（12-4），对导线水平对称分布的线路，可以得到水表面距离架空输

电线路中相投影为 y 处的纵向电场强度 E_x（单位为 V/m）表达式

$$E_x = 6.28\times10^{-2} I_0 \left| \ln\frac{\sqrt[4]{\left[h_1^2+(D-y)^2\right]\left[h_1^2+(D+y)^2\right]}}{\sqrt{h_0^2+y^2}} + j\frac{\sqrt{3}}{2}\ln\frac{\sqrt{h_1^2+(D+y)^2}}{h_1^2+(D-y)^2} \right| \quad (12\text{-}5)$$

式中：I_0 为线路中的电流，kA；h_1 为水上方边相的高度，m；h_0 为水上方中相的高度，m；D 为架空输电线路相间距离，m。

由式（12-5）可知，水平分布或中相微微抬起时（$h_1 \leqslant h_0$），在边相下方（$y=D$）线路的电场达到最大强度；而当中相稍稍落下时（$h_1 > h_0$），在中相下方（$y=0$）线路的电场达到最大强度。

水中的纵向电流密度（单位为 μA/mm²）为

$$\delta_x = \frac{E_x}{\rho_w} \quad (12\text{-}6)$$

式中：ρ_w 为水的单位电阻，对于淡水在 500～40Ω·m 范围内。

水中横向电场 E_{zb} 可以通过水表面空中的横向电场 E_{z0} 获得，有

$$E_{zb} = \omega\varepsilon_0\rho_w E_{z0} = 2.78\times10^{-9}\rho_w E_{z0} \quad (12\text{-}7)$$

式中：ε_0 为自由空间介电常数，$\varepsilon_0 = 8.85\times10^{-12}$，F/m。

式（12-7）也可通过在空气-水介质边界上的电场改变的正常矢量分量的限定条件获得。由空气-水介质边界上的电流密度连续性定理，可得水中横向电流密度表达式为

$$\delta_z = \omega\varepsilon_0 E_{z0} = 2.78\times10^{-9} E_{z0} \quad (12\text{-}8)$$

表 12-3 给出 $h_1=h_0=30$m，$D=31.5$m 的某 1150kV 架空输电线路下，水中的电场和电流密度，为比较还给出了导线高度 $h_1=h_0=50$m、相间距离 $D=17$m 以及中相抬高和降低 13.6m 的计算结果。线路电流 $I_0=3$kA。从表 12-3 可以看出，当水上方导线高度增加时，纵向电流和电场都会下降，并且与架空输电线路的结构关系不大。

表 12-3　　水中的电场和电流密度的计算结果

h_0, m	h_1, m	ρ_w, Ω·m	E_x, V/m	E_{z0}, kV/m	E_{ZB}, V/m	δ_x, μA/mm²	δ_z, μA/mm²
30	30	40	0.14	6	7×10⁻⁴	3.5·10⁻³	2·10⁻⁵
30	30	100	0.14	6	2×10⁻³	1.4×10⁻³	2×10⁻⁵
30	30	500	0.14	6	9×10⁻³	2.8×10⁻⁴	2×10⁻⁵
50	50	40	0.08	3	4×10⁻⁴	2.0×10⁻³	1×10⁻⁵
36.4	50	40	0.06	4	4×10⁻⁴	1.5×10⁻³	1×10⁻⁵
50	36.4	40	0.06	3	4×10⁻⁴	1.5×10⁻³	1×10⁻⁵
50	50	100	0.08	3	8×10⁻⁴	8.0×10⁻³	1×10⁻⁵
36.4	50	100	0.06	3	8×10⁻³	6.0×10⁻⁴	1×10⁻⁵
50	36.4	100	0.06	3	8×10⁻³	6.0×10⁻⁴	1×10⁻⁵
50	50	500	0.08	3	5×10⁻³	1.6×10⁻⁴	1×10⁻⁵
36.4	50	500	0.06	4	5×10⁻³	1.2×10⁻⁴	1×10⁻⁵
50	36.4	500	0.06	3	5×10⁻³	1.2×10⁻⁴	1×10⁻⁵

图 12-4 中给出了 1150、750 和 500kV 架空输电线路下水体表面电场的横向分布（与中相导线水面投影的水平距离）。计算使用的线路参数见表 12-4，ρ_w 取 $40\Omega\cdot m$。

可以看出：

（1）随着架空输电线路额定电压的降低，水中电场降低。这一现象的发生主要有两个原因，一是架空输电线路额定电流的减少和相间距离的减小，二是水表面三相电场的相互补偿抵消。

（2）线路对下方水体的影响区域相当大。对 1150kV 架空输电线路而言，在距架空输电线路 200m 处，水中电场相对于最大值只减小 2 倍，对于 750 和 500kV 架空输电线路，减小 3~4 倍。

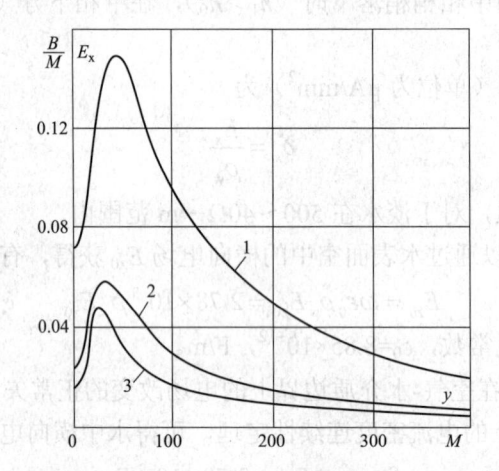

图 12-4　1150、750 和 500kV 架空输电线路下水体表面电场的横向分布
（1—1150kV 架空线路；2—750kV 架空线路；3—500kV 架空线路。）

表 12-4　　　　　　　计算水体表面电场的横向分布使用的参数

U_H, kV	I_H, A	h, m	D, m	E_x, V/m
500	1200	20	14	0.04
750	1600	25	18	0.05
1150	3000	30	31.5	0.14

由计算结果可以看出，架空输电线路在经过淡水水域时，无论是水中电场，还是水中电流密度都低于淡水生物所能承受的危险值。

12.1.4　交流架空输电线路对附近汽车的静电感应

架空输电线路跨越各类公路、农田，经过线路下方的各种交通工具、农业作业车辆等不可避免地曝露在线路的工频电场中，这时的各类车辆将会产生感应电压和感应电流。此时当人体接触到这些车辆时，会有电流流经人体入地。

为了计算架空输电线路附近处于电场中汽车的静电感应量，对车辆和人体做一定的模拟，如图 12-5 所示，采用表 12-5 中的不同公式用于计算短路电流 I_{sc}（运输工具理想接地状态下所通过的电流）和空载感应电压（与地面理想绝缘的运输工具的感应电势）U_0，通过任意电阻 R 而接地的运输工具的感应电流 I_R 和感应电压 U_R，以及理想接地的车辆上总的感应电荷 Q_0，该车辆的接地电容 C_v。

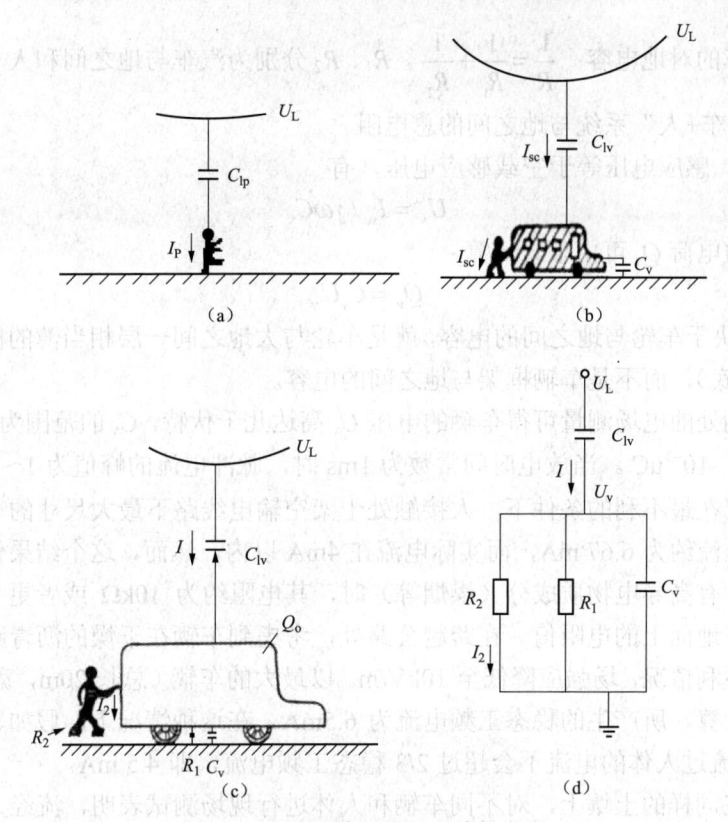

第 12 章　输电线路电磁环境的生态影响

图 12-5　不同情况流经人体的电流
(a) 架空线路下；(b) 与理想绝缘的车辆接触时；(c) 真实环境下与车辆接触时；(d) 图 (c) 的计算模型

表 12-5　设计时考虑的人与车辆接触情况及其计算公式

分类	情况描述	计算公式
A	短路电流 I_{sc}（$R_1=0$）	$I_{sc} = -\mathrm{j}\omega Q_0$ $Q_0 = U_1 C_{lv}$
B	车辆感应电压（人与车辆接触）	$U_{vh} = I_{sc}\left(\mathrm{j}\omega C_v + \dfrac{1}{R_1} + \dfrac{1}{R_2}\right)^{-1}$
C	车辆最大空载感应电压	$U_v = I_{sc}/\mathrm{j}\omega C_v$
D	可能流经人体的最大电流	$I_{hm} = U_v/R_2 = -\dfrac{Q_0}{C_v R_2}$
E	田地中人与车辆接触	$I'_{hm} \leqslant 0.5 I_{hm}$
F	道路上人与车辆接触	$I'_{hm} \leqslant \dfrac{2}{3} I_{hm}$

为了确定如图 12-5 所示的汽车的感应电势，采用图 12-5（d）中的等效电路图，计算式为

$$U_{vh} = I_{sc}\left(\mathrm{j}\omega C_v + \frac{1}{R_1} + \frac{1}{R_2}\right)^{-1} \tag{12-9}$$

式中：C_v 为汽车的对地电容；$\dfrac{1}{R} = \dfrac{1}{R_1} + \dfrac{1}{R_2}$，$R_1$、$R_2$ 分别为汽车与地之间和人与地之间的泄漏电阻，R 为"汽车+人"系统与地之间的总电阻。

当 $R=\infty$ 时，感应电压等于空载感应电压，有

$$U_v = I_{sc} / j\omega C_v \tag{12-10}$$

车辆所带的电荷 Q_v 可由下式计算

$$Q_v = C_v U_v$$

这时 C_v 取决于车轮与地之间的电容，就是车轮与大地之间一层相当薄的橡胶轮胎的电容（相当于人的鞋底），而不是车辆框架与地之间的电容。

由大型车辆处的电场测量可得车辆的电压 U_v 高达几千伏特，C_v 的范围为 $10\sim100\text{nF}$，则 Q_v 的范围为 $10^{-1}\sim10^{-2}\mu\text{C}$。当放电时间常数为 1ms 时，脉冲电流的峰值为 $1\sim10\text{A}$。

计算可知，在最不利的条件下，人接触处于架空输电线路下最大尺寸的车辆时，流经体内的稳态工频电流约为 6.67 mA，而实际电流在 4mA 以内。然而，这个结果仅仅适用于橡胶轮胎的材料中含有高导电物质成分（煤烟等）时，其电阻约为 $10\text{k}\Omega$ 或者更少，即相当于一个赤脚的人站在地面上的电阻值。在跨越公路处，考虑到车辆在干燥的沥青路面上而人处于潮湿的路边等不利情况，场强应降低至 10kV/m。以最大的车辆（总长 20m，宽 2.5m，高 3.8m 的拖车）为例计算，所产生的稳态工频电流为 6.5mA。在这种情况下，假如轮胎的电阻不大于 $10\text{k}\Omega$，实际流过人体的电流不会超过 2/3 稳态工频电流，即 4.5 mA。

实际上，在同样的土壤上，对不同车辆和人体进行现场测试表明，流经人体的电流仅为计算值的 1/2。

12.1.5 暂态电击

暂态电击是由于对地绝缘的人接触接地的物体，或者接地的人接触到绝缘的物体的瞬间，原来积蓄在人或物体上的电荷对地释放，形成暂态电流而造成的电击，常有火花放电伴随发生。这种现象可以用如图 12-6 所示的高压线路下不接地金属体和接地人体等效电路图来解释。

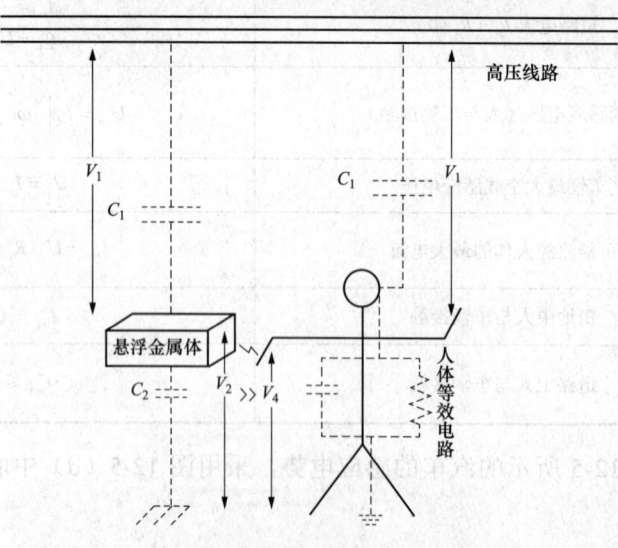

图 12-6 高压线路下不接地金属体和人体等效电路图

不接地金属体与高压线路及地面都存在分布电容，形成一个电容串联电路。因此，当线

路带较高电压时，金属体将感应一定的电压；与此同时，邻近的人体可以等效看作对地分布电容和对地绝缘电阻组成的并联电路，也会形成感应电压。当两个感应电压之差达到一定程度，人接近被感应物体但尚未完全接触时，其间的小空气间隙击穿而发生火花放电，这和人走过地毯后再接触门把手可能产生的静电放电相类似。

这是由于人与输电线路附近的物体之间的接触，多数属于电气接触不牢固的情况。这时，两者中的一个是对地绝缘的，具有一个悬浮电位，另一个是接地的或电器上可靠连接到带电设备上的。当这两个物体相互接近，在稳定接触前的一瞬间，它们之间的电位差和微小物理距离足以产生一个小火花。于是这个绝缘物体通过具有一定电位的物体突然对地放电或者充电。这一瞬态过程中产生的电流比稳态时产生的电流大很多。这时的火花放电处的电流密度很大，可达 $10 A/mm^2$ 以上，使人产生不舒服的感觉，甚至有痛感或产生惊吓。

假定处于电场中的对地绝缘的物体的电位为 $v = \sqrt{2} V_{max} \sin \omega t$，在电压最大值时发生上述现象。物体对地电容 C_0 放电，电位降低到 0。如在放电后，空气间隙的介质强度立即恢复，则该物体在下一个半周上的电位可达到 $2V_{max}$，如图 12-7（a）所示。在间隙达到击穿极限时，可能出现一个连续的张弛状态，此时物体充电到 $\pm 2V_{max}$，在每个周期都放电。

如果空气间隙的击穿电压小于 $2V_{max}$，则可能出现一个快速的张弛状态，如图 12-7（b）所示，在每个周期内有若干次放电彼此跟随。若此时的击穿电压为 V_0，则每个周期的放电次数约为

$$n = \frac{4V_{max}}{V_0} \tag{12-11}$$

还有一种状态是，绝缘物体的电位不足以引起火花放电，则会出现一个单独的暂态放电，其大小决定于在与该物体可靠电气接触时，物体所带的电位，如图 12-7（c）所示。

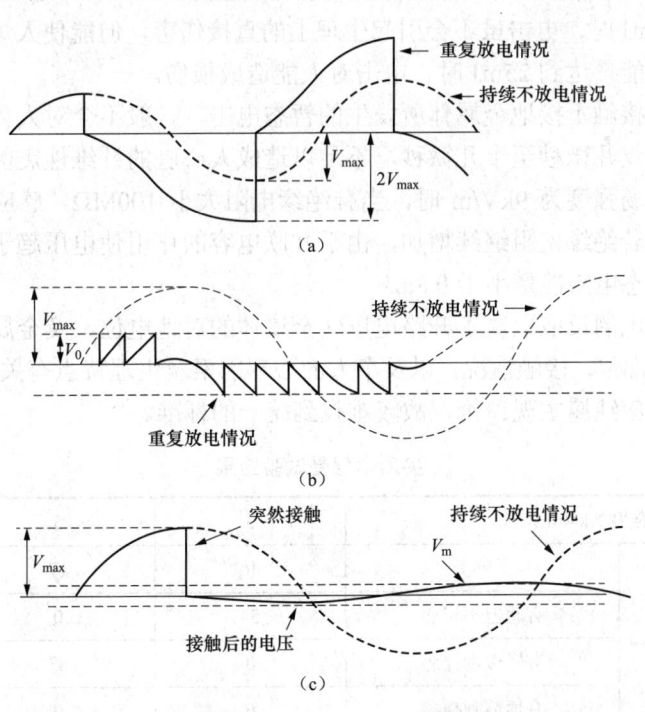

图 12-7 断续火花接触或突然接触时暂态放电

(a) 重复率低的强放电；(b) 重复率高的弱放电；(c) 单次放电

就交流接触放电而言，在给定的时间间隔内，由于间隙放电出现时感应电压瞬时值的不同，以及放电重复数量的不同，表 12-6 给出上述三种情况的放电能量比较，可见重复次数少的强放电比多次重复的弱放电消耗的能量多，同时强放电给人的刺激也越明显，这是由其放电电流来决定的。

表 12-6 上述三种情况的放电能量比较

张弛类型	单个放电能量	每个周期放电能量
重复率低的强放电	$2C_0V_{max}^2$	$4C_0V_{max}^2$
重复率高的弱放电	$\frac{1}{2}C_0V_0^2$	$2C_0V_0V_{max}$
单次放电	$\frac{1}{2}C_0V_{max}^2$	—

除了使人烦恼的电击外，另一短时效应是在电场中的直接感觉。电场在人体表面感应的交变电荷，通过毛发的颤动可以感觉到。对人体造成影响的主要是电流，根据电流的性质，可分为稳态交流电流、直流电流及暂态电流。根据其影响，可分为可感觉到的电流、第一类电击电流和第二类电击电流。第一类电击电流可产生直接的生理伤害，第二类电击电流虽不产生这种伤害，但使人烦恼和引起人体肌肉不自觉的反应。

发生暂态电击时，人体所能承受的电击电压与能量将不同于直接接触电源所造成的稳态电击，暂态电击的强度是电压和能量的函数，取决于放电物体对地电容、对地绝缘电阻和它上面的感应电压。目前国际上有文献认为，当放电能量为 0.1mJ 时，电击达到可感觉的水平；当能量为 0.5~1.5mJ 时，电击虽不会引起生理上的直接伤害，但能使人烦恼和引起人体肌肉不自觉的反应；当能量达到 25mJ 时，电击对人能造成损伤。

高压线路下方接触不接地金属体所发生的暂态电击，一般不会对人体带来危险，因为它作用的时间很短，仅几微秒至十几微秒，不足以造成人心脏的纤维性震颤。有资料表明，在交流输电线下当电场强度为 9kV/m 时，当鞋绝缘电阻大于 100MΩ 时，感应电压可达 3000V，有轻微的电击感；若绝缘电阻继续增加，由于并联电容的作用使电压趋于饱和，最高电压不会超过 4000V，瞬态电击能量小于 0.8mJ。

人类对火花放电的反应取决于开路电压（金属体的对地电位）及金属体对地电容，与接触金属体的面积、部位、接触情况，以及个人的心理因素及生理特点有关（见表 12-7）。但由于对暂态电击的反应纯属主观评价，故较难找到统一的标准。

表 12-7 尖顶伞感受试验结果

电场强度（kV/m）		3	5	9
感受程度 （占总人数的百分数%）	无感受	46	17	4
	有感但不担心	54	0	0
	有轻微刺痛感	0	83	0
	有烦恼刺痛感	0	0	96

因此，为了在户外工作和生活中不致因电击而引起人们的不安与烦恼，还是应对人体可

能遇到的暂态电击强度做出限制，国际上一般采用在输电线路下工作时流经人体的感应电流限值。如美国采用的无危险电流为：男人 9mA、女人 6.5mA、儿童 4.5mA。

为了满足不超过感应电流的要求，美国邦那维尔电力管理局（BPA）按低概率的人身感受和来自电场的烦恼制定的允许场强为：在线路走廊内最大电场为 9kV/m，线路走廊边缘以及公路交叉跨越处为 5kV/m，这时感应电流小于烦恼水平 2mA。

高压输电线路下方发生的暂态电击与人们生活中经常遇见的静电放电类似。有关资料表明，人体静电电位一般可达几千伏、上万伏，最高可达 50kV。具有如此高静电电位的人体，一旦靠近或接触接地导体时，就不可避免地发生静电放电，通过比较可以看出在高压输电线路下方感受的暂态电击强度一般小于日常遇到的静电放电强度。

12.1.6 油料引燃

在工频电场中由于不同电位体之间的放电，可能会引燃有碳氢蒸汽的易爆物。所以，输电线下或附近的加油站、车辆（包括火车）和船舶装运易燃易爆物品，理论上都存在着引燃的危险。

在架空交流输电线路附近，主要关注电场中的大型物体的电容放电引起燃料的可能点燃的问题。燃料点燃所需要的能量时燃料与空气混合比例的函数。对于常用的碳氢化合物燃料而言，其最小点火能量约为 0.25mJ。

通过试验得出的单个电容与棒板型电极放电模型的最小点火开路电压为

$$U_{oc} = 4.6C^{-0.3} \qquad (12-12)$$

式中：U_{oc} 为开路电压，V；C 为等效放电电容，F。

对于大型的车辆，典型对地电容约为 1500pF，最小的点火电压有效值 U_{oc} 为 2000V。实际上，大多数汽车轮胎是半导电的，而且土壤和植被在与轮胎或车辆接触时也提供了电荷释放入地的附加通道，这样导致车辆的对地电压更低。表 12-8 给出了基于大量调查得出的典型结果。

表 12-8 一些车辆对地电容、对地电阻、感应电压及短路电流值

测量条件	测量值	私人轿车	轻型厢式车	卡车
	C_0（pF）	600	800	2000
	R（MΩ）	2	1.7	0.15
400kV 线路 h=15m E=4.5kV/m	i_0（mA）	0.250	0.460	1.10
	U_0（V）	1000	1700	2000
	U_s（V）	450	780	200
750kV 线路 h=16m E=9kV/m	i_0（mA）	0.45	1.10	2.20
	U_0（V）	1800	3300	4300
	U_s（V）	750	1900	440

表 12-8 中，C_0 和 U_0 是将车辆轮子放置在薄绝缘垫上测得的。而交流电压下的轮胎对地电阻 R（计入损失角）和车辆对地感应电压 U_s 是将车辆停放在草地（潮湿地面）上。U_s 数据很大程度取决于绝缘的好坏（轮胎、沥青、草地、环境湿度条件），而且总是明显小于 U_0。

可见，线路下方的车辆不会引起油料点燃。

此外，三峡电站 500kV 架空输电线路跨越船闸时的工频电场引起的安全问题，通过计算分析和模拟试验表明：离水面 10m 以内，同塔双回逆相序排列时最大场强为 1.33kV/m，同相序排列时最大场强为 3.28kV/m；同时，也认证了对闸室中的油驳不会引起燃爆现象，即在油驳存在的情况下最大畸变电场为 6.8kV/m 时，不需采用其他措施，绝缘良好的人体对船体的火花放电能量不足以引燃汽油蒸汽。有关研究还对上海吴淞口 500kV 线路跨江工程的工频电场对船运安全影响进行了论证与评估，离江面 20m 处的最大场强为 0.49kV/m，这个场强不足以产生使物体能引起火花放电的感应电压。国内已有很多运行多年的 500kV 及以上电压等级线路跨长江、跨铁路、公路的工程，目前均没有影响载有易燃易爆物品的车辆、列车和船舶的安全通过。

12.1.7　工频电场生态影响研究结论

在 20 年前，国内有关部门就开始了工频电场的生态影响研究，尤其是电力部门与医科大学合作研究，对在 500kV 线路和变电站工作的人员（即职业化曝露人群）作了 8 年的健康状况跟踪和工频电场对小学生智力影响的测定，其结论是没有明显的影响。研究也表明，动物在 40kV/m 的工频电场中时，在行为表现、血象、生化指标、脏器病理变化等未发现不良影响。从体表场强和感应电流密度两项指标的电性能上看，约相当于人体处于 8～12kV/m 的电场环境中。

1996 年 10 月，美国有关权威机构发布的评估报告说：根据已发表的有关工频电场与磁场在细胞、组织和器官（包括人体）上影响的综合性的评价，现有证据并不显示曝露在输电线路产生的场会产生对人体健康的危害。特别是，没有结论性和一致性的证据表明，曝露到家庭的电场和磁场会产生癌症、有害的神经行为效应或对生殖与发育的影响。研究机构也认为：科学的证据提出极低频 EMF 曝露造成任何的健康风险是微弱的。

国际非电离辐射防护委员会（ICNIRP）认为：在几赫兹到约 100kHz 范围，由场感应的电流密度不可能直接刺激可激励的组织，然而它还是可能影响组织的电活动和神经细胞的通信。长期曝露在感应电流密度在 10～100mA/m^2 以上的场时，对组织影响的严重性和不可逆转的可能性变得较大。因此，在总结电流密度大于 10mA/m^2 对人体健康影响的证据后，ICNIRP 决定限制人们曝露在几赫兹到 1kHz 的场下时感应在头颈、躯干的电流密度不大于 10mA/m^2。ICNIRP 的专家表示没有确切的证据表明低强度电磁辐射（非致热效应）能造成机体的不良健康影响，ICNIRP 最近就有关该指南的讨论认为，现有的电磁辐射生物学效应研究结果也并不认为低强度电磁辐射有任何不利的生物学效应。

WHO 官方文件指出："极低频场与生物组织相互作用的唯一实际方式是在生物组织中感应电场和电流。然而，在通常遇到的极低频场曝露水平下，所感应的电流比我们体内自然存在的电流数值还低"。在对有关电场的研究结果进行全面评估后，WHO 指出："现有的证据表明，除了由躯体表面电荷产生的刺激外，曝露到高达 20kV/m 的电场几乎没有什么影响，并且是无害的。即使在电场强度高达 100kV/m 以上时，也未观察到电场对动物的生殖与发育有任何影响。"

WHO 从 1996 年起，集合 60 多个成员国开展"国际电磁场计划"，针对极低频电场和磁场健康风险的研究已全面完成。2007 年 6 月，WHO 以事实文件（Fact Sheet）No. 322 形式，阐明了该项计划针对极低频场的最终文件《环境健康准则（EHC）》的关键结论和建议。WHO 环境健康准则工作组结论明确指出：在电力线路和用电设备周围存在的是电场和磁场，而不是电磁辐射。公众环境中通常可遇到的极低频电场水平，不存在实际健康影响。

12.2 直流合成电场及离子电流的环境影响

在高压直流输电线路出现之前，静电场就存在于人们的日常生活环境中。地球上的负电荷与距离地面 90～135km 的带正电荷的电离层组成了一个球形电容器，陆地表面的电场强度约为 0.15kV/m，这个数值每日、每月、每年都在变化。在地球生物的演变过程中，电场始终是一个因素，相信它也起到了一定的作用。如在正极性电场中栽培的植物与相同情况下在负极性电场中或在没有电场时相比，生长较快，成熟较早，抗病性更强。当电场完全被屏蔽后，老鼠和豚鼠都出现了水平衡和电解质紊乱。

当人处于静电场时，在人体内不会产生电场和电流。但在高压直流线路极导线之间和极导线到地面之间的整个空间都会充满由线路电晕放电所产生的离子，它们会产生相当大的电场强度，也会在对地绝缘良好的物体上形成积累电荷，还会在人体中引起电流并带来其他影响。

12.2.1 人体稳态电流及其生物效应

静电场不会透入人体内部，因而也不会以感应的方式产生体内电场与体内电流。

直流输电线下，流过人和物体的稳态电流是他们所截获的空间离子电流。截获电流的大小与导线的电晕特性和人体等效面积有关。人体的等效面积主要与人体的高度有关，试验结果表明，身高 1.75m 的人等效面积约为 $5m^2$。由于离子电流密度的大小和分布受风、温度、湿度、大气压力等因素的影响，有较大的随机性，因此人和物体的截获电流也随气象条件变化，有较大的分散性。当线路产生的离子电流密度为 $100nA/m^2$ 时，人体截获电流约 500nA。

就直流人体电流的生物效应而言，按国家标准 GB/T 13870.1-2008《电流对人体和家畜的效应 第 1 部分：通用部分》，直流的感知阈水平只有在电流接通和断开时才会有感觉，在电流稳定流过期间不会有其他感觉。在与交流类似的研究条件下测得的反应阈为 2mA（高于交流电流反应阈 0.5mA 数倍）。

按美国能源部的数据，可产生起始感受的直流电流数值为男人为 5.2 mA，女人为 3.5 mA。产生疼感电击，但仍可安全摆脱的电流值为男人为 62mA，女人为 41mA。

直流输电线下，人体截获电流约 500nA。该数值比产生起始感觉的电流小四个数量级。

12.2.2 直流输电线电场中人体感应电压

与交流电场相似，直流电场中人站立在地面上，也会使电场畸变，从而使人体头部电场局部集中与增强。与交流电场不同的是，直流输电线下实际存在的电场是由导线带电电荷产生的标称电场与空间离子产生的电场组成的合成电场。在该电场中，流过人和物体的稳态电流是他们所截获的空间离子电流。

在直流输电线电场中，人体（或电场中其他物体）感应电压 U 与人体（或物体）截获的离子流 I_1 成正比。有以下关系式

$$U = I_1 R \tag{12-13}$$

式中：R 为人体（或物体）对地电阻，包括"人体电阻"及"鞋电阻"两部分。

直流条件下,绝大多数人体电阻在1000Ω以下,而一般情况下人们所穿的鞋,如布鞋、皮鞋、胶鞋等,其绝缘电阻为200MΩ左右。所以,可以认为人体对地电阻就是鞋的绝缘电阻。

由此可见,直流输电线下人体感应电压与交流电场明显不同,其数值极大程度上取决于人体对地绝缘电阻的大小。例如,在某直流线路下方的试验表明,穿带电作业绝缘靴站在负极导线投影外5m处,测得人体感应电压为6~7kV,此时人体触及接地体时会引起针刺似的脉冲电击感。而穿布鞋或一般胶鞋时,就基本测不出人身感应电压。

12.2.3 人体的体表效应

直流导体产生离子并在身体表面汇集,使毛发带同性电荷。在临近直流高压输电线路处也可以观察到头发的振动。一种可能的解释是直流导体产生的离子在头发上汇集,空间场的交流分量(直流谐波)提供了头发振动所需的振动力。试验也表明,在强的直流场与一个交流场结合时,人的感知将明显增强。此外,觉察静态场也可是头发振动所致,这可能与头发顶尖处的电晕有关。

试验表明,当人体对地良好绝缘时,在直流地面合成场强为22kV/m时,可感到头皮有轻微的刺痛感;在受试人员穿常规鞋在高于30kV/m电场时,仅在极少情况下才出现头发的刺激。

我国在直流试验线路下进行过人在直流输电线下的直接感受试验。结果表明:毛发和皮肤对直流电场最敏感。在地面电场强度小于30kV/m的地方,皮肤感觉不明显;在地面电场强度为30kV/m左右的地方,外露皮肤有微弱刺激感;在地面电场强度为35kV/m的地方,外露皮肤有较明显的刺激感;在地面电场强度为38kV/m的地方,外露皮肤有很明显的刺激感;在地面电场强度为44kV/m的地方,皮肤的刺激感很强烈。离开高场强区后,皮肤刺激感立即消失,无任何不适反应。

综上所述,直流输电线下人体感应电压的数值极大程度上取决于人体(鞋)对地绝缘电阻的大小。穿常规鞋时,在地面合成电场强度小于30kV/m的地方,皮肤无明显感觉。

12.2.4 直流暂态电击特性

前述可知,在交流电场中放电可在正弦波形的每半周出现一次,每次放电还可能包含成簇脉冲群。多个重复放电刺激叠加,是交流电击感受的主要特征。而直流输电线电场中由接触产生感应电击的放电脉冲很难出现多次重复。

在直流条件下,充电时间常数τ将限制单次放电后物体电荷(及相应电压)的恢复。该时间常数由物体对地电容和对地电阻的积决定。若一个人的对地电阻为1000MΩ(干燥地面穿正常鞋的10%数值),电容为150pF,则对应充电时间常数$\tau=150$ms。这个时间常数会使场内的人体电压降低。在人体电压及释放能量试验中,站在绝缘垫上的试验人员在触摸接地金属体前需要等待一小段时间,以便积累一定的空间电荷的做法,也是存在的。

再比如汽车暂态试验的数据。依据表12-8中各类汽车对地电容及相应的对地电阻计算得到充电时间常数。这一充电时间常数表明触摸直流电场中的汽车时,由人体触及汽车之前的空气间隙放电所致的刺激应该是单个脉冲性质的,这一脉冲电流可由式(12-14)计算得出,暂态放电电流是非周期脉冲,脉冲的波形可用指数脉冲波来表征

$$i = I_0 e^{-\frac{t}{\tau}} \tag{12-14}$$

式中：τ 为放电时间常数，$\tau = C_0 \dfrac{R_0 R_p}{R_0 + R_p}$。其中，$C_0$ 为绝缘物体的对地电容，R_0 为绝缘物体自身的泄漏电阻；R_p 为暂时接触上去的人体的对地电阻。而单次放电电流峰值为 $I_0 = \dfrac{U}{R_p}$。

因此，直流电场中较大的充电时间常数限制放电重复次数，是直流电刺激比交流轻的主要原因之一。

12.2.5 直流电场中放电试验

1. 人体触摸接地物体

当人穿带电作业绝缘靴站在负极导线投影外 5m 处，可测得人体感应电压为 6~7 kV，对地放电时会引起针刺感。若穿布鞋或一般胶鞋时，基本测不出人身感应电压。当鞋的电阻小于 1000MΩ 时，若人体截获的离子电流为 500 nA 时，感应电压不超过 500V。

取人体对地电容 100pF，按释放的电荷量 $Q = CU$ 和放电能量 $J = \dfrac{1}{2}CU^2$，在人体感应电压为 5000V 时，人碰触接地物释放的电荷量 Q 仅为 0.5μC，放电能量 J 为 1.25mJ。即使取人体感应电压为 9000V 计算，释放的电荷量 Q 也仅为 0.9μC，放电能量 J 为 4.05mJ。而当人穿布鞋或一般胶鞋时，取人体感应电压为 500V 计算，释放的电荷量 Q 仅为 0.05μC，放电能量 J 为 0.0125mJ；放电能量经进一步降低。

2. 人体触摸大型汽车

在直流输电线下，由于电场频率为零，流过物体的稳态电流仅为物体捕获的空间离子电流。就大型汽车而言，截获电流仅 4μA。而实际为半导电的轮胎电阻又大大降低了直流电场中车体的感应电压（轮胎电阻小于 100MΩ 时，感应电压小于 50V）。据测量，汽车在不同道路上（干泥地、砂砾地、湿砂砾地、柏油路），其电阻变化范围为 0.2~58MΩ，因此在直流输电线下不必担忧汽车引起的瞬态电击。

3. 人体触摸不接地长栏杆

表 12-9 给出了在临近 ±600kV 线路上一根线路走廊内的不同程度长栏杆的火花放电电击感与积累能量水平关系的试验结果。

表 12-9　　　　　　　　在临近运行的 ±600kV 直流线路上试验结果

火花感觉	几乎无感觉	可感觉到	烦恼	非常不适
栏杆长度（m）	20	40	240	1500
积累能量（mJ）	2	5	50	250
积累电荷量（μC）	0.78	1.78	10.96	70.2

注　带有 6m 柱距的单股刺钢丝栏杆，每根木柱的电阻为 800MΩ，每米长度对地电容量为 7.50pF/m，离线路距离 4.6m，平均截获离子电流 1.3 μA/m。
用 $J=1/2CV^2$ 计算得积累电荷量。

由表可见，一根线路走廊内的长 40m 的栏杆在非常干燥的天气，积累的能量可达到地毯电击典型能量 3~4.5mJ 的水平。在线路走廊内与线路平行并离导线 4.6m 处长 240m 的栏杆有 50mJ 的电击，1500m 的栏杆有 250mJ 的电击。但是，要达到这样的水平需要线路走廊内与输电线路平行 1500m 的长度，这是极为罕见的。在任何情况下，只要用一根金属棒去接触该栏杆，就足以把能量泄放到低于"感觉水平"。

12.2.6 直流合成电场生态影响研究结论

根据世界卫生组织公布的结论：目前尚未有研究可以证明直流电场会对人体产生不良影响，也没有证据可以说明其对人体会造成慢性的伤害。由于直流输电线路的运行电压保持恒定，不会有太大的电场变化，这样就不会在人体产生位移电流。直流线路对人体的影响主要是在人体表面产生感应电荷，在电荷放电时产生的暂态电击。因此，对于直流线路对人体的影响主要集中在暂态电击和直观的感受。

12.3 工频磁场的环境影响

工频磁场与人体的相互作用导致感应电场和闭合的回路电流。感应电动势的幅值和电流密度正比于回路的半径、组织的电导率以及磁通密度的变化率。对于幅值和频率已定的磁场，最强的感应电场产生在回路尺寸最大的地方。最终感应在体内任何部分的电流路径和幅值将决定于组织的电导率。

工频磁场能在靠近输电线路附近的人体上感应出电压，当达到一定值后会引起电击使人出现不舒服的感觉。交变磁场通过磁耦合能在导体上产生感应电动势。通常，导体的一端接地，另一端与大地之间将出现电位差。若人或动物接触导体，可能感受到稳态的或暂态的电击。临界电压和摆脱电压与电场耦合感应电流时的情况一样。与电场感应情况相比，磁感应电压通常较低，而磁感应电流较高。对于输电线路附近的导体，采取切断其电气连续通路、适当接地等措施，可以防止电击。

需要指出的是，交变磁场能够在生物体内部感应产生电场和电流，但这些感应的电场和电流比由输电线路的电场产生的内部电场和电流更弱。例如，0.1mT 的工频磁场在人体内感应的电流密度，在数量上近似于由 2.5kV/m 电场产生的电流密度。而实际运行的交流输电线路附近的工频磁场的大小一般在 10μT 以下。

12.3.1 工频磁场与人体的作用机理

在大量已提出的场与人体直接相互作用的机理中，有三种在较低场水平下具有突出潜在作用的场的机理，即神经网络中的感应电场、基团配对、磁铁物机理。

因工频电场或磁场曝露而在组织中产生感应电场，当内部场强超过几伏特每米时，会以一种从生物物理学角度似乎合理的方式，直接刺激单个有髓神经纤维。与单个细胞相比，更弱的场也会影响神经网络中的突触传输。多细胞生物体通常采用这种神经系统信号处理方式，以探测微弱的环境信号。有专家建议对神经网络有区别地采取较低的限值（1mV/m），但根据现有证据，阈值取 10～100mV/m 更为合适。

按照基团配对机理，磁场会影响某些特殊类型的化学反应，通常会在低水平场中提高反应自由基的浓度（这种提高在小于 1mT 的磁场中可观察到），而在高水平场中降低它们的浓度。有一些证据表明，这种机理同候鸟迁徙中的导航有关联。根据理论以及工频磁场和静磁场产生的变化相似的原因，人们认为，远小于 50μT 地磁场的工频场，不具有很大的生物学显著性。

在动物和人的组织中，存在着只有痕量的磁铁物晶体，即各种形状的小氧化铁铁磁晶体。与自由基对相同，它们也与迁徙性动物的定向和导航有关，只不过人脑中痕量的磁铁物不足以探测到微弱的地磁场。基于极端假设的计算显示，极低频场对磁铁晶体产生影响的低限是 5μT。

场的其他直接生物物理学作用，例如断开化学键，对带电微粒产生的力，以及各种窄带"共振"机理，都不能提供在公众和职业环境中遇到的场水平下可能产生作用的合理解释。

至于非直接影响，可以觉察到电场感应出的表面电荷，它可能导致在触摸到导体时，产生痛感的微电击。例如，接触电流也可能发生在儿童接触居室中浴缸的龙头时，这会在骨髓中产生出有可能超出背景噪声水平的小电场。但是，这是否形成一种健康风险还是未知的。

12.3.2 国内外研究成果

关于长期、低水平极低频磁场是否存在潜在的长期影响（主要指与儿童白血病的关联）问题，WHO 对其进行了重点的全面评估。在环境健康准则中，WHO 发布了对各种证据总体权衡后的最终结论，即流行病学的证据不能排除选择性偏倚，没有生物机理的证实，而且大多数动物实验均为阴性结果。因此，与儿童白血病有关的证据不足以认定为存在因果关系。

2000 年全球总的儿童白血病新病例量大约是 49000 例。住所中平均磁场曝露超过 0.3μT 的很少见，患病儿童中大约只有 1%～4%生活在这种状况下。如果说磁场曝露和儿童白血病之间的关联是有因果性的，那以 2000 年的数值计算，全世界因磁场曝露而导致的病例数大约是每年 100～2400 例，代表着那年总病例的 0.2%～4.95%。因此，如果说极低频电磁场确实增加了这种疾病的风险，那么从全球角度考虑，极低频电磁场曝露对公众健康的影响也是有限的。

针对极低频磁场是否与其他各种健康危害（各类儿童与成人癌症、忧郁症、心血管紊乱、生育、发育障碍、免疫系统变异、神经退变性疾病等）有关联的疑问，WHO 支持以下观点，极低频磁场曝露和所有这些健康影响有关系的科学证据，都比儿童期白血病的弱得多。在一些研究中（例如心血管疾病和乳癌），证据显示极低频磁场不会引起这些疾病。

关于磁场影响，WHO 指出："在家庭或日常环境中所遇到的磁场水平下，没有经确认的实验室证据表明极低频磁场会影响人体的生理与行为；志愿者在强度高达 5mT 的极低频场中曝露数小时后，其临床与生理指标（包括血液变化、心电图、心率、血压和体温）几乎看不到影响"。

12.3.3 工频磁场对环境影响的判例

西班牙一家电力公司因电磁场而受到法律诉讼。诉讼由一栋建筑的业主联合提出，依据该建筑区域的地方法院更早时候做出的判决，针对该电力公司安放在底层的电力变压器，要求该公司消除或减少该建筑中的磁场曝露，并对他们寓所的贬值做出赔偿。

2002 年 2 月 8 日该地第 2 初审法院最近的判决成为这起诉讼案的转折点以及改判前例的标志，该地第 2 初审法院指出认为"科学界"内部对电磁场问题有重大的争议是错误的，尽管"可能存在孤零的不同意见，但那些不同意见都未曾被提请做科学评论"。由原告提交宣称电磁场可能有害的后补文件中是一种价值判断，既没发表也未在科学界获得支持，只会在不明白物理学和医学的人中造成社会恐慌。

2002 年 2 月 8 日该地第 2 初审法院判决："曝露在 100μT 以下的电磁场对公众健康没有有害的影响，这样的电磁场确定为无害"。判决书在最终结论中认定，既然供电实施产生的磁感应强度很好地在已确定 100μT 限值内，考虑到预防性原则，没有理由要求停止或降低电力设备的曝露水平。根据同样理由，不需要支付赔偿。

原告对此没有提出异议，此判决成为最终判决。这一不可上诉的终审判决极大地改变了当时的情况，纠正了以前的决定，在西班牙首次确定曝露于磁感应强度水平远低于 100μT 的磁场对公众健康不产生有害影响。

2002 年 12 月，该司法意见被该地第 14 初审法院在针对该问题的最新判决中采纳，在对经详细的充分证据进行全面评估后，其结论意见是："在原告所拥有或居住的建筑物内，由变压器产生的电磁场或地面浓度水平是远低于目前科学水平下一致确认的、遵照预防性原则的容许限值，因而不存在任何危险或对公众健康会产生任何有害影响。所以没有必要移走变压器或降低其（电磁场）发生水平"。

12.4 直流磁场的生态影响

直流线路产生的磁感应强度和地球自身的地磁场强度的大小在同一个数量级。在研究直流磁场对血液、神经、生物等的影响时，直流磁场磁感应强度达到了特斯拉级，这在特定的环境下都是难以实现的。

12.4.1 直流磁场对血液流动的影响

血液在直流磁场的作用下，位于直流磁场内血液中流动的离子会受到洛伦兹力的作用而向血管壁运动；洛伦兹力的作用还会使离子向血液流动相反的方向运动。如果直流磁场足够大，这些效应将使血管壁上积累电荷，对血液流通产生一定的阻碍作用。试验表明，这种情况只是在极高的磁感应强度下才会出现。当小动物曝露在 1T 的静磁场中时，会在血管壁上积累电荷；在 1.5T 的静磁场下，没有观察到磁场对动物血液流动产生任何影响；而当外界磁场达到 15T 时，可以阻碍 10% 的血液流通。

12.4.2 直流磁场对动物及细胞的影响

人们做了大量的动物活体试验，使动物曝露于大于地磁场（60μT）的静磁场中，试验的磁感应强度范围从 mT 到 T 数量级。然而，没有试验表明动物曝露在静磁场中会产生慢性影响，更没有产生与癌症有关的影响。

12.4.3 直流磁场对神经的影响

直流磁场对动物神经系统的影响，试验结果一致表明当磁感应强度达到 4T 及以上时，试验用老鼠会产生不适感，并努力避开。研究认为，这是因为磁场对动物的神经系统中掌握平衡和身体方位的部分造成了影响。有一些动物是靠地球磁场来辨认方向的，直流磁场会扰乱它们的判断，但对人类不存在此种影响。

世界上关于静磁场对动物和人的影响研究大都关注 T 级及其以上的磁场。动物实验表明，在高达 2T 的静磁场下，未发现对动物的生长、行为和生理产生影响；老鼠曝露在高达 1T 的静磁场下，未发现对其胎儿有任何影响。有试验表明，当人短时间曝露于强磁场中（数 T）时，会出现眩晕，恶心，有时嘴里还会有金属的味道。虽然是暂时的，但这些影响是非常令人反感的。还有一些短期的强磁场曝露试验并未得到同样的结果，因此还不能得出强磁场对人体影响的确定结论。

由此可见，高达几特斯拉的强直流磁场（如核磁共振设备可以产生数特斯拉的强磁场）对人和动物的影响需要引起注意。但在日常生活中遇到的直流设备电流产生的磁场都很小。

图 12-8 给出了±500kV 直流输电线路在额定电流下的磁场横向分布。

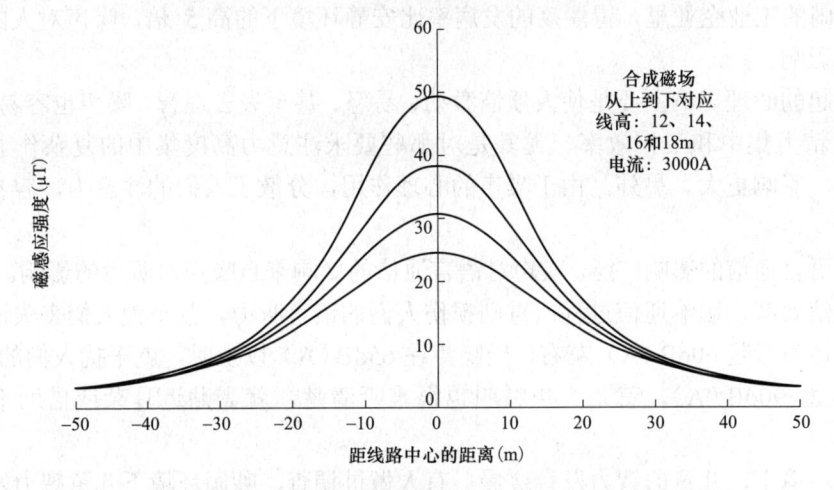

图 12-8　±500kV 直流输电线路在额定电流下的磁场横向分布

从图 12-8 可以看出，直流输电线路产生的直流磁场小于 50μT，现在世界上研究直流磁场对健康的影响时，关注的是比直流线路磁场大几十万倍及以上的磁场。

地球上大部分地区的磁场为 20～70μT，我国为 40～60μT。可见，直流线路在额定电流下运行，线下地面的磁场与我国大陆南边的地磁处于同一水平，比北方的地磁还小。对于这一水平的磁场，人类早已习惯，不会对健康造成不利影响，否则，人类在地球上生存都成问题。

12.5　可听噪声的生态影响

与工频电场、磁场、无线电干扰的无声、无形、无影不同，输电线路的可听噪声是人们听觉可直接感受到的，所以更容易被人们关注。但一般情况下，只有超高压及特高压输电线才有可能产生噪声扰民的现象。

12.5.1　可听噪声的影响

一般认为 40dB（A）噪声的卫生标准是正常的环境噪声。在此水平以上的噪声可能会影响睡眠和休息，妨碍交谈，干扰工作，使听力受到损害，甚至引起神经系统、心血管系统、消化系统等方面的疾病。

听力损伤的程度与噪声强度和在噪声中曝露的时限有关。人们在强噪声环境中曝露一定时间后，听力会下降；离开噪声环境到安静的场所休息一段时间，听觉就会恢复，这种现象属于听觉疲劳。但长期在强噪声环境中工作，听觉疲劳就不能恢复，而且内耳感觉器官会发生器质性病变，造成噪声性耳聋或噪声性听力损失。长期在不同噪声下工作，会导致耳聋。噪声在 80dB（A）以下，才能保证长期工作不致耳聋；在 90dB（A）条件下，只能保护 80% 的人不会耳聋，即使是 85dB（A），还会有 10%的人可能产生噪声性耳聋。

理想的睡眠环境噪声在 35dB（A）以下，当噪声超过 50dB（A），约有 15％的人正常睡眠受到影响。

噪声会引起人体紧张的反应，刺激肾上腺素的分泌，因而引起心率改变和血压升高。噪声会使人的唾液、胃液分泌减少，胃酸降低，从而易患胃溃疡和十二指肠溃疡。一些研究指出，某些吵闹的工业企业里，胃溃疡的发病率比安静环境下的高 5 倍，噪声对人的内分泌机能也会产生影响。

噪声引起的心理影响主要是使人烦恼激动、易怒、甚至失去理智。噪声也容易使人疲劳，往往会影响精力集中和工作效率，尤其是对那些要求注意力高度集中的复杂作业和从事脑力劳动的人，影响更大。另外，由于噪声的心理作用，分散了人们的注意力，容易引起工伤事故。

噪声对语言通信的影响广泛。噪声对语言通信的影响来自噪声对听力的影响。这种影响，轻则降低通信效率，影响通信过程；重则损伤人们的语言听力，甚至使人们丧失语言听力。人们通常谈话声音是 60dB（A）左右，当噪声在 65dB（A）以上时，就干扰人们的正常谈话，如果噪声高达 90dB（A），就是大声喊叫也很难听清楚，就需贴近耳朵或借助手势来表达语意。

在噪声环境下，儿童的智力发育缓慢。有人做过调查，吵闹环境下儿童智力发育比安静环境中的低 20%。噪声对胎儿也会产生有害影响。研究表明，噪声使母体产生紧张反应，以致影响供给胎儿发育所必需的养料和氧气。

上述可听噪声的影响是不限定噪声的来源的。输电线路的噪声一般控制在当地所属噪声功能区域的水平之下，仅在特定条件下才会产生较大的噪声。因此输电线路的可听噪声影响应根据自身的特点来确定。

12.5.2 输电线路可听噪声对人的影响

交流输电线路可听噪声包含两个明显的分量：①发生在坏天气时，由于雨滴和风而产生的类似爆裂声的宽带噪声。②100Hz 及其倍数频率的类似"嗡嗡声"的纯声。研究表明，在好天气下，由交流输电线路电晕产生的可听噪声并不大；在雨天，导线下方的水珠使电晕放电强度增加，可听噪声会增大，雨天时的可听噪声比晴天时的约大15～20dB（A）。因此，对于交流输电线路，可听噪声的限值重点要考虑雨天情况。直流线路在晴好天气时电晕噪声较大，而在雨天反而较小。一般说来，交流输电线路的噪声是考虑的重点。

图 12-9 显示从抱怨的情况和相应的噪声水平看，约 52.5dBA 以下基本无抱怨，52.5～58.5dBA 有一些抱怨，高于 58.5dBA 则是高抱怨。

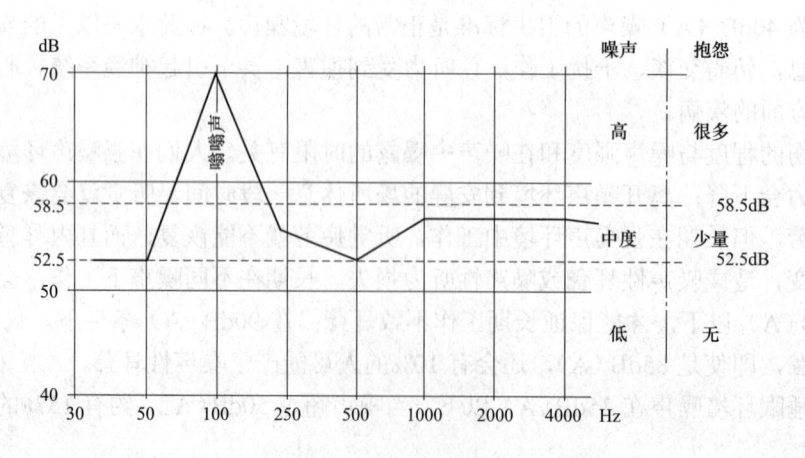

图 12-9 交流输电线路噪声频谱及影响

图 12-10 给出了雨天条件下交流 1000kV 单回线段下测得的可听噪声的频谱分布图。从图中可以明显地看出输电线路产生的 100、200Hz 的低频纯音。但噪声的整体水平较低，在 45dB（A）以下，这是由于我国特高压输电线路采用了大截面多分裂导线的缘故。而在晴好天气时，特高压线路的噪声水平与环境噪声相似。

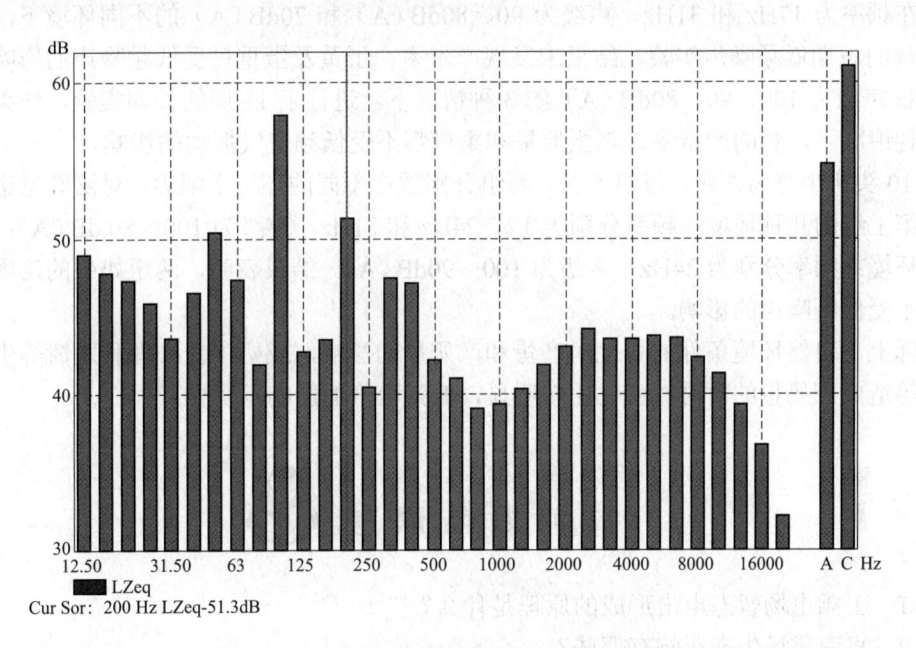

图 12-10　交流特高压输电线路可听噪声的频谱图

环境噪声在 1kHz 后随着频率增高明显衰减，而输电线路电晕产生的噪声在频率很高（大于 8kHz）时才开始衰减。这样导致电晕产生的高频噪声很容易分辨，给人在听觉上一种异常感。

在国内 ±500kV 直流输电线下所测的电晕噪声一般不超过 40dB（A）。三峡工程中的 ±500kV 直流输电线路均采用大截面导线（4×720mm²），其电磁环境各项指标比以前有很大改善。可听噪声问题没有在 ±500kV 直流输电线路上显现出来。

据统计，我国城市区域环境噪声平均等效声级为 57.1dB（A），一般办公室的噪声约为 54dB（A）。

可听噪声给人造成的烦恼程度和每个人不同生理条件有关，很难给出一个严格和准确的客观标准。美国 EPRI 在直流试验线路下，对试验线路加不同电压，在每级电压下稳定一定时间，邀请一些人员进行噪声烦恼程度的主观评定。将噪声烦恼程度分为 5 个等级，分别为很寂静、寂静、比较嘈杂、很嘈杂和不能忍受的嘈杂。当噪声平均值超过 45dB（A）后，感觉很嘈杂。

12.5.3　输电线路可听噪声对野生动物影响

雨天，当电晕噪声最高的时候，在线路走廊下或附近，常能见到各种各样的野生动物。研究表明线路的一些区段采用每相为单导线的结构，线路噪声水平可达到 68dB（A）这样的高水平，但并不阻碍大角鹿、鹿或其他动物用一种与它们穿越其他森林同样的方式从清理过的线路走廊上穿越或寻食，并输电线路可听噪声对野生动物栖息区没有影响。

12.5.4 低频噪声对家畜家禽影响

上世纪 80 年代，日本为研究低频噪声对家畜家禽的影响，进行了低频噪声对鸡产蛋和奶牛产奶的影响的实验。

选择产蛋处于稳定期的鸡（每次试验 40 只鸡）作为实验对象（试样鸡）试验。将试验鸡分别放在频率为 17Hz 和 31Hz，声级为 90、80dB（A）和 70dB（A）的不同环境下，进行了为期 3 周的短期低频噪声实验，结果未发现产蛋率、蛋黄及蛋重量受低频噪声的影响。在频率 24 Hz 声级为 100、90、80dB（A）的 3 种情况下，进行了 11 周的长期实验，结果表明，无论哪种情况下，鸡的产蛋率、鸡蛋质量和重量都不受低频空气振动的影响。

将 10 头奶牛分为两组，每组 5 头，两组分别放在不同的环境下喂养，对泌乳量进行比较试验。第 1 组的几种环境：频率分别为 17、24Hz 和 31Hz，声级为 100～80 dB（A）；第 2 组的几种环境：频率分别为 24Hz，声级为 100～90dB（A）。结果表明，两组奶牛的泌乳量及乳质量都不受低频噪声的影响。

实际上，自然环境条件的变化对产蛋和产奶量的影响，或奶牛受心理和发情等生理变化的影响等造成产奶量的暂时性变化比较明显，低频噪声的影响不明显。

问题与思考

12-1 工频电场暂态电击形成的原理是什么？
12-2 直流磁场生态影响有哪些？
12-3 工频电场对生物体的影响机理有哪些？
12-4 工频磁场生态影响非直接作用机理是什么？
12-5 直流电场暂态电击效应是什么？

第 13 章 电磁环境对金属管线（石油管线）的影响

13.1 交流输电线路对埋地金属管道的干扰

输电线路对管道的干扰以容性耦合、阻性耦合和感性耦合三种形式存在。

13.1.1 容性耦合

管道本身带有防腐层，因而使得管道不管在地面上，还是埋入地下都存在一个电容，如图 13-1 所示。其大小主要和电力线路的电压等级、电力线路和管道之间的距离、电力线路运行状态及电力线路同管道的并行距离有关。

13.1.2 阻性耦合

变电站及高压线路杆塔等的接地装置会使得周围土壤的电压等电位线形成的电压锥。一般情况下，距离接地体越近，电位越高。当管道经过该处时，由于金属管线覆盖层的高阻抗，保持在一个较低的电位，这时会在附近管道上产生一个管道对地的电位差。

在正常情况下，接地体附近地电位不会太高。但在故障状态下，大的故障电流从接地极流出，就会在附近管道产生干扰电压。这个电压可能达上千伏，不仅威胁人身安全，而且会在涂层缺陷部位产生电弧，击穿涂层，熔化管道本体。

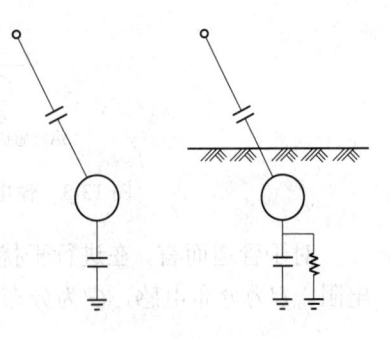

图 13-1 容性耦合示意图

该电压沿管道向远处传播，可能击穿绝缘装置、损坏阴极保护设备、管线上其他仪表、检测装置或设备。对于大故障电流，与接地网距离几百米处的管道也会产生几十、上百伏的电压，影响到管道监测仪表、阴极保护电源设备的正常运行。

13.1.3 感性耦合

当管道与强电线路长距离并行或斜接近时，如图 13-2 所示，电力线路导线上的交变电流在其周围空间形成交变的磁场，从而在邻近的金属管道感应出纵向电动势，这种通过两线路之间产生的互感耦合，称为感性耦合。

在三相输电系统中，如果三相电流相等，而且三相架空导线与管道轴线距离相等，那么在管道上产生的综合感应电压为零。但一般说来，三相导线与管道的距离是不相等的，而且电力线路上的三相电流也不完全对称，这样一来，感性耦合就不可避免了。

图 13-2 感性耦合示意图

电力系统正常运行时，将在管道上感生"持续干扰电压"，引起地下管道的交流腐蚀。具有大电流的三相高压电力线正常运行时，如与管道平行相当长而间距又不大，则会感应相当大的持续干扰电压。

13.2 输电线路与管道理想平行时感性耦合的计算模型

当输电线路正常运行时，相线对地绝缘，杆塔处不存在入地电流，系统中性点由于对称运行也不存在地中电流，此时对管道的干扰主要是相线交变电流产生的磁场在两者互感 M 的作用下于金属管道上产生纵向电动势 E，如图 13-3 所示。特别是当输电线路与埋地金属管道理想平行，且有平行长度较长时，此纵向感应电动势在管道上引起较大的感应对地电压 U，对管道造成威胁。

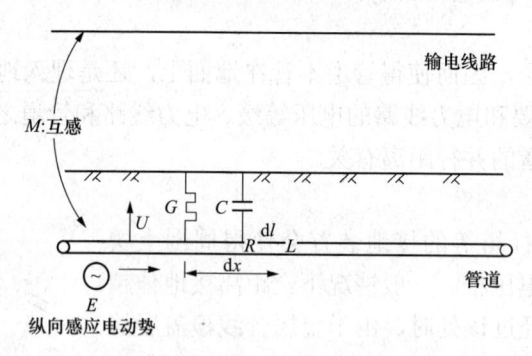

图 13-3 输电线路与管道理想平行时的感性耦合干扰示意图

对于管道而言，在进行干扰研究时可用如图 13-4 所示的等效电路图，其中 R' 为管道分布电阻，L' 为分布电感，G' 为分布电导，C' 为分布电容。

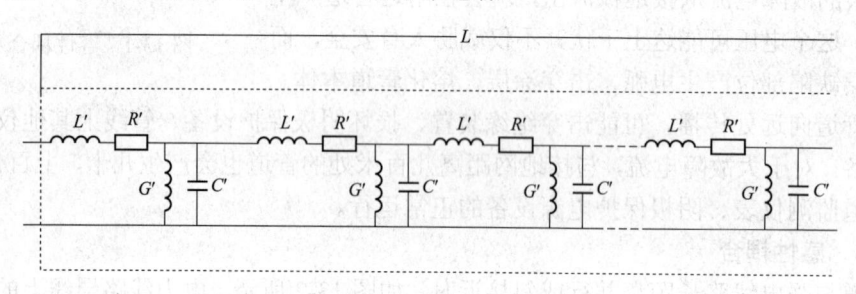

图 13-4 管道等效电路图

于是，输电线路对管道感性耦合干扰的计算电路图如图 13-5 所示。

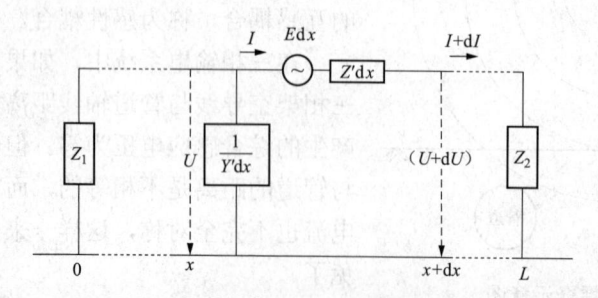

图 13-5 感性耦合干扰的计算电路图

其中埋地管道特性参数 Z'、Y' 与 R'、L'、G'、C' 有关。

13.2.1 金属管道特性参数

计算埋地金属管道所受感应干扰电压时，必须知道管道特性参数。这些参数包括管道纵向阻抗 Z'、管道横向导纳 Y'、管道传输系数 γ、特性阻抗 Z 等，又称为"管道-土壤"回路二次参数。管道纵向阻抗 Z' 包括管道分布电阻 R' 及分布电抗 $\omega L'$，管道横向导纳 Y' 包括管道分布电导 G 及分布电纳 $\omega C'$，关系如下

$$Z' = R' + j\omega L' = |Z'|e^{j\alpha} \tag{13-1}$$

$$Y' = G' + j\omega C' = |Y'|e^{j\beta} \tag{13-2}$$

$$\gamma = \sqrt{Z'Y'} \tag{13-3}$$

$$Z = \sqrt{\frac{Z'}{Y'}} \tag{13-4}$$

其中：Z' 的模满足 $|Z'|^2 = R'^2 + (\omega L')^2$，相角 α 满足 $\tan\alpha = \dfrac{\omega L'}{R'}$；$Y'$ 的模满足 $|Y'|^2 = G'^2 + (\omega C')^2$，相角 β 满足 $\tan\beta = \dfrac{\omega C'}{G'}$。

对于管道电阻 R' 及感抗 $\omega L'$，管道横向导纳 Y' 包括管道电导 G 及容抗 $\omega C'$，由下列各式给出

$$R' = \frac{\sqrt{\rho_{\text{steel}}\mu_0\mu_r\omega}}{\pi d\sqrt{2}} + \frac{\mu_0\omega}{8} \tag{13-5}$$

$$\omega L' = \frac{\mu_0\omega}{2\pi} \times \ln\left(\frac{3.7}{d}\sqrt{\frac{\rho_{\text{soil}}}{\omega \times \mu_0}}\right) + \frac{\sqrt{\rho_{\text{steel}}\mu_0\mu_r\omega}}{\pi d\sqrt{2}} \tag{13-6}$$

$$G' = \frac{\pi d}{r_u} \tag{13-7}$$

$$\omega C' = \frac{\omega\pi d\varepsilon_0\varepsilon_r}{s} \tag{13-8}$$

式中：ρ_{steel} 为管道钢质本体电阻率；μ_0 为真空磁导率；μ_r 为管道钢的相对磁导率；d 为管道直径；ρ_{soil} 为管道沿线土壤电阻率；r_u 为管道防腐层电阻率；ε_0 为真空介电常数；ε_r 为管道防腐层相对介电常数；s 为管道防腐层厚度。

选取计算参数见表 13-1。

表 13-1 计算参数

计算参数	s (mm)	r_u ($\Omega\cdot m^2$)	ε_r	d (mm)	ρ_{steel} ($\Omega\cdot m$)	μ_0 (H/m)	μ_r	ε_0 (F/m)
石油沥青	5	10000	5	1016	1.66×10^{-7}	1.26×10^{-6}	636	8.85×10^{-12}
三层 PE	3	100000	3					

据上述各式，计算得到不同土壤电阻率下 ρ_{soil} 石油沥青防腐层管道及三层 PE 防腐层管道的典型特性参数见表 13-2 和表 13-3。

表 13-2　石油沥青防腐层管道特性参数

ρ_{soil}	R' (Ω/km)	$\omega L'$ (Ω/km)	G' (S/km)	$\omega C'$ (S/km)	Z (Ω)	γ (km^{-1})
50	0.0945	0.4953	0.3192	0.0089	1.2567 ∠38.8°	0.4013 ∠40.4°
100	0.0945	0.5171	0.3192	0.0089	1.2831 ∠39.0°	0.4097 ∠40.6°
500	0.0945	0.5676	0.3192	0.0089	1.3424 ∠39.5°	0.4287 ∠41.1°
1000	0.0945	0.5894	0.3192	0.0089	1.3673 ∠39.6°	0.4366 ∠41.2°

表 13-3　三层 PE 防腐层管道特性参数

ρ_{soil}	R' (Ω/km)	$\omega L'$ (Ω/km)	G' (S/km)	$\omega C'$ (S/km)	Z (Ω)	γ (km^{-1})
50	0.0945	0.4953	0.0319	0.0089	3.9014 ∠31.8°	0.1293 ∠47.3°
100	0.0945	0.5171	0.0319	0.0089	3.9833 ∠32.1°	0.1320 ∠47.6°
500	0.0945	0.5676	0.0319	0.0089	4.1677 ∠32.5°	0.1381 ∠48.0°
1000	0.0945	0.5894	0.0319	0.0089	4.2448 ∠32.7°	0.1406 ∠48.2°

13.2.2　理想并行时的感应对地电压

计算方法基于传输线理论。计算时考虑交流输电线路（单相）与管道并行，L 为并行长度，管道所经过区域土壤电阻率保持不变，其本身特性参数也不变。

考察管道基本微元段，如图 13-6 所示。

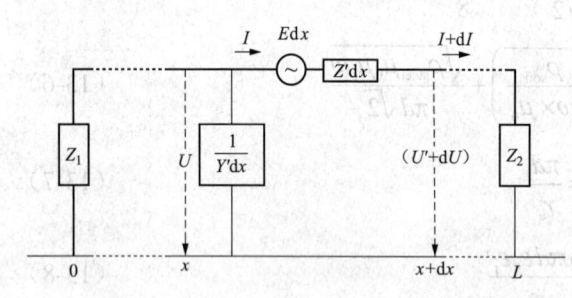

图 13-6　受干扰的"管道-土壤"回路基本微元段

据传输线理论列写电压、电流回路方程如下

$$Edx = -U + IZ'dx + (U + dU) = IZ'dx + dU \tag{13-9}$$

式中：E 为交流输电线路在管道基本微元段感性耦合产生的纵向电动势；I 为管道基本微元段感性耦合产生的电流。

$$dI\left(\frac{1}{Y'dx} = -U\right) \tag{13-10}$$

联立上述两方程得

$$\frac{dU^2}{dx^2} - Z'Y'U - \frac{dE}{dx} = 0 \tag{13-11}$$

考虑到理想并行状况下，交流输电线路与埋地金属管道在并行段两者均保持物理特性不变，因此输电线路对管道产生的 E 可看作不变，即 E 为常数，又 $\gamma = \sqrt{Z'Y'}$，式（13-11）有

第13章 电磁环境对金属管线（石油管线）的影响

$$\frac{\mathrm{d}U^2}{\mathrm{d}x^2} = Z'Y'U = \gamma^2 U \tag{13-12}$$

解此方程得

$$U = -Z[A\exp(\gamma x) - B\exp(-\gamma x)] \tag{13-13}$$

$$I = A\exp(\gamma x) + B\exp(-\gamma x) + \frac{E}{Z'} \tag{13-14}$$

对于 A、B，可根据管道并行段终端边界条件，有式（13-15）

$$\begin{pmatrix} U_0 \\ U_L \end{pmatrix} = \begin{pmatrix} -Z_1 & 0 \\ 0 & Z_2 \end{pmatrix} \begin{pmatrix} I_0 \\ I_L \end{pmatrix} \tag{13-15}$$

式中：U_0、I_0 为管道并行段起始端电压、电流；U_L、I_L 为并行段末端电压、电流；Z_1、Z_2 分别为起始端、末端的接地阻抗。

将式（13-15）代入式（13-13）、式（13-14）整理得到

$$A = \frac{E}{2Z'} \times \frac{(1+\tau_1)\tau_2 - (1+\tau_2)\exp(\gamma L)}{\exp(2\gamma L) - \tau_1 \tau_2} \tag{13-16}$$

$$B = \frac{E}{2Z'} \times \frac{(1+\tau_2)\tau_1 - (1+\tau_1)\exp(\gamma L)}{\exp(2\gamma L) - \tau_1 \tau_2} \times \exp(\gamma L) \tag{13-17}$$

其中 $\tau_1 = \frac{Z_1 - Z}{Z_1 + Z}$，$\tau_2 = \frac{Z_2 - Z}{Z_2 + Z}$，为起始端与末端的反馈系数。

对于上述各式中的 E，有参考文献指出

$$E = -\mathrm{j}\omega M I_{\mathrm{phase}} \tag{13-18}$$

式中：负号表示方向，与输电线路电流方向相反；M 为输电线路与管道间的互感系数，在并行段可看作常数；I_{phase} 为输电线路运行电流。

由此，上述问题归结到输电线路与管道间的互感系数 M 的求解。

对于三相线路，在式（13-18）中 I_{phase} 可分别用电流相量 $I_{\mathrm{phase}} \mathrm{e}^{\mathrm{j}120°}$、$I_{\mathrm{phase}} \mathrm{e}^{\mathrm{j}(-120°)}$，根据相量运算规则进行合成即可获得三相线路对管道的影响。

国内外很多研究给出了输电线路与管道理想并行时互感系数的公式。国际电话电报咨询委员会 CCITT 在防护导则中给出架空影响线和地下被影响线之间互感系数基本表达式如下

$$M = -\mathrm{j}\frac{\mu_0}{\pi} \int_0^\infty (\sqrt{\lambda^2 + \mathrm{j}} - \lambda) \mathrm{e}^{-\lambda \alpha b} \mathrm{e}^{-\sqrt{\lambda^2 + \mathrm{j}} \alpha |c|} \cos(\lambda \alpha a) \mathrm{d}\lambda \tag{13-19}$$

式中：a 为架空影响线和地下被影响线之间的距离；b 为架空影响线的架设高度；c 为地下被影响线的埋深；μ_0 为空气磁导率；$\alpha = \sqrt{\omega \mu_0 \sigma}$，$\sigma$ 为大地电导率。

由于上述无穷积分的数值计算比较困难，国内有文章给出了近似解，并忽略了 α^2 项，得到如下简化计算公式

$$M = -\mathrm{j}\frac{\mu_0}{4\pi}\left[-\frac{\sqrt{2}(1-\mathrm{j})}{2} \times \frac{4}{3}\alpha(b-|c|) - \mathrm{j}\ln\frac{\mathrm{j}(k\alpha)^2(b-\mathrm{j}a)(b+\mathrm{j}a)}{4} - 2\sqrt{2}\alpha|c|\right] \tag{13-20}$$

式中 $k=1.7811$，令 $r^2 = a^2 + b^2$，进行变换，式（13-20）的简化为

$$M \approx \frac{\mu_0}{4\pi}\left[2\ln\frac{2}{k\alpha\sqrt{a^2+b^2}} + \frac{2\sqrt{2}}{3}\alpha(b-|c|) + \mathrm{j}\frac{2\sqrt{2}}{3}\alpha(b+2|c|)\right] \tag{13-21}$$

由此，通过计算式（13-13）～式（13-18）、式（13-21）即可求解输电线路与埋地金属管道理想并行时的干扰电压及电流。

现对并行段两端不同接地阻抗进行讨论，以获得更多的实际参考价值。

（1）管道并行段首末两端均继续延伸数千米，但不受输电线路干扰。此时 $Z_1=Z_2=Z$，即管道特性阻抗，如图 13-7 所示。

图 13-7　情况（1）

代入上述各式有管道并行段沿线电压分布

$$U = \frac{E}{2\gamma}\{\exp[\gamma(x-L)-\exp(-\gamma x)]\} \tag{13-22}$$

据式（13-22），最大管道电压（对地）出现在首末两端点处（$x=0$、$x=L$）

$$U_{\max} = \frac{E}{2\gamma}[1-\exp(-\gamma L)] \tag{13-23}$$

在管道中间点，$U=0$。在并行段以外，管道电压按指数衰减。

（2）在管道并行段首端 $x\leqslant 0$ 处管道继续延伸，在 $x=L$ 处管道用绝缘法兰隔开，即 $Z_1=Z$，$Z_2=\infty$，如图 13-8 所示。

代入上述各式管道并行段沿线电压分布

$$U = \frac{E}{2\gamma}\{\exp(\gamma x)[2\exp(-\gamma L)-\exp(-2\gamma L)]-\exp(-\gamma x)\} \tag{13-24}$$

最大管道电压出现在法兰上

$$U_{\max} = \frac{E}{\gamma}[1-\exp(-\gamma L)] \tag{13-25}$$

图 13-8　情况（2）

（3）管道并行段首末两端均用绝缘法兰隔开，$Z_1=Z_2=\infty$，如图 13-9 所示。

代入各式管道并行段沿线电压分布

$$U = \frac{E}{\gamma}\frac{\exp(\gamma x)-\exp[\gamma(L-x)]}{\exp(\gamma L)+1} \tag{13-26}$$

最大管道电压出现在首末两端点处（$x=0$、$x=L$）

$$U_{\max} = \frac{E}{\gamma}\frac{\exp(\gamma L)-1}{\exp(\gamma L)+1} \tag{13-27}$$

在管道中间点，$U=0$。

（4）在管道 $x=0$ 处接地，且 $x\geqslant L$ 处管道继续延伸，即 $Z_1=0$，$Z_2=Z$，如图 13-10 所示。

图 13-9　情况（3）

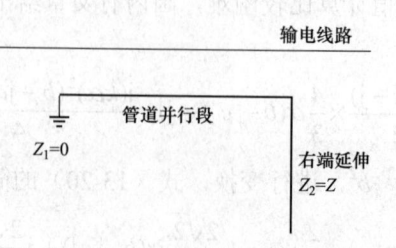

图 13-10　情况（4）

代入各式管道并行段沿线电压分布

$$U = \frac{E}{2\gamma}[\exp(\gamma x) - \exp(\gamma x)]\exp(\gamma L) \tag{13-28}$$

最大管道电压出现在 $x=L$ 处

$$U_{\max} = \frac{E}{2\gamma}[1 - \exp(-2\gamma L)] \tag{13-29}$$

式（13-29）相当于情况（1）中管道并行长度为 $2L$ 时的情况，此时可假设在管道中点处（$x=L$）接地，即 $U=0$，因而可用 $2L$ 代替式（13-23）中的 L 得到。

（5）在管道 $x=0$ 处接地，且 $x=L$ 处管道用绝缘法兰隔开，即 $Z_1=0$, $Z_2=\infty$，如图 13-11 所示。
代入各式得管道并行段沿线电压分布

$$U = \frac{E}{\gamma}\frac{\exp(\gamma x) - \exp(-\gamma x)}{\exp(\gamma L) + \exp(-\gamma L)} \tag{13-30}$$

最大管道电压出现在 $x=L$ 处

$$U_{\max} = \frac{E}{\gamma}\frac{\exp(2\gamma L) - 1}{\exp(2\gamma L) + 1} \tag{13-31}$$

图 13-11 情况（5）

式（13-31）相当于情况（3）用 $2L$ 代替式（13-26）中的 L 得到。

（6）在管道 $x=0$ 及 $x=L$ 处接地，即 $Z_1=0$，$Z_2=0$，如图 13-12 所示。

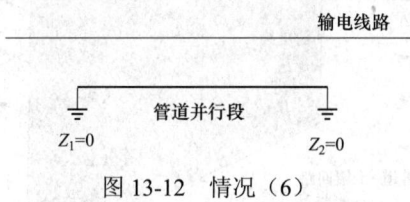

图 13-12 情况（6）

代入各式得管道并行段沿线电压分布，在管道不长的情况下 $U=0$。
由此也可以看出，对管道施行接地可以有效减小管道电压。

13.3 与管道非理想平行时感性耦合

实际上管道与输电线路是不可能理想平行的，在有些区域发生斜接近，有些区域甚至交叉，如图 13-13，而理想平行计算方法非常复杂，也不适宜快速计算，为了便于工程应用，有必要推导非理想平行时的感性耦合简化计算方法。

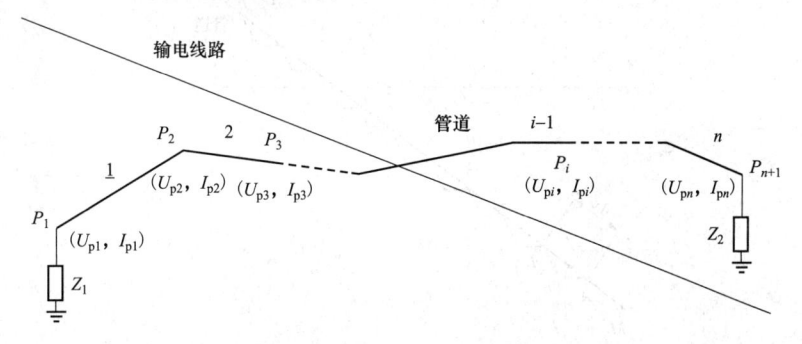

图 13-13 实际的输电线路与管道并行接近情况

13.3.1 交叉跨越时互感系数计算

对于输电线路与管道交叉跨越时，输电线路与管道的互感仍旧是计算的关键。对于输电线路与管道交叉跨越时，互感系数的概念仍以"输电线路-大地"回路及"管道-土壤"回路两回路间的磁通耦合为基础。图 13-14 给出了"输电线路-大地"回路与"管道-土壤"回路的交链磁通示意图。

"输电线路-大地"回路输电线路电流 I 产生的磁场与"管道-土壤"回路交链，管道回路交链的磁通与产生该磁场的电流之比为互感系数。由磁通定义 $\varPhi_m = \int_s \boldsymbol{B} \mathrm{d}\boldsymbol{S}$，因此可将"管道-土壤"回路面积投影至"输电线路-大地"回路进行求解，也就是沿管道进行微分，在 $\mathrm{d}x$ 段上沿平行输电线路与垂直输电线路方向进行分解（图 13-14），以阶梯状接近输电线路近似逼近求解互感。

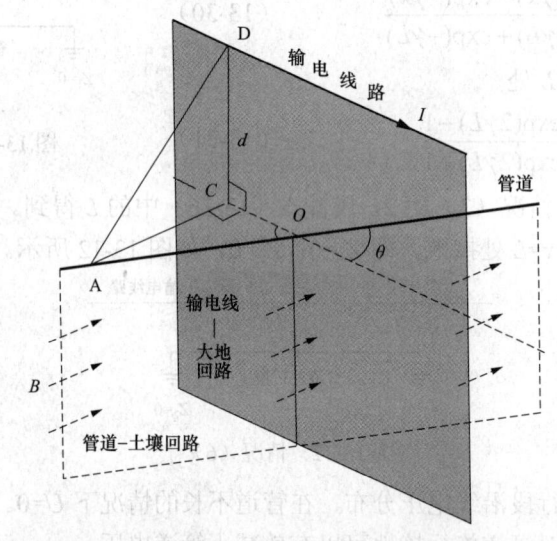

图 13-14 "输电线路-大地"回路与"管道-土壤"回路的交链磁通

图 13-15 中假设交叉跨越点 O 为原点，一端管道长 $MO=L_1$，另一端管道长 $ON=L_2$。管道上某点 A 坐标为 x，沿管道取微元 $AE=\mathrm{d}x$，垂直输电线路方向的微元 $BE=\mathrm{d}x\sin\theta$ 不对管道互感产生贡献，而微元 $AB=\mathrm{d}x\cos\theta$ 平行输电线路，可按照式（13-19）或式（13-21）求解。

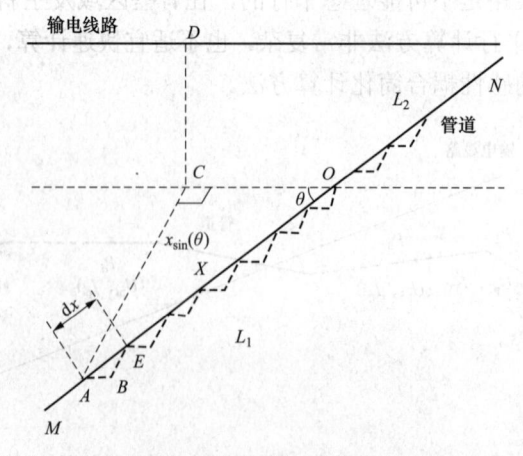

图 13-15 将管道微分成若干段后阶梯状接近输电线路进行近似逼近求解互感

第 13 章 电磁环境对金属管线（石油管线）的影响

此时在式（13-19）或式（13-21）里 $a=AD=x\sin\theta$，为架空线和地下管道间的距离，代入得到

$$M = M(x\sin\theta) \tag{13-32}$$

则在 AE 段上的互感系数为 $M(x)=M\cos\theta$，此时再据式（13-18）

$$E = -j\omega M(x)I_{phase} = -j\omega M(x\sin\theta)\cos\theta I_{phase} \tag{13-33}$$

将式（13-33）代入式（13-11）求解即可得到管道沿线电压随 x（$-L<x<L$）的表达式。针对式（13-32），可积分求解 $2L$ 长的交叉段的总互感。

如图 13-16 所示，0 点为交叉点，段 P_{0-1} 长度为 L，P_{1-2} 长度为 L。

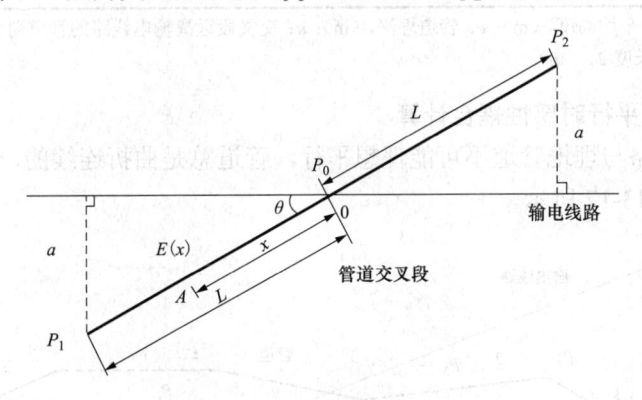

图 13-16 交叉段互感系数求解

根据式（13-32），A 点互感 $M(x)=M\cos\theta$，其中 $\cos\theta=\sqrt{L^2-a^2}/L$，对 P_{1-2} 段的整个长度取积分再除以总长，得到互感系数

$$M_c = \frac{1}{2L}\int_{-L}^{L} M(x\sin\theta)\cos\theta \mathrm{d}x \tag{13-34}$$

上式积分结果与 a、b、c、L 及土壤电阻率 ρ 有关，经计算表明导线高度 b 与管道埋深 c 的变化对交叉段的互感系数 M_c 影响不大，因此取典型的导线高度与管道埋深 c，给出了交叉段的互感系数 M_c 与 a、L 的关系式见表 13-4，注意其中 L 为交叉段总长的 1/2。

表 13-4　　　　　　　　　　交叉段互感系数表

b/c	交叉段的互感系数 M_c（H/km）
10/1	$\frac{\sqrt{L^2-a^2}}{L}\left\|1.005\times10^{-3}+(2.25\times10^{-5}\mathrm{j}+1.68\times10^{-5})\sqrt{\frac{1}{\rho}}+1.999\times10^{-4}\ln\left(\frac{\sqrt{\rho}}{\sqrt{a^2+100}}\right)-1.999\times10^{-3}\frac{\arctan(0.1a)}{a}\right\|$
10/2	$\frac{\sqrt{L^2-a^2}}{L}\left\|1.006\times10^{-3}+(2.62\times10^{-5}\mathrm{j}+1.5\times10^{-5})\sqrt{\frac{1}{\rho}}+1.998\times10^{-4}\ln\left(\frac{\sqrt{\rho}}{\sqrt{a^2+100}}\right)-1.998\times10^{-3}\frac{\arctan(0.1a)}{a}\right\|$
20/1	$\frac{\sqrt{L^2-a^2}}{L}\left\|1.006\times10^{-3}+(4.11\times10^{-5}\mathrm{j}+3.55\times10^{-5})\sqrt{\frac{1}{\rho}}+1.997\times10^{-4}\ln\left(\frac{\sqrt{\rho}}{\sqrt{a^2+400}}\right)-3.997\times10^{-3}\frac{\arctan(0.05a)}{a}\right\|$
20/2	$\frac{\sqrt{L^2-a^2}}{L}\left\|1.007\times10^{-3}+(4.49\times10^{-5}\mathrm{j}+3.37\times10^{-5})\sqrt{\frac{1}{\rho}}+1.998\times10^{-4}\ln\left(\frac{\sqrt{\rho}}{\sqrt{a^2+400}}\right)-3.997\times10^{-3}\frac{\arctan(0.05a)}{a}\right\|$

续表

b/c	交叉段的互感系数 M_c（H/km）
30/2	$\dfrac{\sqrt{L^2-a^2}}{L}\left\|1.007\times10^{-3}+(6.36\times10^{-5}\mathrm{j}+5.24\times10^{-5})\sqrt{\dfrac{1}{\rho}}+1.998\times10^{-4}\ln\left(\dfrac{\sqrt{\rho}}{\sqrt{a^2+900}}\right)-5.999\times10^{-3}\dfrac{\arctan(0.033a)}{a}\right\|$
40/2	$\dfrac{\sqrt{L^2-a^2}}{L}\left\|1.007\times10^{-3}+(8.23\times10^{-5}\mathrm{j}+7.11\times10^{-5})\sqrt{\dfrac{1}{\rho}}+1.999\times10^{-4}\ln\left(\dfrac{\sqrt{\rho}}{\sqrt{a^2+1600}}\right)-7.996\times10^{-3}\dfrac{\arctan(0.025a)}{a}\right\|$
50/2	$\dfrac{\sqrt{L^2-a^2}}{L}\left\|1.007\times10^{-3}+(10.09\times10^{-5}\mathrm{j}+8.98\times10^{-5})\sqrt{\dfrac{1}{\rho}}+1.998\times10^{-4}\ln\left(\dfrac{\sqrt{\rho}}{\sqrt{a^2+1600}}\right)-9.996\times10^{-3}\dfrac{\arctan(0.02a)}{a}\right\|$

注 b：单根导线对地平均高度，（m）；c：管道埋深，（m）；a：交叉段远离输电线路的管道端点的至线路的距离，（m）；L：为交叉段总长度/2，（m）。

13.3.2 非理想平行时感性耦合计算

实际上输电线路与埋地管道不可能理想平行，管道总是曲折连续的，存在平行、斜接近及交叉情况，如图 13-17 所示。

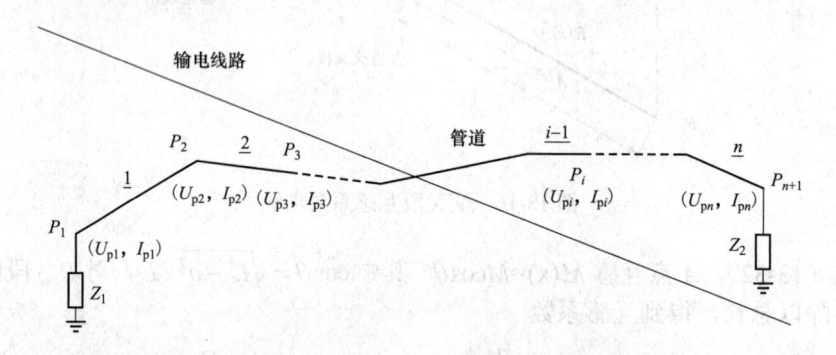

图 13-17 实际的输电线路与管道的相对位置情况

（1）输电线路与管道理想平行时的管道电压表达式。对于埋地管道与输电线路理想平行时，管道干扰电路如图 13-18 所示。

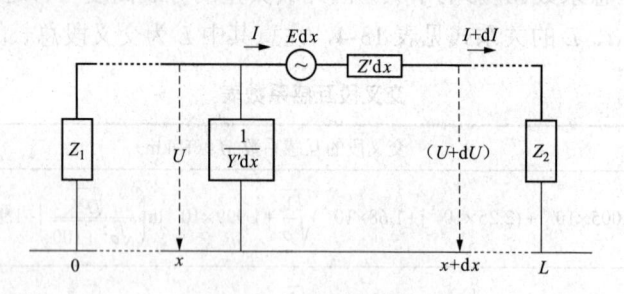

图 13-18 管道干扰电路图

该电路的理论计算公式为

$$\frac{\mathrm{d}U^2}{\mathrm{d}x^2}-Z'Y'U-\frac{\mathrm{d}E}{\mathrm{d}x}=0 \tag{13-35}$$

$$\mathrm{d}I\left(\frac{1}{Y'\mathrm{d}x}\right)=-U \tag{13-36}$$

当理想平行时管道上感应纵电动势 E 处处相同，可看作常数，即 $\dfrac{dE}{dx} = 0$，因此解上述方程有

$$U = -Z[A\exp(\gamma x) - B\exp(-\gamma x)] \tag{13-37}$$

$$I = A\exp(\gamma x) + B\exp(-\gamma x) + \dfrac{E}{Z'} \tag{13-38}$$

A、B 为待定系数，与 Z_1、Z_2 边界条件有关。

对管道与输电线路斜接近时进行简化，对于斜接近段 P_1P_2 的管道（如图 13-19），不同位置的感应纵电动势 E 与输电线路和管道间的互感有关，因此不同位置的 E 不同，即 $\dfrac{dE}{dx} = f(x)$，此时求解上述传输线方程是非常复杂的。

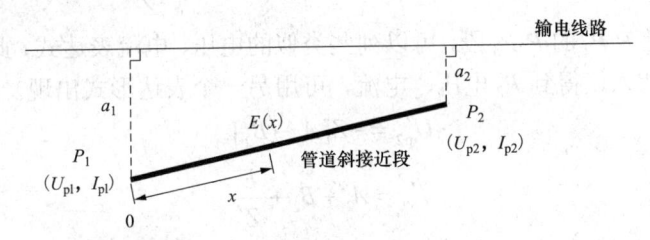

图 13-19 管道与输电线路斜接近

其中 a_1、a_2 为 P_1、P_2 点与输电线路的最短间距。简化计算时，德国 W.V 贝克曼的《阴极保护手册》指出当 $1/3 \leqslant a_1/a_2 \leqslant 3$，可以使用平均间距 $a = \sqrt{a_1 a_2}$ 代替进行互感系数的求解，或查找互感系数诺模图（见图 13-20）得到近似的互感系数 M（常数），此时将斜接近段等效为平行段，根据 $E - j\omega M I_{\text{phase}}$，得到 E 近似为常数，进而 $\dfrac{dE}{dx} = 0$。因此在斜接近段 P_1P_2 管道上的电压、电流分布有相同形式解

$$U_{p1-2} = -Z[A_1\exp(\gamma x) - B_1\exp(-\gamma x)] \tag{13-39}$$

$$I_{p1-2} = A_1\exp(\gamma x) + B_1\exp(-\gamma x) + \dfrac{E}{Z'} \tag{13-40}$$

U_{p1-2} 为 P_1P_2 段电压分布，x 为从 P_1 到待求点的距离。

I_{p1-2} 为 P_1P_2 段电流分布。A_1、B_1 为 P_1P_2 段待定系数。

（2）管道与输电线路交叉段的处理。交叉段的互感系数求解的推导过程见 13.3.1 节，查找交叉段互感系数表得到交叉段的互感系数 M_c，再由 $E_c = -j\omega M_c I_{\text{fault}}$ 得到交叉段平均单位长度纵向感

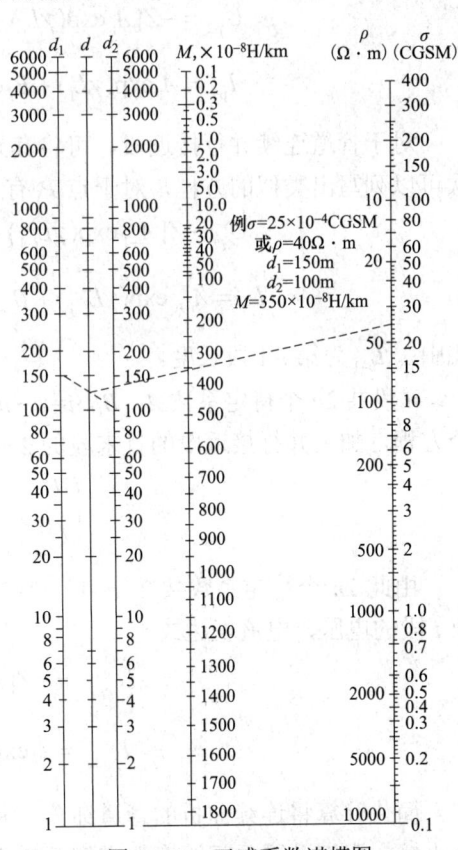

图 13-20 互感系数诺模图
d_1、d_2—a_1、a_2；M—互感系数；ρ—土壤电阻率

应电动势，于是将交叉段等效为平行段，因而其上的电压、电流分布也具有式（13-37）、式（13-38）的形式，只要求得待定系数 A、B 即可。

（3）简化计算方法推导。针对图 13-15 和图 13-16 所示，据式（13-37）、式（13-38）令 $x=0$ 及 $x=L_1$，L_1 为段 P_1P_2 的总长，得到 P_1 点电压、电流为

$$U_{p1} = -Z[A_1 - B_1] \tag{13-41}$$

$$I_{p1} = A_1 + B_1 + \frac{E}{Z'} \tag{13-42}$$

P_2 点电压、电流为

$$U_{p2} = -Z[A_1\exp(\gamma L_1) - B_1\exp(-\gamma L_1)] \tag{13-43}$$

$$I_{p2} = A_1\exp(\gamma L_1) + B_1\exp(-\gamma L_1) + \frac{E}{Z'} \tag{13-44}$$

同理，对于邻近 P_1P_2 的 P_2P_3 段，可以列些类似的电压、电流表达式，此时点 P_2 位于 P_2P_3 段的起点，将 $x=0$ 代入，得到 P_2 电压、电流，可用另一个表达形式出现。P_2 点电压、电流为

$$U'_{p2} = -Z[A_2 - B_2] \tag{13-45}$$

$$I'_{p2} = A_2 + B_2 + \frac{E}{Z'} \tag{13-46}$$

显然，同一点电压、电流应该是唯一确定值，即

$$U_{p2} = -Z[A_1\exp(\gamma L_1) - B_1\exp(-\gamma L_1)] = U'_{p2} = -Z[A_2 - B_2] \tag{13-47}$$

$$I_{p2} = A_1\exp(\gamma L_1) + B_1\exp(-\gamma L_1) + \frac{E}{Z'} = I'_{p2} = A_2 + B_2 + \frac{E}{Z'} \tag{13-48}$$

对于管道连续并行接近段，可将其划分为 n 段，斜接近段、平行段、交叉段的组合，依次可以列写出类似的方程，对于点 P_i 有

$$U_{pi} = -Z[A_{i-1}\exp(\gamma L_{i-1}) - B_{i-1}\exp(-\gamma L_{i-1})] = U'_{pi} = Z[A_i - B_i] \tag{13-49}$$

$$I_{pi} = A_{i-1}\exp(\gamma L_{i-1}) + B_{i-1}\exp(-\gamma L_{i-1}) + \frac{E}{Z'} = I'_{pi} = A_i + B_i + \frac{E}{Z'} \tag{13-50}$$

式中：L_{i-1} 为第 $i-1$ 段长度。

n 段共 $2n$ 个待定系数 A_i、B_i，$i=1\sim n$，而对任意点 P_i，可列写 2 个方程，n 段共有 $2(n-1)$ 个方程，加上并行接近段的首末段的 2 个边界条件，有

$$\begin{pmatrix} U_{p_1} \\ U_{p_{n+1}} \end{pmatrix} = \begin{pmatrix} -Z_1 & 0 \\ 0 & Z_2 \end{pmatrix} \begin{pmatrix} I_{p_1} \\ I_{p_{n+1}} \end{pmatrix} \tag{13-51}$$

由此 $2n$ 个待定系数共 $2(n-1)+2=2n$ 个方程，可解得到 A_i、B_i，$i=1\sim n$，进一步可得到第 i 段的电压、电流表达式

$$U_{p_{i\text{-}i+1}} = -Z[A_i\exp(\gamma x) - B_i\exp(-\gamma x)] \tag{13-52}$$

$$I_{p_{i\text{-}i+1}} = A_i\exp(\gamma x) + B_i\exp(-\gamma x) + \frac{E}{Z'} \tag{13-53}$$

简化计算将连续曲折的管道细分，利用等效方法将斜接近段、交叉段转化为平行段，结合土壤电阻率及平行间距查找诺模互感系数图、采用简化计算公式得到互感系数，进而求得曲折段的近似等效单位感应纵电动势，接着利用单回传输线方程的近似解，得到每个细分段

的电压、电流表达式，再根据同一点电压电流值唯一得到一个规则的多元一次方程组，联合管道首末端边界条件，求解该多元一次方程组，可以求出各细分段管道对地电压、电流分布。

13.4 输电线路正常运行时对埋地金属管道电磁影响

超高压特高压输电线路正常运行时，感性耦合是线路和埋地金属管道间电磁耦合的主要形式，线路上的电流周期性变化产生交变磁场，会在管道上产生纵向感应电动势（如图13-21），由于这种状态是长期存在的，因此需考虑感应电动势对管道及维护人员的影响防护。对于埋地管道，由于有大地的电屏蔽存在，在输电线路正常运行时又没有入地电流产生，可以不考虑容性和阻性耦合影响。

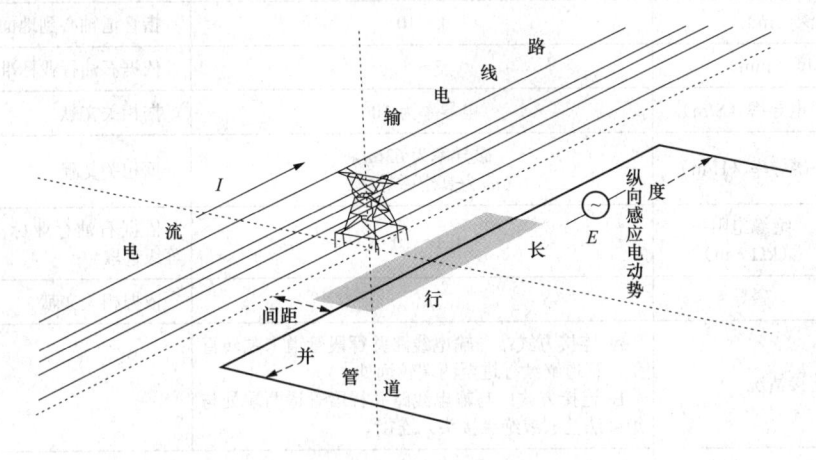

图13-21 高压输电线路与管道间感性耦合示意图

由于感性耦合所产生的纵向感应电动势存在，根据表征现象和对应的地电位参考物不同，又可分为管道接触电势、管道防腐层电压、管道电压三项稳态干扰电压指标。管道接触电势是指管道钢质本体电位与人所处位置地表电位差，表征的是人接触管道金属部分（如测试桩接线柱）时人体所受的安全威胁。管道防腐层电压是指管道防腐层内外侧所受到的电压差，表征的是管道防腐层所受的电压威胁。管道电压指管道钢质本体对无穷远零电位的电压差。

经计算表明，输电线路正常运行时，管道接触电势、管道防腐层电压、管道电压三者间的差别很小，进行防护间距计算时可统一采用限值，针对输电线路

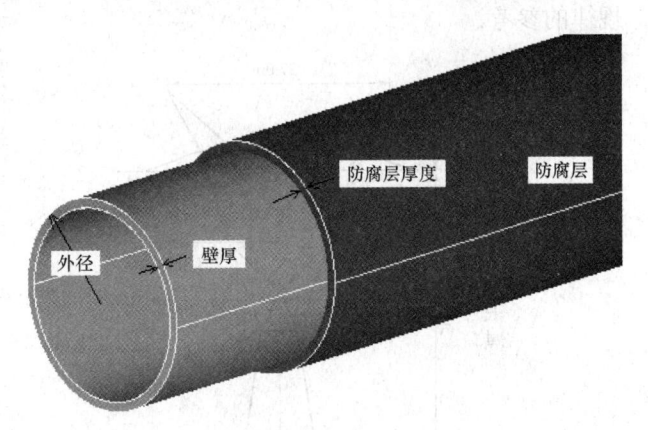

图13-22 管道部分特性参数示意图

正常运行条件下，对接触管道人员的安全电压限值取60V，本节以此值作为统一的稳态干扰电压限值。

13.4.1 管道特性参数对稳态干扰电压的影响

（1）管道的特性参数和评估所用典型计算条件。管道部分特性参数示意如图 13-22 所示，管道典型参数见表 13-5。本小节分别计算典型管道外径×壁厚、管道埋深、防腐层绝缘电阻率、管道连接情况、土壤电阻率等因素对于稳态干扰电压的影响规律。

表 13-5 管道典型参数

参数		典型值	备注
管道外径×壁厚（mm）		ϕ508×7.1 ϕ813×14.6 ϕ1016×14.6～26.2 ϕ1219×14.6/18.4 ϕ1420×14.6/18.4	依据各种调查、多篇论文及石油行业标准选取
管道埋深（m）		1～10	指管道轴心到地面距离
防腐层厚度（mm）		3～5	依据石油行业标准选取
管道材料	电导率（S/m）	电导率为 10^7	据相关文献
	磁导率（H/m）	磁导率为 $636\mu_0$ （μ_0 为真空磁导率）	据相关文献
管道防腐层	绝缘电阻率（k$\Omega \cdot$m）	0.1～10^2	依据石油行业标准之不同防腐等级选取
	磁导率	μ_0	依据相关文献
管道连接情况		A 连接方式：与输电线路并行段管道末端转直角，管道继续行进至两端较远处。 B 连接方式：与输电线路并行段管道两端处与绝缘法兰（或绝缘接头）连接	
土壤电阻率（$\Omega \cdot$m）		50～1000	

以图 13-23 所示的典型 1000kV 特高压单回交流输电线路为例进行规律研究，由于其电磁影响的本质相同，因此所得规律可以作为其他电压等级下高压输电线路对金属油气管道影响规律的参考。

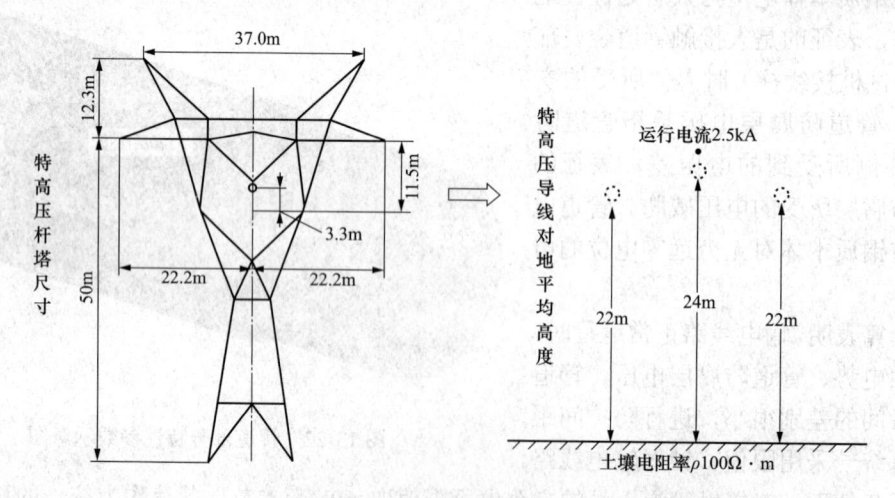

图 13-23 计算所用特高压单回路典型塔型和导线参数

采用特高压输电线路、杆塔的计算参数见表 13-6。

第 13 章 电磁环境对金属管线（石油管线）的影响

表 13-6　特高压线路导、地线型号及电气参数

项目	型号	半径（mm）	电导率（S/m）	磁导率
导线	JL/LB1A-500/35	15	3.54×10^7	μ_0
	JLB20A-170	15	1×10^7	$636\mu_0$
地线	OPGW-1-240	10.1	1×10^7	$636\mu_0$

计算时导线对地高度采用平均高度，即平均高度=挂点高-2/3 弧垂。特高压线路弧垂取 21m。边相对地平均高度 22m，中相对地平均高度 24m；特高压输电线路的正常运行电流取 2.5kA，假设与管道并行长度 1km，间距 50m，土壤电阻率取 $100\Omega\cdot m$。

（2）管道外径×壁厚对管道所受稳态交流干扰的影响。特高压输电线路、杆塔的计算参数如前所述，管道防腐层电阻率取 $1k\Omega\cdot m$，埋深取 2m，管道连接情况取表 13-5 所描述的 B 连接方式。

不同管道外径时的计算结果见表 13-7，不同管道壁厚时的计算结果见表 13-8。图 13-24、图 13-25 分别给出了 $\phi1016mm\times14.6mm$ 的管道防腐层电压与管道接触电势沿管道的分布情况。

表 13-7　不同管道外径时的计算结果

管径（mm）×壁厚（mm）	最大防腐层电压（V）	最大管道接触电势（V）
$\phi813\times14.6$	39.70	42.39
$\phi1016\times14.6$	38.70	41.75
$\phi1219\times14.6$	37.17	40.43
$\phi1420\times14.6$	34.93	38.27

表 13-8　不同管道壁厚时的计算结果

管径（mm）×壁厚（mm）	最大防腐层电压（V）	最大管道接触电势（V）
$\phi1016\times14$	38.70	41.75
$\phi1016\times16$	38.70	41.75
$\phi1016\times18$	38.70	41.75
$\phi1016\times20$	38.70	41.75
$\phi1016\times26$	38.70	41.75

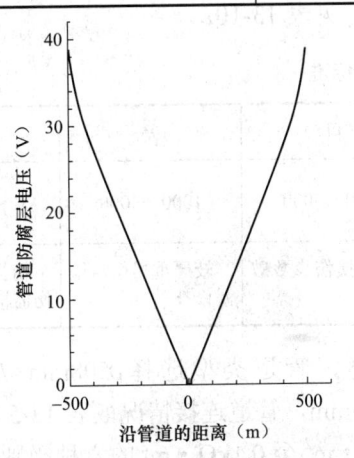

图 13-24　$\phi1016mm\times14.6mm$ 管道防腐层电压沿管道的分布

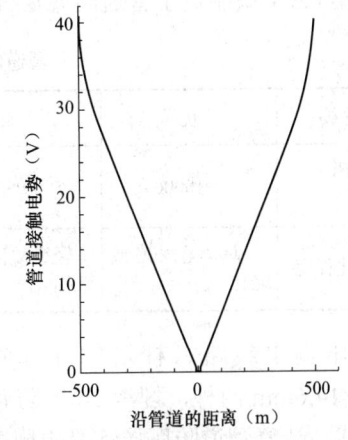

图 13-25　$\phi1016mm\times14.6mm$ 管道接触电势沿管道的分布

计算结果表明：其他条件相同时，管道外径越大，最大防腐层电压及接触电势缓慢减小；管径从$\phi 813\sim \phi 1420$mm，两者电压减小不到5V，影响不明显。其他条件相同，壁厚对最大防腐层电压与管道接触电势几乎无影响。总的来说，埋深一定的不同管径与壁厚的管道其上所受的稳态交流干扰情况相差不大。

（3）管道埋深对管道所受稳态交流干扰的影响。特高压输电线路、杆塔的计算参数如前所述，管道外径×壁厚取为$\phi 508$mm×7.1mm，管道连接情况取表13-5所描述的B连接方式，管道防腐层电阻率取 $1 k\Omega \cdot m^2$，计算管道埋深从1～10m变化时，管道防腐层电压与管道接触电势的变化规律。计算结果见表13-9。

表13-9 不同埋深的影响

埋深(m)	最大管道防腐层电压(V)	最大管道接触电势(V)
1	43.04	45.41
2	42.82	44.93
5	41.07	42.88
8	38.97	40.64
10	37.55	39.14

计算结果表明：埋深增加，最大管道防腐层电压及管道接触电势减小，这显然是由于管道距离干扰源（输电线路）更远的原因造成的；埋深加大9m，但电压减小不到5.5V，总的来说，管道的埋深对稳态干扰的影响不明显。

（4）管道防腐层绝缘电阻率对管道稳态交流干扰的影响。埋地管道防腐层绝缘电阻应视为单位面积的防腐绝缘层平均（面）电阻，单位为$\Omega \cdot m^2$，其数值的大小基本由防腐绝缘层漏敷、缺陷数目和大小决定，因此它是衡量防腐层质量好坏的尺度。因为所指为单位面积，它所以又称埋地管道防腐层绝缘电阻率。

对于管道防腐层绝缘电阻率的好坏，SYT 0087-1995《钢质管道及储罐腐蚀与防护调查方法》中，第6.3.1条制定了管道防腐层评价等级指标，见表13-10。

表13-10 管道防腐层质量分级标准

防腐层等级	优	良	可	差	劣
绝缘电阻($\Omega \cdot m^2$)	≥10000	5000～10000	3000～5000	1000～3000	<1000
损伤或老化程度	基本无缺陷或老化	轻微缺陷极少数破损	较轻损伤少数破损	较严重损伤需检漏修补	相当大面积损伤需检修

特高压输电线路、杆塔的计算参数如前所述，管道类型选择$\phi 508$mm×7.1mm及$\phi 1016$mm×14.6mm两种，埋深2m，防腐层厚度0.003mm，管道连接情况取表13-5所描述的B连接方式。计算管道防腐层绝缘电阻率处于$100k\Omega \cdot m^2$至$0.1k\Omega \cdot m^2$的六种级别时，管道防腐层电压与管道接触电势的变化规律。计算结果见表13-11和表13-12。

表 13-11　　　　　　　　　　$\phi508mm\times7.1mm$，不同防腐层电阻率的影响

绝缘电阻 ($k\Omega \cdot m^2$)	最大防腐层电压 (V)	最大管道接触电势 (V)	平均泄漏电流密度 (mA/m^2)
100	52.08	52.12	0.39
10	50.53	50.78	3.91
5	49.53	50.02	7.8
3	48.26	49.06	13.1
1	42.82	44.93	38.5
0.1	17.63	26.01	259.9

表 13-12　　　　　　　　　　$\phi1016mm\times14.6mm$，不同防腐层电阻率的影响

绝缘电阻 ($k\Omega \cdot m^2$)	最大防腐层电压 (V)	最大管道接触电势 (V)	平均泄漏电流密度 (mA/m^2)
100	52.18	52.24	0.39
10	50.68	51.08	3.92
5	48.96	49.74	7.8
3	46.85	48.10	12.99
1	38.07	41.75	37.87
0.1	12.34	21.51	192.6

计算结果表明：其他条件相同时，防腐层绝缘电阻对其上交流干扰电压影响较大，绝缘电阻越小，防腐层电压、管道接触电势越小。从理论分析看来，防腐层绝缘电阻越大，防腐层内外电压差越大，因而防腐层电压、管道接触电势越大。

三层 PE 结构的防腐层电阻普遍大于石油沥青防腐层的电阻，因而其交流干扰电压大于后者，但其泄漏电流却因为高电阻值而小于后者，这对于管道防腐蚀是有利的。

(5) 管道连接情况对管道稳态交流干扰的影响。SY 0007-1999《钢质储罐及储罐腐蚀控制工程设计规范》指出：绝缘法兰或绝缘接头通常应在下列部位设置：①管道与井、站、库的连接处；②管道和管道或设备所有权的分界处；③支线管道与干线管道的连接处；④有防腐层的管道与裸管道的连接处；⑤管道大型穿、跨越段的两端；⑥有阴极保护和无阴极保护的分界处。由此看来，绝缘接头的布置是依实际情况而定的，由于其对管道所受稳态干扰有一定影响，因此选取以下两种管道连接的典型情况予以考虑。

1) 管道连接情况 A：与输电线路并行段管道末端转直角，管道继续行进至两端较远处，如图 13-26 所示。此情况代表的是管道在与输电线路并行段前、后均不受输电线路影响，实际情况往往是如此。

2) 管道连接情况 B：与输电线路并行段管道两端处与绝缘法兰（或绝缘接头）连接，如图 13-27 所示。

特高压输电线路、杆塔的计算参数如前。考虑几种不同并行长度，间距 50m。管道参数

图 13-26　管道连接情况 A

如表 13-5 所示，选管道 ϕ1016×14.6mm 及 2m 埋深，防腐层电阻率取 10kΩ·m²。

图 13-27 管道连接情况 B

在连接 A、B 情况下，管道并行段所受干扰的变化规律相似，见表 13-13，最大干扰都出现在并行段两端，管道中间干扰为 0。但是对管道连接情况 B 而言，即在并行段两端有绝缘法兰（绝缘接头）时，最大防腐层电压、管道接触电势大于连接情况 A，而且相差较大。

表 13-13　　两种管道连接情况的影响

管道连接情况	并行长度（km）	5	10	20	50	100
A	最大防腐层电压（V）	71.6	77.0	74.0	74.0	74.0
A	最大管道接触电势（V）	72.1	79.3	76.3	76.3	76.3
B	最大防腐层电压（V）	133.0	160.0	147.7	148.0	148.0
B	最大管道接触电势（V）	136.0	163.1	150.2	150.2	150.2

13.4.2　输电线路特性参数对稳态干扰电压的影响

（1）输电线路特性参数和评估所用典型计算条件。输电线路需要考虑的特性参数很多，本小节主要针对 3 个起主要影响作用的特性参数：输电线路导线对地高度、输电线路稳态运行电流，以及输电线路架设地区的土壤电阻率，通过计算研究其对管道所受稳态干扰电压的影响规律。

本节以图 13-28 所示的特高压单回交流输电线路为例进行规律研究，计算中改变相导线对地高度、正常运行电流和土壤电阻率的等输电线路特性参数，研究其对管道稳态干扰电压的影响规律。导线参数如表 13-14 所示。

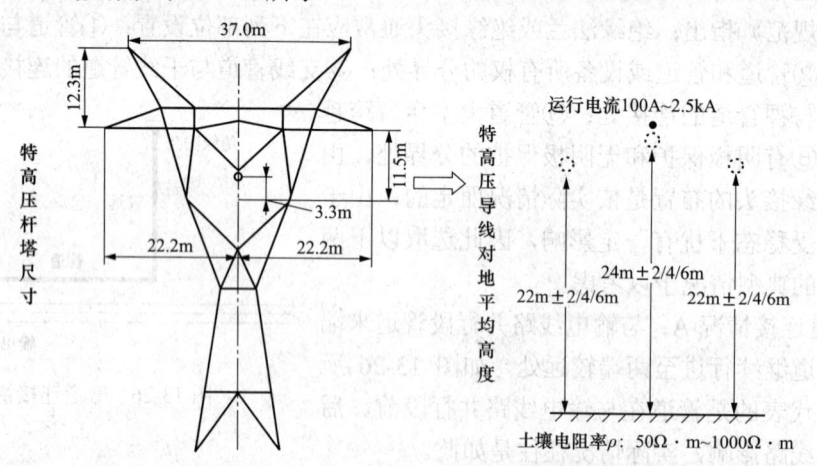

图 13-28　特高压单回路典型塔型和导线高度参数

本节计算所采用的管道参数如下：选择管道 ϕ1016mm×14.6mm 及 2m 埋深，防腐层电阻率取 10kΩ·m²，厚度 5mm。设输电线路与管道并行长度 1km，间距 50m，管道连接情况取

表 13-5 所描述的 B 连接方式。

（2）导线高度对管道所受稳态交流干扰的影响。输电线路、杆塔及管道的计算参数如 13.4.1 节所述，正常运行电流取 2.5kA，土壤电阻率取 100Ω·m，分别计算输电线路边相导线对地平均高度 22m±2/4/6m，中相导线对地平均高度 24m±2/4/6m 变化时，管道防腐层电压与管道接触电势的变化规律，结果见表 13-14。

表 13-14　　　　　　　　　　　不同导线高度的影响

下导线平均高度（m）	最大防腐层电压（V）	最大管道接触电势（V）
16	56.06	56.51
18	54.30	54.73
20	52.49	52.92
22	50.68	51.08
24	48.86	49.26
26	47.07	47.44
28	45.31	45.67

计算结果表明：下导线平均高度越小，最大防腐层电压、管道接触电势越大，但导线变化 12m，干扰电压变化不到 10V，总的来说对稳态干扰电压的影响不明显。

（3）运行电流对管道所受稳态交流干扰的影响。输电线路、杆塔及管道的计算参数如 13.4.1 节所述，土壤电阻率取 100Ω·m，线路边相导线对地平均高度取 22m，中相导线对地平均高度取 24m，分别计算正常运行电流在 100A～2.5kA 变化时，管道防腐层电压与管道接触电势的变化规律，计算结果见表 13-15。

表 13-15　　　　　　　　　　　线路正常运行电流的影响

稳态运行电流（A）	最大防腐层电压（V）	最大管道接触电势（V）
100	2.027	2.043
250	5.068	5.108
500	10.14	10.22
750	15.20	15.32
1000	20.27	20.43
1500	30.41	30.65
2000	40.54	40.86
2500	50.68	51.08

计算结果表明：输电线路稳态运行电流的大小，对管道所受稳态干扰电压的影响很大。运行电流越大，最大防腐层电压、管道接触电势越大，两者电压与输电线路稳态运行电流成线性正比关系。因此对管道的稳态干扰情况必须根据输电线路实际电流进行计算。

（4）土壤电阻率对管道所受稳态干扰影响。输电线路、杆塔及管道的计算参数如 13.4.1 节所述，线路边相对地平均高度 22m 中相对地平均高度 24m。正常运行电流取 1.5kA。分别计算土壤电阻率在 50～1000Ω·m 变化时，管道防腐层电压与管道接触电势的变化规律。由于较小的平行长度不能充分反映规律，故考虑并行长度 10km，间距 30m。计算结果见表 13-16。

表 13-16　　　　　　　　　　　　　线路正常运行电流的影响

土壤电阻率（Ω·m）	最大防腐层电压（V）	最大管道接触电势（V）
50	191.2	193.8
100	183.8	185.0
300	168.3	171.2
500	160.2	163.4
800	151.4	154.2
1000	145.5	148.8

计算结果表明：土壤电阻率越小，最大防腐层电压、管道接触电势缓慢增大，土壤电阻率从 50～1000Ω·m，最大管道接触电势从 193.8V 减至 148.8V。但与其他因素比较，土壤电阻率对管道所受稳态干扰电压的影响不明显。因此在此讨论输电线路正常运行对管道的影响时可暂不考虑土壤电阻率的影响。

13.5　对管道工作人员人身安全的影响

13.5.1　关于人身安全电压

输电线路对附近的金属油气管道会产生容性、感性和阻性耦合影响，严重情况下管道工作人员触及管道时会产生触电危险，甚至会威胁到人身安全。影响人身安全电压的因素有多种，下面通过讨论触电的过程、形式与危害，阐述影响人身安全电压的各个因素。

触电是指电流通过人体而引起的病理、生理效应，触电分为电伤和电击两种伤害形式。电伤是指电流对人体表面的伤害，它往往不致危及生命安全；而电击是指电流通过人体内部直接造成对内部组织的伤害，往往导致严重的后果。电击又可分为直接接触电击和间接接触电击。直接接触电击是指人身直接接触电气设备或电气线路的带电部分而遭受的电击。它的特征是人体接触电压，就是人所触及带电体的电压；人体所触及带电体所形成接地故障电流就是人体的触电电流。直接接触电击带来的危害是最严重的，所形成的人体触电电流可能远大于引起心室纤维性颤动的极限电流。间接接触电击是指电气设备或是电气线路绝缘损坏发生单相接地故障时，其外露部分存在对地故障电压，人体接触此外露部分而遭受的电击。它主要是由于接触电压而导致人身伤亡的。

发生触电后，电流对人体的影响程度，主要决定于流经人体的电流大小、电流通过人体持续时间、人体阻抗、电流路径、电流种类、电流频率及触电者的体重、性别、年龄、健康情况和精神状态等多种因素。人体对电流的反映：8～10mA 时手摆脱电极已感到困难，有剧痛感（手指关节）；20～25mA 时迅速麻痹，不能自动摆脱电极，呼吸困难；50～80mA 时呼吸困难，心房开始震颤；90～100mA 时呼吸麻痹，3s 后心脏开始麻痹，停止跳动。

对于人身安全，心室纤维性颤动阈值是一个关键的参数，是因人而异的，它是指通过人体能引起心室颤动的最小电流值，是存在较严重的病理生理效应和会发生心室纤维性颤动的分界线，小于心室纤维性颤动阈值不大可能发生心室纤维性颤动；而大于心室纤维性颤动阈值，不但引起有害的生理效应，而且随着该区域的右移使室颤概率从小于 5%，甚至到超过 50%，其安全程度大大下降。

另外一个决定人身安全的重要因素是人体阻抗，它取决于一定因素，特别是电流路径、电流持续时间、频率、皮肤潮湿度、接触面积、施加的压力和温度等。IEC 综合了历年来关于人体阻抗的研究成果，严密审查了大量实测数据，给出人体在 50、60Hz 交流电时，成人的人体阻抗参考值在 1000Ω 左右。

另外一个重要因素就是接触阻抗，即人与带电体接触及脚掌与地面接触时接触部位的阻抗，此阻抗也是一个随人手的特性（如皮肤干燥程度）、鞋与地面接触时的情况（鞋底情况、地面平整情况等）相关的数值，该值也不能简单确定。由人体阻抗与接触阻抗之和与心室纤维性颤动阈值相乘得到的电压值可以作为人身安全电压的一种参考，但由于人体阻抗、接触阻抗和心室纤维性颤动阈值的不确定性，因此人身安全电压是一个难以确定的数值。因此关于工作人员的人身安全电压值，国内外有过一些研究，各种研究结论不甚相同。

13.5.2 正常运行条件下人身安全电压限值

输电线路正常运行时，相线电流周期性变化产生交变磁场，在输油输气管道上产生纵向感应电动势，对邻近的管道产生感性耦合。对于埋地管道，由于大地的电屏蔽，所以不存在容性耦合。由于是输电线路是正常运行状态，因此对管道的影响是长期的。

GB/T 3805-1993《特低电压（ELV）限值》标准规定了特低电压的各种限值。该标准适用于涉及特低电压的电气设施（或设施的一部分）和电气设备。表 13-17 给出了 15～100Hz 交流和直流（无纹波）各种环境下的稳态电压限值。

表 13-17　15～100Hz 交流和直流（无纹波）各种环境下的稳态电压限值（V）

环境状况	正常状态下（无故障）		故障状态下			
			单故障		两个故障	
	交流	直流	交流	直流	交流	直流
1	0	0	0	0	16	35
2	16	35	33	75	不用	不用
3	33	70	55	140	不用	不用
4	特殊应用					

该标准所考虑的各种环境状况的影响为：①环境状况 1 皮肤阻抗和对地电阻均可忽略不计（例如人体浸没于水中）；②环境状况 2 皮肤阻抗和对地电阻降低（例如潮湿的环境）；③环境状况 3 皮肤阻抗和对地电阻均不降低（例如干燥的环境）；④环境状况 4 特殊状况（例如电焊、电镀等）。特殊状况的影响由有关的专业标准化技术委员会负责定义。环境状况 1 指出当正常状态时，不同环境状况下交流安全电压限值不同。在较不利的环境状况 3 下（如干燥环境），安全限值为 33V；该标准还指出在特殊环境，安全限值应该由相关行业专业标准化技术委员会决定，各专业标准化技术委员会在考虑了一些重要的因素之后，并有经验显示可以达到一个合理的安全水平的情况下，可以规定适合于本专业的特低电压的限值，因此管道工作人员安全电压可以根据管道行业的工作性质进行确定。由于管道专业工作人员是在采取一定保护措施后才进行管道工作，因此将正常状态下的交流安全电压值定为 33V，不免有些过严。

对于各行业关于安全电压限值的标准并不多见，比较具有参考价值的是国家标准 GB

6830-1986《电信线路遭受强电线路危险影响的容许值》，规定在强电线路正常运行状态下，通信导线上的纵电动势容许值为 60V。

TB/T 2832-1997《交流电气化铁道对油（气）管道（含油库）的影响容许值及防护措施》指出：交流电气化铁道接触网正常运行状态下，管道对地电压容许值为 60V。

在国外，有许多相关机构研究过该限值。美国国家电子咨询委员会（National Advisory Committee on Electronics，NACE）NACE RP 0177-95 第 5.2.1.1 条规定：对本推荐准则来说，15 V（均方根值）交流开路电压或 5mA 或多些的干扰源电流容量，将被认为构成一种预料中的电击危险。在石油行业标准 SY/T 0032-2000《埋地钢质管道交流排流保护技术标准》1.0.3 条的制定过程参照了上述条款。而 1972 年 IEEE 工作组针对人体电流的临界值这一项目所做的研究表明，当流过身体的 50、60Hz 交流电小于 6mA 时，即使对于妇女和儿童，也不会感到疼痛。从人体电流临界值这一角度来看，NACE RP 0177-95 的容许电流值甚至小于 IEEE 的临界值，而该临界值即使对妇女和儿童都不会产生疼痛感，因而更不会威胁管道职业人员的人身安全，所以该标准明显偏严。

加拿大标准协会（Canadian Standards Association，CSA）CSA Standard C22.3 No.6-M1991 中建议，在交流输电线路输送正常负荷情况下，其在平行接近的金属管线上产生的人体接触电势不能超过 15V。

国际大电网会议（International Conference on Large High Voltage Electric Systems，CIGRE）36.02 工作组在 1995 年提出了一个题为 "Guide On The Influence of High Voltage AC Power Systems on Metallic Pipelines"（高压交流电力系统对金属管道影响的指南）的导则。导则指出，在电力线路正常负荷运行时，不同国家规定的电力线路在邻近金属管线上产生的感应电压的安全限值也不尽相同，一般在 50~65V，只有感应电压超过这个安全限值，才会采取安全性的测量工作。

德国腐蚀问题工作协会 Afk 推荐标准第 3 号《高压—三相电流装置和交流路轨设备影响范围内的管线安装和操作措施》与德国铁道、邮政和德国电站联盟的设备间干扰问题仲裁机构也指出：当长时间接触电压不超过 65V 时，管道无需采取任何措施。

国际电信联盟电信标准化部 ITU-T（前期称谓"国际电报电话咨询委员会" CCITT）也提出，在没有防护措施的情况下，干扰电压可达 60 V。

将上述国内外关于人体长时间安全电压的限值归纳于表 13-18 中。

表 13-18　　　　　　　　　　国内外关于人体长时间安全电压限值

相关标准或机构名称	电压限值（V）	备　　注
GB 3805-1983《安全电压》	50	无应用环境说明，无行业针对性
GB/T 3805-1993《特低电压（ELV）限值》	33	国标，干燥环境下，但无行业针对性
GB 6830-1986《电信线路遭受强电线路危险影响的容许值》	60	国标，电信行业标准，具有行业针对性，可参考
TB/T 2832-1997《交流电气化铁道对油（气）管道（含油库）的影响容许值及防护措施》	60	行标，铁道行业标准，具有行业针对性，可参考
NACE RP 0177-95 及 CSA Standard C22.3 No.6-M1991	15V 或<5mA	国外标准，对妇女和儿童都不会产生疼痛感，偏严

续表

相关标准或机构名称	电压限值（V）	备 注
德国腐蚀问题工作协会 Afk 推荐标准第 3 号及德国铁道、邮政和德国电站联盟	65	德国标准，小于该值管道无需采取任何措施。防腐蚀、邮电及电站领域推荐值，可参考
国际电信联盟电信标准化部 ITU-T "Calculating induced voltages and currents in practical cases"	60	国际推荐标准，电信行业推荐值，可参考
国际大电网会议 CIGRE 的《Guide On The Influence of High Voltage AC Power Systems on Metallic Pipelines》	50~65	国际推荐标准，可参考

可以看出，不同研究机构及标准化组织从不同角度考虑，确立了不同的安全电压限值。上述安全电压大致分为 15、33、50~65V 三个档次，而针对管道作业人员这种职业特殊人群，各行业标准的限值应更具有参考价值。

根据以上分析，本文在考虑输电线路正常运行的管道安全接触电势时，推荐采用 60V 的电压值作为管道作业人员人体长时间职业安全电压值。

13.5.3 交流输电线路短路故障时人身安全电压的限值

交流输电线路发生短路故障时交流线路上的电流幅值会比正常运行时大数倍，管道的感性耦合程度也就比正常运行时大很多。另外，故障时短路电流（或雷电流）在杆塔接地体处入地，由于土壤并不是理想导体，有一定的电阻率，大的短路电流入地使得故障点附近区域的地电位升高，而输气金属管线则由于其防腐层的高阻抗，保持在一个相对低的电位，而管线周围的大地电位相对来说非常高，这样就产生了一个管道相对相邻地电位的电位差，这就是输电线路接地故障时对管道的阻性耦合影响。

电力系统短路故障里单相接地短路故障占实际故障发生次数的大部分，因此主要考虑输电线路单相对地短路故障时对管道产生的影响。此时如果有人正好接触管道的金属部分，在感性耦合和阻性耦合的综合影响下，其受到的接触电压会在瞬间加强，对人身安全产生的影响可能比线路正常运行时更严重。

电力系统遭受雷击的形式有雷击杆塔塔顶、雷击避雷线、雷绕击导线等多种形式。对管道的影响而言，由于考虑到雷击杆塔时大部分高能量的雷电流经过故障杆塔接地体入地，对管道的阻性耦合非常强烈，因此本文主要考虑雷击杆塔塔顶的情况。在输电线路雷击故障时考虑管道工作人员接触管道时的人身安全已意义不大，因为雷击故障是一个小概率事件，而且根据相关安全规程应尽量避免在雷雨天气进行管道作业和施工，因而此时恰好有管道人员在工作也是一个小概率事件，两个小概率事件同时发生的可能性是极小的，而此时由于入地雷电流幅值高、能量大，管道对地电压相当高，应重点考查。

这里主要针对输电线路单相对地短路和雷击塔顶两种形式进行对论，对于其他几种短路形式，建议在以后工作中进一步深入研究。

美国国家标准协会（American National Standards Institute，ANSI）在 ANSI/IEEE Standard 80-1986 中提供了电力系统发生短路故障时的安全标准，即在一个 0.5s 的故障过程中，对于体重为 50kg 的人体来说，接触电势的安全上限大约为 164V。

国际电工委员会 IEC 在其 IEC479-1 指出了容许接触电势，见表 13-19，该表针对人体阻抗统计概率 50%值，心颤概率 0.5%，电流路径从手至双脚的情况。在可靠性高的线路故障切除时间为 0.05s 时，各种土壤电阻率情况下安全接触电势在 450V 以上，在土壤电阻率为 1000Ω·m 时，安全接触电势为 1000kV 以上。在 0.5s 的故障过程中，接触电势的安全上限值为 116V。

表 13-19　　IEC479-1 推荐的安全接触电势

故障切除时间（s）	土壤电阻率（Ω·m）							
	10	50	100	200	500	1000	3000
0.05	449.4V	482.8V	524.6V	608.2V	858.8V	1276.7V	2947.9V
0.10	415.5V	445.7V	483.6V	559.2V	788.1V	1164.2V	2676.6V
0.15	374.5V	400.9V	433.8V	499.6V	697.0V	1026.0V	2342.0V
0.20	334.6V	357.4V	385.9V	442.9V	614.0V	899.1V	2039.5V
0.25	289.6V	308.8V	332.7V	380.6V	524.1V	763.4V	1720.4V
0.30	245.1V	260.8V	280.5V	319.9V	438.0V	634.9V	1422.4V
0.35	193.8V	205.9V	221.0V	251.2V	341.9V	493.2V	1098.0V
0.40	152.9V	162.2V	173.9V	197.3V	267.3V	384.1V	851.3V
0.45	128.8V	136.3V	145.6V	164.3V	220.4V	313.9V	687.7V
0.50	116.0V	122.5V	130.5V	146.6V	194.9V	275.4V	597.3V

国际电气和电子工程师协会 IEEE 在 IEEE Standard 80-1986《Guide for Safety in AC Substation Grounding（交流变电站接地安全指南）》中给出了对于 50kg 的人体（体电阻 1000Ω）安全接触电势的估算式

$$V_{接触电势50} = (1000 + 6C_s \times \rho_s)\frac{0.116}{\sqrt{t_s}} \qquad (13-54)$$

式中：C_s 为地面表层削弱系数；ρ_s 为地表电阻率；t_s 为故障切除时间。

表 13-20 推荐了安全接触电势计算值。该表是针对 50kg 体重人体，心颤概率 0.5%时的计算值。

表 13-20　　IEEE Std 80-1986 推荐的安全接触电势，50kg 人体，心颤概率 0.5%

故障切除时间（s）	土壤电阻率（Ω·m）							
	10	50	100	200	500	1000	3000
0.05	526.9V	559.2V	599.7V	680.6V	923.4V	1328.0V	2946.6V
0.10	372.5V	395.4V	424.0V	481.3V	652.9V	939.1V	2083.6V
0.15	304.2V	322.9V	436.2V	393.0V	533.1V	766.7V	1701.2V
0.20	263.4V	279.6V	299.8V	340.4V	461.7V	664.0V	1473.3V
0.25	235.6V	250.1V	268.2V	304.4V	413.0V	593.9V	1317.8V
0.30	215.1V	228.3V	244.8V	277.9V	377.0V	542.2V	1209.9V
0.35	199.1V	211.4V	226.7V	257.3V	349.0V	502.0V	1113.7V
0.40	186.3V	197.7V	212.0V	240.6V	326.5V	469.5V	1041.8V
0.45	175.5V	186.4V	199.9V	226.9V	307.8V	442.7V	982.2V
0.50	166.6V	176.8V	189.6V	215.2V	292.0V	420.0V	931.8V

可以看出，不同土壤电阻率情况、不同故障持续时间安全接触电势不一样。在高可靠交流输电线路情况下，故障切除时间极短（如 0.05s），各种土壤电阻率情况下安全接触电势在 500V 以上，在土壤电阻率为 1000Ω·m 时，安全接触电势为 1000kV 以上。在 0.5s 的故障过程中，接触电势的安全上限值为 166V。

国际电气和电子工程师协会 IEEE 在 IEEE Standard 80-2000 对于安全接触电势的计算式没有变化，但是对于 C_s 的取值做了一些变化。

国际电信联盟电信标准化部 ITU-T 出版的标准 CCITT Standard 1989 指出对于非高可靠性输电线路，故障切除时间在 3s 以内安全接触电势推荐值为 430V，在高可靠性线路、故障切除时间在 0.5s 以内时，安全接触电势推荐值为 650V。

在欧洲，国际大电网会议（International Conference on Large High Voltage Electric Systems，CIGRE）36.02 工作组于 1995 年提出的题为"Guide On The Influence of High Voltage AC Power Systems on Metallic Pipelines（高压交流电力系统对金属管道影响的指南）"的导则指出：当电力线路发生故障时，电力线路在邻近金属管线上产生的感应电压的安全限值为 600～1000V。

国内也有类似的安全接触电势计算公式，如 DL/T 621-1997《交流电气装置的接地》给出式（13-55）

$$E_{jy} = \frac{174 + 0.17\rho}{\sqrt{t}} \tag{13-55}$$

式中：ρ 为土壤电阻率；t 为故障切除时间。

当 t=0.5，ρ=10Ω·m 时，安全接触电势为 248V；当 t=0.05，ρ=100Ω·m 时，安全接触电势为 854V。

GB 6830-1986《电信线路遭受强电线路危险影响的容许值》给出了故障时间 0.5s 内安全接触电势为 650V，故障时间大于 0.5s 的为 430V。

DL/T 5033-2006《输电线路对电信线路危险和干扰影响防护设计规程》给出了不同故障持续时间的人身安全电压允许值见表 13-21。

表 13-21　　　　　　　　不同故障持续时间的人身安全电压允许值

故障持续时间 t（s）	允许电压（V）
0.35<t≤0.5	650
0.2<t≤0.35	1000
0.1<t≤0.2	1500
t≤0.1	2000

现将上述标准推荐限值归纳如表 13-22 所示。

表 13-22　　　　　　　　国内外各标准推荐的安全电势值

相关标准或机构名称	电压限值（V）	备注
美国国家标准协会 ANSI	164（0.5s 故障过程）	体重 50kg
国际电工委员会 IEC479-1	450～1000 以上（0.05s 故障过程） 116（0.5s 故障过程）	人体阻抗统计概率 50% 值，心颤概率 0.5%

续表

相关标准或机构名称	电压限值（V）	备注
国际电气和电子工程师协会 IEEE Standard 80-1986；IEEE Standard 80-2000	$V_{接触电势50}=(1000+6C_s\times\rho_s)\dfrac{0.116}{\sqrt{t_s}}$ 500～1000 以上（0.05s 故障过程） 166（0.5s 故障过程）	体重 50kg，体电阻 1000Ω
国际电信联盟电信标准化部 ITU-T 早期标准 CCITT Standard 1989	650（0.05s 故障过程） 430（0.5s 故障过程）	
国际大电网会议 CIGRE 36.02 工作组 "Guide On The Influence of High Voltage AC Power Systems on Metallic Pipelines" 导则	600～1000	
《电信线路遭受强电线路危险影响的容许值》（GB 6830-1986）	650（0.05s 故障过程） 430（0.5s 故障过程）	
《交流电气装置的接地》（DL/T 621-1997）	$E_{jy}=\dfrac{174+0.17\rho}{\sqrt{t}}$ 854（$t=0.05$，$\rho=10\Omega\cdot m$） 248（$t=0.5$，$\rho=100\Omega\cdot m$）	
《输电线路对电信线路危险和干扰影响防护设计规程》（DL/T 5033-2006）	650 1000 1500 2000	$0.35<t\leqslant0.5$ $0.2<t\leqslant0.35$ $0.1<t\leqslant0.2$ $t\leqslant0.1$

从上述各标准看出，故障切除时间是决定短路故障时人身安全接触电势的主要因素之一，故障过程在 0.5s 以上的安全限值在 100～430V，对于高可靠性输电线路，故障切除时间是极短的（$t\leqslant0.2s$），按照上表数值，安全接触大多在 1000V。DL/T 5033-2006《输电线路对电信线路危险和干扰影响防护设计规程》对故障切除时间划分就比较合理细致，可以作为参考。

越来越多的现场运行经验和长期实践都证明了，安全接触电压限值在 100V～430V 的危险影响允许值是偏于保守的。而且，对于输电线路发生单相接地故障的事故概率是极低的 [0.35 次/100（km·a）～1.3 次/100（km·a）]，此时正好在对管道进行作业并触碰管道金属部分（或测试桩连接线）的可能性也是较小的，因此两个概率事件同时发生的概率更加小，所以选取 1000V 的安全接触电势是比较合理的。

问题与思考

13-1 交流输电线路对埋地金属管道的干扰原理？
13-2 画出输电线路与管道理想平行时的感性耦合等效电路？
13-3 对埋地金属油气管道交流腐蚀有哪些特点？
13-4 对埋地金属油气管道交流腐蚀保护措施有哪些？
13-5 输电线路对管道工作人员人身安全有哪些影响？

第 14 章　电磁环境对无线电台站的影响

高压输电线路对无线电台站可能形成的电磁干扰分无源干扰和有源干扰。高压输电线路导线和铁塔受邻近无线电设施的电磁场激励，发生散射，改变其辐射能量，对无线电台站形成的干扰为无源干扰。有源干扰是由导线和大地间形成的干扰电磁场产生的，主要来自线路的电晕放电和火花放电。关于输电线路有源干扰，国内外研究成果很多，无源干扰研究较少，美国、加拿大、日本研究了输电线路对发射天线的影响。

为了保证无线电台站的正常工作，输电线路与无线电台站之间必须保持一定的距离，通常称为防护距离。随着经济的发展，我国各类无线电台站密集，输电走廊狭窄，双回 1000kV 与双回 500kV 或 220kV 交流同塔多回输电线路（简称"特高压同塔多回输电线路"）的杆塔高度、线路平均高度比同塔双回线路有较大提高（约 20m），并且同塔架设 500kV/220kV 线路后，形成一个密集的"金属网"，其无源干扰特性更为复杂，导致特高压输电线路路径选择十分困难。本章分析同塔多回输电线路对无线电台站的干扰特性，并进行了模拟试验，提出合理的防护距离，探讨并提出了抑制输电线路对无线电台站无源干扰的措施。

14.1　无线电无源干扰

14.1.1　无线电无源干扰的形成机制

任何一个载流的导体都是一个辐射源。从电磁场的交互作用原理来看，处于电磁场中的一个导体，会产生正比于该处电磁场强度的感应电动势，这个电动势激励导体，从而在导体上产生感应电流。随着周围电磁场的交变，这个感应电流也是交变的。交变电流必然在导体附近的空间产生或形成自己的电磁场，这就是二次辐射场。二次辐射场强度的大小，取决于导体位置处激发场（基本场）的强弱，以及导体本身的物理属性等。处在电磁场中的导体，除受激发产生二次辐射外，还对电磁波产生反射作用，形成反射电磁场。反射场的强度大小，与入射场的强弱、反射体的性质、反射体的大小和反射面的特性等有关。大型金属构架大多具有二次辐射和反射这两重特性，处于无线电台站附近的各种大型金属构架均属于二次辐射体和反射体，它自身不是辐射源（无源），均因外部电磁场激发产生再辐射或反射电磁波。

高压交流架空送电线对邻近无线电信号的无源干扰，从微观的角度理解，是指位于无线台站天线阵列附近的高压输电线路作为金属散射体，受到入射场的照射，物体分子在入射场的作用下产生电磁极矩，这个极矩的振动频率和入射场的频率相同（受迫振动），所以辐射出和入射场频率相同、相位不同的电磁波（散射场）；从宏观的角度理解，如图 14-1 所示，就是高压输电线路作为金属二次辐射体，在发射天线所产生的入射场的作用下，感应出与入射场频率相同的感应电流，这个感应电流又作为发射源向四周辐射出与入射场频率、相位不同的电磁波。

这些电磁波的幅度和相位与原激发（入射）电磁波不同，就会改变原入射场的幅值和相位，从而对接收点要接收的信号产生干扰，对于不同类型的无线电通信系统，表现在发射天线方向图上就是出现场形畸变，表现在远端接收天线上就出现信号减弱或重音，表现在远端测向（导航）天线就会出现测向误差。表 14-1 列出了高压输电线路对典型无线电系统可能造成的无源干扰影响。

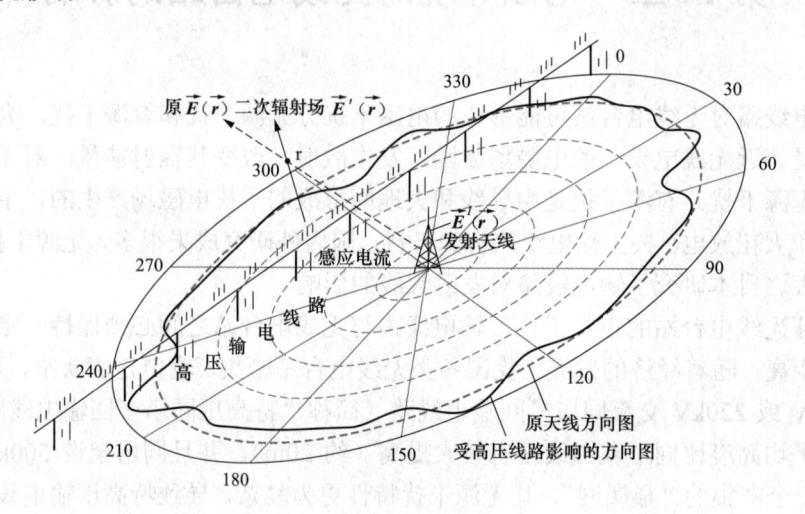

图 14-1　高压输电线对无线电信号的无源干扰形成机制

表 14-1　　　高压输电线路对典型无线电系统可能造成的无源干扰影响

无线电通信系统类型	无源干扰影响
无线电测向与导航系统	影响无线电信号传播方向，产生测向与导航误差
无线电广播系统	影响无线电广播信号传播，使音频与视频信号产生重声和重影等干扰
通信系统	误码，影响一定区域的通信效果

14.1.2　对短波无线电测向台（站）的无源干扰影响

1. 无源干扰对短波无线电测向台（站）的影响

特高压同塔多回输电线路对短波测向台的无源干扰是指位于短波测向台天线阵列附近的架空输电线路作为二次辐射体，无线电来波在此金属二次辐射体中感应电动势 ε_{ref}，此电动势又会在此金属导体中产生感应电流 I_{ref}，感应电流同样也会在它周围产生二次辐射电磁场，它与入射场一起作用到无线电测向台的测向天线阵列上。二次辐射场可以分成两个分量，其中一个分量在测向天线阵列中感应的电动势与主电磁场感应的电动势相位相一致，作为同相分量，同相分量将直接引起测向误差；二次辐射电磁场的另一个分量在测向天线中感应的电动势则与主电磁场感应的电动势相位上相差 90°，称为异相分量。异相分量将使无线电测向在取向（获取来波来向的示向度）时产生钝化（模糊）的影响，如在听觉取向时，则小音点区域变宽，在视觉取向时使原为呈直线的示向度线变成椭圆形，这些都对来波的取向造成困难，间接也产生测向误差。

下面对我国目前广泛应用着的小基础（窄孔径）无线电测向机（其天线阵列的方向图为阿拉伯数字 8 的图形）的二次辐射电磁场进行分析，作为天线系统，为简单方便起见，以框式天线或两根直立天线构成的间隔天线为例。其实对它的分析，可以很简单地直接推广到 4 根，8 根⋯等小基础（窄孔径）的天线系统，因为它们最终都是形成一个可以旋转的"8"字

第 14 章　电磁环境对无线电台站的影响

形方向图,当旋转天线(即方向图),小音点的指向即为来波的方向(示向度)。二次辐射电磁场对小基础(窄孔径)无线电测向机影响机理见图 14-2。

再次辐射体的有效高度为 h_{ref},阻抗为 $Z_{ref}e^{-j\varphi_1}$,方向特性为 $F(\theta_0,\psi_0)$;θ_0 为再次辐射体方向特性最大点的方位角;ψ_0 为从测向机看,电波来向同再次辐射体之间的夹角 $\psi_0=p-\psi$,并令仰角为 0,于是在再次辐射体中感应的电动势

$$\varepsilon_{ref} = Eh_{ref}F(\theta_0,\psi_0)e^{j\varphi_2} \quad (14-1)$$

φ_2 与再次辐射体本身的特性,相对测向天线的位置,以及来波的方向有关。当来波方向 P 为 $\psi+\pi/2$,则 $\varphi_2=\varphi_{20}$,即它只与再次辐射体本身的特性有关。当 $P \neq \psi+\pi/2$,则

$$\varphi_2 = \frac{2\pi}{\lambda}d\cos\psi_0 + \varphi_{20} \quad (14-2)$$

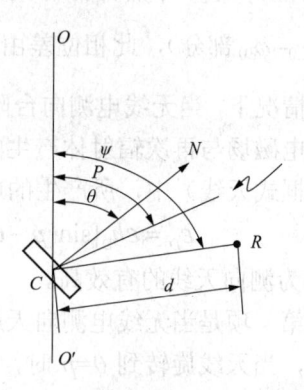

图 14-2　二次辐射电磁场对小基础
(窄孔径)无线电测向机影响机理

图中:C 为无线电测向机的天线中心点,也是本图坐标的原点;R 为再次辐射体(金属导线障碍物);d 为再次辐射体离测向风机的距离;OO' 为方位角(示向度)读数的起始线;P 为来波的方位角;ψ 为再次辐射体的方位角;θ 为测向天线面法线的方向。

再次辐射体中的电流(当电流沿再次辐射体非均匀分布时,h_{ref}、Z_{ref}、ε_{ref} 和 I_{ref} 均为对再次辐射体的最大电流点而言)

$$\dot{I}_{ref} = \frac{\varepsilon_{ref}}{Z_{ref}e^{-j\varphi_1}} = \frac{Eh_{ref}F(\theta_0,\psi_0)}{Z_{ref}}e^{j(\varphi_1+\varphi_2)} = I_{refm}e^{j(\varphi_1+\varphi_2)} \quad (14-3)$$

再次辐射体在测向天线所处位置上所产生的再次辐射电磁场(正常极化)

$$\varepsilon_{ref} \approx a\mathbf{I}_{ref}F(\theta_0,\psi)e^{j\varphi_3} = aI_{refm}F(\theta_0,\psi)e^{j(\varphi_1+\varphi_2+\varphi_3)} \quad (14-4)$$

φ_3 与再次辐射体、测向天线的相对位置以及再次辐射体本身的特性有关,如果 $d=\lambda$,则仅与再次辐射体本身特性有关,即 $\varphi_3=\varphi_{30}$,但当 d 较大,并方向为任意时,则

$$\varphi_3 = \frac{2\pi}{\lambda}d + \varphi_{30} \quad (14-5)$$

再次辐射体产生的电磁场的电场分量可以写为

$$\varepsilon_{ref} = \varepsilon_{refm}e^{j\varphi} = \varepsilon_{refm}\cos\varphi + \varepsilon_{refm}\sin\varphi = \varepsilon'_{ref} + j\varepsilon''_{ref} \quad (14-6)$$

令 $\varepsilon_{refm}=K\varepsilon$

$$K = \frac{ah_{ref}F(\theta_0,\psi_0)F(\theta_0,\psi)}{Z_{ref}} \quad (14-7)$$

$$\varphi = \varphi_1 + \varphi_2 + \varphi_3 \quad (14-8)$$

$$\varepsilon'_{ref} = \varepsilon_{refm}\cos\varphi = K\varepsilon\cos\varphi \quad (14-9)$$

它同被测发射台所产生的电场同相,使测向机产生误差

$$\varepsilon''_{ref} = \varepsilon_{refm}\sin\varphi = K\varepsilon\sin\varphi \quad (14-10)$$

它同被测发射台所产生的电场异相,使测向机的示向度钝化(模糊)。

因此为了研究再次辐射电场 ε_{ref} 对无线电测向的影响,则需求取再次辐射系数 k 和相移值 φ。k 值由再次辐射体的形状和相对位置决定,并与其固有频率相对来波发射台频率的比

值有关。φ值与再次辐射体本身的特性，以及由其固有频率相对来波发射台的比值决定的阻抗有关（$\varphi_1+\varphi_{20}+\varphi_{30}$ 部分），同时与再次辐射体相对测向机天线系统的相互位置有关（$\varphi_2+\varphi_3-\varphi_{20}-\varphi_{30}$ 部分），此相位差由前面的公式不难看出为 $\frac{2\pi}{\lambda}d(1\pm\cos\psi_0)$。

一般情况下，当无线电测向台附近存在金属导体的再次辐射体时，产生测向误差的公式。当来波主电磁场与再次辐射体产生的再次辐射电磁场一起作用到由两根天线构成的间隔天线阵列（或框式天线）中，所产生的电动势为

$$\varepsilon_D = \varepsilon h_D[\sin(p-\theta) + k\cos\varphi\sin(\psi-\theta) + jk\sin\varphi\sin(\psi-\theta)] \tag{14-11}$$

式中：h_D 为测向天线的有效高。

右边第一项是当无线电测向天线附近不存在再次辐射体，测向机正常工作时的方向图，可以看出，当天线旋转到 $\theta=p$ 时，电动势消失，即呈现为零点，此时天线面法线的方向 θ，即为来波方向 p。式中后两项是再次辐射体所产生的，第二项为同相分量，当 $\theta=p$ 时，明显它不为零，因再次辐射体所处的方向 ψ，不太可能与来波方向一致，（如果偶然恰巧一致，则不产生误差）；第三项为异相分量，它同样当 $\theta=p$ 时不为零，并使示向度钝化（模糊）。

$$\varepsilon_D = \varepsilon h_D\sqrt{[\sin(p-\theta) + k\cos\varphi\sin(\psi-\theta)]^2 + [k\sin\varphi\sin(\psi-\theta)]^2} \tag{14-12}$$

显然，当再次辐射体所处的位置与来波方向不一致时（实际情况都会是这样），天线面旋转到任意位置，即 θ 为任何值时，无线电测向天线中的电动势均不可能为零，取向不可能根据零音点，而是根据小音点（即听觉测向听到来波信号的声音最小时），为此对式（14-13）取导数，并令其为零，即

$$\frac{d\varepsilon_D}{d\theta} = 0 \tag{14-13}$$

取 ε_D 的最小点，并令 $p-\theta=\Delta$（即示向度的校准值；在数值上它等于测向误差，但符号相反），为了取导数方便起见，只需对式（14-13）根号中的部分取导数就可以。于是

$$\frac{d^2\varepsilon_D}{d\theta^2} = 2\sin\Delta\cos\Delta + 2K^2\sin(\psi-p+\Delta)\cos(\psi-p+\Delta) \\ +2K\cos\varphi\sin\Delta\cos(\psi-p+\Delta) + 2K\cos\varphi\cos\Delta\sin(\psi-p+\Delta) = 0 \tag{14-14}$$

由此得

$$\tan 2\Delta = \frac{2K\cos\varphi\sin\psi_0 + K^2\sin 2\psi_0}{1 + 2K\cos\varphi\cos\psi_0 + K^2\cos 2\psi_0} \tag{14-15}$$

当 K 值很小时

$$\tan\Delta = K\sin\psi_0\cos\varphi \tag{14-16}$$

当 $\psi_0 = \frac{\pi}{2}$（即相对测向天线中心，再次辐射体与来波形成的夹角为90°），并 $\varphi=0°$ 或 180°（即再次辐射电磁场相对来波入射场的相移为 0°或 180°）时，由再次辐射体引起的误差值最大

$$\Delta_{\max} \approx K \tag{14-17}$$

即最大测向误差与再次辐射体的再次辐射强度成正比，并近似等于再次辐射系数 K。

2. 无源干扰对短波无线电测向台（站）防护距离

对于具体的高压输电线路来说，在低频段，杆塔的本身结构远小于波长时，线路可以分

解成两部分来考虑，即一部分为垂直接地的铁塔（垂直接地导体）和另一部分为架空送电线（水平导线）。

（1）垂直接地导体（铁塔）对测向误差的贡献。设铁塔作为垂直接地导体（再次辐射体）的有效高为 h_a，离测向天线的距离为 d，被测来波发射台在测向天线场地上的场强为 ε。

在垂直导体中感应的电动势 $E=\varepsilon h_a$，这里：
$$h_a = \frac{\lambda}{2\pi}\tan(\pi l_a/\lambda) \tag{14-18}$$

式中：l_a 为垂直接地金属导体（铁塔）的高度；λ 为波长，当 $l_a=\lambda/4$，垂直接地金属导体（铁塔）再次辐射的场强最大。

此时
$$h_a = \frac{\lambda}{2\pi}; \quad E\frac{\varepsilon\lambda}{2\pi}$$

$R_a=36.6\Omega$ 为辐射电阻，此时由垂直接地导体（铁塔）所产生的场强
$$\varepsilon_{\text{ref}} = \frac{377I_a h_a}{\lambda d} = \frac{377\varepsilon(\lambda/2\pi)(\lambda/2\pi)}{36.6\lambda d} \approx 0.25(\lambda/d)\varepsilon \tag{14-19}$$

所以
$$K = \frac{\varepsilon_{\text{ref}}}{\varepsilon} = \frac{l_a}{d} \tag{14-20}$$

式（14-20）表示，当垂直接地导体的长度为 $\lambda/4$ 时，再次辐射系数 k 为垂直接地导体高度 l_a 与离测向天线之距离 d 之比。

同时考虑到垂直接地导体（再次辐射体）的再次辐射场的相位，如与来波发射台的相位同相或反相，垂直接地导体（铁塔）的影响最大，此时最大可能的误差由下式确定
$$\Delta_{\max} = K = \frac{l_a}{d} \text{（rad）} \tag{14-21}$$

式（14-21）表明垂直接地导体（铁塔）作为再次辐射体的最大可能误差（单位为弧度）为垂直接地导体长度 l_a 与离测向天线距离 d 之比。

如允许该垂直接地导体（铁塔）产生 1° 的最大误差，则
$$\frac{l_a}{d} \leq \frac{\pi}{180} \tag{14-22}$$

所以
$$d \geq 57.3 l_a \approx 60 l_a = 1.5\lambda \tag{14-23}$$

这样为了使垂直接地导体（铁塔）产生的最大误差不大于 1°，则垂直接地导体（铁塔）离短波无线电测向天线的距离必须大于 60 倍垂直接地导体（铁塔）的高度（或垂直接地导体产生 $\lambda/4$ 谐振频率点上的 15 个波长）。

（2）水平导线（架空送电线本身）对短波无线电测向台（站）防护距离的计算。与推导垂直接地导体产生测向误差的方法类似，可求得水平导线（架空送电线本身）产生测向误差的公式为
$$\Delta \approx \frac{\lambda h}{d^2} \tag{14-24}$$

如允许 $\triangle$ 不超过 1°，则
$$d = (57.3\lambda h)^{\frac{1}{2}} = 7.57\sqrt{\lambda h} \tag{14-25}$$

例如设某水平导线高为 30m 计算防护距离

$$d = 7.57\sqrt{\lambda h} = 7.57\sqrt{120\times30} = 7.57\times60 = 454\text{m}$$

实际架空送电线的高度要比铁塔高度低,因此还较这个数值小。显然后者计算出的防护距离要较前者低得多,高压交流架空送电线的铁塔较送电线本身对短波无线电测向台的影响要大得多,因此在实际计算高压交流架空送电线对短波无线电测向台的防护距离时,可只考虑高压交流架空送电线的铁塔对短波无线电测向台的影响。

(3)铁塔成列的影响。实际的高压交流架空送电线是一列铁塔,一般认为应是单座铁塔防护距离的两倍。但考虑到实际排列成行的铁塔的距离有疏有密,其影响显然不同,为此需进一步进行分析,即以离测向天线垂直距离最近的一些铁塔为中心,向两侧各取多座铁塔,直至第某座铁塔,其实际影响已很小为止,分别计算出各座铁塔能产生的最大误差,以它们的均方根作为总误差,这样计算出几条曲线,见图14-3,第1条曲线为单座铁塔产生的误差随铁塔离测向天线距离d变化的曲线,并以$d=s=d_0$(s为两座铁塔之间的距离)时的误差l_a/d_0为基准误差,即不同距离d时的误差以l_a/d_0的倍数来表示;第2条曲线为多座铁塔形成列时产生的影响随d变化的曲线,它以相同d时单座铁塔时所产生的误差的倍数表示;第3条曲线是第1、2两条曲线的乘积,即以l_a/d_0基准误差的倍数表示总的误差随d变化的曲线。利用第3条曲线,可以计算出对任意一列铁塔的防护距离来。实际已知铁塔的高度l_a和铁塔间的距离s,即可计算出基准误差$l_a/d_0=l_a/s$来,又以可允许产生1°最大误差的距离为防护距离,并考虑到二次辐射波沿地面传播时的衰减,按每倍距离衰减6dB计算,则此时防护距离d处总误差较基准误差l_a/d_0的倍数为

$$k = \frac{1°}{(l_a/d_0)\times57.3°\times0.5} \tag{14-26}$$

以此k值查第3条曲线,得出相应的d/s,由于塔距s为已知,即可求得d值。

例如已知$l_a=12$m,$s=60$m,$l_a/d_0=0.2$,所以$x=1/(0.2\times57.3\times0.5)=0.175$,由第3条曲线得$d/s=27$,所以$d=27\times s=1620$m。此时对单座铁塔的防护距离为$d_1=60\times l_a=720$m,可见$d/d_1=2.25$倍,此时塔距与塔高之比$s/l_a=5$。

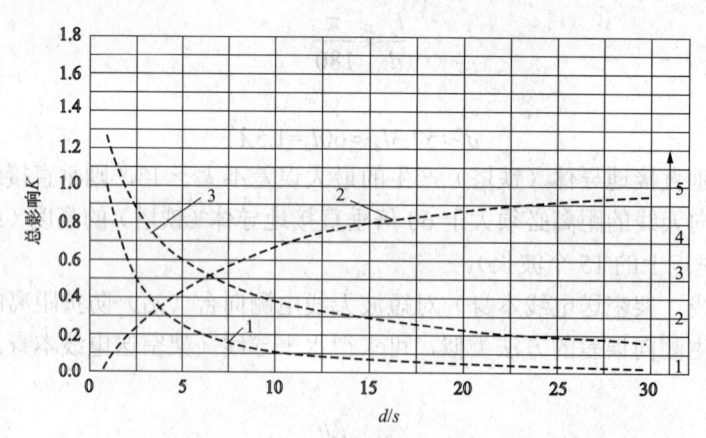

图14-3 铁塔成列的影响误差

曲线1:单座铁塔产生的误差随铁塔离测向天线距离d变化的曲线,并以$d=s=d_0$(s为两座铁塔之间的距离)时的误差l_a/d_0为基准误差,即不同距离d时的误差以l_a/d_0的倍数来表示。

曲线2:多座铁塔形成列时产生的影响随d变化的曲线,它以相同d时单座铁塔时所产

生的误差的倍数表示。

曲线 3：第 1、2 两条曲线的乘积，即以 l_a/d_0 基准误差的倍数表示总的误差随 d 变化的曲线。如以允许最大误差为 1°，来计算高压交流送电线对短波无线电测向台（站）的防护距离，通过计算可以得到一列铁塔较单座铁塔防护距离的增加倍数随塔距与塔高之比（s/l_a）的变化曲线，从而可以推成表 14-2。

表 14-2　　　　成列铁塔较单座铁塔防护距离的增加倍数随塔距与塔高之比

s（塔距）/l_a（塔高）	较单座铁塔要求增大防护距离的倍数
5～10	2.3～1.8
10～15	1.8～1.4
15～20	1.4～1.1
>20	1

注　表中范围中间可用线性插值。

3. 无源干扰对短波无线电测向台（站）的防护距离预估

特高压同塔多回输电线路的杆塔高度为 123m。根据前面的研究结果，如果按防护距离为 60 倍塔高计算（即按 57.3 倍塔高），则防护距离为：7380m。

考虑到铁塔成列的影响，取塔距为 500～600m，即塔距和塔高之比均不到 10，则防护距离应为单塔防护距离的 1.8～2 倍，即防护距离将达到 13～15km，但是这样塔高的四分之一波长谐振点的频率（<1.5MHz）落在短波无线电测向台（站）工作频段以外，如表 14-3 所示。

表 14-3　　　　铁塔所对应的四分之一波长谐振点的频率

塔型	塔高（$\lambda/4$）（m）	λ（m）	f（MHz）
特高压同塔多回输电线路	104	416	0.72
	123	492	0.61

加上架空送电线本身水平导线的加载效应和电波在金属导体中传播的缩短系数，谐振频率点还可能更低一点。

因此应考虑落入短波无线电测向台（站）工作频段内的四分之三波长谐振点的影响，则根据计算

$$E_{\text{ref}} = 0.25(\lambda/d)E \quad l_a = (3/4)\lambda$$

$$\frac{E_{\text{ref}}}{E} = k = 0.25\left(\frac{4}{3}\frac{l_a}{d}\right) = \frac{1}{3}\frac{l_a}{d} \quad \text{所以} \quad k = \frac{1}{3}\frac{l_a}{d}$$

$$\Delta_{\max} \approx k = \frac{1}{3}\frac{l_a}{d}(\text{rad})$$

如允许 $\Delta_{\max} = 1°$，则 $d = \frac{57.3}{3}l_a = 19.1 l_a \approx 20 l_a$

式中：l_a 为塔高；d 为防护距离；则对算例的单塔防护距离为：2460m。成列铁塔的防护距离则应乘上 1.8～2 倍；防护距离 4428～4920m。

4. 数值仿真算法验证

（1）无源干扰的数值仿真算法。图 14-4 给出了交流 1000kV 特高压同塔多回输电线路为

算例的仿真计算用模型。

（a）

（b）

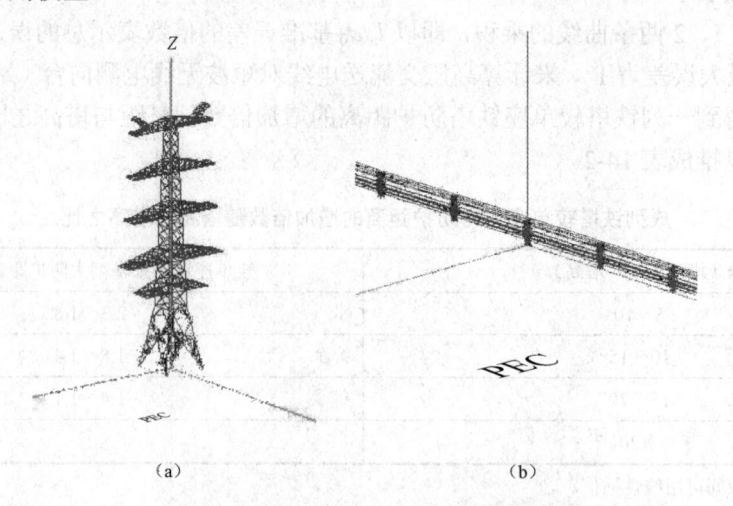

图 14-4　仿真计算单塔及整个线路模型
(a) 单塔线路模型；(b) 整个线路模型

实际的测向方法中有大音点法和小音点法两种，最早的测向机是采用人的耳朵来听，因为大音点（声音最大的地方）不好判断，而听不到声音可以认为是小音点。现在采用接收机来判断的时候，也由于大音点处的曲率变化比较缓慢，而小音点处的曲率较大，变化较明显，所以现在的实际测向中多寻找小音点。小音点位置与实际来波方向相差 90°，大音点刚好就是来波方向。所有仿真计算，完全按照测向台的工作原理，转动测向天线，比较框形天线端口电压，寻找端口电压出现最小值的角度（小音点）来计算测向误差。

（2）测向误差随入射角度的变化趋势。固定入射平面波的频率 1.5MHz 不变，改变入射波的入射角度，计算不同入射角度下高压线路对测向天线测向误差的变化规律，图 14-5 中圆周坐标为入射角度，径坐标为以角度表示的测向误差绝对值。

（a）

（b）

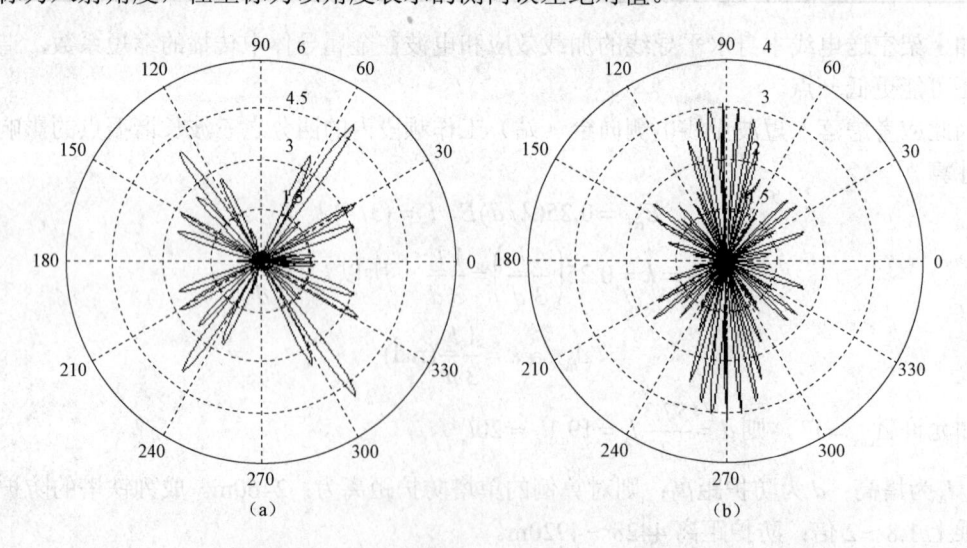

图 14-5　同塔多回输电线路对 1.5MHz 工作频率的全方向测向误差（度）（一）
(a) 测量误差-频率 1.5MHz 距离 500m；(b) 测量误差-频率 1.5MHz 距离 1000m

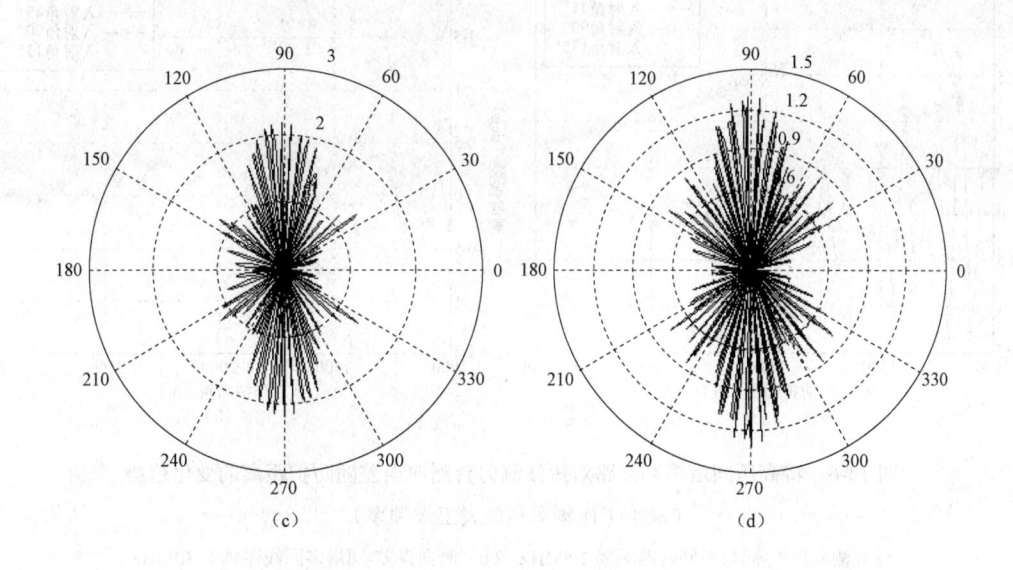

第 14 章　电磁环境对无线电台站的影响

(c) 　　　　　　　　　　　　(d)

图 14-5　同塔多回输电线路对 1.5MHz 工作频率的全方向测向误差（度）（二）
(c) 测量误差-频率 1.5MHz 距离 1500m；(d) 测量误差-频率 1.5MHz 距离 2000m

　　选取入射波频率为 1.5MHz 的理由：高压输电线路对台站的无源干扰主要是由垂直杆塔引起的，线路只是作为整个系统的容性加载，略微降低垂直杆塔的谐振频率。由天线理论知道，发射或接收天线的长度为 1/4 波长时，其发射或接收的效果是最好的。特高压同塔多回输电线路杆塔的高度为 123m 左右，其对应的 1/4 波长频率为 0.6MHz，不在短波测向台的工作频率范围内，考虑到频率衰减特性，因此取短波测向台的最低工作频率 1.5MHz 来进行计算。

　　图 14-5 给出了采用大音点法计算得到的不同塔形下的测向误差。由于采用的是极坐标表示形式，所以统统只有正值，也就是无法显示测向误差的偏差，但这对误差的大小没有影响。观察图 14-5，可以发现最大误差大多出现在来波方向与输电线路走向平行时。并且最大测向误差随着防护距离的增大减小，防护距离从 1500m 增大到 2000m 时，最大测向误差有较明显的衰减，防护距离大于 2000m 以后，最大测向误差的衰减并不明显。

　　(3) 测向误差随防护距离的变化趋势。固定入射平面波的频率 1.5MHz 不变，改变测向天线与高压线路的距离，采用与 (1) 中同样的方法，计算出各个距离时测向天线所可能产生最大测向误差的变化规律（见图 14-6）。

　　特高压同塔多回输电线路对短波测向台无源干扰引起的测向误差随着防护距离的增大作振荡衰减，随着入射角度的不同，振荡的剧烈程度也各异，这主要是由于输电线路上感应的电流辐射出的电磁波到测向天线的行程差不同造成的。

　　(4) 数值仿真算法计算无源干扰对短波测向台的防护距离。按照前两节的计算方法，计算整个测向台工作频段内不同防护距离下的测向误差，并把固定防护距离点下的不同频率不同入射角的最大误差作为该防护距离的最大测向误差，其测向误差随防护距离变化的曲线如图 14-7 所示。

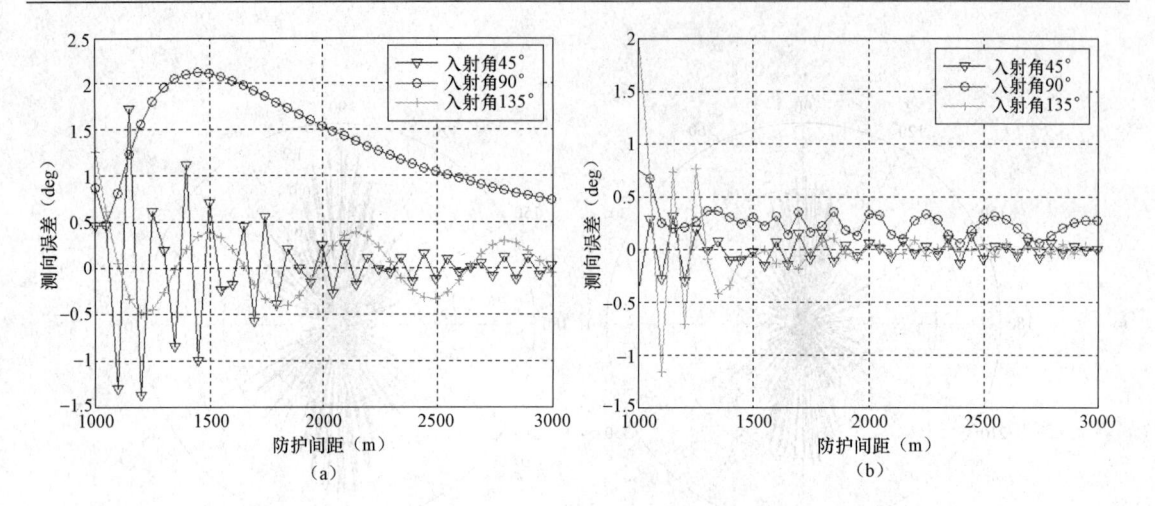

图 14-6 特高压同塔多回线路对短波测向台测向误差随防护距离的变化趋势
（最小工作频率和最大工作频率）

(a) 测向误差-同塔多回线路频率 1.5MHz；(b) 测向误差-同塔多回线路频率 30MHz

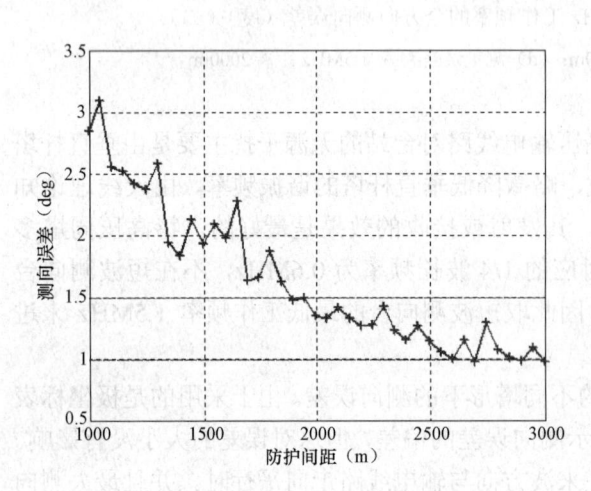

图 14-7 全频段特高压同塔多回输电线路对
短波测向台的测向误差最大值

由图 14-7 可以看出，随着防护距离的增大，特高压同塔多回输电线路随着防护距离的增大，最大测向误差衰减比较快，当防护距离达到 1900m 以后，全频段最大测向误差都控制在 1.5°范围以内；防护距离达到 3000m 时，最大测向误差控制在 1°范围以内。根据图 14-7 得到的测向误差衰减趋势给出防护距离推荐值为 3000m。

14.1.3 特高压同塔多回输电线路对调幅广播台的无源干扰影响

1. 对调幅广播台的无源干扰产生机理

高压交流架空送电线的无源干扰，就是指位于无线电台（站）天线阵列附近的高压交流架空送电线和铁塔作为金属再次辐射体，对无线电来波产生二次辐射电磁场，由于相位和幅值的不同，二次辐射电磁场在空间会改变原入射场的幅值和相位，表现在源天线发射方向图上就出现场形畸变，表现在远端收音效果上出现信号变化或重音。

2. 对调幅广播台的无源干扰的计算模型

调幅广播收音台如果与高压输电线路太近，易受金属杆塔与导线的屏蔽作用，引起来波信号减弱，降低收音灵敏度。接收天线的无源干扰影响用分贝表示，即定义为

$$S = 20\log \frac{E_0}{E_n} \quad (14-27)$$

式中：E_0 表示考虑输电线路以及铁塔影响以后观测点的空间电场强度；E_n 表示没有输电线路以及铁塔时观测点的空间电场强度。

3. 对调幅广播台的无源干扰理论计算

分析特高压同塔多回输电线路对调幅广播收音台的无源干扰影响,并提出无源防护距离建议值。

(1) 无源干扰随防护距离的变化规律。固定入射平面波的频率 0.6MHz 不变,改变入射波的入射角度,计算不同入射角度下,高压输电线路存在和不存在情况下,收音天线接收信号变化差值[以分贝数(dB)表示]的变化规律。

选取 0.6MHz 来进行计算的理由:特高压交流同塔多回输电线路杆塔的高度为 123m。高压输电线路对台站的无源干扰主要是由垂直杆塔引起的,线路只是作为整个系统的容性加载,略微降低垂直杆塔的谐振频率。由天线理论知道,发射或接收天线的长度为 1/4 波长时,其发射或接收的效果是最好的。0.6MHz 对应的波长为 500m,其 1/4 波长为 125m,刚好在高压杆塔的谐振频率范围左右。

图 14-8 为特高压同塔多回在入射波频率为 0.6MHz 时,与调幅广播台接收天线在不同防

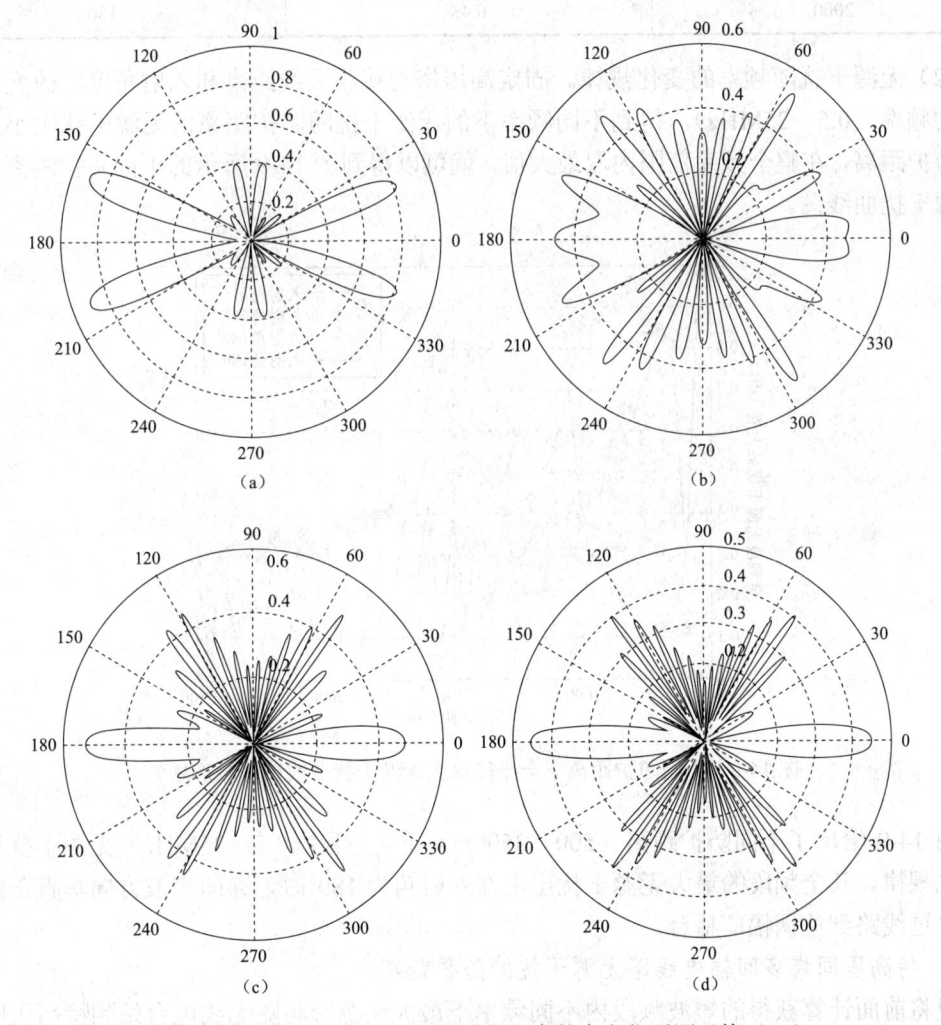

图 14-8 在频率 1MHz 时,不同防护距离的全方位无源干扰(dB)
(a) 鼓形塔-频率 0.75MHz 距离 500m; (b) 鼓形塔-频率 0.75MHz 距离 1000m
(c) 鼓形塔-频率 0.75MHz 距离 1500m; (d) 鼓形塔-频率 0.75MHz 距离 2000m

护距离的全方位无源干扰,图中圆周坐标为入射角度,径坐标为以 dB 表示的无源干扰影响。在整个平面上,无源干扰关于 X 轴对称,并且随着距离的增大而减小。由表 14-4 可以看出,当防护距离从 500m 增大到 1000m 时,无源干扰有很明显的衰减,当防护距离从 1000m 增大到 2000m 时,无源干扰的衰减并不明显。不同防护距离无源干扰最大值出现的角度各不相同,这主要是由输电线路上各点到天线的行程差决定的。

表 14-4　　　　　不同防护距离下单回路无源干扰最大值及入射角度

防护距离 (m)	无源干扰最大值 [dB (μV/m)]	相应的角度 (deg)
500	0.99	160.2
1000	0.54	180
1500	0.53	180
2000	0.43	180

(2)无源干扰随频率的变化规律。固定高压塔与接收天线距离和入射角度,改变入射平面波的频率(0.5~25MHz),得到不同频率下的无源干扰随防护距离的无源干扰大小。取不同的防护距离,在整个频率范围内取最大值,就可以得到图 14-9 所示的不同防护距离下全频段无源干扰曲线图。

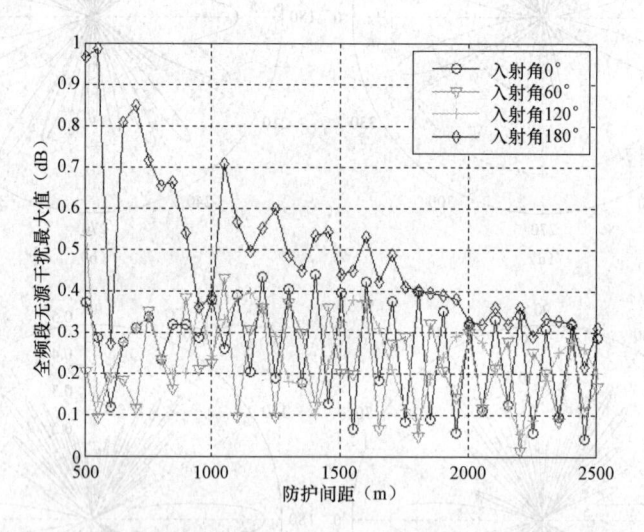

图 14-9　不同防护距离下全频段最大无源干扰曲线图(鼓形塔)

图 14-9 给出了不同防护距离(500~2500m)下全频段(0.5~25MHz)无源干扰最大值的变化规律。其全频段的最大无源干扰出现在入射角为 180°时,亦即来波方向垂直于线路走向,穿过线路到达调幅广播台。

4. 特高压同塔多回输电线路无源干扰的防护距离

现将前面计算获得的短波频段内不同频率下最大无源影响随无线电台站到特高压同塔多回输电线路距离的变化关系绘制到一张图表上,并画出 0.4dB 和 1dB 的分界线,图 14-10 为特高压同塔多回输电线路对调幅广播台站的无源影响最大值随距离变化的曲线。

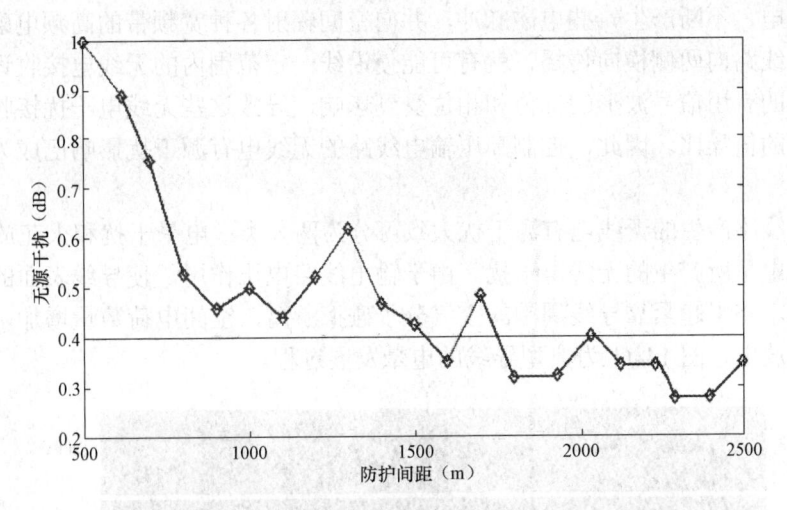

图 14-10 特高压同塔多回线路对调幅广播台无源影响曲线

由图 14-10 可以发现，当防护距离达到 2000m 时，无源干扰都降低到 0.4dB 以下；当防护距离达到 580m 时，特高压同塔多回路输电线路的无源干扰控制在 1dB 以下。

如果将特高压同塔多回输电线路对无线电台站的无源影响看成无线电台站的背景电磁噪声增量，按照 GB 7495-1987《架空电力线路与调幅广播收音台的防护距离》中给出的不同无线电台站的允许背景电磁噪声增量，可以根据无源干扰提出高压输电线路对不同等级调幅广播电台的防护距离，如表 14-5 所示。

表 14-5 特高压同塔多回输电线路对不同等级调幅广播台站无源影响防护距离

无线电台站	允许背景电磁噪声增量（dB）	无源影响防护距离（m）特高压同塔多回输电线路
一级收音台	0.4	2000
二级收音台	1.0	580
三级收音台	1.5	<500

14.2 无线电有源干扰

高压输电线路对无线电台站所形成的有源干扰是指高压输电线路在运行时由于导线和金具表面的电晕放电和火花放电，不断产生一些电磁脉冲，并向空间辐射各种宽频带的无线电干扰，可能对沿线邻近的无线电接收设备的正常工作造成干扰。

14.2.1 无线电有源干扰的形成机理

无线电干扰信号是指通过直接耦合或间接耦合方式进入接收系统的电磁能量，它可以对无线电台站所需接收信号的接收产生影响，导致性能下降，质量恶化，信息误差或丢失，或者引起测向误差。因此，通常将无用无线电信号引起有用无线电信号接收质量下降或损害的事实，称之为无线电干扰。

大量的理论分析和实测数据表明，高压输电线在运行时由于导线、绝缘子或线路金具等表面的电晕放电，不断产生一些电磁脉冲，并向空间辐射各种宽频带的高频电磁波。这些电磁波沿着输电线路向两侧横向传播，就有可能使沿线一定范围内的无线电接收设备，在正常工作时所接收的有用信号波形的幅值和相位受到影响，导致这些无线电干扰接收设备达不到正常工作所需的信噪比。因此，控制高压输电线路的无线电有源干扰影响已成为比较重要的问题。

高压输电线路产生的无线电有源干扰大致可分为两大类：电晕干扰和火花放电干扰。

（1）导线电晕所产生的无线电干扰。由于输电线路电压作用，使导线表面的电位梯度达到一定数值时，将引起紧靠导线周围的空气分子碰撞游离，空间电荷数量增加，造成导线附近小范围内的放电。图 14-11 为典型导线的电晕发展过程。

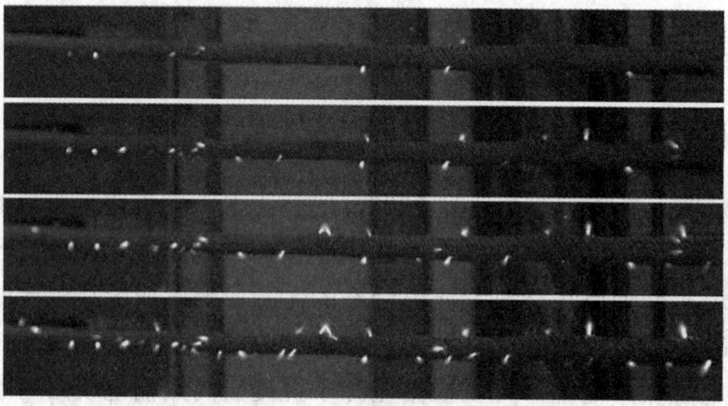

图 14-11 典型导线的电晕发展过程

电晕在导线周围空间建立起由高频电晕脉冲，如图 14-12 所示，考虑其合成效应，导线中形成了一种脉冲重复率很高的"稳态"电流，所以架空送电线周围就形成了脉冲重复率很高的"稳态"无线电干扰场。电晕放电的单个脉冲很窄，脉冲宽度在 0.1μs 量级。实际交流线路的电晕放电多发生在工频的正、负峰值附近，有一系列脉冲组成脉冲群，并且其波形也十分不规则。脉冲群的持续时间为 2~3ms。这样一系列的脉冲，必然产生丰富的高频分量。

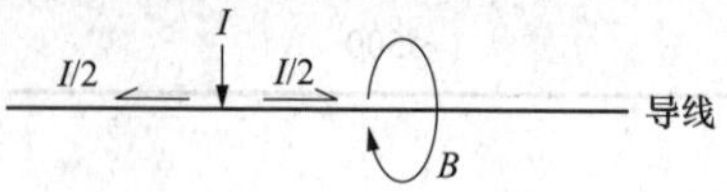

图 14-12 电晕产生的无线电干扰

电晕放电会随天气情况的变化而变化，输电线路的无线电干扰电平也会随之变化，特别是雨天交流输电线路电晕放电明显变强。鉴于此，通常采用具有统计意义的值来表示输电线路的无线电干扰水平，如平均值（晴好天气）、80%时间最大值和 95%时间最大值（大雨天气）。

通过傅里叶分析和大量的实测数据验证表明，架空电力线电晕干扰的频谱幅度较高，但是占有带宽有限，主要能量集中在 10MHz 以下，随着频率增高干扰分量的幅值下降非常迅速，图 14-13 为交流 1000kV 交流特高压试验示范工程输电线路运行后观测所统计的无线电干扰频谱特性，从图 14-13 中可以看出到 10MHz 以后，干扰幅值相对于 0.5MHz 已下降了约 30dB，基本已淹没于背景噪声中，不太可能形成有效干扰。

（2）绝缘子和金具火花放电所产生的无线电干扰。30MHz 以上频段无线电干扰大部分由火花放电产生，火花放电主要有 3 种原因：①绝缘子串的高应力区域内的放电、打火；②导线和金具接触不良或松弛处的火花放电；③导线表面的不光滑缺陷或施工中造成导线表面毛刺等引起火花放电。由第一种原因引起的干扰是随机分布的，干扰电平较低；第二种原因一般只引起局部的干扰增加；第三种原因引起的干扰多数情况下只表现在新投入运行的线路，当线路运行一段时间（几个月）以后，由于导线本身的老化效应，这种干扰会很快地下降。

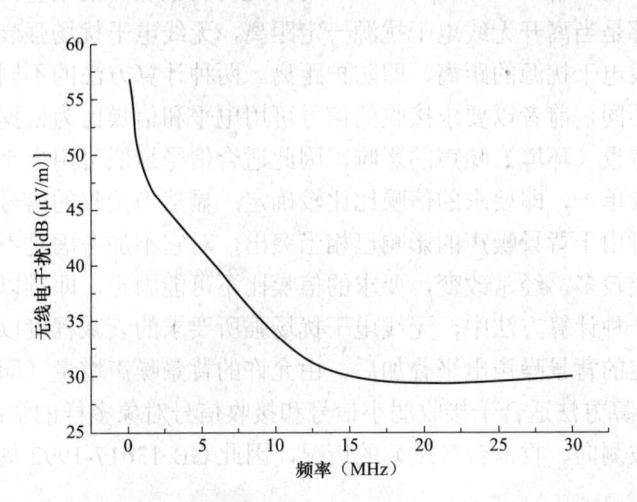

图 14-13　1000kV 交流特高压试验示范工程输电线路无线电干扰频谱特性

从干扰的传播机制上看，30MHz 以上频段干扰的传播机制与 30MHz 以下特别是中波波段和短波段是完全不同的。在 30MHz 以下干扰主要是由于空间连续分布的电晕脉冲产生的电流，通过线路向外界辐射而产生干扰电磁波。而在 30MHz 以上频段，由于高频集肤效应的影响，脉冲干扰电流在导线内的传播衰减增大，同时在这个频段内波长已接近或小于导线间隙和设备、金具的尺寸，因此 30MHz 以上频段干扰被认为是空间不连续分布的点源辐射的结果。

在线路上导线的电晕脉冲频谱分量本身在高端已很小，同时又不能有效地辐射到空间，因此在 30MHz 以上频段输电线路的干扰较小，主要反映在铁塔、绝缘子串、金具等部位火花放电上，而这些缺陷较容易通过定时的巡检予以解决。

14.2.2　对短波无线电测向、收信台（站）的有源干扰影响

特高压同塔多回输电线路对短波测向台的有源干扰，是指线路的电晕放电产生的电磁场作用在短波测向台的测向天线系统，由于电晕产生的无线电干扰主要频率集中在 0.15MHz～30MHz，与短波测向台的工作频率（1.5～30MHz）有重合，所以会影响接收信号的质量，对测向带来误差。

GB 13617-1992 中关于架空输电线路对短波测向、收信台的有源干扰计算给出了两种计算方法，现在分别讨论。

1. 有源干扰防护距离的计算方法

（1）最低可用信号电平保护计算法，其计算公式为

$$d = 10^{[(E_0 - S_p + R_p - 23)/20] + 2} \tag{14-28}$$

式中：d 为防护距离，m；E_0 为高压输电线路边相导线对地投影外 20m 处的无线电干扰基准电平，dB（μV/m）；S_p 为最低可用信号场强，dB（μV/m）；R_p 为测向、收信台（站）正常工

作所需的信噪比，dB（μV/m）。

（2）控制背景噪声计算法，计算公式为

$$d = 10^{\{[E_0 - N_0 - 10\lg(10^{0.1\delta_N} - 1) - 23]/20\} + 2} \tag{14-29}$$

式中：N_0 为背景（环境）噪声，dB（μV/m）；δ_N 为允许背景噪声的增量，dB（μV/m）。

两种计算方法都是当离开无线电干扰源一定距离，无线电干扰场强衰减到某一要求电平时，计算该点离无线电干扰源的距离，即防护距离。两种计算方法的不同地方，即两种防护要求针对的对象不同，前者以要求接收的信号可用电平和信噪比为依据，这种计算方法较简单，但没有考虑背景（环境）噪声的影响，因此适合信号最低可用电平较背景噪声要高，接收的信号类型比较单一，即要求的信噪比比较确定；显然当接收的信号电平较低，信噪比又不可能过低，此时由于背景噪声的影响已相当突出，对它不加考虑是不合适的，再加上如要求接收的信号种类较多，经常改变，要求的信噪比不可能固定，即难以用一个统一的信噪比来进行计算。后一种计算方法中，无线电干扰场强所要求的衰减程度以背景噪声为参考，即无线电干扰与一定的背景噪声电平叠加后，由允许的背景噪声增量（即背景噪声的恶化程度）来确定。这种计算方法适合于接收弱小信号和接收信号对象多样的情况。根据上述比较，后一种情况适合短波测向、收信台（站）的情况，因此 GB 13617-1992 规定应采用控制背景噪声计算法。

2. 有源干扰对短波无线电测向、收信台（站）防护距离的计算

短波无线电测向台电磁环境要求编制文件指出需考虑大雨条件下输电线路的无线电干扰，即 95% 无线电干扰值，双 80% 值 58dB（μV/m）修正到 95% 值为 63~67dB（μV/m），取 63dB（μV/m）作为基准，修正到 1.5MHz 时为 54dB（μV/m），即特高压同塔多回输电线路无线电干扰水平 54dB（μV/m）作为对无线电测向、收信台（站）干扰评价的依据，计算特高压同塔多回输电线路与各级无线电测向、收信台（站）的防护距离如下。

1）短波无线电测向和特种收信台（站）。采用背景噪声为 12dB（μV/m），允许的背景噪声增量 δ_N 为 0.5dB（μV/m）。计算的防护距离

$$d = 10^{\{[54-12-10\lg(10^{0.05}-1)-23]/20\}+2} = 10^{3.4068} \approx 2600\text{m}$$

2）一级无线电收信台（站）。采用背景噪声为 12dB（μV/m），允许的背景噪声增量 δ_N 为 0.65dB（μV/m）。计算的防护距离

$$d = 10^{\{[54-12-10\lg(10^{0.1\times0.65}-1)-23]/20\}+2} = 10^{3.34598} \approx 2200\text{m}$$

3）二级无线电收信台（站）。采用背景噪声为 12dB（μV/m），允许的背景噪声增量 δ_N 为 1.2dB（μV/m）。计算的防护距离

$$d = 10^{\{[54-12-10\lg(10^{0.1\times1.0}-1)-23]/20\}+2} = 10^{3.19865} \approx 1600\text{m}$$

4）三级无线电收信台（站）。采用背景噪声为 12dB（μV/m），允许的背景噪声增量 δ_N 为 1.8dB（μV/m）。计算的防护距离

$$d = 10^{\{[54-12-10\lg(10^{0.1\times1.8}-1)-23]/20\}+2} = 10^{3.0947} \approx 1200\text{m}$$

在实际情况下，背景噪声 12dB 的限值很难达到，此时防护距离的确定可由电力系统与短波监测台站协商解决。图 14-14 中给出了背景噪声从 12dB 到 30dB 变化时，由控制背景噪声法求得的防护距离，表 14-6 中给出了相应的数值，为协商解决防护距离提供参考。

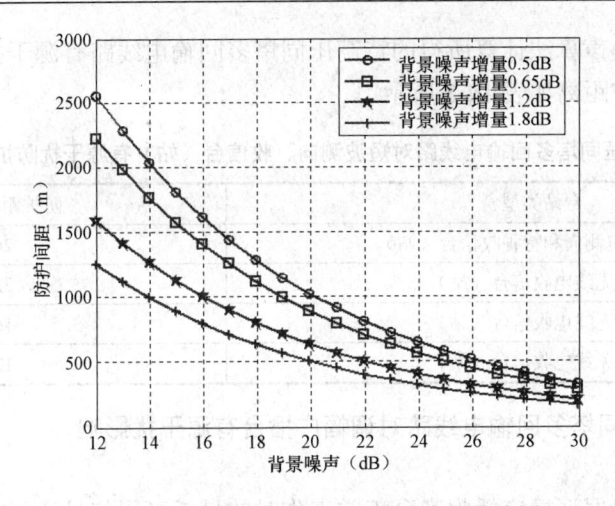

图 14-14　防护距离随背景噪声的变化曲线图

表 14-6　不同背景噪声下的防护距离计算值（m）

背景噪声 dB（μV/m）	不同背景增量限值时的防护距离（m）			
	0.5dB	0.65 dB	1.2 dB	1.8 dB
12	2551	2218	1580	1244
13	2274	1977	1408	1108
14	2027	1762	1255	988
15	1806	1570	1118	880
16	1610	1400	997	785
17	1435	1247	888	699
18	1279	1112	792	623
19	1140	991	706	556
20	1016	883	629	495
21	905	787	561	441
22	807	701	500	393
23	719	625	445	351
24	641	557	397	312
25	571	497	354	278

可得出如下结论：①采用 1.5MHz 的高压输电线路无线电干扰水平 54dB（μV/m）作为对无线电测向、收信台（站）干扰评价的依据。②高压输电线路与无线电测向、收信台（站）的防护距离应按照控制背景噪声算法计算，在计算中背景噪声取值采用 12dB，允许的背景噪声增量如表 14-7 所示。

表 14-7　高压输电线路所引起的背景噪声增量的允许值

背景增量取值（dB）			
短波无线电测向和特种收信台	收信一级台（站）	收信二级台（站）	收信三级台（站）
0.5	0.65	1.2	1.8

根据控制背景噪声算法计算所得的特高压同塔多回输电线路有源干扰对无线电测向、收信台（站）建议防护距离如表14-8所示。

表14-8　特高压同塔多回输电线路对短波测向、收信台（站）有源干扰防护距离

台站类型	防护距离（m）
短波无线电测向和特种收信台（站）	2600
一级无线电收信台（站）	2200
二级无线电收信台（站）	1600
三级无线电收信台（站）	1200

14.2.3　特高压同塔多回输电线路对调幅广播台有源干扰影响

1. 直接计算法

直接计算法是根据调幅广播收音台正常工作时的最低可用信号场强和射频信噪比（国标中称为信杂比），直接计算防护距离。计算公式如下

$$D_p = 10^{\left(\frac{E'_{20} - S_p + R_p}{20} + 0.85\right)} \tag{14-30}$$

其中

$$E'_{20} = E_{20} + 16.5\lg\left[1 + \left(\frac{h-2}{20}\right)^2\right]$$

式中：D_p 为计算的调幅广播收音台所需的防护距离，m；S_p 为调幅广播收音台接收的最低可用信号场强，dB（μV/m）；R_p 为调幅广播收音台正常工作时所需信杂比，dB（μV/m）；E'_{20} 为距架空电力线边相导线20m处无线电干扰场强，dB（μV/m）；E_{20} 为在距架空电力线边相导线地面投影20m距离处1MHz频率的无线电干扰电平，dB（μV/m）。

按照线路的设计规范，距架空电力线边相导线20m处单、特高压同塔多回输电线路0.5MHz无线电干扰场强双80%原则取58dB（μV/m），采用直接法分析计算式得到的防护距离如表14-9所示。换算到1MHz的场强为53dB（μV/m）。此时采用直接计算法得到的防护距离如表14-10所示。

表14-9　采用直接计算法得到的特高压同塔多回输电线路对调幅广播收音台防护距离（0.5MHz）

广播台站类型	1级收音（m）	1级监测（m）
E_{20} 20m投影限值　[dB（μV/m）]	58	58
输电线高度　（m）	27	27
E'_{20} 20m边相限值　[dB（μV/m）]	64.74	64.74
E 最低可用场强　[dB（μV/m）]	60	54.9
信杂比　（dB）	40	40
防护距离　（m）	1222.22	2199

表14-10　采用直接计算法得到的特高压同塔多回输电线路对调幅广播收音台防护距离（0.5MHz）

广播台站类型	1级收音台（m）	1级监测台（m）
E_{20}：0.5MHz的干扰电平限值	58	58

续表

广播台站类型	1级收音台（m）	1级监测台（m）
E_{20}：换算到1MHz的干扰电平	52.5	52.5
送电线高度（m）	27	27
E'_{20}：计算用的场强值 [dB（μV/m）]	59.74	59.74
E：最低可用场强 [dB（μV/m）]	60	54.9
信噪比（dB）	40	40
防护距离（m）	687	1236

2. 控制背景计算法

这种计算方法，以架空电力线架设前的环境背景场强测量统计值为基本参量，通过计算控制背景场强的变化，以保证收音台接收效果基本不变，计算公式如下

$$D_p = 10^{\left[\frac{E'_{20}-N_0-10\lg(10^{0.1\Delta N}-1)}{20}+0.6\right]} \tag{14-31}$$

式中：N_0 为架空电力线路架设前环境背景场强统计值，dB（μV/m）；ΔN 为允许背景场强增量，dB（μV/m）。

考虑到各级路线运行电压等级的导线架设高度不同，对近区场造成干扰场强变化的影响，其防护距离可用下式计算

$$D_p = \frac{(10h)^2}{h^2+80^2}\left[\frac{10^{0.1(E_{20}-N_0)}}{10^{0.1\Delta N}-1}\right]^{\frac{1}{2}} \tag{14-32}$$

式中：h 为导线对地平均高度，m。

允许背景场强增量 ΔN（dB），应根据原背景场强和电台的划分级别来确定，也可以从下面的推荐值中选取：一级收音台取 0.4dB；二级收音台取 1dB；三级收音台取 1.5dB。

背景噪声是采用控制背景噪声法计算保护距离中一个十分重要的参数。在无线电接收设备的接收信号中，除有用信号外，总存在的干扰信号及噪声，一般来说噪声可分为内部噪声和外部噪声，后者即为环境噪声。环境噪声包括宇宙噪声、大气噪声和人为噪声。宇宙噪声的主要来源于银河系的电磁辐射、频率在短波段高端及以上频段。大气噪声主要来源于磁暴、极光、沙暴和雷电放电，其中主要是雷电放电。大气噪声具有相当宽的频段，在其频谱中短波段具有分布，其强度随地理位置、季节、时间和频率而变化。在我国地域内，大气噪声夏季主要来自本地的雷电放电，冬季则通过大气电离层的跨地区传播而来自热带地区的雷电放电。

对低于30MHz的中、短波频段，由于大气电离层的阻截作用，进入无线电接收设备的宇宙噪声相对较少，大气噪声和人为噪声起主要作用。而在时域上，由于人为噪声的幅值变化较大气噪声小，因此在时间置信度（统计结果的时间范围与全年时间的比值）低的情况下人为噪声起主要作用，而在时间置信度高的情况下大气噪声起主要作用。由于短波测向、收信台（站）所使用的接收设备最低保护信号电平通常是以90%时间超过环境噪声电平一个所需要的信噪比来确定的。因此在研究无线电接收设备的环境电平时以大气噪声为主。

由于大气噪声主要由雷电放电所致，而全球的雷电活动强度极不均匀具有很大的随机性。

同时电离层也随着时间而不断变化。因此，大气噪声在地球表面的分布极不均匀，带有明显的地域特性。在南半球和北半球的高纬度地区，大气噪声电平很低。而在热带地区则很高。另外不同频率的大气噪声电平也不相同，既具有频率特性，随频率增高而降低。根据大量、长期的测量和研究结果表明，大气噪声虽然具有变化大而迅速的特点，但如果取其平均值时，则在给定的时间段内变化不大，基本呈正态分布。表14-11为我国部分地区的大气噪声90%的rms电平预估值。

表 14-11　　我国部分地区的大气噪声 90%电平预估值 [dB(μV/m²)]

地区	f=1.5MHz B=1kHz	f=1.5MHz B=3kHz	f=1.5MHz B=6kHz	f=5MHz B=1kHz	f=5MHz B=3kHz	f=5MHz B=6kHz
四季	全天	全天	全天	全天	全天	全天
全国	27.3	32.0	35.2	18.0	22.9	25.7
北方	19.9	24.9	27.4	13.9	18.8	21.6
南方	30.4	35.0	38.3	19.5	24.6	27.3

从表14-11中可以看出南方地区的大气噪声90%电平预估值明显大于北方地区。GB 13617-1992规定背景噪声在没有明确测量数据的情况下采用12dB(μV/m)，采用12dB的背景噪声规定取值是具有较大的安全裕度的。值得指出的是随着我国经济建设的发展，近年来（特别是城镇的近郊），背景噪声总的趋势是逐渐增大，根据近年来在全国各地进行输变电工程前期环评中的背景无线电干扰测量结果，绝大多数背景无线电干扰电平在25dB(μV/m)以上；但也存在特殊电磁环境保护地区的广播收音台和监测台背景场强小于10dB(μV/m)的情况，由于中波小于10dB(μV/m)的概率较小，建议采用20dB作为现阶段评价调幅广播台的工作环境背景噪声基准值。

按照高压线路的设计规范，距架空电力线边相导线20m处1000kV特高压同塔多回输电线路0.5MHz无线电干扰场强双80%原则取58dB(μV/m)，换算到1MHz的场强为52.5dB(μV/m)。允许背景场强增量按照一级收音台计算取0.4dB(μV/m)，采用控制背景计算法[式(14-31)]得到的防护距离随背景场强的变化规律如图14-15所示。

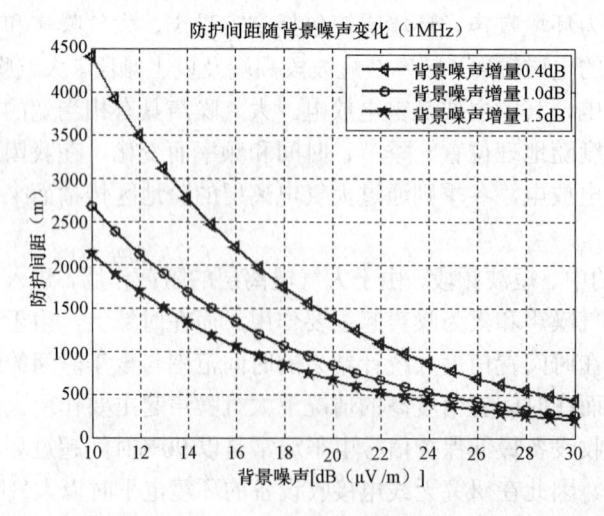

图 14-15　采用控制背景法防护距离随背景场强的变化规律

可以看出，防护距离受背景噪声（场强）的影响很大，随着背景噪声的增大，防护距离迅速减小，因此背景噪声对防护距离的确定起着关键的作用。

3. 计算方法综合评价

直接计算法和控制背景噪声法两种计算方法的不同的地方，即两者所要求的衰减参考的对象不同，前者以要求接收的最低信号可用电平和信噪比为依据，这种计算方法较简单，但没有考虑背景（环境）噪声的综合影响，因此适合信号最低可用电平较背景噪声要高，接收的信号类型比较单一，即要求的信噪比比较确定。

显然当接收的信号电平较低，信噪比又不可能很低，此时由于背景噪声的影响已相当突出，对它不加考虑是不合适的，再加上如要求接收的信号种类较多，经常改变，要求的信噪比不可能固定，即难以用一个统一的信噪比来进行计算。这种情况下控制背景噪声法具有优势，因为无线电干扰场强所要求的衰减程度以背景噪声为参考，即无线电干扰与一定的背景噪声电平叠加后，由允许的背景噪声增量（即背景噪声的恶化程度）来确定。这种计算方法适合于接收弱小信号和接收信号对象多样的情况，但这样计算得到的结果受原背景噪声的影响很大，在较低背景噪声地区使用这样的计算方法，会得到过分严苛的结论。

问题与思考

14-1 高压输电线路对无线电无源干扰的形成机制？
14-2 特高压同塔多回输电线路对无线电罗盘的无源干扰有哪些？
14-3 输电线路对雷达的无源干扰主要表现？
14-4 交流特高压输电线路无线电有源干扰形成机制？
14-5 特高压同塔多回输电线路与对空雷达站的有源干扰防护措施有哪些？

附 录

附录A 相关电磁环境标准

序号	标准号	标准名称	备注
1	QJ 2803-1996	电磁环境场测量方法	
2	GB/Z18039.1-2000	电磁兼容 环境 电磁环境的分类	
3	DL/T 334-2010	输变电工程电磁环境监测技术规范	
4	HJ/T 255-2006	建设项目竣工环境保护验收技术规范	
5	DL/T 501-2017	高压架空输电线路可听噪声测量方法	
6	DL/T 1185-2012	1000kV 输变电工程电磁环境影响评价技术规范	
7	DL/T 1188-2012	1000kV 变电站电磁环境控制值	
8	DL/T 1187-2012	1000kV 架空输电线路电磁环境控制值	
9	DL/T 275-2012	±800kV 特高压直流换流站电磁环境限值	
10	DL/T 1088-2008	±800kV 特高压直流线路电磁环境参数限值	
11	DL/T 1188-2012	1000kV 变电站电磁环境控制值	
12	DL/T 334-2010	输变电工程电磁环境监测技术规范	
13	HJ2.1-2016	环境影响评价技术导则 总纲	
14	HJ 24-2014	环境影响评价技术导则 输变电工程	
15	GB 8702-2014	电磁环境控制限值	
16	GB/T 6113.1-1995	无线电干扰和抗扰度测量设备规范	
17	CECS 64-1994	高压交流架空送电线无线电干扰对中波导航影响的计算规程	
18	EN 55016-1-1-2007	无线电干扰和抗扰测量仪器及方法的规范 第1-1部分：无线电干扰和抗扰测量仪器 测量仪器	
19	EN 55016-1-4-2009	无线电干扰和抗扰测量仪及方法用规范 第1-4部分：无线电干扰和抗扰测量仪 辅助设备 辐射干扰	
20	NF 91-016-1-3-2005	无线电干扰和抗扰的测量设备和方法的规范 第1-3部分：无线电干扰和抗扰的测量设备、辅助设备、干扰功率	
21	GB 15707-1995	高压交流架空送电线无线电干扰限值	
22	GB/T 7349-2002	高压架空送电线、变电站无线电干扰测量方法	
23	DL/T 988-2005	高压交流架空送电线路、变电站工频电场和磁场测量方法	
24	DL/T 799.7-2010	电力行业劳动环境监测技术规范 第7部分：工频电场、磁场监测	
25	DL/T 1089-2008	直流换流站与线路合成场强、离子流密度测试方法	
26	ANSI/IEEE1227-1990	直流电场强度和离子相关量的测量指南	

续表

序号	标准号	标准名称	备注
27	DL/T 1178-2012	1000kV 交流输电线路金具电晕及无线电干扰试验方法	
28	GB/T 2317.2-2000	电力金具 电晕和无线电干扰试验	
29	GB/T 22075-2008	高压直流换流站的可听噪声	
30	HJ 2.4-2009	环境影响评价技术导则—声环境	
31	DL/T 1084-2008	风电场噪声限值及测量方法	
32	GB 3096-2008	声环境质量标准	
33	DL/T 1088-2008	±800kV 特高压直流线路电磁环境参数限值	

附录 B 相关法律法规

1. 《中华人民共和国环境保护法》
2. 《中华人民共和国环境影响评价法》
3. 《建设项目环境保护管理条例》
4. 《国务院关于印发清理规范投资项目报建审批事项实施方案的通知》(国发〔2016〕29号)
5. 《建设项目环境影响评价分类管理名录》
6. 《建设项目环境保护事中事后监督管理办法(试行)》(环发〔2015〕163号)
7. 《关于发布〈环境保护部审批环境影响评价文件的建设项目目录(2015年本)〉的公告》(环境保护部公告 2015年第17号)
8. 《建设项目环境影响评价政府信息公开指南(试行)》(环办〔2013〕103号)
9. 《关于印发建设项目环境影响评价信息公开机制方案的通知》(环发〔2015〕162号)
10. 《关于进一步加强输变电类建设项目环境保护监管工作的通知》(环办〔2012〕131号)
11. 《关于印发〈输变电建设项目重大变动清单(试行)〉的通知》(环办辐射〔2016〕84号)

参 考 文 献

[1] Maruvada P S. Corona performance of high-voltage transmission lines. Research Studies Press LTD. 2000.4.
[2] 邬雄，张广洲，刘云鹏．输电线路电晕及电晕效应．北京：中国电力出版社，2017．
[3] 张广洲．直流输电电磁环境影响．华中科技大学硕士学位论文，2006．
[4] 张广洲，万保权，邬雄，等．交流特高压试验基地电磁环境参数测试报告．武汉：国网武汉高压研究院，2007．
[5] 张广洲．交直流线路混合电场计算与测试研究．武汉大学博士学位论文，2012．
[6] 张广洲，邬雄，路遥，等．直流输电工程电磁环境研究，武汉高压研究所技术报告，2006-05．
[7] 邬雄，万保权．输变电工程的电磁环境．北京：中国电力出版社，2009．
[8] 邬雄，万保权，路遥．1000kV级交流输电线路电磁环境的研究．高电压技术，2006，32（12）：55-58．
[9] 邬雄，万保权．特高压输电线路对环境影响的研究．武汉：武汉高压研究所，1995．
[10] Tony Britten，Vernon Chartier，Luciano Zaffanella．EPRI AC Transmission Line Reference Book-200kV and Above，Third Edition．
[11] 张广洲，程更生，万保权．交流特高压试验线段电磁环境研究．高电压技术，2008，34（3）：438-441．
[12] 刘振亚．特高压电网．北京：中国经济出版社，2005．
[13] 万保权，邬雄，路遥．750kV、1000kV级交流和800kV直流环境影响问题研究及工程应用．武汉：国网武汉高压研究院，2006．
[14] J.G.Anderson.Transmission Line Reference Book 345kV and Above，Second Edition.Electric Power Research Institute，Palo Alto，California，1982．
[15] 干喆渊，张小武，张广洲，等．UHV交流输电线路对调幅广播收音台防护间距．高电压技术，2008，34（5）：856-861．
[16] 路遥，齐晓曼，张广洲，等．±500kV葛南线和宜华线可听噪声频谱特性及影响因素．高电压技术，2010，36（11）：2754-2759．
[17] 万保权，邬雄，张广州，等．500kV线路跨越三峡船闸对通信的无源干扰研究．高电压技术，2002，28（5）：33-34．
[18] 张广洲，程更生，万保权，等．交流特高压试验线段电磁环境研究．高电压技术，2008，34（3）：438-441．
[19] 邬雄，李妮，张广洲．1000kV交流输电线路无线电干扰限值与设计控制．高电压技术，2009，35（8）：1791-1795．
[20] 邬雄．架空送电线路无线电干扰测量与计算的几个问题．高电压技术，1993，19（3）：84-88．
[21] 邬雄，张文亮．电力系统电磁环境问题．高电压技术，1997，28（4）：31-33．
[22] 中国电工技术学会特高压输变电技术考察团．俄罗斯、乌克兰超、特高压输变电技术发展近况．电力设备，2003，4（2）：49-56．
[23] 邵方殷．我国特高压输电线路的相导线布置和工频电磁环境．电网技术，2005，29（8）：1-7．
[24] Maruvada P S，Trinh N G，Dallaire D and Rivest N．Corona performance of a conductor bundle for bipolar HVDC transmission at ±750 kV．IEEE Trans．PAS．1977，96（6）：1872-1881．
[25] 杨津基．气体放电．北京：科学出版社，1983.8．

[26] EPRI 交流输电线路参考书—220kV 及以上．国网电力科学研究院，2012.2．

[27] P. Sarma Maruvada, Corona Performance of High-Voltage Transmission Lies, Research Studies Press, England.2000.

[28] GB 15707-1995《高压交流架空送电线无线电干扰限值》．国家技术监督局发布，1996．

[29] DL/T 436-2005《高压架空送电线路无线电干扰计算方法》．中华人民共和国国家发展和改革委员会发布，2005．

[30] DL/T 691-1999《高压架空送电线路无线电干扰计算方法》．中华人民共和国国家经济贸易委员会发布，2000．

[31] 刘兴发，尹晖，邬雄，等．高压输电线路无线电干扰和电磁散射对 GPS 卫星信号影响测试及分析．高电压技术，2011，（12）：2937-2944．

[32] 张广洲，邬雄，万保权，等．邻近民房的输电线路电磁环境．高电压技术，2009，（04）：884-888．

[33] 向力．输变电设施的电场、磁场及其环境影响．北京：中国电力出版社，2007．

[34] 周建国．工频电场磁场与健康．上海：复旦大学出版社，2011.5．

[35] P.Sarma Maruvada, etc. Corona Performance of A Conductor Bundle for Bipolar HVDC Transmission at ±750kV. IEEE Transactions on Power Apparatus and Systems, Vol. PAS-96, No.6, Nov./Dec. 1977.

[36] V.L.Chartier, R.D.Stearns. Formulas for Predicting Audible Noise from Overhead High Voltage AC and DC Lines. IEEE Transactions on Power Apparatus and Systems, Vol. PAS-100, No.1, Jan. 1981.

[37] Yukio Nakano, Mitsuo Fukushima. Statistical Audible Noise Performance of Shiobara HVDC Test Line. IEEE Transactions on Power Delivery, Vol. 5, No.1, January 1990.

[38] EPRI report. ±600 HVDC Transmission Lines Reference Book, 1993.

[39] 孙昕，陈维江，等．交流输变电工程环境影响与评价．北京：科学出版社，2015．

[40] CIGRE 375, Technical Guide for Measurement of Low Frequency Electric and Magnetic Fields Near Overhead Power Lines, 2009.

[41] ANSI/IEEE 644, IEEE Standard Procedures for Measurement of Power Frequency Electric and Magnetic Fields from AC Power Lines, 1994.

[42] IEC 61786 series, Measurement of low frequency magnetic and electric fields with regard to exposure of human beings, 2013-2014.

[43] IEEE C95.3.1, IEEE Draft Recommended practices for Measurement of Electric, Magnetic and Electromagnetic Fields with Respect to Human Exposure to Such Fields - 0 to 100 kHz, 2010.

[44] ICNIRP. Guidelines for limiting exposure to time-varying electric and magnetic fields（1Hz to 100kHz）. Health Physics, 99（6）：818-836, 2010.

[45] IEEE Standard C95.6, IEEE Standard for Safety Level with Respect to Human Exposure to Electromagnetic Field, 0~3kHz, 2002.

[46] WHO．环境健康准则：极低频场．译审委员会，译．北京：中国标准出版社，2015．

[47] 董旭，胡士信．西气东输工程及其管道防腐蚀概况．材料保护，2001，34（12）．

[48] W.V.贝克曼，W.施文克，W.普林兹．阴极保护手册—电化学保护的理论与实践．胡士信，王向农，译．北京：化学工业出版社，2005．

[49] John S S.Induced AC creates problems for pipelines in utility corridors. Pipe Line & Gas Industry, June, 1999（6）：25 - 33.